W0185161

Inhaltsverzeichnis

Bedeutung der Symbole

Lambacher Schweizer 10
Lehrerband

Erläuterung	Symbol	Bedeutung
Im Schülerbuch wurden nur solche Aufgaben mit * versehen, bei denen vielleicht nicht auf den ersten Blick ersichtlich ist, dass die Aufgabe schwer oder zeitaufwändig in der Bearbeitung ist. Damit soll „unbedachten Hausaufgabenstellungen“ vorgebeugt werden. Aus pädagogischen Gründen sind weitere Kennzeichnungen im Schülerbuch unterblieben. Im Lehrerband sind nun schwierige und zeitaufwändige Aufgaben als solche gekennzeichnet.		schwierige Aufgabe
		zeitaufwändige Aufgabe
Die Aufgabe erfordert in besonderem Maße das Verbalisieren mathematischer Sachverhalte.		Verbalisieren
Zur Bearbeitung der Aufgabe sind Kenntnisse aus verschiedenen Teilbereichen der Mathematik nötig. Die Vernetzung mit arithmetischen Grundfertigkeiten wird jedoch nicht gekennzeichnet.		vernetzende Aufgabe
Aufgabenstellung oder Lösungsstrategien sind offen oder zur Öffnung gut geeignet. In diesem Fall sind im Lehrerband häufig Hinweise zur Öffnung gegeben.		offene/zu öffnende Aufgabe
Aufgaben, die ein besonderes Maß an Eigeninitiative erfordern, die „aus dem Klassenzimmer hinausführen“, die sich zu einem Projekt eignen, die umfangreichere Recherchen voraussetzen etc.		den üblichen Rahmen sprengend
		fächerübergreifende Aufgabe
		Partnerarbeit
		(Klein-) Gruppenarbeit
		zusätzliches Material/Werkzeug nötig
		Taschenrechner sinnvoll/erforderlich
		PC-Einsatz sinnvoll/erforderlich
	@	Internet-Einsatz sinnvoll/erforderlich
Kopiervorlagen im Buch oder weitere Informationsquellen, die dann im Text genannt werden.	→	Verweis auf andere Materialien
		Spiel
(wird in dieser Klassenstufe nicht benötigt)		Zaubertrick
		Historisches
Informationen, die hier angegeben sind, um Eigenrecherche zu ersparen; Hintergrundinformationen für die Lehrerin/den Lehrer	i	(Hintergrund-) Information

hier ausschneiden und – am besten foliert – als Lesezeichen verwenden →

Klett

Vorwort

Zum Lehrplan

Für die im Lehrplan vorgeschlagenen fächerverknüpfenden und fächerübergreifenden Unterrichtsvorhaben eignen sich im *Schülerbuch 10* insbesondere:
Kapitel III: Thema: Wachstum mit Grenzen; Projekt: Bevölkerungswachstum
(zu den Themen „Verantwortung übernehmen – Grenzen bedenken“ und „Wachstum“) und
Kapitel IV: Thema: HIV-Tests (zu den Themen „Krankheit, Sterben, Tod – Tabus?“ und „Biotechnologie – Bioethik“)

Da in Jahrgangsstufe 10 die Wahl der Seminarfächer ansteht, ist im *Schülerbuch S. 30* mit dem Lesetext: Das W-Seminar in Mathematik eine attraktive Anregung gegeben, Mathematik als Seminarfach in Erwägung zu ziehen.

Das Buch hält sich in der Abfolge eng an den Lehrplan:
In Kapitel I werden Berechnungen an Kreis und Kugel durchgeführt. Kapitel II verallgemeinert die trigonometrischen Seitenverhältnisse zu trigonometrischen Funktionen; die allgemeine Sinusfunktion wird untersucht. Exponentialfunktionen und Logarithmen (nicht: die Logarithmusfunktion) sind Gegenstand von Kapitel III. Nachdem in Kapitel IV Vierfeldertafel und Baumdiagramme in Beziehung gesetzt sind, wird der Begriff der bedingten Wahrscheinlichkeit behandelt. In Kapitel V werden ganzrationale Funktionen, insbesondere auch deren Nullstellen untersucht. Im abschließenden Kapitel VI werden dann alle bisher bekannten Funktionstypen noch eingehender betrachtet: Verschieben, Strecken, Spiegeln und Verhalten im Unendlichen sind hier Themen.

Unterstützung zur Vergegenwärtigung mathematischer Strategien bietet auch dieser Lösungen- und Materialien-Band 10 auf S. 197 ff.

Konzeption des Lehrerbandes

Mit diesem Lehrerband geben wir Ihnen eine praktikable Hilfe für den Unterricht und den Umgang mit unserem Schülerbuch an die Hand. Sie erhalten hilfreiche Hinweise zur Verwendung der Aufgaben im Buch und gelegentlich Erläuterungen zu den Intentionen des Lehrplanes und deren Umsetzung im Schülerbuch.

Lösungen
Die Lösungen zu den Aufgaben sind möglichst knapp gehalten; wesentliche Lösungsschritte, die auch von den Schülern erwartet werden, sind festgehalten. Aus den Lösungen lässt sich, zusammen mit den Symbolen 🌐 und 🕒, der Bearbeitungsaufwand der Aufgaben schnell einschätzen. Bei Aufgaben, die aktuelle Recherchen erfordern, geben wir häufig geeignete Quellen an. Selbstverständlich bietet sich an vielen Stellen die Internetrecherche an; oft ist jedoch bei der Integrität der gefundenen Daten Vorsicht geboten, auch veralten Internetadressen erfahrungsgemäß sehr schnell.

Weitere Hinweise zu den Aufgaben
Alle weiteren Informationen und Hinweise zu den Aufgaben finden Sie direkt bei den Lösungen. Um eine schnelle Orientierung zu bieten und den Text knapp zu halten, werden hierfür Symbole verwendet, die in die Randspalte vor die jeweilige Aufgabennummer gesetzt sind.
Werden ergänzende Aufgabenstellungen vorgeschlagen, so befindet sich in der Spalte der Aufgabennummer ein **+**.
Bei offenen Aufgaben können z. B. besonders kreative (nicht rezeptartig abarbeitbare) Lösungsstrategien erforderlich sein, verschiedene Lösungen möglich sein oder die konkrete Fragestellung offen bleiben. Solche Aufgaben sind im Lehrerband mit ◫ gekennzeichnet. Das Öffnen von Aufgaben und das Variieren von Fragestellungen sollte Schülern und Lehrern als selbstverständlich vertraut werden, da hierbei auf kreative Weise und mit hoher Eigenmotivation besonders effektiv gelernt werden kann. Diesem Ziel widerspräche aber eine Ausformulierung aller solcher Öffnungsmöglichkeiten im Schülerbuch. Im Lehrerband sind nun (ebenso mit ◫ gekennzeichnete) weitere Anregungen gegeben, welche Aufgaben sich gut zum Öffnen eignen. Der eigenen Kreativität sollen hier aber ausdrücklich keine Grenzen gesetzt werden.

Darüber hinaus sind Aufgaben gekennzeichnet, die den korrekten Umgang mit der Fachsprache trainieren, vernetzende Aufgaben, Aufgaben, die „den üblichen Rahmen sprengen" – also z. B. ein besonderes Maß an Eigeninitiative erfordern, fächerübergreifende Aufgaben und Aufgaben, die sich gut für Partner- bzw. Gruppenarbeit eignen.
Werden zusätzliche Materialien oder Werkzeuge benötigt, so ist dies mit gekennzeichnet; ist der Einsatz eines Taschenrechners, des PC oder des Internets sinnvoll oder geboten, weisen , bzw. @ darauf hin.
Dateien, die bei der Bearbeitung von Aufgaben hilfreich sind, sind downloadbar im Internetauftritt. Die Dateien verraten in der Regel noch nicht die Lösungen, vielmehr kann der Schüler damit entdeckend arbeiten. Bei den Lösungen befindet sich an entsprechender Stelle ein Verweis auf diese Dateien.
Historische Informationen sind mit , sonstige Informationen mit **i** gekennzeichnet.
Die Bedeutung aller Symbole finden Sie auf Seite 5 (Lesezeichen zum Ausschneiden) zusammengefasst.

Alternative Einstiege
Für einige Lerneinheiten werden alternative Einstiege angeboten. In der Spalte für die Aufgabennummern wird dann **A1**, **A2** ... notiert. Solche Alternativen nehmen z. B. Bezug zu Themenseiten oder Aufgaben im Schülerbuch oder auf Kopiervorlagen hier im Lehrerband. Häufig bieten diese Vorschläge einen offenen Zugang zu dem jeweiligen Problemkreis an.

Sonstige Informationen
Manchen Kapiteln oder Lerneinheiten sind Informationen zu den Inhalten, den Intentionen des Lehrplanes bzw. der Konzeption des Schülerbuches vorangestellt.

Zusatzmaterial
Im zweiten Teil des Lehrerbandes finden Sie umfangreiches Material als Kopiervorlagen zum direkten Einsatz im Unterricht.
Auf dieses Zusatzmaterial wird im Lösungsteil des Lehrerbandes am Ende der entsprechenden Lerneinheiten verwiesen. Gegebenenfalls findet sich auch ein zusätzlicher Verweis bei den alternativen Einstiegen oder bei den Aufgaben, soweit sie Bezug auf dieses Zusatzmaterial nehmen.

- **Arbeitsblätter** zum Ausfüllen ergänzen die Möglichkeiten des Schülerbuches. Auch finden Sie solche Aufgabenstellungen aus dem Schülerbuch als Kopiervorlage, die besonders aufwändig ins Heft zu übertragen wären. Manche dieser Arbeitsblätter können zu Lernzirkeln zusammengefasst werden.
- Bei einigen elementaren Techniken ist es für manche Schüler hilfreich, umfangreiches Trainingsmaterial zu bearbeiten. Um im Schülerbuch kein falsches Signal zu geben und gemäß den Intentionen des Lehrplanes dem bloßen Kalkül nicht zuviel Platz einzuräumen, haben wir dort auf große „Aufgabenplantagen" verzichtet. Die **Trainingsblätter** eignen sich nun besonders für diese Differenzierung nach unten.
- **Spiele** bieten ein reichhaltiges und motivierendes Aufgabenangebot, insbesondere für offenere Unterrichtssituationen. Hinweise zum Einsatz finden sich im Lösungsteil des Buches, Anleitungen für die Schüler sind auf den Kopiervorlagen mit abgedruckt.
- Kopiervorlagen mit **historischen** Informationen zu einigen Themen runden das Zusatzmaterial ab.

Die **Lösungen** zu den Zusatzmaterialien sind ebenfalls als Kopiervorlage beigefügt oder befinden sich im Lösungsteil an entsprechender Stelle.

Internetauftritt
Der Lehrerband wird durch den Internetauftritt zum Buch unter
www.klett-verlag.de/mathematik/lambacher-schweizer-extra/
ergänzt. Hier werden weitere Materialien, wie z. B. Tabellenkalkulationsdateien, Animationen für den PC-Einsatz, DGS-Dateien und weitere Kopiervorlagen angeboten. Verweise auf die Materialien im Internetauftritt finden Sie im Lehrerband an entsprechender Stelle.

Viel Erfolg und Freude beim Einsatz der Begleitmaterialien wünschen Autorenteam und Verlagsredaktion.

I Kreis und Kugel

*1 Näherungsweise Bestimmung der Kreiszahl π

A **Alternative zum Einstieg:**

→ AB Arbeitsblatt: Näherungsweise Bestimmung der Kreiszahl π; Kopiervorlage S. 113 f.
Durch Einbeschreiben von n-Ecken wird π näherungsweise bestimmt.
Die Grenzen des Verfahrens (Vervielfachen der Messungenauigkeit) sind erfahrbar.

S. 8

1 a) Individuelle Lösungen
Vgl. auch Lesetext im *Schülerbuch S. 28* und *29*.
Z. B. Ahmes: $\pi = \left(\frac{16}{19}\right)^2$; Archimedes: $\pi = 3\frac{1}{7}$; Ptolemäus: $\pi = 3\frac{17}{120}$;
Tsu Chu'ung-Chi: $\pi = 3\frac{16}{113}$; Brahmagupta: $\pi = \sqrt{10}$

b) Individuelle Lösungen
Z. B. – von einer Dose Umfang U und Radius r messen; $\pi = \frac{U}{2 \cdot r}$
– von einer Flüssigkeit Volumen V in einem Messbecher bestimmen;
bestimmen, wie hoch (h) die Flüssigkeit im Zylinder steht;
Innenradius r des Messzylinders messen; $\pi = \frac{V}{r^2 \cdot h}$
– aus dicker Pappe einen Kreis mit Radius r und ein Quadrat mit Seitenlänge 2r aussschneiden und deren Massen bestimmen:
$\frac{m_k}{m_Q} = \frac{A_K}{A_Q} = \frac{r^2 \cdot \pi}{(2r)^2} = \frac{r^2 \cdot \pi}{4 \cdot r^2} = \frac{\pi}{4} \Rightarrow \pi = \frac{4 \cdot m_K}{m_Q}$

2 a) Einbeschriebenes Quadrat: $u_4 = 4 \cdot s_4$; $s_4 = \sqrt{r^2 + r^2} = \sqrt{2} \cdot r$
$u_4 = 4 \cdot \sqrt{2} \cdot r \approx 5{,}66 \cdot r$
Umbeschriebenes Quadrat: $U_4 = 4 \cdot S_4$; $S_4 = 2 \cdot r$
$U_4 = 4 \cdot 2 \cdot r = 8 \cdot r$
Einbeschriebenes Achteck: $u_8 = 8 \cdot s_8$

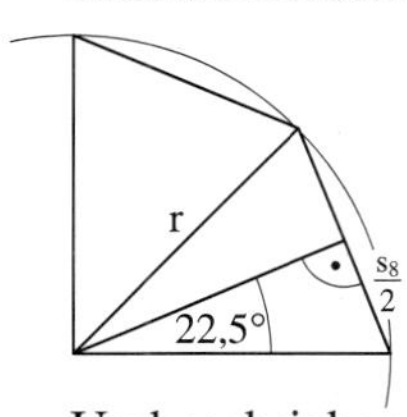

$\sin 22{,}5° = \frac{\frac{s_8}{2}}{r} \Rightarrow s_8 = 2 \cdot r \cdot \sin 22{,}5°$
$u_8 = 8 \cdot 2 \cdot r \cdot \sin 22{,}5° = 16 \cdot r \cdot \sin 22{,}5° \approx 6{,}12 \cdot r$

Umbeschriebenes Achteck: $U_8 = 8 \cdot S_8$

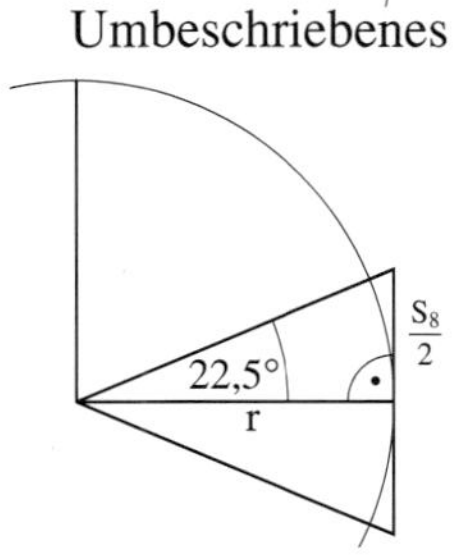

$\tan 22{,}5° = \frac{\frac{S_8}{2}}{r} \Rightarrow \frac{S_8}{2} = r \cdot \tan 22{,}5°$; $S_8 = 2 \cdot r \cdot \tan 22{,}5°$
$U_8 = 8 \cdot 2 \cdot r \cdot \tan 22{,}5° = 16 \cdot r \cdot \tan 22{,}5° \approx 6{,}63 \cdot r$
Hinweis: Alternativ kann auch der Satz von Pythagoras benutzt werden.

b) Die Umfänge der einbeschriebenen Vielecke werden immer größer, die Umfänge der umbeschriebenen Vielecke werden immer kleiner.
Der Umfang des Kreises liegt immer dazwischen und wird immer besser eingeschachtelt.
→ Tabellenkalkulationsdatei downloadbar im Internetauftritt.

S. 10

3 $U_E = 2 \cdot r_E \cdot \pi$
$\pi = 3{,}14$ $\quad 39\,915{,}7\,\text{km} < U_E < 40\,053{,}8\,\text{km}$
$\pi = 3{,}1416$ $\quad 39\,936{,}0\,\text{km} < U_E < 40\,074{,}2\,\text{km}$
$\pi = 3{,}14159$ $\quad 39\,935{,}9\,\text{km} < U_E < 40\,074{,}1\,\text{km}$
Die Werte für U_E verändern sich erst ab der Zehnerstelle. Deswegen könnte man den mittleren Erdumfang sinnvoll mit $U_E = 40\,000\,\text{km}$ angeben. Es würde also genügen mit π = 3,14 und einem mittleren Erdradius von $r_E = 6370\,\text{km}$ zu rechnen.

4 $U = d \cdot (3 + 5\,\%) = d \cdot 3 \cdot 1{,}05 = 3{,}15 \cdot d$

$U = 2 \cdot r \cdot 3{,}15$

Fehler: $\frac{2 \cdot r \cdot 3{,}15 - 2 \cdot r \cdot \pi}{2 \cdot r \cdot \pi} = \frac{3{,}15 - \pi}{\pi} \approx 0{,}27\,\%$ (für π wurde der TR-Wert eingesetzt)

S. 11

5 Angaben aus dem Text: d = 10 Ellen; U = 30 Ellen

$U = 2 \cdot \pi \cdot r$

$30 = 10 \cdot \pi \quad \Rightarrow \quad \pi = 3$

6 a)

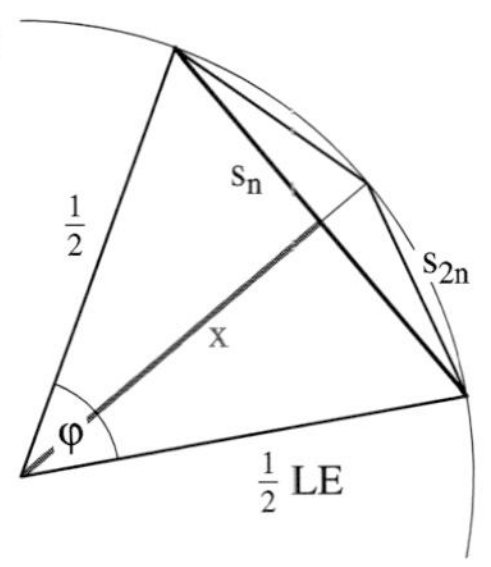

Herleitung der Formel erfolgt mit Hilfe des Pythagoras:

$x^2 + \left(\frac{s_n}{2}\right)^2 = \left(\frac{1}{2}\right)^2 \quad \Rightarrow \quad x = \sqrt{\frac{1}{4} - \frac{s_n^2}{4}} = \frac{1}{2} \cdot \sqrt{1 - s_n^2}$

$(s_{2n})^2 = \left(\frac{s_n}{2}\right)^2 + \left(\frac{1}{2} - x\right)^2 = \left(\frac{s_n}{2}\right)^2 + \left(\frac{1}{2} - \frac{1}{2} \cdot \sqrt{1 - s_n^2}\right)^2$

$= \left(\frac{s_n}{2}\right)^2 + \frac{1}{4} - \frac{1}{2} \cdot \sqrt{1 - s_n^2} + \frac{1}{4}(1 - s_n^2)$

$= \left(\frac{s_n}{2}\right)^2 + \frac{1}{4} - \frac{1}{2} \cdot \sqrt{1 - s_n^2} + \frac{1}{4} - \frac{s_n^2}{4}$

$= \frac{1}{2} - \frac{1}{2} \cdot \sqrt{1 - s_n^2}$

$\Rightarrow \quad s_{2n} = \sqrt{\frac{1}{2} - \frac{1}{2} \cdot \sqrt{1 - s_n^2}}$

$u_{2n} = 2n \cdot s_{2n} = 2n \cdot \sqrt{\frac{1}{2} - \frac{1}{2} \cdot \sqrt{1 - s_n^2}}$

$u_n = n \cdot s_n \quad \Rightarrow \quad s_n = \frac{u_n}{n}$

$u_{2n} = 2n \cdot \sqrt{\frac{1}{2} - \frac{1}{2} \cdot \sqrt{1 - \left(\frac{u_n}{n}\right)^2}}$

n = 6: $\varphi = 60° \quad \Rightarrow \quad s_6 = \frac{1}{2}$ da gleichseitiges Dreieck

$u_6 = 6 \cdot \frac{1}{2}\,LE = 3\,LE$

n = 12: $u_{12} = u_{2 \cdot 6} = 12 \cdot \sqrt{\frac{1}{2} - \frac{1}{2} \cdot \sqrt{1 - \left(\frac{3}{6}\right)^2}} = 3{,}105828541\,LE$

n = 24: $u_{24} = u_{2 \cdot 12} = 24 \cdot \sqrt{\frac{1}{2} - \frac{1}{2} \cdot \sqrt{1 - \left(\frac{u_{12}}{12}\right)^2}} = 3{,}132628613\,LE$

n = 48: $u_{48} = u_{2 \cdot 24} = 48 \cdot \sqrt{\frac{1}{2} - \frac{1}{2} \cdot \sqrt{1 - \left(\frac{u_{24}}{24}\right)^2}} = 3{,}139350203\,LE$

n = 96: $u_{96} = u_{2 \cdot 48} = 96 \cdot \sqrt{\frac{1}{2} - \frac{1}{2} \cdot \sqrt{1 - \left(\frac{u_{48}}{48}\right)^2}} = 3{,}141031951\,LE$

b) Tabellenkalkulationsdatei downloadbar im Internetauftritt.

n	u_n
192	3,141452472
⋮	
786 432	3,141592304
1 572 864	3,141608696

Ab n = 393 216 entfernt sich der Wert wieder vom wahren π-Wert.

c) $u_{2n} = 2n\cdot\sqrt{\frac{1}{2}-\frac{1}{2}\cdot\sqrt{1-\left(\frac{u_n}{n}\right)^2}}\cdot\frac{\sqrt{\frac{1}{2}+\frac{1}{2}\cdot\sqrt{1-\left(\frac{u_n}{n}\right)^2}}}{\sqrt{\frac{1}{2}+\frac{1}{2}\cdot\sqrt{1-\left(\frac{u_n}{n}\right)^2}}} = \frac{2n\cdot\sqrt{\frac{1}{4}-\frac{1}{4}\cdot\left(1-\left(\frac{u_n}{n}\right)^2\right)}}{\sqrt{\frac{1}{2}+\frac{1}{2}\cdot\sqrt{1-\left(\frac{u_n}{n}\right)^2}}}$

$= \frac{2n\cdot\sqrt{\frac{1}{4}-\frac{1}{4}+\frac{1}{4}\cdot\left(\frac{u_n}{n}\right)^2}}{\sqrt{\frac{1}{2}+\frac{1}{2}\cdot\sqrt{1-\left(\frac{u_n}{n}\right)^2}}} = \frac{2n\cdot\frac{1}{2}\cdot\frac{u_n}{n}}{\sqrt{\frac{1}{2}+\frac{1}{2}\cdot\sqrt{1-\left(\frac{u_n}{n}\right)^2}}} = \frac{u_n}{\sqrt{\frac{1}{2}+\frac{1}{2}\cdot\sqrt{1-\left(\frac{u_n}{n}\right)^2}}}$

$= \frac{2u_n}{2\cdot\sqrt{\frac{1}{2}+\frac{1}{2}\cdot\sqrt{1-\left(\frac{u_n}{n}\right)^2}}} = \frac{2u_n}{\sqrt{2+2\cdot\sqrt{1-\left(\frac{u_n}{n}\right)^2}}}$

→ Tabellenkalkulationsdatei downloadbar im Internetauftritt.

7 $A_Q \approx A_K$

$\Leftrightarrow \quad a^2 \approx r^2\cdot\pi$ mit a = Seitenlänge des Quadrates;

Es gilt (linke Seite): $\left(\frac{e}{2}\right)^2+\left(\frac{e}{2}\right)^2 = a^2$ (e = Diagonale im Quadrat)

$\frac{e^2}{2} = a^2$

$r = \frac{e}{2}\cdot\frac{4}{5} = \frac{2e}{5};\ r^2 = \frac{4}{25}e^2$

$\Rightarrow$ (r^2, a^2 eingesetzt) $\frac{e^2}{2} \approx \frac{4}{25}e^2\cdot\pi \quad \Rightarrow \quad \pi \approx \frac{25}{8} = 3{,}125$

8 Durch Probieren erhält man folgende Ergebnisse:

$d_1 = 10{,}00\,m$: $u_{1a} = 2\cdot 10{,}00\,m\cdot 3{,}142 = 62{,}84\,m$
$u_{1b} = 2\cdot 10{,}00\,m\cdot 3{,}1416 = 62{,}832\,m$
$\Rightarrow$ Es sind 4 Nachkommastellen nötig.

$d_2 = 100{,}00\,m$: $u_{2a} = 2\cdot 100{,}00\,m\cdot 3{,}1416 = 628{,}32\,m$
$u_{2b} = 2\cdot 100{,}00\,m\cdot 3{,}14159 = 628{,}318\,m \approx 628{,}32\,m$
$\Rightarrow$ Es genügen 4 Nachkommastellen.

$d_3 = 1000{,}00\,m$: $u_{3a} = 2\cdot 1000{,}00\,m\cdot 3{,}1416 = 6283{,}2\,m$
$u_{3b} = 2\cdot 1000{,}00\,m\cdot 3{,}14159 = 6283{,}18\,m$
$u_{3c} = 2\cdot 1000{,}00\,m\cdot 3{,}141593 = 6283{,}186\,m \approx 6283{,}19\,m$
$\Rightarrow$ Es sind 6 Nachkommastellen nötig.

9

	absoluter Fehler	relativer Fehler
a)	$\pi-3 = 0{,}14159$	$\frac{\pi-3}{\pi} = 0{,}04507 = 4{,}507\,\%$
b)	$-0{,}01890$	$-0{,}00602 = -0{,}602\,\%$
c)	$-0{,}00467$	$-0{,}00149 = -0{,}149\,\%$
d)	$3\frac{1}{7}$: 0,00126;	0,00040 = 0,040 %
	$3\frac{10}{71}$: 0,00075	0,00024 = 0,024 %
e)	0,00007	0,00002 = 0,002 %
f)	$-0{,}0000003$	$\approx 0\,\%$
g)	$-0{,}02069$	$-0{,}00659 = -0{,}659\,\%$

10 Geldwert = $\text{Masse}_Z\cdot 39{,}552\,€ = V_Z\cdot 21{,}5\,g\cdot 39{,}552\,€$
$= r^2\cdot\pi\cdot h\cdot 21{,}5\,g\cdot 39{,}552\,€ = (2{,}0\,cm)^2\cdot\pi\cdot 5{,}0\,cm\cdot 21{,}5\,g\cdot 39{,}552\,€$
$= \pi\cdot 17\,007{,}36\,€$

(1) $\pi = 3{,}14$: Geldwert = 53 403,1104 €
(2) TR: Geldwert ≈ 53 430,19723 €
Abweichung: 53 430,19723 € – 53 403,1104 € = 27,08683 € ≈ 27,09 €

11 Versuch: Individuelle Lösungen
Erklärung: $A_{Kreis} = r^2 \cdot \pi$
$A_{Quadrat} = (2r)^2 = 4r^2$
N_1: Anzahl Konfetti im Kreis
N_2: Anzahl Konfetti außerhalb des Kreises, aber innerhalb des Quadrats
$N_1 + N_2$: Anzahl Konfetti im Quadrat
$$\frac{N_1}{N_1 + N_2} \approx \frac{A_{Kreis}}{A_{Quadrat}} = \frac{r^2 \cdot \pi}{4r^2} = \frac{\pi}{4}$$

12 Skizze: Individuelle Lösungen
Vermutlich wird die zu bewältigende Steigung deutlich überschätzt.
Beachte: 20 % Steigung bedeutet eine Höhendifferenz von 20 m auf 100 m.

→ AB Arbeitsblatt: Näherungsweise Bestimmung der Kreiszahl π; Kopiervorlage S. 113 f.

2 Kreissektor und Bogenmaß

S. 12

1 Der Minutenzeiger stellt den Radius der Uhr dar; r = 7 cm
a) 1 h ≙ Vollkreis; $s = 2 \cdot 7\,cm \cdot \pi \approx 44\,cm$
b) $\frac{1}{4}$ h ≙ Viertelkreis; $s = \frac{1}{4} \cdot 2 \cdot 7\,cm \cdot \pi \approx 11\,cm$
c) 10 min ≙ $\frac{1}{6}$ Kreis; $s = \frac{1}{6} \cdot 2 \cdot 7\,cm \cdot \pi \approx 7{,}3\,cm$
d) 1 min ≙ $\frac{1}{60}$ Kreis; $s = \frac{1}{60} \cdot 2 \cdot 7\,cm \cdot \pi \approx 0{,}73\,cm$

i **2** Die Aufgabe führt hin zur Idee, den Mittelpunktswinkel im Verhältnis zu 360° zu sehen.
(1) r = 1,5 cm; 90° = Viertelkreis
$s = \frac{1}{4} \cdot 2 \cdot 1{,}5\,cm \cdot \pi \approx 2{,}36\,cm$ $A = \frac{1}{4} \cdot (1{,}5\,cm)^2 \cdot \pi \approx 1{,}77\,cm^2$
(2) r = 2,5 cm; 120° = $\frac{1}{3}$ Kreis
$s = \frac{1}{3} \cdot 2 \cdot 2{,}5\,cm \cdot \pi \approx 5{,}24\,cm$ $A = \frac{1}{3} \cdot (2{,}5\,cm)^2 \cdot \pi \approx 6{,}54\,cm^2$
(3) r = 1 cm; 240° = $\frac{2}{3}$ Kreis
$s = \frac{2}{3} \cdot 2 \cdot 1\,cm \cdot \pi \approx 4{,}19\,cm$ $A = \frac{2}{3} \cdot (1\,cm)^2 \cdot \pi \approx 2{,}09\,cm^2$
(4) r = 2 cm; 60° = $\frac{1}{6}$ Kreis
$s = \frac{1}{6} \cdot 2 \cdot 2\,cm \cdot \pi \approx 2{,}09\,cm$ $A = \frac{1}{6} \cdot (2\,cm)^2 \cdot \pi \approx 2{,}09\,cm^2$
(5) r = 1,8 cm; 45° = $\frac{1}{8}$ Kreis
$s = \frac{1}{8} \cdot 2 \cdot 1{,}8\,cm \cdot \pi \approx 1{,}41\,cm$ $A = \frac{1}{8} \cdot (1{,}8\,cm)^2 \cdot \pi \approx 1{,}27\,cm^2$

S. 13

3 a) $\frac{1}{12}\pi$ b) 36° c) $\frac{5}{12}\pi$ d) 57° e) 330° f) $\frac{2}{3}\pi$
g) 143° h) 126° i) $\frac{7}{4}\pi$ k) 225° l) $\frac{3}{4}\pi$ m) $\frac{7}{6}\pi$
n) $\frac{4}{3}\pi$ o) 47° p) $\frac{23}{12}\pi$ q) 258°

4 a) U = 120 cm
α = 180°: b = 60 cm; α = 6°: b = 2 cm; α = 270°: b = 90 cm
α = 300°: b = 100 cm; α = 45°: b = 15 cm; α = 18°: b = 6 cm
α = 9°: b = 3 cm; α = 15°: b = 5 cm
b) $A = 180\,cm^2$
α = 120°: $A = 60\,cm^2$; α = 60°: $A = 30\,cm^2$; α = 240°: $A = 120\,cm^2$
α = 40°: $A = 20\,cm^2$; α = 30°: $A = 15\,cm^2$; α = 20°: $A = 10\,cm^2$
α = 12°: $A = 6\,cm^2$;

S. 14

5 a) $b = 4{,}7\,cm$ $\mathbf{A = 21{,}2\,cm^2}$ R b) $b = 9{,}4\,cm$ $\mathbf{A = 42{,}4\,cm^2}$ E
c) $b = 19\,cm$ $\mathbf{A = 169{,}6\,cm^2}$ B d) $\mathbf{b = 5{,}6\,cm}$ $A = 50{,}2\,cm^2$ M
e) $b = 15{,}7\,cm$ $\mathbf{A = 47{,}1\,cm^2}$ E f) $\mathbf{b = 23{,}7\,cm}$ $A = 142{,}0\,cm^2$ T
g) $b = 1{,}55\,cm$ $\mathbf{A = 1{,}86\,cm^2}$ P h) $\mathbf{b = 0{,}94\,cm}$ $A = 0{,}38\,cm^2$ E
i) $\mathbf{b = 15{,}4\,cm}$ $A = 24{,}6\,cm^2$ S Lösungswort: SEPTEMBER

6 a) (1) Die zwei Teilflächen ergeben zusammengesetzt einen Viertelkreis.
$r = \frac{1}{2}d$ d = Diagonale des Quadrates mit $a = 4\,cm$
$d = \sqrt{(4\,cm)^2 + (4\,cm)^2} = 4\sqrt{2}$
$r = \frac{1}{2} \cdot 4 \cdot \sqrt{2} = 2 \cdot \sqrt{2}$
$A = \frac{90°}{360°} \cdot (2\sqrt{2})^2 \pi = 2 \cdot \pi\,cm^2 \approx 6{,}28\,cm^2$
$U = 4 \cdot r + \frac{90°}{360°} \cdot 2 \cdot r \cdot \pi = 8\sqrt{2}\,cm + \sqrt{2} \cdot \pi\,cm \approx 15{,}76\,cm$
(2) Die vier Teilflächen ergeben zusammengesetzt einen Halbkreis.
$r = 2\,cm$
$A = \frac{180°}{360°} \cdot (2\,cm)^2 \cdot \pi = 2 \cdot \pi\,cm^2 \approx 6{,}28\,cm^2$
$U = 8 \cdot r + \frac{180°}{360°} \cdot 2 \cdot r \cdot \pi = 16\,cm + 2\pi\,cm \approx 22{,}28\,cm$
(3) Den Flächeninhalt erhält man, indem man die Fläche des Quadrates ($a = 4\,cm$) zwei Achtelkreise ($r = 3\,cm$) subtrahiert.
$A = 16\,cm^2 - 2 \cdot \frac{45°}{360°} \cdot (3\,cm)^2 \cdot \pi = 16\,cm^2 - 2{,}25\,cm^2 \cdot \pi \approx 8{,}93\,cm^2$
$U = 2 \cdot 4\,cm + 2 \cdot 1\,cm + 2 \cdot \frac{45°}{360°} \cdot 2 \cdot 3\,cm \cdot \pi + 2 \cdot (4\sqrt{2} - 3\,cm)$
$= 8\,cm + 2\,cm + 1{,}5\,cm \cdot \pi + 8\sqrt{2} - 6\,cm = 4\,cm + 1{,}5\,cm \cdot \pi + 8\sqrt{2} \approx 20{,}03\,cm$
b) Individuelle Lösungen

7 $b = \frac{\alpha}{360°} \cdot 2 \cdot r \cdot \pi \quad \Rightarrow \quad \alpha = \frac{b \cdot 180°}{r \cdot \pi}$
a) $\alpha = \frac{50\,cm \cdot 180°}{45\,cm \cdot \pi} \approx 63{,}66°$ b) $\alpha = \frac{100\,cm \cdot 180°}{140\,cm \cdot \pi} \approx 40{,}93$ c) $\alpha = \frac{10{,}0\,cm \cdot 180°}{3{,}5\,cm \cdot \pi} \approx 163{,}7°$

8 $\alpha = \frac{b \cdot 180°}{r \cdot \pi} \quad \Rightarrow \quad \alpha = \frac{1{,}00\,m \cdot 180°}{1{,}00\,m \cdot \pi} = \frac{180°}{\pi}$
$A = \frac{180°}{360° \cdot \pi} \cdot \pi \cdot (1{,}00\,m)^2 = 0{,}50\,m^2$ Alternative Lösung: $A = \frac{1}{2} \cdot b \cdot r = 0{,}50\,m^2$

9 $\frac{\pi}{6} = 30°$ $\frac{\pi}{3} = 60°$ $\frac{\pi}{2} = 90°$
$\frac{2\pi}{3} = 120°$ $\frac{5\pi}{6} = 150°$ $\pi = 180°$
$\frac{7\pi}{6} = 210°$ $\frac{4\pi}{3} = 240°$ $\frac{3\pi}{2} = 270°$
$\frac{5\pi}{3} = 300°$ $\frac{11\pi}{6} = 330°$ $2\pi = 360°$

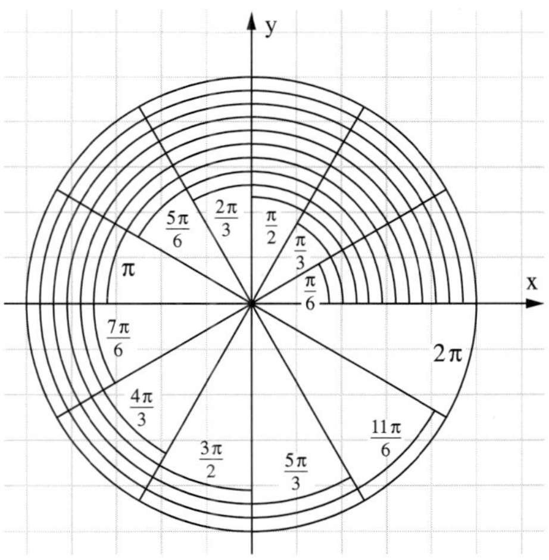

10 Große Pizza = P_1 mit $d_1 = 2d_2$; kleine Pizza = P_2 mit d_2
1 Stück von P_1: $A_1 = \frac{1}{8} \cdot \left(\frac{2d_2}{2}\right)^2 \cdot \pi = \frac{1}{8} \cdot d_2^2 \cdot \pi$
1 Stück von P_2: $A_2 = \frac{1}{8} \cdot \left(\frac{d_2}{2}\right)^2 \cdot \pi = \frac{1}{8} \cdot \frac{d_2^2}{4} \cdot \pi = \frac{1}{4} \cdot \left(\frac{1}{8} \cdot d_2^2 \cdot \pi\right) = \frac{1}{4} \cdot A_1$
4 kleine Stücke ergeben 1 Stück der großen Pizza.
1 Stück der großen Pizza müsste dann 4 € kosten.

11 a) Die erforderlichen Angaben könnten im Internet recherchiert werden.

Kontinent	Asien	Amerika	Afrika	Europa
Fläche	$44 \cdot 10^6\,km^2$	$42 \cdot 10^6\,km^2$	$30 \cdot 10^6\,km^2$	$11 \cdot 10^6\,km^2$
Winkelwert	105,6°	100,8°	72°	26,4°

Kontinent	Australien	Antarktis	Gesamt
Fläche	$9 \cdot 10^6\,km^2$	$14 \cdot 10^6\,km^2$	$150 \cdot 10^6\,km^2$
Winkelwert	21,6°	33,6°	360°

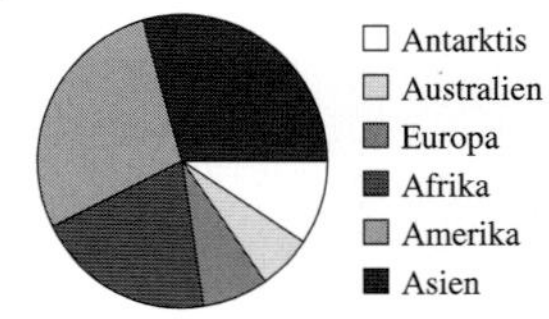

b) Wasserfläche: $360 \cdot 10^6\,km^2$; Gesamtfläche: $510 \cdot 10^6\,km^2$

Kontinent	Asien	Amerika	Afrika
Winkelwert	31,1°	29,6°	21,2°

Kontinent	Europa	Australien	Antarktis	Wasser
Winkelwert	7,8°	6,4°	9,9°	254,1°

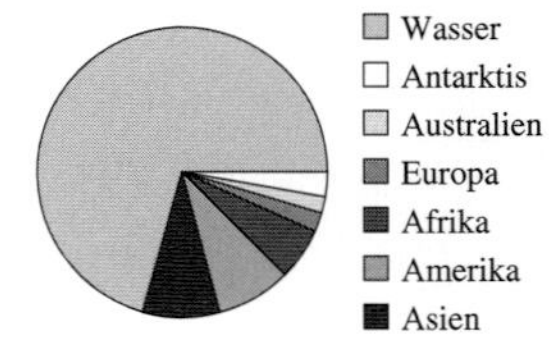

12 a) $V_{Kegel} = \frac{1}{3} \cdot G \cdot h = \frac{1}{3} \cdot r^2 \cdot \pi \cdot h$

$V = \frac{1}{3} \cdot 20\,cm^2 \cdot 5{,}6\,cm = \frac{112}{3}\,cm^3 \approx 37{,}3\,cm^3$

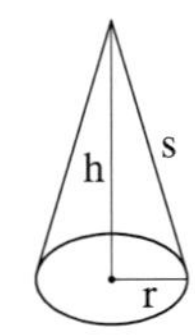

b) Mantelfläche $M = \pi \cdot r_{Kegel} \cdot s$

$G = r^2 \cdot \pi \quad \Rightarrow \quad r = \sqrt{\frac{G}{\pi}} = \sqrt{\frac{20\,cm^2}{\pi}} \approx 2{,}52\,cm$

$h^2 + r^2 = s^2 \quad \Rightarrow \quad s = \sqrt{h^2 + r^2} = \sqrt{(5{,}6\,cm)^2 + \frac{20\,cm^2}{\pi}} \approx 6{,}14\,cm$

$M = \pi \cdot 2{,}52\,cm \cdot 6{,}14\,cm \approx 48{,}61\,cm^2$

13 a) $b = \frac{1}{2} \cdot 2 \cdot 2{,}25\,m \cdot \pi \approx 8{,}64\,m$ $\quad A = \frac{1}{2} \cdot (2{,}25\,m)^2 \cdot \pi \approx 11{,}88\,m^2$

b) $b = \frac{1}{4} \cdot 2 \cdot 4{,}1\,m \cdot \pi \approx 6{,}44\,m$ $\quad A = \frac{1}{4} \cdot (4{,}1\,m)^2 \cdot \pi \approx 13{,}20\,m^2$

c) $b = 2 \cdot \left(\frac{1}{6} \cdot 2 \cdot 2{,}20\,m \cdot \pi\right) \approx 4{,}61\,m$

$A = 2 \cdot \left(\frac{1}{6} \cdot 2 \cdot (2{,}20\,m)^2 \cdot \pi\right) - \frac{1}{2} \cdot 2{,}20\,m \cdot h_{Dreieck}$

$\approx 2{,}97\,m^2$

wobei $h_{Dreieck} = \sqrt{(2{,}20\,m)^2 - (1{,}10\,m)^2} \approx 1{,}91\,m$

d) $b = 2 \cdot \left(\frac{70{,}5°}{360°} \cdot 2 \cdot 1{,}5\,m \cdot \pi\right) \approx 3{,}69\,m$

$A = 2 \cdot \left(\frac{70{,}5°}{360°} \cdot (1{,}5\,m)^2 \cdot \pi\right) - \frac{1}{2} \cdot 1\,m \cdot h_{Dreieck}$

$\approx 2{,}05\,m^2$

wobei $h_{Dreieck} = \sqrt{(1{,}5\,m)^2 - (0{,}5\,m)^2} = \sqrt{2}\,m$

e) Individuelle Lösungen

S. 15

14

1. $\frac{\pi}{10} = 18°$ P	2. $\frac{2\pi}{3} = 120°$ A	3. $288° = \frac{8\pi}{5}$ U
4. $327° = 5{,}71$ S	5. $162° = 2{,}83$ E	6. $\frac{\pi}{8} = 22{,}5°$ N
7. $\frac{5\pi}{4} = 225°$ H	8. $143° = 2{,}5$ O	9. $72° = 1{,}26$ F

Lösungswort: PAUSENHOF

15 $A = \frac{\alpha}{360°} \cdot r^2 \cdot \pi$; $\quad \alpha = \frac{180° \cdot b}{\pi \cdot r}$; $\quad r = \frac{2 \cdot A}{b}$

16

	a)	b)	c)	d)	e)	f)	g)
r	2,0 m	4,8 m	50 cm	8,0 cm	**≈ 6,56 cm**	**≈ 3,13 m**	**12 m**
α	$\frac{\pi}{6}$	**≈ 71,6°**	**≈ 103,1°**	**≈ 143,2°**	40°	0,87	**≈ 14,32°**
b	**≈ 1,05 m**	60 dm	9 dm	**20,0 cm**	**4,58 cm**	**≈ 2,72 m**	30 dm
A	**≈ 1,05 m²**	**14,4 m²**	**22,5 dm²**	0,8 dm²	15,0 cm²	4,25 m²	18 m²

17 a) $\frac{\alpha}{360°} \cdot a^2 \cdot \pi = \frac{1}{4} \cdot a^2 \cdot \pi \quad \Rightarrow \quad \alpha = 90°$

b) $\frac{\alpha}{360°} \cdot (3\,r)^2 \cdot \pi = \frac{1}{2} \cdot r^2 \cdot \pi \quad \Rightarrow \quad \alpha = \frac{1}{2} \cdot \frac{360°}{9} = 20°$

c)

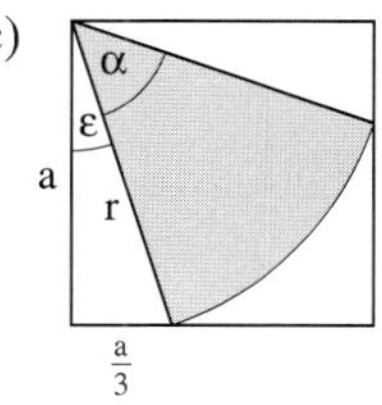

$\tan\varepsilon = \frac{\frac{a}{3}}{a} = \frac{1}{3} \quad \Rightarrow \quad \varepsilon = 18{,}4°$

$\alpha = 90° - 2 \cdot \varepsilon = 90° - 36{,}8° = 53{,}2°$

$r^2 = a^2 + \frac{a^2}{(3)^2} \quad \Rightarrow \quad r = \sqrt{\frac{10}{9}\,a^2} = \frac{a}{3}\sqrt{10}$

$\frac{53{,}2°}{360°} \cdot \left(\frac{a}{3}\sqrt{10}\right)^2 \cdot \pi = \frac{\alpha}{360°} \cdot \left(\frac{a}{2}\right)^2 \cdot \pi$

$53{,}2° \cdot \frac{10}{9} = \alpha \cdot \frac{1}{4}$

$236{,}4° = \alpha$

d) Individuelle Lösungen

18 a) Richtig, da die Bogenlänge b direkt proportional zum Winkel α ist.

b) Richtig, da die Bogenlänge b direkt proportional zum Radius r ist.

c) Falsch, da der Radius r in der Flächeninhaltsformel quadratisch vorkommt (dreifacher Radius ≙ neunfacher Flächeninhalt)

d) Richtig, da der Radius in der Flächeninhaltsformel quadratisch vorkommt (doppelter Radius ≙ vierfacher Flächeninhalt)

e) Richtig, da die Bogenlänge b direkt proportional zum Radius r ist, der Radius in der Flächeninhaltsformel jedoch quadratisch vorkommt (doppelter Radius ≙ doppelter Bogenlänge ≙ vierfacher Flächeninhalt)

19 a)

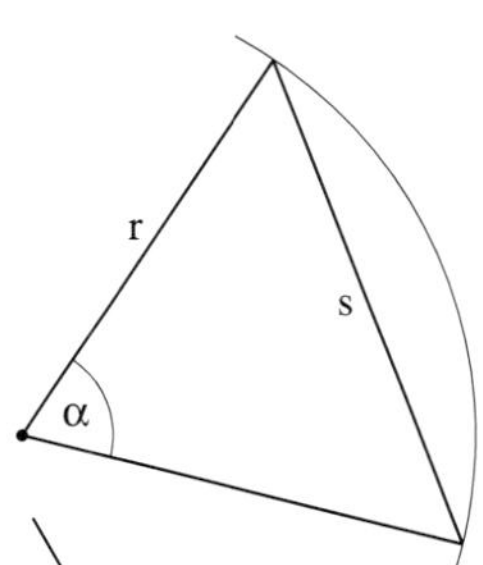

$A_{Segment} = A_{Sektor} - A_{Dreieck}$

Es handelt sich um ein gleichseitiges Dreieck mit Seitenlänge 6,0 cm $\Rightarrow \quad \alpha = 60°$

$A_{Dreieck} = \frac{1}{2} \cdot a \cdot \frac{a}{2}\sqrt{3} = \frac{1}{4}\,a^2 \cdot \sqrt{3}$

$A_{Segment} = \frac{60°}{360°} \cdot 36\,cm^2 \cdot \pi - \frac{1}{4} \cdot 36\,cm^2 \cdot \sqrt{3}$

$= 6\,cm^2 \cdot \pi - 9\,cm^2 \cdot \sqrt{3} \approx 3{,}26\,cm^2$

b)

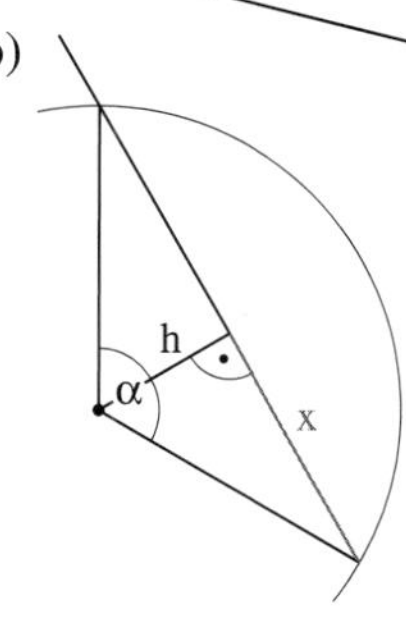

Es handelt sich um ein gleichschenkliges Dreieck.

$A_{Dreieck} = \frac{1}{2} \cdot s \cdot h = \frac{1}{2} \cdot (2 \cdot x) \cdot h = x \cdot h \approx 6{,}93\,cm \cdot 4\,cm = 27{,}72\,cm^2$

$\frac{x}{8} = \sin 60° \quad \Rightarrow \quad x \approx 6{,}93\,cm; \quad \frac{h}{8} = \cos 60° \quad \Rightarrow \quad h = 4\,cm$

$A_{Segment} = \frac{120°}{360°} \cdot (8\,cm)^2 \cdot \pi - 27{,}72\,cm^2 \approx 39{,}3\,cm^2$

c) Es handelt sich um ein rechtwinkliges Dreieck.

$A_{Dreieck} = \frac{1}{2} \cdot h \cdot s$

$s^2 = (7{,}5\,cm)^2 + (7{,}5\,cm)^2$

$\Rightarrow \quad s \approx 10{,}61\,cm; \quad h^2 = (7{,}5\,cm)^2 - \left(\frac{10{,}61}{2}\,cm\right)^2$

$\Rightarrow \quad h \approx 5{,}3\,cm$

$A_{Segment} = \frac{90°}{360°} \cdot (7{,}5\,cm)^2 \cdot \pi - \frac{1}{2} \cdot 5{,}3\,cm \cdot 10{,}61\,cm \approx 16{,}06\,cm^2$

20 a) Kalorien des Stücks = Masse (in Gramm) · 15 kJ

Masse = Volumen (in cm^3) · 0,5 g

Volumen $= A_{Sektor} \cdot h = \frac{40°}{360°} \cdot (13\,cm)^2 \cdot \pi \cdot 5\,cm = \frac{169 \cdot 5 \cdot \pi}{9}\,cm^3$

Kalorien $= \frac{169 \cdot 5 \cdot \pi}{9}\,cm^3 \cdot 0{,}5\,g \cdot 15\,kJ \approx 2212{,}20\,kJ$

b) 1. $d_2 = 1{,}25 \cdot d_1$ bzw. $r_2 = 1{,}25 \cdot r_1$

Kalorien (z) $= (1{,}25 \cdot r_1)^2 \cdot \pi \cdot \frac{\alpha}{360°} \cdot 5\,cm \cdot 0{,}5\,g \cdot 15\,kJ = 1{,}5625 \cdot$ Kalorien (1)

Sowohl die Masse als auch die Anzahl an Kilojoule erhöhen sich um 56,25 %.

2. $h_2 = 1{,}25 \cdot h_1$

Kalorien (2) $= \frac{\alpha}{360°} \cdot {r_1}^2 \cdot \pi \cdot 1{,}25 \cdot h_1 \cdot 0{,}5\,g \cdot 15\,kJ = 1{,}25 \cdot$ Kalorien (1)

Sowohl die Masse als auch die Anzahl an Kilojoule erhöhen sich um 25 %.

21 Radius = $\text{Radius}_{\text{Erde}}$ + Höhe des Satellits = 6370 km + 280 km = 6650 km
Vollständige Umkreisung: $U = 2 \cdot 6650\,\text{km} \cdot \pi \approx 41\,783{,}18\,\text{km}$
Weg in 1 Stunde = $41\,783{,}18\,\text{km} : 1{,}5 \approx 27\,855{,}45\,\text{km}$
Bahngeschwindigkeit = $27\,855{,}45\,\frac{\text{km}}{\text{h}} \approx 7{,}74\,\frac{\text{km}}{\text{s}}$

22

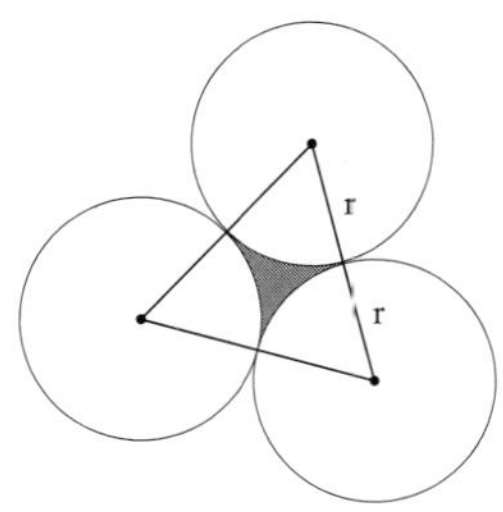

Es entsteht ein gleichseitiges Dreieck mit $a = 2 \cdot r$

$A = \frac{1}{4} \cdot \sqrt{3} \cdot a^2 = \frac{\sqrt{3}}{4} \cdot (2r)^2 = \sqrt{3} \cdot r^2$

$A_{\text{eingeschlossen}} = A_{\text{Dreieck}} - 3 \cdot A_{\text{Sektor}}$
$= \sqrt{3} \cdot r^2 - 3 \cdot \frac{60^\circ}{360^\circ} \cdot r^2 \cdot \pi$
$= \sqrt{3} \cdot r^2 - \frac{1}{2} \cdot r^2 \cdot \pi = r^2\left(\sqrt{3} - \frac{\pi}{2}\right)$

$U = 3 \cdot \frac{60^\circ}{360^\circ} \cdot 2 \cdot r \cdot \pi = r \cdot \pi$

S. 16 **23** a) Quadrat mit Seite a minus 2-mal Quadrat mit Seite $\frac{a}{2}$

$A = a^2 - 2 \cdot \frac{a^2}{4} = \frac{1}{2}a^2$

$U = \pi \cdot a$ (Vollkreis; $r = \frac{a}{2}$)

b) $2 \cdot$ Kreissektor ($\alpha = 120^\circ$, $r = a$) – $2 \cdot$ gleichseitiges Dreieck (Seitenlänge a)

$A = 2 \cdot \frac{120^\circ}{360^\circ} \cdot a^2 \cdot \pi - 2 \cdot \frac{a^2}{4} \cdot \sqrt{3} = \frac{2}{3}a^2\pi - \frac{a^2}{2} \cdot \sqrt{3} \approx 1{,}23\,a^2$

$U = 2 \cdot \frac{120^\circ}{360^\circ} \cdot 2 \cdot a \cdot \pi = \frac{4}{3} a \cdot \pi \approx 4{,}19\,a$

c) $2 \cdot$ Kreissektor ($\alpha = 60^\circ$, $r = 2a$) – gleichseitiges Dreieck (Seitenlänge 2 a) + Kreis (r – a)

$A = 2 \cdot \frac{60^\circ}{360^\circ} \cdot (2a)^2 \cdot \pi - \sqrt{3} \cdot a^2 + a^2 \cdot \pi = \frac{4}{3}a^2 \cdot \pi - \sqrt{3}\,a^2 + a^2 \cdot \pi \approx 3{,}24\,a^2$

$U = 2 \cdot \left(\frac{a}{2}\right) \cdot \pi + 2 \cdot \frac{60^\circ}{360^\circ} \cdot 2 \cdot 2a \cdot \pi - a \cdot \pi + \frac{4}{3} a \cdot \pi = \frac{7}{3} a \cdot \pi \approx 7{,}33\,a$

d) $A' = a^2 - 2 \cdot \left(a^2 - \frac{1}{4}a^2 \cdot \pi\right) = \frac{1}{2}a^2\pi - a^2$

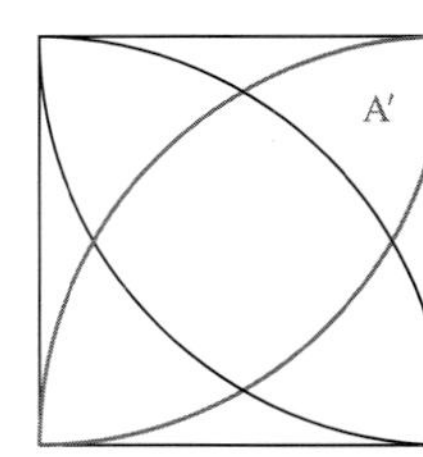

Die gesuchte Fläche ergibt sich aus $2 \cdot A' - A^*$
A^* ist der Flächeninhalt der Figur RSTU.
Sie setzt sich aus einem Quadrat und 4 Kreisabschnitten zusammen.
Für die Quadratseite gilt: $x = a\sqrt{2 - \sqrt{3}}$
Für die Höhe des gleichschenkligen Dreiecks DRS gilt:

$h = \frac{a}{2}\sqrt{2 + \sqrt{3}}$

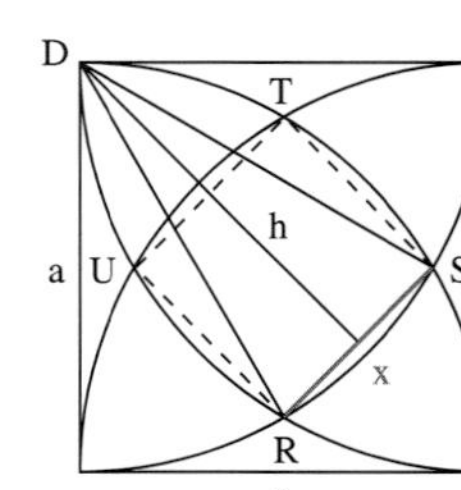

Somit ist $A^* = a^2\left(2 - \sqrt{3}\right) + 4\left(a^2\pi \cdot \frac{1}{12} - \frac{1}{2} \cdot a\sqrt{2 - \sqrt{3}} \cdot \frac{a}{2}\sqrt{2 + \sqrt{3}}\right)$

Für den gesuchten Flächeninhalt gilt also:

$A = a^2\left(\frac{2}{3}\pi - 3 + \sqrt{3}\right) \approx 0{,}826\,a^2$

$U = \frac{4}{3} \cdot \pi a \approx 4{,}19\,a$

e) $3 \cdot$ Kreissektor ($\alpha = 60^\circ$, $r = a$) – gleichseitiges Dreieck (Seitenlänge a)

$A = 3 \cdot \frac{60^\circ}{360^\circ} \cdot a^2 \cdot \pi - 2 \cdot \frac{a^2}{4}\sqrt{3} = \frac{a^2}{2} \cdot \pi - \frac{a^2}{2}\sqrt{3} \approx 0{,}705\,a^2$

$U = 3 \cdot \frac{60^\circ}{360^\circ} \cdot 2a \cdot \pi = a \cdot \pi$

f) $2 \cdot$ Kreissektor ($\alpha = 45^\circ$, $r = 2a$)
– rechtwinkliges Dreieck
(Hypotenuse 2 a; h = a)
+ Halbkreis (r = a)
+ Viertelkreis (r = x)

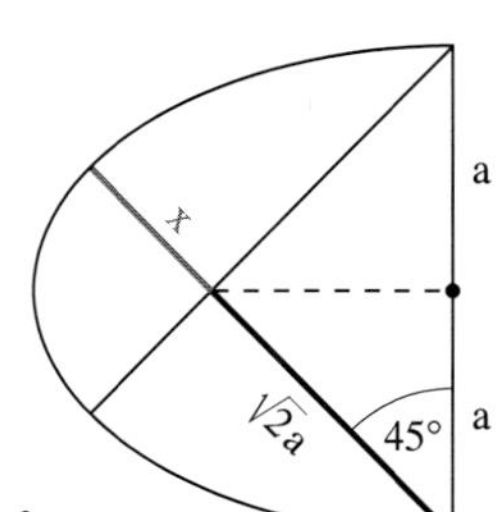

$x = 2a - \sqrt{2}a$
$= a \cdot (2 - \sqrt{2})$

$A = 2 \cdot \frac{45^\circ}{360^\circ} \cdot (2a)^2 \cdot \pi - \frac{1}{2} \cdot 2a \cdot a + \frac{1}{2} \cdot a^2 \cdot \pi + \frac{1}{4} \cdot \pi \cdot a^2 \cdot (2 - \sqrt{2})^2$
$= a^2 \cdot \pi - a^2 + \frac{a^2}{2} \cdot \pi + \frac{1}{4} \cdot \pi \cdot a^2 \cdot (2 - \sqrt{2})^2$ ($\approx 3{,}98\,a^2$)

$U = 2 \cdot \frac{45^\circ}{360^\circ} \cdot 2 \cdot 2a \cdot \pi + \frac{1}{2} \cdot 2 \cdot a \cdot \pi + \frac{1}{4} \cdot 2 \cdot a \cdot (2 - \sqrt{2})^2 \cdot \pi$
$= a \cdot \pi + a \cdot \pi + \frac{1}{2} \cdot \pi \cdot a \cdot (2 - \sqrt{2})$ ($\approx 7{,}2\,a$)

24 $A_{Sektor} = A_{Quadrat}$, also $\frac{\alpha}{360°} \cdot r^2 \cdot \pi = r^2 \quad \Rightarrow \quad \alpha = \frac{360°}{\pi} \approx 114{,}6°$

25 a)

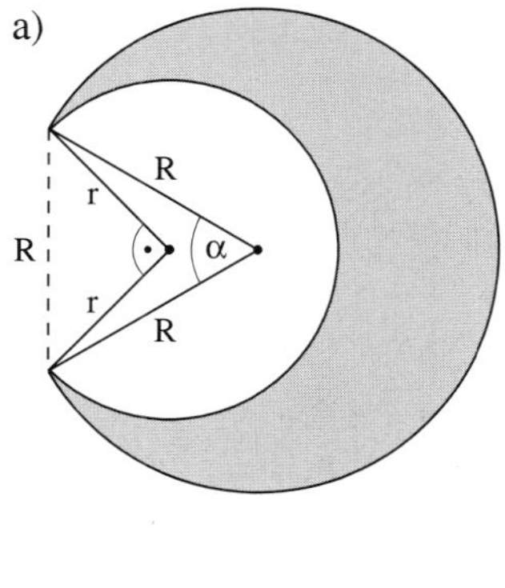

$\alpha = 60°$, da gleichseitiges Dreieck

$R^2 = r^2 + r^2 \quad \Rightarrow \quad R = \sqrt{2r^2} = r\sqrt{2}$

$A_{Sichel} = \frac{300°}{360°} \cdot (r\sqrt{2})^2 \cdot \pi - \frac{270°}{360°} \cdot r^2 \cdot \pi + A_d$

A_d = gleichseitiges Dreieck – rechtwinkliges Dreieck

$A_d = \frac{\sqrt{3}}{4} R^2 - \frac{r^2}{2} = \frac{\sqrt{3}}{4} \cdot 2r^2 - \frac{r^2}{2} = \left(\frac{\sqrt{3}}{2} - \frac{1}{2}\right) \cdot r^2$

$A_{Sichel}\ \frac{5}{6} \cdot 2r^2 \cdot \pi - \frac{3}{4} r^2 \pi + \left(\frac{\sqrt{3}}{2} - \frac{1}{2}\right) r^2 = \frac{11}{12} r^2 \pi + \left(\frac{\sqrt{3}}{2} - \frac{1}{2}\right) r^2 \approx 3{,}25\, r^2$

$U_{Sichel} = \frac{300°}{360°} \cdot 2 \cdot r\sqrt{2} \cdot \pi + \frac{270°}{360°} \cdot 2 \cdot r \cdot \pi =$

$= \frac{10}{6}\sqrt{2} \cdot r \cdot \pi + \frac{3}{2} r \cdot \pi = r\pi \cdot \left(\frac{5}{3}\sqrt{2} + \frac{3}{2}\right)\ (\approx 12{,}1 \cdot r)$

b)

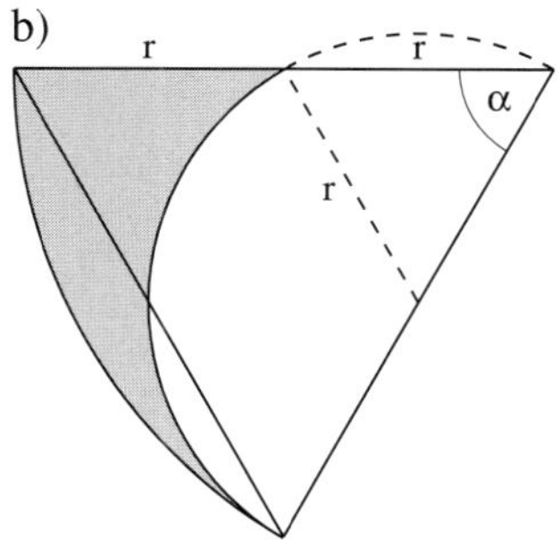

$\alpha = 60°$

$A_{\text{„Giftzahn"}} = A_{Sektor\,[2r;\,60°]} - A_{Halbkreis(r)} + A_{Segment}$

$A_{Segment} = A_{Sektor\,[r;\,60°]} - A_{gleichseitiges\ Dreieck} = \frac{60°}{360°} \cdot r^2 \cdot \pi - \frac{\sqrt{3}}{4} \cdot r^2$

$\Rightarrow \quad A_{\text{„Giftzahn"}} = \frac{60°}{360°} \cdot (2r)^2 \cdot \pi - \frac{1}{2} \cdot r^2 \cdot \pi + \frac{60°}{360°} \cdot r^2 \cdot \pi - \frac{\sqrt{3}}{4} \cdot r^2$

$= \frac{2}{3} r^2 \pi - \frac{1}{2} r^2 \pi + \frac{1}{6} r^2 \pi - \frac{\sqrt{3}}{4} r^2$

$= r^2 \cdot \left(\frac{1}{3}\pi - \frac{\sqrt{3}}{4}\right) \approx 0{,}61\, r^2$

$U = r + \frac{60°}{360°} \cdot 2 \cdot 2r \cdot \pi + \frac{120°}{360°} \cdot 2 \cdot r \cdot \pi = r + \frac{2}{3} \cdot r \cdot \pi + \frac{2}{3} \cdot r \cdot \pi\ (\approx 5{,}19 \cdot r)$

26 $\alpha = \frac{\pi}{6} = \sin 30°$

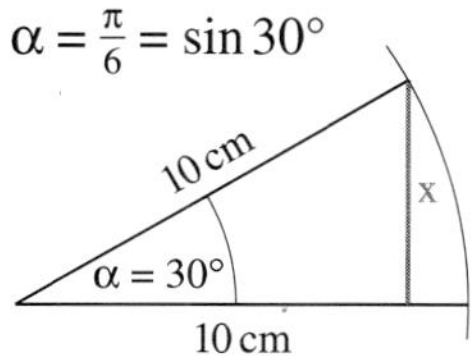

a) $x = \sin\frac{\pi}{6} \cdot 10\,\text{cm}$, da $\frac{x}{10\,\text{cm}} = \sin\frac{\pi}{6}$

b) $x = 5\,\text{cm}$, da $\sin\frac{\pi}{6} = \sin 30° = \frac{1}{2}$

c) Beachte: Der Taschenrechner muss auf RAD umgestellt werden.

$\sin\frac{\pi}{6} = \frac{1}{2}$; $\quad \cos 1{,}0472 \approx 0{,}5$; $\quad \sin 4 \approx -0{,}76$;

$\cos 5 \approx 0{,}28$; $\quad \cos\frac{\pi}{5} \approx 0{,}81$; $\quad \sin 3\pi = 0$

27

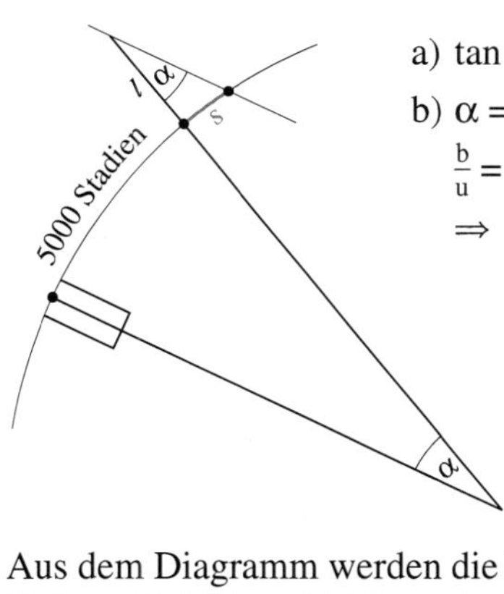

a) $\tan \pi = \frac{s}{l}$

b) $\alpha = 7{,}2°$; $b = 5000 \cdot 150\,\text{m} = 750\,\text{km}$

$\frac{b}{u} = \frac{\alpha}{360°}$

$\Rightarrow \quad u = b \cdot \frac{360°}{\alpha} = 750\,\text{km} \cdot \frac{360°}{7{,}2°} = 37\,500\,\text{km}$

(echter Wert ≈ 40 000 km)

28 Aus dem Diagramm werden die Kühe der einzelnen Bauern abgelesen:
Huber: 80; Meier: 24; Korn: 62; Lank: 32; Birn: x

$(80 + 24 + 62 + 32 + x) : 5 = 48{,}4 \quad \Rightarrow \quad (198 + x) : 5 = 48{,}4$

$\Rightarrow \quad 198 + x = 242$

$\Rightarrow \quad x = 44$

Spiel: Wer hat den Bogen raus?; Kopiervorlage S. 115 ff.
Spiel für 2 Personen (Spieldauer: 5–25 min.)

Spielbeschreibung:
Ein Zeiger soll auf einer Winkelscheibe mit 360°-Skala um vorgegebene Winkel (gegebenenfalls auch Sektorflächen oder Bogenlängen) zu einer Zielmarke gedreht werden. Die Umrechnung Gradmaß ↔ Bogenmaß wird hierbei geübt.

3 Volumen der Kugel

S. 17

1 Material: Verschieden große Kugeln und geeignete Gefäße, in die die Kugeln hineinpassen. Die Versuche liefern einen Näherungswert $\pi \approx 4$.

2 Die Terme, die ein Produkt aus 3 Variablen beinhalten, beschreiben ein Volumen.
Die Terme, die ein oder mehrere Produkte mit 2 Variablen beinhalten, beschreiben einen Oberflächeninhalt.

Zylinder:	$V = r^2\pi h$;	$O = 2r\pi(r+h)$	Quader:	$V = abc$;	$O = 2\cdot(ab+bc+ca)$
Würfel:	$V = a^3$;	$O = 6a^2$	Pyramide:	$V = \frac{1}{3}a^2h$;	
Kegel:	$V = \frac{1}{3}r^2\pi h$;	$O = r\cdot\pi(r+a)$	Prisma:	$V = \frac{1}{2}\cdot b\cdot c\cdot h$;	$O = bc+ah+bh+ch$

S. 18

3 Volumen einer Stahlkugel: $V = \frac{4}{3}\cdot\left(\frac{1}{2}\,\text{mm}\right)^3\cdot\pi = \frac{1}{6}\cdot\pi\,\text{mm}^3$
Gesamtvolumen: $V = \frac{1}{6}\cdot\pi\,\text{mm}^3\cdot 10\,000\,000 \approx 5236\,\text{cm}^3$
Gesamtmasse: $m = 5236\,\text{cm}^3\cdot 7{,}8\,\frac{\text{g}}{\text{cm}^3} = 40\,840{,}8\,\text{g} \approx 40{,}8\,\text{kg}$
Die Stahlkugeln können in einem Pkw transportiert werden.

4 a) $m = \frac{4}{3}\cdot\pi\cdot(2\,\text{cm})^3\cdot 0{,}9\,\frac{\text{g}}{\text{cm}^3} \approx 30{,}2\,\text{g}$
b) $V = 10\,\text{g} : 11{,}3\,\frac{\text{g}}{\text{cm}^3} \approx 0{,}884956\,\text{cm}^3$; $d = 2\cdot r = 2\cdot\sqrt[3]{884{,}956\,\text{mm}^3\cdot\frac{3}{4}\pi} \approx 11{,}9\,\text{mm}$

S. 19

5 a) (1) $V = \frac{4}{3}\cdot\pi\cdot(2{,}3\,\text{cm})^3 \approx 0{,}051\,\text{dm}^3$
(2) $V = \frac{4}{3}\cdot\pi\cdot(5\,\text{cm})^3 \approx 0{,}524\,\text{dm}^3$
(3) $V = \frac{4}{3}\cdot\pi\cdot\left(\left(\sqrt[3]{2}\right)^5\right)^3 = \frac{4}{3}\cdot\pi\cdot 2^5\,\text{m}^3 \approx 134\,041{,}287\,\text{dm}^3$
b) (1) $r = \sqrt[3]{905\,\text{mm}^3\cdot\frac{3}{4\pi}} \approx 6\,\text{mm}$
(2) $r = \sqrt[3]{1\,000\,000\,000\,\text{mm}^3\cdot\frac{3}{4\pi}} \approx 0{,}62\,\text{m}$
(3) $r = \sqrt[3]{1150\,\text{cm}^3\cdot\frac{3}{4\pi}} \approx 6{,}5\,\text{cm}$

6 a) (1) $r^2\cdot\pi\cdot 2r + \frac{1}{2}\cdot\frac{4}{3}\cdot\pi\cdot r^3 = 2\frac{2}{3}\cdot\pi\cdot r^3$ $(\approx 8{,}38\,r^3)$
(2) $\frac{1}{3}r^2\cdot\pi\cdot 2r + \frac{1}{2}\cdot\frac{4}{3}\cdot\pi\cdot r^3 = 1\frac{1}{3}\cdot\pi\cdot r^3$ $(\approx 4{,}19\,r^3)$
(3) $r^2\cdot\pi\cdot r + \frac{1}{2}\cdot\frac{4}{3}\cdot\pi\cdot r^3 = 1\frac{2}{3}\cdot\pi\cdot r^3$ $(\approx 5{,}24\,r^3)$
(4) $\left(\frac{1}{3}r\right)^2\cdot\pi\cdot\frac{5}{3}r + \frac{1}{2}\cdot\frac{4}{3}\cdot\pi\cdot r^3 = \frac{23}{27}\cdot\pi\cdot r^3$ $(\approx 2{,}68\,r^3)$
b) Individuelle Lösungen

7 a) Mögliche Abschätzung (im Kopf):
Würfel: $(100\,\text{cm})^3\cdot 2{,}5\,\frac{\text{g}}{\text{cm}^3} = 2\,500\,000\,\text{g} = 2500\,\text{kg}$
Kugel: $(40\,\text{cm})^3\cdot\frac{4}{3}\cdot\pi\cdot 2{,}5\,\frac{\text{g}}{\text{cm}^3} \approx (40\,\text{cm})^3\cdot 4\cdot 2{,}5\,\frac{\text{g}}{\text{cm}^3} = 64\,000\,\text{cm}^3\cdot 10\,\frac{\text{g}}{\text{cm}^3} = 640\,000\,\text{g}$
$= 640\,\text{kg}$
b) $m = (V_W + V_K)\cdot 2{,}6\,\frac{\text{g}}{\text{cm}^3} = \left((88\,\text{cm})^3 + \frac{4}{3}\cdot(38{,}5\,\text{cm})^3\cdot\pi\right)\cdot 2{,}6\,\frac{\text{g}}{\text{cm}^3} \approx 2393\,\text{kg}$

8 Der umbaute Raum setzt sich aus einem Zylinder $\left(r = \frac{43{,}3}{2}\,\text{m};\ h = \frac{43{,}3}{2}\,\text{m}\right)$ und einer Halbkugel $\left(r = \frac{43{,}3}{2}\,\text{m}\right)$ zusammen.
$V = V_Z + V_{HK} = \left(\frac{43{,}3}{2}\,\text{m}\right)^2\cdot\pi\cdot\frac{43{,}3}{2}\,\text{m} + \frac{1}{2}\cdot\frac{4}{3}\cdot\left(\frac{43{,}3}{2}\,\text{m}\right)^3\cdot\pi \approx 53\,134\,\text{m}^3$

9 a) Der rechte Restkörper hat das kleinste Volumen.

b) Körper (1): $V_{rot} = 2 \cdot \left(r^2 \cdot \pi \cdot \frac{1}{3} \cdot 2 \cdot r\right) = \frac{4}{3} r^3 \cdot \pi$; $r = 1{,}5\,cm$:

$V_{rot} = \frac{4}{3} \cdot (1{,}5\,cm)^3 \cdot \pi \approx 14{,}14\,cm^3$

$V_{Rest} = r^2 \cdot \pi \cdot 4 \cdot r - \frac{4}{3} r^3 \cdot \pi = \frac{8}{3} r^3 \cdot \pi$

$V_{Rest} = \frac{8}{3} \cdot (1{,}5\,cm)^3 \cdot \pi \approx 28{,}27\,cm^3$

Körper (2): $V_{lila} = 2 \cdot \left(\frac{1}{2} \cdot \frac{4}{3} \cdot r^3 \cdot \pi\right) = \frac{4}{3} r^3 \cdot \pi$;

für $r = 1{,}5\,cm$: $V_{lila} \approx 14{,}14\,cm^3$

$V_{Rest} = 4\,r^3 \cdot \pi - \frac{4}{3} r^3 \cdot \pi = \frac{8}{3} r^3 \cdot \pi$

für $r = 1{,}5\,cm$: $V_{Rest} \approx 28{,}27\,cm^3$ (siehe Körper (1))

Körper (3): $V_{blau} = \frac{1}{2} \cdot \frac{4}{3} \cdot r^3 \cdot \pi + \frac{1}{3} \cdot r^2 \cdot \pi \cdot 3\,r = \frac{2}{3} \cdot r^3 \pi + r^3 \pi = \frac{5}{3} r^3 \pi$

für $r = 1{,}5\,cm$: $V_{blau} = \frac{5}{3} \cdot (1{,}5\,cm)^3 \cdot \pi \approx 17{,}67\,cm^3$

$V_{Rest} = 4\,r^3 \pi - \frac{5}{3} r^3 \pi = \frac{7}{3} r^3 \pi$

für $r = 1{,}5\,cm$: $V_{Rest} = \frac{7}{3} \cdot (1{,}5\,cm)^3 \cdot \pi \approx 24{,}74\,cm^3$

10 a) Das Atomium besteht aus 9 Kugeln und 20 Verbindungsröhren

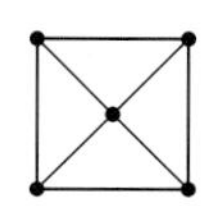

Zwei „Viereranordnungen“ $\Rightarrow$ $2 \cdot 8$ Röhren + 4 = 20

$V = 9 \cdot \left(\frac{4}{3} \cdot (9\,m)^3 \cdot \pi\right) + 20 \cdot \left((1{,}5\,m)^2 \cdot \pi \cdot 24\,m\right) \approx 30\,876\,m^3$

b) Individuelle Lösungen

S. 20

11 Der Findling hat etwa die Form einer Kugel.

$d_{Kugel} \approx 4 \cdot$ Größe der Kinder $= 4 \cdot 1{,}60\,m = 6{,}4\,m$

$m \approx \frac{4}{3} \cdot (3{,}2\,m)^3 \cdot \pi \cdot 2{,}9\,\frac{t}{m^3} \approx 137{,}26\,m^3 \cdot 2{,}9\,\frac{t}{m^3} = 398{,}05\,t \approx 398\,t$

i Dieser riesige Findling heißt Maglesten und liegt nördlich von Trollebo.
Er ist der Legende nach von einem Troll geworfen worden, um den Kirchbau zu Åhus zu verhindern. Der Troll verfehlte jedoch sein Ziel um mehrere Meilen.

12 a) $V = V_{Kegel} + V_{Halbkugel} = \frac{1}{3} \cdot (2\,cm)^2 \cdot \pi \cdot 11\,cm + \frac{1}{2} \cdot \frac{4}{3} \cdot (2\,cm)^3 \cdot \pi$

$\approx 62{,}83\,cm^3 = 62{,}83\,ml$

b) $V(r) = \frac{11}{3} r^2 \cdot \pi + \frac{2}{3} r^3 \cdot \pi$

c) 1. Möglichkeit: Aus Graphen ablesen: $r \approx 2{,}5\,cm$

2. Möglichkeit: $\frac{11}{3} r^2 \cdot \pi + \frac{2}{3} r^3 \cdot \pi = 100\,cm^3$ $\Rightarrow$ $11\,r^2 + 2\,r^3 = \frac{300}{\pi}$

Strategie Probieren liefert: $r \approx 2{,}45\,cm$

zu b)

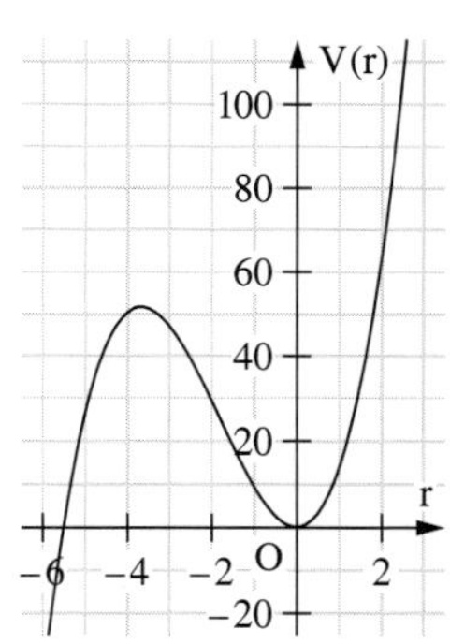

13 linker Körper:

$V_{Kegel} = \frac{1}{3} \cdot r^2 \cdot \pi \cdot 5\,r = \frac{5}{3} r^3 \pi$

$V_{halbgefüllte\ Kugel} = \frac{1}{2} \cdot \frac{4}{3} \cdot r^3 \pi = \frac{2}{3} r^3 \pi$

Volumen des Wassers im Kegel, nachdem die Kugel halb gefüllt wurde:

$V = \frac{5}{3} r^3 \pi - \frac{2}{3} r^3 \pi = r^3 \pi$

Gesucht ist also die Höhe des Kegels mit dem Radius x und der Höhe 5 x und dem Volumen $r^3 \pi$:

$\frac{5}{3} x^3 \pi = \pi r^3$ $\Rightarrow$ $x = \sqrt[3]{0{,}6} \cdot r \approx 0{,}84 \cdot r$

$h = 5 \cdot x = 5 \cdot \sqrt[3]{0{,}6} \cdot r \approx 4{,}22 \cdot r$

rechter Körper:

$V_{oberer\ Körper} = V_{Zylinder} + V_{Halbkugel} = \left(\frac{r}{2}\right)^2 \pi \cdot 5\,r + \frac{1}{2} \cdot \frac{4}{3} \cdot \left(\frac{r}{2}\right)^3 \cdot \pi = \frac{4}{3} r^3 \pi$

$V_{halbgefüllte\ Kugel} = \frac{2}{3} r^3 \pi$

Volumen des Wassers im oberen Körper, nachdem die Kugel halb gefüllt wurde:

$V = \frac{4}{3} r^3 \pi - \frac{2}{3} r^3 \pi = \frac{2}{3} r^3 \pi$

Gesucht ist also die Höhe im Zylinder:

$\left(\frac{r}{2}\right)^2 \cdot \pi \cdot h + \frac{1}{12} r^3 \pi = \frac{2}{3} r^3 \pi$ $\Rightarrow$ $h = \left(\frac{2}{3} r^3 \pi - \frac{1}{12} r^3 \pi\right) : \left(\frac{r}{2}\right)^2 \cdot \pi = \frac{7}{12} r^3 \pi : \frac{1}{4} r^2 \pi = \frac{7}{3} r$

14 Schätzung: $V_{Kugel} = \frac{4}{3} \cdot (5\,cm)^3 \cdot \pi \approx 4 \cdot 5^3\,cm^3 = 500\,cm^3 \Rightarrow V_{Rest} = 500\,cm^3 = 50\,\%$

Matthias hat recht.

Rechnung: $V_{Würfel} = (10\,cm)^3 \cdot \pi = 1000\,cm^3$

$V_{Kugel} = \frac{4}{3} \cdot (5\,cm)^3 \cdot \pi \approx 524\,cm^3$

Abfall: $\frac{1000-524}{1000} = 0{,}476 = 47{,}6\,\%$

15 Schätzung: $V_{Wassertropfen} = \frac{4}{3} \cdot (2\,mm)^3 \cdot \pi \approx 32\,mm^3$

Anzahl Wassertropfen $30 \cdot 60 \cdot 24 \cdot 7 \approx 30 \cdot 60 \cdot 25 \cdot 8 = 360\,000$

$V_{Wasser} \approx 30\,mm^3 \cdot 360\,000 = 10{,}8\,l$

Rechnung: $V_{Wasser} = \frac{4}{3} \cdot (2\,mm)^3 \cdot \pi \cdot 30 \cdot 60 \cdot 24 \cdot 7 \approx 10\,133\,521\,mm^3 \approx 10{,}13\,l$

16 $V_{Hohlkugel} = \frac{4}{3}(r_a - r_i)^3 \cdot \pi$ r_a: Außenradius; r_i: Innenradius

a) $V_{Wand} = \frac{9124\,g}{8{,}93\,\frac{g}{cm^3}} \approx 1021{,}73\,cm^3$

$V_a = \frac{4}{3} \cdot (12\,cm)^3 \cdot \pi \approx 7238{,}23\,cm^3$

$V_i = V_a - V_{Wand} \approx 6216{,}5\,cm^3$

$6216{,}5\,cm^3 = \frac{4}{3} \cdot r_i^3 \cdot \pi$

$r_i^3 = \frac{6216{,}5 \cdot 3\,cm^3}{4 \cdot \pi}$;

$r_i \approx 11{,}41\,cm$; $d = r_a - r_i \approx 12\,cm - 11{,}41\,cm = 0{,}59\,cm$

b) $V_{Wand} = \frac{154\,g}{2{,}5\,\frac{g}{cm^3}} \approx 0{,}616\,cm^3$

$V_i = \frac{4}{3} \cdot (4{,}8\,cm)^3 \cdot \pi \approx 463{,}25\,cm^3$

$V_a = V_i + V_{Wand} \approx 463{,}87\,cm^3$

$463{,}87\,cm^3 = \frac{4}{3} \cdot r_a^3 \cdot \pi$

$r_a^3 = \frac{463{,}87\,cm^3 \cdot 3}{4 \cdot \pi}$;

$r_a \approx 4{,}8021\,cm$; $d = r_a - r_i \approx 0{,}0021\,cm = 0{,}021\,mm$

17 a) Berechnung erfolgt unter Vernachlässigung der „gekrümmten" Ansatzstelle:

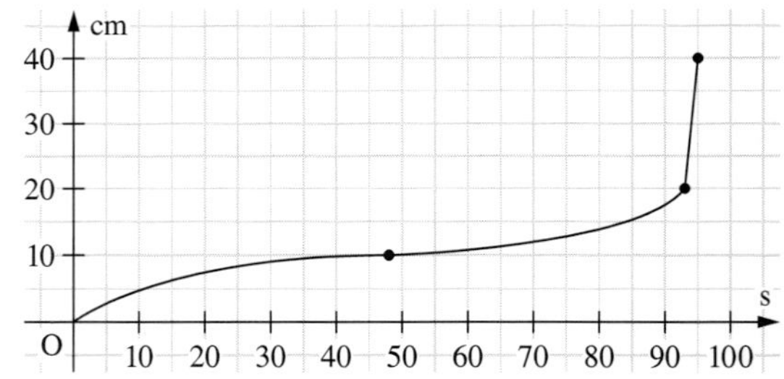

$V_{gesamt} = V_{Kugel} + V_{Zylinder}$

$= \frac{4}{3} \cdot (10\,cm)^3 \cdot \pi + (1\,cm)^2 \cdot \pi \cdot 20\,cm$

$\approx 4251{,}6\,cm^3$

$4251{,}6\,cm^3$ werden in 96 s gefüllt.

Also wird der Zylinder ($V_{Zylinder} \approx 62{,}8\,cm^3$) in $\frac{96 \cdot 62{,}8\,cm^3}{4251{,}6\,cm^3}\,s \approx 1{,}42\,s$ gefüllt.

b) Zuflussrate: $\frac{4251{,}6}{96}\,\frac{cm^3}{s} \approx 44{,}3\,\frac{cm^3}{s}$

$V_{gesamt} = V_{Halbkugel} + V_{Zylinder} + V_{Kegel}$

$= \frac{1}{2} \cdot \frac{4}{3} \cdot (10\,cm)^3 \cdot \pi + (10\,cm)^2 \cdot \pi \cdot 10\,cm + \frac{1}{3} \cdot (10\,cm)^2 \cdot \pi \cdot 10\,cm = 6283{,}2\,cm^3$

Füllzeit $\approx 6283{,}2\,cm^3 : 44{,}3\,\frac{cm^3}{s} \approx 142\,s = 2\,min\ 22\,s$

Beschreibung des Graphen:

Die ersten 47 s $\left(\triangleq \frac{1}{3}\text{ der Zeit}\right)$ steigt der Graph zunächst schnell, dann immer langsamer werdend (wie bei a)) bis 10 cm,

die nächsten 71 s $\left(\triangleq \frac{1}{2}\text{ der Zeit}\right)$ steigt der Graph gleichbleibend langsam bis 20 cm,

die restlichen 24 s $\left(\triangleq \frac{1}{6}\text{ der Zeit}\right)$ steigt der Graph immer schneller werdend bis 30 cm.

18 a) Der Term ist eine Summe.

mögl. Überschlag: $-6-(2+0{,}5)\cdot(-3)=-6+7{,}5=1{,}5$

Rechnung: $-6{,}2-\left(1\frac{2}{3}+\frac{21}{5}\cdot\frac{2}{21}\right)\cdot(-2{,}5)=-6{,}2-\left(1\frac{2}{3}+\frac{2}{5}\right)\cdot(-2{,}5)=-6{,}2-\frac{31}{15}\cdot\left(-\frac{25}{10}\right)$

$=-6{,}2+\frac{155}{30}=-1\frac{1}{30}$

b) Der Term ist ein Quotient.

mögl. Überschlag: $(4+22):\frac{1}{4}=26\cdot 4=104$

Rechnung: $\left(\frac{21}{5}+21{,}9\right):\frac{1}{4}=(4{,}2+21{,}9)\cdot 4=26{,}1\cdot 4=104{,}4$

c) Der Term ist ein Produkt.

mögl. Überschlag: $(4+1)\cdot(4-1)=5\cdot 3=15$

Rechnung: $(\sqrt{17}+1)(\sqrt{17}-1)=17-1=16$

4 Oberflächeninhalt der Kugel

→ AB

A **Alternative zum Einstieg:**
Arbeitsblatt: Zusammenhang von Oberflächeninhalt und Volumen der Kugel; Kopiervorlage S. 119

→ AB

Bastelvorlagen: Fußballnetz und Pyramiden; Kopiervorlage S. 120 f.
Schere, Klebstoff, idealerweise auch Fixogum
Arbeitsteilig werden ein Fußballnetz und Pyramiden gebastelt. Die Pyramiden füllen den Ball vollständig. Im Arbeitsblatt wird an diesem Modell $V=\frac{1}{3}O\cdot r$ hergeleitet.

S. 21

1 Material: evtl. ein Fußball
Die Oberfläche dieses Fußballs besteht aus (12) schwarzen, leicht gekrümmten Fünfecken und (20) weißen leicht gekrümmten Sechsecken. Man könnte die Krümmung vernachlässigen und den Flächeninhalt dieser Fünf- und Sechsecke berechnen.

S. 22

2 $O=4\pi r^2 \Rightarrow r=\sqrt{\frac{O}{4\pi}}$; $V=\frac{4}{3}r^3\pi \Rightarrow r=\sqrt[3]{\frac{3\cdot V}{4\cdot\pi}}$

a) $O\approx 224{,}85\,m^2=22\,485\,dm^2$	$V\approx 317{,}037\,m^3=317\,037\,dm^3$
b) $r\approx 12\,cm=1{,}2\,dm$	$V\approx 7{,}238\,dm^3$
c) $r\approx 27\,dm$	$O\approx 9160{,}88\,dm^2$
d) $V\approx 572{,}15\,m^3$	$O\approx 333{,}29\,m^2$
e) $r\approx 1{,}06\,cm$	$V\approx 4{,}99\,cm^3$
f) $r\approx 4{,}34\,m$	$O\approx 236{,}7\,m^2$

3 Individuelle Lösungen

4 (1) Kugel mit $r=4\,cm$; $O\approx 201{,}06\,cm^2$; $V\approx 268{,}08\,cm^3$

(2) Körper = Zylinder ($r=3\,m$; $h=4\,m$) und Halbkugel ($r=3\,m$)

$V=(3\,m)^2\cdot\pi\cdot 4\,m+\frac{1}{2}\cdot\frac{4}{3}\cdot(3\,m)^3\cdot\pi\approx 169{,}65\,m^3$

$O=(3\,m)^2\cdot\pi+2\cdot 3\,m\cdot\pi\cdot 4\,m+\frac{1}{2}\cdot 4\cdot(3\,m)^2\cdot\pi\approx 160{,}22\,m^2$

(3) Körper (= Kegel ($r=3\,dm$; $h=4\,dm$) und Halbkugel ($r=3\,dm$))

$V=\frac{1}{3}\cdot(3\,dm)^2\cdot\pi\cdot 4\,dm+\frac{1}{2}\cdot\frac{4}{3}\cdot(3\,dm)^3\cdot\pi\approx 94{,}25\,dm^3$

$O=\pi\cdot 3\,dm\cdot\sqrt{(3\,dm)^2+(4\,dm)^2}+\frac{1}{2}\cdot 4\cdot(3\,dm)^2\cdot\pi\approx 103{,}67\,dm^2$

5 Kugel mit $d=36\,m \Rightarrow r=18\,m$

Farbmenge $=\frac{O_{Kugel}}{2{,}4\,m^2}\,kg=\frac{4\cdot(18\,m)^2\cdot\pi}{2{,}4\,m^2}\,kg\approx 1696{,}46\,kg$

6 a) Volumen einer Kugel mit Radius r: $V_K = \frac{4}{3}r^3 \cdot \pi$

Volumen eines Zylinders mit Radius r und Höhe 2r: $V_Z = r^2 \cdot \pi \cdot 2 \cdot r = 2r^3\pi$

Volumen des Restkörpers: $V_Z - V_K = 2 \cdot r^3\pi - \frac{4}{3}r^3\pi = \frac{2}{3}r^3\pi$

Anteil, der leer bleibt: $\frac{\frac{2}{3}r^3\pi}{2r^3\pi} = \frac{1}{3} = 33\frac{1}{3}\,\%$

b) Oberfläche der Kugel: $O_K = 4 \cdot r^2 \cdot \pi$

Mantelfläche des Zylinders: $M_Z = 2 \cdot r \cdot \pi \cdot 2r = 4r^2\pi$

} Die Kugeloberfläche und die Mantelfläche des Zylinders sind gleich groß.

7 a) Masse = Volumen · Dichte $\Rightarrow$ Volumen = $10\,000\,g : 0{,}92\,\frac{g}{cm^3} \approx 10\,869{,}57\,cm^3$

$V_K = \frac{4}{3}r^3\pi \Rightarrow r = \sqrt[3]{\frac{3 \cdot 10\,869{,}57\,cm^3}{4 \cdot \pi}} \approx 13{,}74\,cm \Rightarrow d \approx 27{,}48\,cm$

$O_K = 4r^2\pi = 4 \cdot (13{,}74\,cm)^2 \cdot \pi \approx 2372{,}37\,cm^2$

8 a) Der Drehkörper setzt sich aus einem Kegel mit dem Radius 2r und der Höhe r und einer Halbkugel mit dem Radius r zusammen.

b) $V = V_{Halbkugel} + V_{Kegel} = \frac{1}{2} \cdot \frac{4}{3} \cdot \pi \cdot r^3 + \frac{1}{3} \cdot (2r)^2 \cdot \pi \cdot r = 2\pi \cdot r^3$

c) $2\pi r^3 = 85{,}75\,\pi\,cm^3 \Rightarrow r = \sqrt[3]{\frac{85{,}75}{2}\,cm^3} = 3{,}5\,cm$

9 Würfel: $V = 1\,m^3 = 1000\,dm^3 \Rightarrow$ Kantenlänge $s = 10\,dm$

$O = 6 \cdot (10\,dm)^2 = 600\,dm^2 = 6\,m^2$

Kugel: $V = 1000\,dm^3$; $\frac{4}{3}r^3\pi = 1000\,dm^3 \Rightarrow r = \sqrt[3]{\frac{1000 \cdot 3}{\pi \cdot 4}}\,dm \approx 6{,}2\,dm$

$O = 4 \cdot (6{,}2\,dm)^2 \cdot \pi \approx 483{,}05\,dm^2 = 4{,}83\,m^2$

Die Oberfläche des Würfels ist größer. Die Oberflächeninhalte verhalten sich etwa 6 : 5.

10 Halbkugel mit $d = 23\,m \Rightarrow r = 11{,}5\,m$

a) $O = \frac{1}{2} \cdot 4 \cdot (11{,}5\,m)^2 \cdot \pi \approx 830{,}95\,m^2$

b) Masse = Volumen · Dichte = $830{,}95 \cdot 10^6\,mm^2 \cdot 0{,}0001\,mm \cdot 19{,}3\,\frac{g}{cm^3}$

$= 83095\,mm^3 \cdot 19{,}3\,\frac{g}{cm^3} = 83{,}095\,cm^3 \cdot 19{,}3\,\frac{g}{cm^3} = 1603{,}7335\,g \approx 1{,}6\,kg$

11 a) Volleyball: $U_1 = 65\,cm = 2r_1\pi \Rightarrow r_1 \approx 10{,}35\,cm \Rightarrow d_1 \approx 20{,}69\,cm$;

$V_1 \approx 4644{,}19\,cm^3$

$U_2 = 67\,cm = 2r_2\pi \Rightarrow r_2 \approx 10{,}66\,cm \Rightarrow d_2 \approx 21{,}33\,cm$;

$V_2 \approx 5074{,}11\,cm^3$

Der Durchmesser liegt zwischen 20,7 cm und 21,3 cm, das Volumen zwischen $4644{,}19\,cm^3$ und $5074{,}11\,cm^3$.

Rechenweg für Fußball und Basketball analog Volleyball.

Fußball: Der Durchmesser liegt zwischen 21,6 cm und 22,6 cm, das Volumen zwischen $5306{,}04\,cm^3$ und $6044{,}0\,cm^3$.

Basketball: Der Durchmesser liegt zwischen 23,9 cm und 24,8 cm, das Volumen zwischen $7130{,}2\,cm^3$ und $8005{,}79\,cm^3$.

b) Volumen Basketball = $8\,dm^3 = \frac{4}{3} \cdot r^3 \cdot \pi \Rightarrow r = \sqrt[3]{\frac{3 \cdot 8\,dm^3}{4 \cdot \pi}} \approx 1{,}24\,dm = 12{,}4\,cm \Rightarrow d = 24{,}8\,cm$

Der Ring des Basketballkorbs muss mindestens einen Durchmesser von 25 cm haben.

12 Kugel 1 mit Radus r $\Rightarrow V = \frac{4}{3}r^3\pi$; $O = 4r^2\pi$

Kugel 2 mit Radus 2r $\Rightarrow V = \frac{4}{3} \cdot (2r)^3 \cdot \pi = 8 \cdot \frac{4}{3}r^3\pi$; $O = 4 \cdot (2r^2)\pi = 4 \cdot 4r^2\pi$

Nicolas hat nicht Recht. Verdoppelt man den Radius, dann vervierfacht sich der Oberflächeninhalt, das Volumen verachtfacht sich.

13 Luftballon mit Radius r: $V = \frac{4}{3} \cdot r^3\pi$; $O = 4 \cdot r^2 \cdot \pi$

a) L_a hat $2 \cdot V = 2 \cdot \frac{4}{3} \cdot r^3\pi$; $\frac{8}{3} r^3\pi = \frac{4}{3} \cdot r_a^3 \cdot \pi \Rightarrow r_a = \sqrt[3]{2}\, r$

Der neue Radius ist das $\sqrt[3]{2}$-fache des ursprünglichen Radius.

b) L_b hat $2 \cdot O = 2 \cdot 4r^2\pi$; $8r^2\pi = 4 \cdot r_b^2 \cdot \pi \Rightarrow r_b = \sqrt{2}\, r$

Der neue Radius ist das $\sqrt{2}$-fache des ursprünglichen Radius.

c) L_c hat $2 \cdot U = 2 \cdot 2 \cdot r \cdot \pi$; $4 \cdot r \cdot \pi = 2 \cdot r_c \cdot \pi \Rightarrow r_c = 2 \cdot r$

Der neue Radius ist doppelt so lange wie der ursprüngliche Radius.

14 a) Volumen Kugel = Volumen Zylinder = Volumen Kegel

$\frac{4}{3} \cdot r^3 \cdot \pi = r^2 \cdot \pi \cdot h_{Zylinder} \Rightarrow \frac{4}{3} \cdot r = h_{Zylinder}$

$\frac{4}{3} \cdot r^3 \cdot \pi = \frac{1}{3} \cdot r^2 \cdot \pi \cdot h_{Kegel} \Rightarrow 4 \cdot r = h_{Kegel}$

Die Höhe des Zylinders beträgt $\frac{4}{3} \cdot r$, die des Kegels $4 \cdot r$.

b) Oberfläche Kugel = Oberfläche Zylinder = Oberfläche Kegel

$4r^2\pi = 2 \cdot r^2 \cdot \pi + 2 \cdot r \cdot \pi \cdot h_{Zylinder} \Leftrightarrow 4r^2\pi = 2r\pi \cdot (r + h_{Zylinder}) \Leftrightarrow 2r = r + h_{Zylinder}$

$\Rightarrow h_{Zylinder} = r$

$4r^2\pi = r^2\pi + \pi \cdot r \cdot \sqrt{r^2 + h_{Ke}^2} \Leftrightarrow 3r = \sqrt{r^2 + h_{Ke}^2} \Rightarrow 9r^2 = r^2 + h^2 \Rightarrow h_{Ke} = \sqrt{8}\, r = 2\sqrt{2} \cdot r$

Die Höhe des Zylinders beträgt r, die des Kegels $2\sqrt{2} \cdot r$.

15 a) $V_{Hohlkugel} = V_{äußere\ Kugel} - V_{innere\ Kugel} = \frac{4}{3} r^3\pi - \frac{4}{3}(r-d)^3 \cdot \pi$

$= \frac{4}{3}\pi \cdot [r^3 - (r^3 - 3r^2d + 3rd^2 - d^3)] = \frac{4}{3}\pi \cdot (3r^2d - 3rd^2 + d^3)$

b) r = 18 cm; d = 0,1 cm:

$V = \frac{4}{3} \cdot \pi \left(3 \cdot (18\,cm)^2 \cdot 0{,}1\,cm - 3 \cdot 18\,cm \cdot (0{,}1\,cm)^2 + (0{,}1\,cm)^3\right) \approx 404{,}89\,cm^3$

r = 18 cm; d = 0,001 cm: $V \approx 4{,}07\,cm^3$

c) Anschauliche Begründung:

Da diese Halbkugel sehr dünn ist, kann man auch den Oberflächeinhalt $O = 4\pi r^2$ mit der Dichte d der Hohlkugel multiplizieren.

Mathematische Begründung:

Mit sehr kleinem d werden in der Formel $V = \frac{4}{3} \cdot \pi \cdot (3r^2d - 3rd^2 + d^3)$ die Glieder $3rd^2$ und d^3 sehr (verschwindend) klein und können vernachlässigt werden.

Also $V \approx \frac{4}{3}\pi \cdot 3r^2d = 4\pi \cdot r^2d$.

d) Man dividiert das Volumen durch die Dicke d der Hohlkugel und erhält so $O = 4r^2\pi$.

S. 23

16 a) $V = V_{Kegel} + V_{Zylinder} + V_{Halbkugel} = \frac{1}{3} a^2 \cdot \pi \cdot a + a^2 \cdot \pi \cdot 3a + \frac{1}{2} \cdot \frac{4}{3} \cdot a^3 \cdot \pi = 4a^3\pi$

$O = Mantel_{Kegel} + Mantel_{Zylinder} + O_{Halbkugel}$

$= \pi \cdot a \cdot a \cdot \sqrt{2} + 2a \cdot \pi \cdot 3a + \frac{1}{2} \cdot 4 \cdot a^2 \cdot \pi = a^2 \cdot \pi \cdot (8 + \sqrt{2})$

b) $4a^3\pi = 62{,}5\pi\,cm^3 \Rightarrow a^3 = 15{,}625\,cm^3 \Rightarrow a = 2{,}5\,cm$

17 a) $O = 4 \cdot \left[\frac{1}{2}(r_a + r_i)\right]^2 \cdot \pi = (r_a + r_i)^2 \cdot \pi$

b) $V_{Hohlkugel} = \frac{4}{3} \cdot r_a^3\pi - \frac{4}{3} r_i^3\pi = \frac{4}{3} \cdot \pi (r_a^3 - r_i^3)$

$V_{Quader} + 2 \cdot V_{kleine\ Kugel} = O \cdot (r_a - r_i) + 2 \cdot \frac{4}{3} \cdot \left(\frac{r_a - r_i}{2}\right)^3 \cdot \pi = \pi \cdot (r_a^3 + r_a^2 r_i - r_a r_i^2 - r_i^3) + \frac{1}{3}\pi \cdot (r_a - r_i)^3$

$= \frac{4}{3}\pi r_a^3 - \frac{4}{3}\pi r_i^3 = \frac{4}{3}\pi (r_a^3 - r_i^3) = V_{Hohlkugel}$

18 Volumen des Pfropfens (Zylinders): $(2{,}5\,mm)^2 \cdot \pi \cdot 7\,mm = 43{,}75\pi\,mm^3$

$43{,}75\pi\,mm^3 = \frac{4}{3} \cdot \pi \cdot \left((35\,mm)^3 - r_i^3\right) \Rightarrow r_i \approx 34{,}9910\,mm$

$d = 35\,mm - 34{,}9910\,mm = 0{,}009\,mm$

Alternativ könnte auch die Formel aus Aufgabe 15 c) verwendet werden, da d sehr viel kleiner als r sein muss.

$d_{Seifenblase} = Volumen_{Pfropfen} : Oberfläche_{Seifenblase} = 43{,}75\pi\,mm^3 : 4 \cdot (35\,mm)^2 \cdot \pi \approx 0{,}009\,mm$

19 $O_K = V_K \Leftrightarrow 4r^2\pi = \frac{4}{3}\cdot r^3\pi \Rightarrow 1 = \frac{1}{3}r \Rightarrow r = 3$

Für $r = 3$ sind die Maßzahlen von Oberflächeninhalt und Volumen gleich.

20 a) Volumen der 4 kleinen Kugeln: $V = 4\cdot\frac{4}{3}\cdot(1\,\text{cm})^3\cdot\pi = \frac{16}{3}\pi\,\text{cm}^3$

$V_{\text{Kugel neu}} = \frac{16}{3}\pi\,\text{cm}^3 \Leftrightarrow \frac{4}{3}r^3\pi = \frac{16}{3}\pi\,\text{cm}^3 \Rightarrow r^3 = 4\,\text{cm}^3 \Rightarrow r = \sqrt[3]{4}\,\text{cm} \approx 1{,}59\,\text{cm}$

b) $O_{\text{kleine Kugel}} = 4\cdot(1\,\text{cm})^3\cdot\pi = 4\pi\,\text{cm}^2$

$O_{\text{Kugel neu}} = 4\cdot\left(\sqrt[3]{4}\right)^2\cdot\pi \approx 10{,}08\,\pi\,\text{cm}^2$

$\Big\}\ O_{\text{Kugel neu}} \approx 2{,}5\cdot O_{\text{kleine Kugel}}$

Die Oberfläche der neuen Kugel ist um 150 % größer als die von der kleinen Kugel.

21 Schätzung: Individuelle Lösungen

Kugel: $V = 500\,\text{cm}^3 = \frac{4}{3}\cdot r^3\cdot\pi \Rightarrow r = \sqrt[3]{\frac{375}{\pi}}\,\text{cm}$

$O = 4\cdot r^2\cdot\pi = 4\cdot\left(\frac{375}{\pi}\right)^{\frac{2}{3}}\cdot\pi\,\text{cm}^2 \approx 304{,}65\,\text{cm}^2$

Halbkugel: $V = 500\,\text{cm}^3 = \frac{2}{3}\cdot r^3\cdot\pi \Rightarrow r = \sqrt[3]{\frac{750}{\pi}}\,\text{cm}$

$O = \frac{1}{2}\cdot 4\cdot r^2\cdot\pi + r^2\pi = 3\cdot\left(\frac{750}{\pi}\right)^{\frac{2}{3}}\cdot\pi\,\text{cm}^2 \approx 362{,}70\,\text{cm}^2$

Würfel: $V = 500\,\text{cm}^3 = a^3 \Rightarrow a = \sqrt[3]{500}\,\text{cm}$

$O = 6\cdot a^2 = 6\cdot 500^{\frac{2}{3}}\cdot\text{cm}^2 \approx 378{,}00\,\text{cm}^2$

$O_{\text{Würfel}} : O_{\text{Halbkugel}} : O_{\text{Kugel}} \approx 378 : 363 : 305 \approx 19 : 18 : 15$

22 a) Würfel 1 hat Kantenlänge a.

Kugel 1 hat Diagonale $d = a \Rightarrow r_{K_1} = \frac{a}{2}$

Würfel 2: Querschnitt:

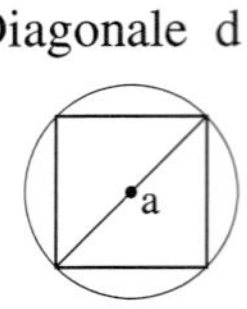

Raumdiagonale = a $\Rightarrow$ Kantenlänge $W_2 = \frac{1}{\sqrt{3}}\cdot a$

Kugel 2 hat Diagonale $d_2 = \frac{1}{\sqrt{3}}\cdot a \Rightarrow r_{K_2} = \frac{1}{2\sqrt{3}}\cdot a$

b) Würfel 1: $V_{W_1} = a^3$; $O_{W_1} = 6\cdot a^2$

Kugel 1: $V_{K_1} = \frac{4}{3}\cdot\left(\frac{a}{2}\right)^3\cdot\pi = \frac{a^3}{6}\cdot\pi$; $O_{K_1} = 4\cdot\left(\frac{a}{2}\right)^2\cdot\pi = a^2\cdot\pi$

Würfel 2: $V_{W_2} = \left(\frac{1}{\sqrt{3}}\cdot a\right)^3\cdot\pi = \frac{1}{3\sqrt{3}}\cdot a^3$; $O_{W_2} = 6\cdot\left(\frac{1}{\sqrt{3}}\cdot a\right)^2 = 2\cdot a^2$

Kugel 2: $V_{K_2} = \frac{4}{3}\cdot\left(\frac{1}{2\sqrt{3}}\cdot a\right)^3\cdot\pi = \frac{1}{18\sqrt{3}}\cdot a^3\cdot\pi$; $O_{K_2} = 4\cdot\left(\frac{1}{2\sqrt{3}}\cdot a\right)^2\cdot\pi = \frac{1}{3}\cdot a^2\pi$

$V_{W_1} : V_{W_2} = 1 : \frac{1}{3\sqrt{3}}$; $V_{K_1} : V_{K_2} = 1 : \frac{1}{3\sqrt{3}}$

(Volumen ergeben sich jeweils als $3\sqrt{3}$. Teil des Vorvolumens)

$O_{W_1} : O_{W_2} = 3 : 1$; $O_{K_1} : O_{K_2} = 3 : 1$

c) Würfel 3: $V_{W_3} = \frac{1}{3\sqrt{3}}\cdot V_{W_2} = \frac{1}{27}\cdot a^3$; $O_{W_3} = \frac{1}{3}\cdot O_{W_2} = \frac{2}{3}\cdot a^2$

Kugel 3: $V_{K_3} = \frac{1}{3\sqrt{3}}\cdot V_{K_2} = \frac{1}{162}\cdot a^3\cdot\pi$; $O_{K_3} = \frac{1}{3}\cdot O_{K_2} = \frac{1}{9}\cdot a^2\cdot\pi$

23 a) (1)

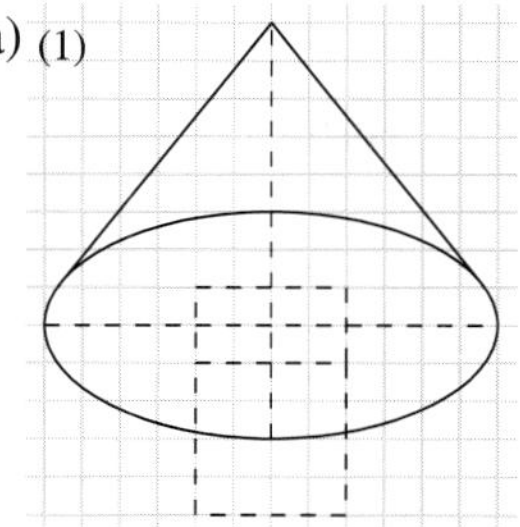

(2)

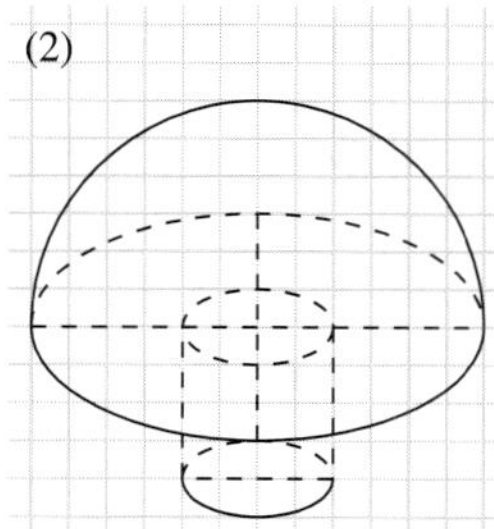

(3)

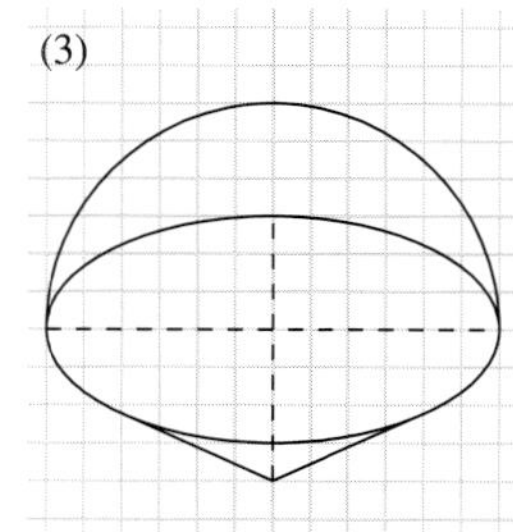

b) Quader und Kegel

$V_1 = 2^3 + \frac{1}{3}\cdot 3^2\cdot\pi\cdot 4$

$\approx 45{,}7$

$O_1 = 4\cdot 2^2 + 3^2\cdot\pi + \underbrace{3\cdot 5\cdot\pi}_{\text{Mantelfläche}}$

$\approx 91{,}4$

Zylinder und Halbkugel

$V_2 = 1^2\cdot\pi\cdot 2^2 + \frac{1}{2}\cdot\frac{4}{3}\cdot 3^3\cdot\pi$

$\approx 62{,}83$

$O_2 = 2\pi\cdot 2 + \frac{1}{2}\cdot 4\cdot 3^2\cdot\pi + 3^2\cdot\pi$

$\approx 97{,}4$

Kegel und Halbkugel

$V_3 = \frac{1}{3}\cdot 3^2\cdot\pi\cdot 2 + \frac{1}{2}\cdot\frac{4}{3}\cdot 3^3\cdot\pi$

$\approx 75{,}4$

$O_3 = \underbrace{\pi\cdot 3\cdot\sqrt{13}}_{\text{Mantelfläche}} + \frac{1}{2}\cdot 4\cdot 3^2\cdot\pi$

$\approx 90{,}5$

S. 24

24 $O_{Kugel} = 4\cdot(18\,\text{m})^2\cdot\pi \approx 4071{,}5\,\text{m}^2$

Flächeninhalt eines gleichseitigen Dreiecks $= \frac{7}{8}\cdot 4071{,}5\,\text{m}^2 : 6433 \approx 0{,}5538\,\text{m}^2 = 55{,}38\,\text{dm}^2$

Flächeninhalt eines gleichseitigen Dreiecks $= \frac{\sqrt{3}}{4}\cdot s^2$

$\Rightarrow\; 55{,}38\,\text{dm}^2 = \frac{\sqrt{3}}{4}\cdot s^2 \;\Rightarrow\; s \approx 11{,}31\,\text{dm} \approx 113\,\text{cm}$

25 a) $V_{Zylinder} = r^2\cdot\pi\cdot r = r^3\cdot\pi$

$V_{Halbkugel} = \frac{1}{2}\cdot\frac{4}{3}\cdot r^3\cdot\pi = \frac{2}{3}r^3\cdot\pi$

$V_{Kegel} = \frac{1}{3}\cdot r^2\cdot\pi\cdot r = \frac{1}{3}r^3\cdot\pi$

$\left.\right\}\; (r^3\cdot\pi) : \left(\frac{2}{3}r^3\cdot\pi\right) : \left(\frac{1}{3}r^3\cdot\pi\right) \;\Leftrightarrow\; 3:2:1$

b) $O_{Zylinder} = 2\cdot r^2\cdot\pi + 2\cdot r\cdot\pi\cdot r = 4r^2\cdot\pi$

$O_{Halbkugel} = r^2\cdot\pi + \frac{1}{2}\cdot 4\cdot r^2\cdot\pi = 3r^2\cdot\pi$

$O_{Kegel} = r^2\cdot\pi + r\cdot\pi\cdot r\sqrt{2} = (1+\sqrt{2})\cdot r^2\cdot\pi$

$\left.\right\}\; (4r^2\cdot\pi) : (3r^2\cdot\pi) : \left((1+\sqrt{2})\cdot r^2\cdot\pi\right) = \left(4:3:(1+\sqrt{2})\right) \approx 4:3:2{,}4$

26 $V_{Zylinder} = r^2\cdot\pi\cdot 2r = 2r^3\cdot\pi = V_{Kugel}$; $\frac{4}{3}\cdot R^3\cdot\pi = 2r^3\cdot\pi \;\Rightarrow\; R = r\cdot\sqrt[3]{\frac{3}{2}}$

$O_{Kugel} = 4\cdot R^2\cdot\pi = 4r^2\cdot\left(\frac{3}{2}\right)^{\frac{2}{3}}\cdot\pi \approx 16{,}5\,r^2$

27 Die Länge der Raumdiagonalen d des Quaders ist gleich der Länge des Durchmessers der Kugel.

Sei x eine Flächendiagonale: $x^2 = a^2 + b^2$;

$d^2 = x^2 + c^2$, also $d^2 = a^2 + b^2 + c^2 \;\Rightarrow\; d = \sqrt{a^2+b^2+c^2}$

Kugelradius $r = \frac{1}{2}d = \frac{1}{2}\cdot\sqrt{(12{,}5\,\text{cm})^2 + (10{,}1\,\text{cm})^2 + (5{,}2\,\text{cm})^2} \approx 8{,}45\,\text{cm}$

$V_K \approx 2523{,}2\,\text{cm}^3$; $O_K \approx 896{,}3\,\text{cm}^2$

28 a) $O = 4r^2\cdot\pi = 28\pi\,\text{cm}^2 \;\Rightarrow\; r = \sqrt{7}\,\text{cm}$

b) $r_s^2 = r^2 - d^2 = 7\,\text{cm}^2 - 4\,\text{cm}^2 = 3\,\text{cm}^2$ $\qquad A = r_s^2\cdot\pi = 3\,\text{cm}^2\cdot\pi \approx 9{,}42\,\text{cm}^2$

29

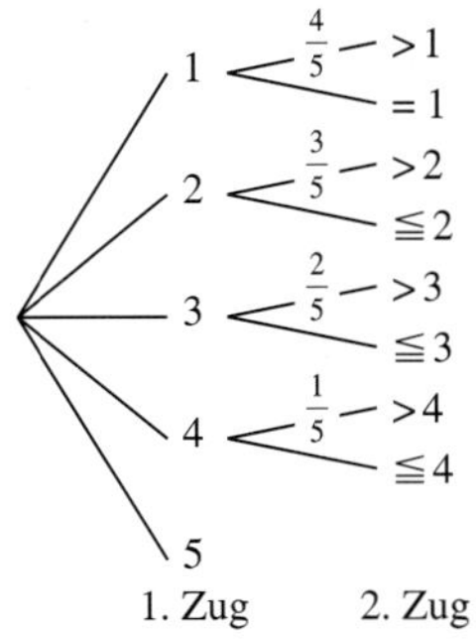

Die Zahl auf der zweiten Kugel kann nur größer sein als die erste Zahl, wenn zuerst 1, 2, 3 oder 4 gezogen wird.

Z: Ziffer auf der zweiten Kugel; E: Ziffer auf der ersten Kugel

$P(Z>E) = \frac{1}{5}\cdot\left(\frac{4}{5}+\frac{3}{5}+\frac{2}{5}+\frac{1}{5}\right) = \frac{2}{5} = 40\,\%$

30 a) Aussage falsch: Gegenbeispiel ist ein rechtwinkliges Dreieck mit den beiden anderen Winkeln von jeweils 45°.
b) Aussage wahr: Wegen der Umkehrung des Satzes von Pythagoras ist das Dreieck ein rechtwinkliges Dreieck. Ein solches Dreieck kann nicht gleichseitig sein (da alle Winkel 60° betragen müssten).

→ AB Arbeitsblatt: Zusammenhang von Oberflächeninhalt und Volumen der Kugel; Kopiervorlage S. 119

→ AB Bastelvorlagen: Fußballnetz und Pyramiden; Kopiervorlage S. 120f.
Schere, Klebstoff, idealerweise auch Fixogum
Arbeitsteilig werden ein Fußballnetz und Pyramiden gebastelt. Die Pyramiden füllen den Ball vollständig. Im Arbeitsblatt wird an diesem Modell $V = \frac{1}{3} O \cdot r$ hergeleitet.

→ TB Trainingsblatt: Berechnungen an Kugel und Kreis – Planetensystem; Kopiervorlage S. 122f.

*5 Anwendungen an der Erdkugel

S. 25

1 Die Schnittflächen sind Kreisflächen. Je näher man mit dem Schnitt dem Kugelmittelpunkt kommt, desto größer werden diese Kreisflächen. Damit die Schnittfläche möglichst groß wird, muss der Schnitt durch den Mittelpunkt der Kugel geführt werden. Das Volumen der beiden Kugelteile (Halbkugeln) ist dann gleich groß.

S. 26

2 a) $O_E = 4 \cdot (6370\,\text{km})^2 \cdot \pi \approx 509\,904\,364\,\text{km}^2 \approx 510$ Mio. km²
b) 70 % Wasser $\Rightarrow$ 30 % Land: Land $= 0{,}3 \cdot 510 \cdot 10^6\,\text{km}^3 \approx 153 \cdot 10^6\,\text{km}^3$
c) Da die Erdoberfläche von Bergen und Tälern geprägt ist, ist der tatsächliche Oberflächeninhalt größer als der berechnete.
d) $V_{\text{Ozeane}} = 0{,}7 \cdot 510 \cdot 10^6\,\text{km}^2 \cdot 3{,}8\,\text{km} \approx 1356{,}6 \cdot 10^6\,\text{km}^3 \approx 1{,}36 \cdot 10^9\,\text{km}^3$

3 a)

	Erde	Mond	Sonne
U	$40 \cdot 10^3$ km	$11 \cdot 10^3$ km	$4400 \cdot 10^3$ km
O	$510{,}0 \cdot 10^6$ km²	$38{,}0 \cdot 10^6$ km²	$6075{,}1 \cdot 10^9$ km²
V	$1082{,}7 \cdot 10^9$ km³	$22{,}0 \cdot 10^9$ km³	$1408{,}0 \cdot 10^{15}$ km³
m	$6020{,}0 \cdot 10^{12}$ t	$73{,}7 \cdot 10^{12}$ t	$1985{,}3 \cdot 10^{18}$ t

b) $r_E : r_M : r_S \approx 4 : 1 : 400$
$\varrho_E : \varrho_M : \varrho_S \approx 4 : 2 : 1$
$U_E : U_M : U_S \approx 4 : 1 : 400$
$O_E : O_M : O_S \approx 13 : 1 : 160\,000$
$V_E : V_M : V_S \approx 50 : 1 : 64\,000\,000$
$m_E : m_M : m_S \approx 82 : 1 : 27\,000\,000$ (andere Darstellung/Rundungen möglich)
c) Gertruds Aussage ist falsch (vgl. b))

4 a) Schätzung individuell
Rechnung: $2 \cdot 6370\,\text{km} \cdot \pi : 24\,\text{h} \approx 1668\,\frac{\text{km}}{\text{h}}$
b)
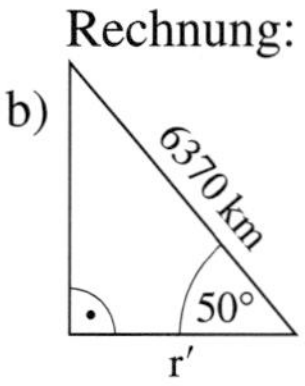

$\cos 50° = \frac{r'}{6370\,\text{km}} \Rightarrow r' \approx 4095\,\text{km}$ (r' ≙ Radius des 50. Breitenkreises)
$U \approx 2 \cdot 4095\,\text{km} \cdot \pi \approx 25\,727\,\text{km}$
Geschwindigkeit: $25\,727\,\text{km} : 24\,\text{h} \approx 1072\,\frac{\text{km}}{\text{h}}$

@ c) Individuelle Lösungen. Breitengrad im Internet oder Lexikon nachschlagbar.
z. B.: München 48°9′ nördl. Breite; Umfang ≈ 26 781 km
Geschwindigkeit: $26\,781\,\text{km} : 24\,\text{h} \approx 1116\,\frac{\text{km}}{\text{h}}$

5 Umfang der Erde am Äquator: $U = 2 \cdot 6378{,}14\,\text{km} \cdot \pi \approx 40\,075\,\text{km}$
$((40\,075\,\text{km}) : 360) \cdot (79 - 51) \approx 3117\,\frac{\text{km}}{\text{h}}$.
Die beiden Städte sind etwa 3117 km voneinander entfernt.

6 a) Sydney 151° östl. Länge; Buenos Aires 58,5° westl. Länge
b) Vgl. Lösungen zu Aufgabe 4b) und 5.
Umfang des 34. Breitenkreises: $U = 2 \cdot (6370\,\text{km} \cdot \cos 34°) \cdot \pi \approx 33\,181\,\text{km}$
Entfernung der beiden Städte: $(33\,181\,\text{km} : 360°) \cdot (360° - (151° + 58{,}5°)) \approx 13\,872\,\text{km}$
c) Material: Globus, Faden
Unterschiedliche Ergebnisse;
Messung auf einem Globus mit Maßstab 1 : 40 Mio. liefert eine Entfernung von 14 440 km.

7 Die Aufgabenstellung intendiert, einmal vom Flug längs eines Großkreises (Nord) auszugehen, das andere Mal vom Flug längs des Breitenkreises (West).
Der Großkreis hat einen längeren Umfang als jeder Breitenkreis (Äquator ausgenommen).
Somit ist die Flugroute nach Westen kürzer.

8 Richtige Antworten: a), c), d), e), f), h)

9 Ansatz: $f(x) = a \cdot (x+1) \cdot (x-3)$
$(= ax^2 - 2ax - 3a)$
Der Scheitelpunkt liegt auf der Symmetrieachse der beiden Nullstellen, d. h. auf $x = 1$.

zu 9)

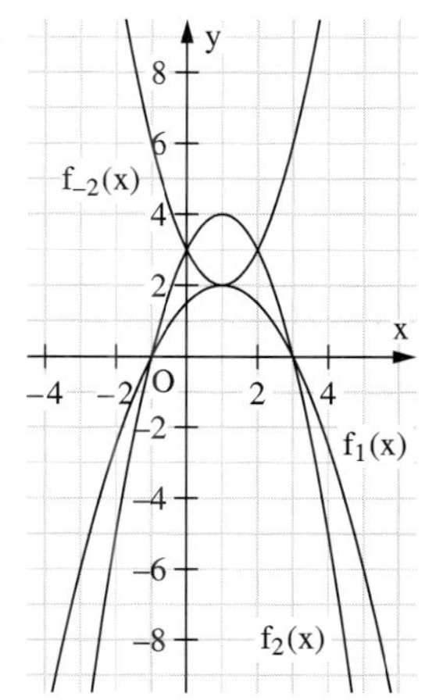

Thema: Quadraturen

S. 27

1 linke Figur: Höhensatz
Die Höhe h im rechtwinkligen Dreieck teilt die Hypotenuse in die Längen p und q.
grüne Fläche $= h^2$; gelbe Fläche $= p \cdot q$

$$h^2 = b^2 - p^2 = c^2 - a^2 - p^2 = (p+q)^2 - a^2 - p^2 = q^2 - 2pq - a^2 \quad \Rightarrow \quad h^2 = 2pq - h^2$$
$$\Rightarrow \quad h^2 = p \cdot q$$

rechte Figur: Satz des Pythagoras
grüne Fläche $= c^2$; gelbe Flächen $= a^2 + b^2$
Anwendung der Kathetensätze für rechtwinklige Dreiecke
(Katheten a und b, Hypotenuse c):

$$\left.\begin{array}{ll}\text{(I)} & a^2 = c \cdot p \\ \text{(II)} & b^2 = c \cdot q\end{array}\right\} \Rightarrow \quad a^2 + b^2 = c \cdot p + c \cdot q = c \cdot (p+q) = c \cdot c = c^2 \quad \Rightarrow \quad a^2 + b^2 = c^2$$

2 a) grün: $A_{gr} = \frac{1}{2} r^2$
gelb: $A_{ge} = \frac{1}{2} r^2 + \frac{1}{2}\left(\frac{\sqrt{2}}{2} r\right)^2 \cdot \pi - \frac{1}{4} r^2 \pi = \frac{1}{2} r^2$
Seitenlänge des Quadrats: $\frac{\sqrt{2}\,r}{2}$

b) grün: $A_{gr} = \frac{1}{2} a \cdot b$
gelb: $A_{ge} = \frac{1}{2} \cdot \left(\frac{b}{2}\right)^2 \cdot \pi + \frac{1}{2}\left(\frac{a}{2}\right)^2 \cdot \pi + \frac{1}{2} \cdot ab - \frac{1}{2} \cdot \left(\frac{c}{2}\right)^2 \cdot \pi$
$= \frac{1}{2} \cdot \frac{b^2}{4} \cdot \pi + \frac{1}{2} \cdot \frac{a^2}{4} \cdot \pi + \frac{1}{2} \cdot ab - \frac{1}{2} \cdot \left(\frac{a^2+b^2}{4}\right) \cdot \pi = \frac{1}{2} \cdot a \cdot b$
Seitenlänge des Quadrats: $\frac{\sqrt{ab}}{2}$

c) grün: $A_{gr} = 2r^2$
gelb: $A_{ge} = 2r^2 + 4 \cdot \frac{1}{2}\left(\frac{\sqrt{2} \cdot r}{2}\right)^2 \cdot \pi - r^2 \cdot \pi = 2r^2$
Seitenlänge des Quadrats: $\sqrt{2} \cdot r$

d) grün: $A_{gr} = r \cdot 2r = 2r^2$
gelb: $A_{ge} = \frac{1}{2} \cdot r^2 \cdot \pi + 2r^2 - \frac{1}{2} r^2 \cdot \pi = 2r^2$
Seitenlänge des Quadrats: $\sqrt{2} \cdot r$

3 $A_{Kreis} = \left(\frac{r}{2}\right)^2 \cdot \pi = \frac{r^2}{4} \cdot \pi$

$A_{Doppelsichel} = \frac{1}{2} r^2 \cdot \pi - 2 \cdot \frac{1}{2} \cdot \left(\frac{r}{2}\right)^2 \cdot \pi = \frac{1}{2} r^2 \cdot \pi - \frac{1}{4} r^2 \cdot \pi = \frac{r^2}{4} \cdot \pi$

i Der hier betrachtete Spezialfall wird in *Schülerbuch S. 161 Aufgabe 15* (Sichel des Archimedes) verallgemeinert.

4 $A_Q = A_{Kreis} = \pi \cdot 1\,\text{cm}^2$

$a^2 = \pi \cdot 1\,\text{cm}^2 \quad \Rightarrow \quad a = \sqrt{\pi} \cdot \text{cm}$

5 a) Konstruktion: Individuelle Lösung

$\overline{A'D} \approx 15{,}7\,\text{cm} = r \cdot \pi \quad \Rightarrow \quad \pi = 15{,}7\,\text{cm} : 5\,\text{cm} = 3{,}14$

b) Im Dreieck A′AD gilt: $\overline{A'D}^2 = \overline{AA'}^2 + \overline{AD}^2$

$\overline{AD} = 3 \cdot r - \overline{AC} = 3 \cdot r - r \cdot \tan 30°$ $\qquad \left(\tan 30° = \frac{\overline{AC}}{\overline{MA}} \text{ im Dreieck CAM}\right)$

$\overline{A'D} = \sqrt{(2r)^2 + \left(3r - \frac{\sqrt{3}}{3} \cdot r\right)^2} = \sqrt{4r^2 + 9r^2 - 2\sqrt{3}\,r^2 + \frac{1}{3} r^2} = r \cdot \sqrt{4 + 9 - 2\sqrt{3} + \frac{1}{3}}$

$\overline{A'D} = r \cdot \sqrt{13\frac{1}{3} - 2\sqrt{3}}$

$\sqrt{13\frac{1}{3} - 2\sqrt{3}} \approx 3{,}14153$ Somit ist die Näherung auf Zehntausendstel genau.

i Absoluter Fehler: $\pi - \sqrt{13\frac{1}{3} - 2\sqrt{3}} \approx 0{,}000059314$

Lesetext: Die Geschichte der Zahl π

S. 28 Im Lesetext wird deutlich, wie über Jahrtausende in verschiedensten Kulturkreisen nach immer besseren Näherungen für π gesucht wurde. In diesem Zusammenhang könnte auch das folgende Arbeitsblatt bearbeitet werden:

→ AB Arbeitsblatt: Näherungsweise Bestimmung der Kreiszahl π; Kopiervorlage S. 113 f.

Lesetext: Das W-Seminar in Mathematik

S. 30 Mit diesem Lesetext ist eine attraktive Anregung gegeben, Mathematik als Seminarfach in Erwägung zu ziehen. Der Text könnte nur der Lektüre dienen, kann aber auch Grundlage für ein Gespräch in der Klasse sein. Auch wäre es möglich, einzelne im Text vorgestellte Arbeitsschritte zu simulieren. Beispielsweise könnten weitere interessante Ideen für Seminararbeitsthemen zusammengetragen und mögliche Themen festgelegt werden (vgl. *Seite 31*). Für individuelle Seminararbeitsthemen bietet es sich an, eine erste Mindmap (vgl. *Seite 32*) zu gestalten.
Der vorgeschlagene Themenkreis „Berechnungen an der Erdkugel“ kann hierbei als inhaltliches oder methodisches Beispiel dienen.

II Trigonometrie aus geometrischer und funktionaler Sicht

1 Sinus und Kosinus am Einheitskreis

Historisches zur Trigonometrie; Kopiervorlage S. 124

S. 36 **1** a) $P\left(\frac{1}{2}\sqrt{3}\,\middle|\,\frac{1}{2}\right)$ b) $\beta = 150°$

S. 38 **2** Man zeichnet einen Einheitskreis (z. B. mit der Einheit 10 cm) und liest die x- bzw. y-Koordinate der Punkte P_α auf dem Einheitskreis ab.

	a)	b)	c)	d)	e)	f)
α	15°	105°	155°	205°	325°	−35°
$\sin\alpha$	0,26	0,97	0,42	−0,42	−0,57	−0,57
$\cos\alpha$	0,97	−0,26	−0,91	−0,91	0,82	0,82

3 a) 0,3420 b) −0,7193 c) −0,8141 d) 0,2470 e) −0,7466 f) −0,3502

4 a) $\sin 0° = 0$; $\sin 90° = 1$; $\sin 180° = 0$; $\sin 270° = -1$
b) $\cos 0° = 1$; $\cos 90° = 0$; $\cos 180° = -1$; $\cos 270° = 0$

5 a) $\alpha_1 \approx 15{,}0°$; $\alpha_2 \approx 165{,}0°$ b) $\alpha_1 \approx 24{,}3°$; $\alpha_2 \approx 335{,}7°$ c) $\alpha_1 \approx 253{,}3°$; $\alpha_2 \approx 286{,}7°$
d) $\alpha_1 \approx 172{,}3°$; $\alpha_2 \approx 187{,}7°$ e) $\alpha_1 \approx 208{,}6°$; $\alpha_2 \approx 331{,}4°$ f) $\alpha_1 \approx 94{,}9°$; $\alpha_2 \approx 265{,}1°$

S. 39 **6** a) $90° < \alpha < 180°$ b) $270° < \alpha < 360°$ c) $180° < \alpha < 270°$

7 Aus $2 = \frac{\alpha}{360°} \cdot 2\pi \cdot 1$ folgt $\alpha = 114{,}6°$, also $P(-0{,}42\,|\,0{,}91)$.

8 a) $\sin 135° = \sin 45° = \frac{1}{2}\sqrt{2}$
$\cos \frac{4}{3}\pi = \cos 240° = -\cos 60° = -\frac{1}{2}$
$\cos 315° = \cos 45° = \frac{1}{2}\sqrt{2}$
$\sin \frac{7}{6}\pi = \sin 210° = -\sin 30° = -\frac{1}{2}$
$\sin \frac{7}{4}\pi = \sin 315° = -\sin 45° = -\frac{1}{2}\sqrt{2}$

b) $\sin\alpha = 1$ für $\alpha = 90°$
$\sin\alpha = -1$ für $\alpha = 270°$
$\sin\alpha = 0$ für $\alpha_1 = 0°$; $\alpha_2 = 180°$
$\sin\alpha = \frac{1}{2}\sqrt{2}$ für $\alpha_1 = 45°$; $\alpha_2 = 135°$
$\cos\alpha = -\frac{1}{2}\sqrt{3}$ für $\alpha_1 = 150°$; $\alpha_2 = 210°$
$\cos\alpha = 1$ für $\alpha = 0°$
$\cos\alpha = 0$ für $\alpha_1 = 90°$; $\alpha_2 = 270°$
$\cos\alpha = -\frac{1}{2}$ für $\alpha_1 = 120°$; $\alpha_2 = 240°$

9 a) falsch, da $|\sin\alpha| \leqq 1$
b) falsch, da $\cos 120° = -\cos 60° = -0{,}5$
c) wahr, da $\cos\frac{4}{3}\pi = \cos 240° = \cos 120°$
d) falsch, da $x = 0{,}6428 \approx \frac{\pi}{5}$ ein Winkel im I. Quadranten mit positivem sin-Wert ist
e) falsch, da $\sin 45° + \cos 225° = \sin 45° + \cos 135° = \sin 45° - \cos 45° = \frac{1}{2}\sqrt{2} - \frac{1}{2}\sqrt{2} = 0$
f) wahr, da $\left(\sin\frac{\pi}{3}\right)^2 + \left(\cos\frac{5\pi}{3}\right)^2 = (\sin 60°)^2 + (\cos 300°)^2$
$= (\sin 60°)^2 + (\cos 60°)^2 = \left(\frac{1}{2}\sqrt{3}\right)^2 + \left(\frac{1}{2}\right)^2 = 1$

e) Individuelle Lösungen

10 a) Das Vorzeichen ergibt sich jeweils aus dem Quotienten $\frac{\sin\alpha}{\cos\alpha}$ (z. B. im III. Quadranten Zähler < 0, Nenner > 0):
I. Quadrant: +; II. Quadrant: −; III. Quadrant: +; IV. Quadrant: −
b) $\tan 60° = \frac{\sin 60°}{\cos 60°} = \frac{\frac{1}{2}\sqrt{3}}{\frac{1}{2}} = \sqrt{3}$
c) $\tan 112{,}5° \approx -2{,}4142$; $\tan 213{,}15° \approx 0{,}6531$; $\tan 298°\,36' = \tan 298{,}6° \approx -1{,}8341$;
$\tan 0{,}625\pi \approx -2{,}4142$
d) $\varepsilon_1 \approx 116{,}9°$; $\varepsilon_2 \approx 296{,}9°$ bzw. im Bogenmaß: $\varepsilon_1 \approx 2{,}041 \approx 0{,}649\pi$; $\varepsilon_2 \approx 5{,}182 \approx 1{,}649\pi$

11 a) Lexikon, Internet
Zur eindeutigen Ortung werden Winkel und Entfernung gemessen.
b) Für P: $\cos 30° = \frac{x_P}{4} \Rightarrow x_P = 2\sqrt{3}$; $\sin 30° = \frac{y_P}{4} \Rightarrow y_P = 2$
Für Q: $r^2 = (-2{,}5)^2 + (-2{,}5\sqrt{3})^2 \Rightarrow r = 5$
Da $x_Q < 0$ und $y_Q < 0$ gilt $180° < \varphi < 270°$; $\cos \varphi' = \frac{2{,}5}{5} = \frac{1}{2} \Rightarrow \varphi' = 60° \Rightarrow \varphi = 240°$
c) $\varphi_1 \approx 49°$; $r_1 \approx 5{,}5\,\text{km}$; $\varphi_2 \approx 311°$; $r_2 \approx 6{,}5\,\text{km}$; $\varphi_3 \approx 326°$; $r_3 \approx 3{,}5\,\text{km}$
$\cos \varphi_1 = \frac{x_1}{r_1} \Rightarrow x_1 \approx 3{,}6$; $\sin \varphi_1 = \frac{y_1}{r_1} \Rightarrow y_1 \approx 4{,}2 \Rightarrow P_1(3{,}6|4{,}2)$
Entsprechend: $P_2(4{,}3|-4{,}9)$; $P_3(2{,}9|-2{,}0)$

→ AB Arbeitsblatt: Polarkoordinaten; Kopiervorlage S. 134 f.
→ Polarkoordinatenpapier; Kopiervorlage S. 136

12 a) $x_{1/2} = \pm\sqrt{2}$ b) $x_1 = 0$; $x_2 = 3$

→ TB Trainingsblatt: Sinus und Kosinus am Einheitskreis; Kopiervorlage S. 125 f.

*2 Der Sinussatz

S. 40 **1** a) Maya meint: Da $\alpha = 1{,}5 \cdot \beta$ ist, muss $a = 1{,}5 \cdot b$ sein.
Sie macht folgenden Fehler: Zwar liegt in jedem Dreieck dem größeren Winkel die längere Seite gegenüber, aber Winkelgrößen und Seitenlängen sind nicht proportional.
b) $e = b \cdot \sin \alpha \approx 4{,}2\,\text{sm}$
c) $a = \frac{a}{\sin \beta} \approx 6{,}8\,\text{sm}$, wie angegeben
oder: $c_1 + c_2 = b \cdot \cos \alpha + a \cdot \cos \beta \approx 8{,}1\,\text{sm} = \overline{AB}$, wie angegeben

S. 42 **2** Z. B.:

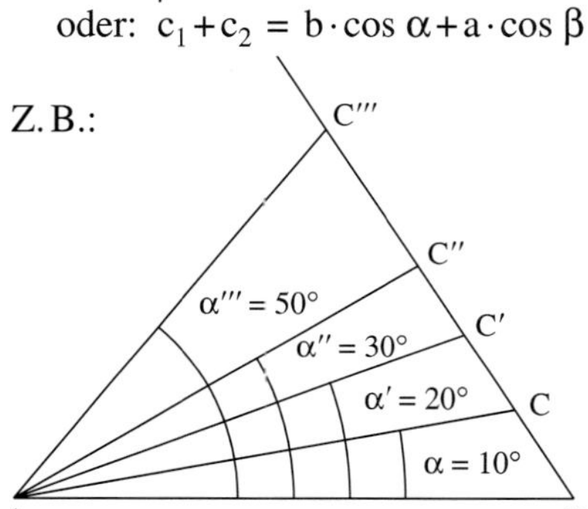

ΔABC: $\alpha = 10°$; $\beta = 45°$; $\gamma = 125°$;
$a = 1{,}06\,\text{cm}$; $b = 4{,}32\,\text{cm}$; $c = 5{,}00$

$$\frac{\sin \alpha}{\sin \beta} = \frac{\sin 10°}{\sin 45°} \approx 0{,}25 \approx \frac{1{,}06\,\text{cm}}{4{,}32\,\text{cm}} = \frac{a}{b}$$

$$\frac{\sin \alpha}{\sin \gamma} = \frac{\sin 10°}{\sin 125°} \approx 0{,}21 \approx \frac{1{,}06\,\text{cm}}{5{,}00\,\text{cm}} = \frac{a}{c}$$

$$\frac{\sin \beta}{\sin \gamma} = \frac{\sin 45°}{\sin 125°} \approx 0{,}86 \approx \frac{4{,}32\,\text{cm}}{5{,}00\,\text{cm}} = \frac{b}{c}$$

Analog lässt sich der Sinussatz für die Dreiecke ABC′, ABC″ und ABC‴ bestätigen.

3 a) $\frac{a_1+a_2}{b} = \frac{\sin \alpha}{\sin(180°-\alpha-\gamma)}$; $\frac{a_1+a_2}{c} = \frac{\sin \alpha}{\sin \gamma}$; $\frac{b}{c} = \frac{\sin(180°-\alpha-\gamma)}{\sin \gamma}$ b) $\frac{b}{\frac{c}{2}} = \frac{\sin(180°-\alpha-\gamma_1)}{\sin \gamma_1}$

c) $\frac{a_1+a_2}{\frac{c}{2}} = \frac{\sin(\alpha+\gamma_1)}{\sin \gamma_2}$ d) $\frac{a_1}{w_\alpha} = \frac{\sin \frac{\alpha}{2}}{\sin(180°-\alpha-\gamma)}$; $\frac{a_1}{c} = \frac{\sin \frac{\alpha}{2}}{\sin\left(\frac{\alpha}{2}+\gamma\right)}$; $\frac{w_\alpha}{c} = \frac{\sin(180°-\alpha-\gamma)}{\sin\left(\frac{\alpha}{2}+\gamma\right)}$

e) $\frac{a_2}{b} = \frac{\sin \frac{\alpha}{2}}{\sin\left(180°-\frac{\alpha}{2}-\gamma\right)}$; $\frac{a_2}{w_\alpha} = \frac{\sin \frac{\alpha}{2}}{\sin \gamma}$; $\frac{b}{w_\alpha} = \frac{\sin\left(180°-\frac{\alpha}{2}-\gamma\right)}{\sin \gamma}$

4 Ergänzend zum Lösungssalat sind die übrigen Stücke angegeben.
Es gibt jeweils nur eine Lösung, da der in Klammern angeführte Kongruenzsatz zutrifft.
a) $\alpha \approx 47{,}9°$; $\gamma \approx 62{,}1°$; $c \approx 5{,}36\,\text{cm}$ (SsW) b) $\alpha \approx 19{,}8°$; $\beta \approx 135{,}2°$; $b \approx 8{,}34\,\text{m}$ (SsW)
c) $\beta \approx 38{,}8°$; $\gamma \approx 31{,}2°$; $c \approx 4{,}13\,\text{cm}$ (SsW) d) $\gamma \approx 99{,}6°$; $c \approx 6{,}86\,\text{cm}$; $b \approx 4{,}48\,\text{cm}$ (SWW)
e) $\gamma \approx 23{,}7°$; $\alpha \approx 14{,}8°$; $a \approx 3{,}70\,\text{dm}$ (SsW) f) $\alpha \approx 66°$; $a \approx 7{,}99\,\text{cm}$; $c \approx 5{,}63\,\text{cm}$ (SWW)

5 $\gamma \approx 79°$

$b \approx \frac{\sin\beta}{\sin\gamma} \cdot c \approx 85{,}5\,\text{m}$

Breite: $h = b \cdot \sin\alpha \approx 55\,\text{m}$

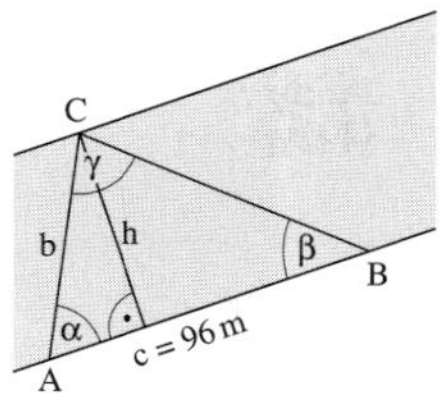

6 Der gegebene Winkel liegt jeweils der kleineren Seite gegenüber, so dass der SsW-Satz nicht anwendbar ist. Die Lösung ist daher nicht eindeutig.

a) $\beta_1 \approx 64{,}7°;\ \gamma_1 \approx 80{,}3°;\ c_1 \approx 5{,}67\,\text{cm}$ $\beta_2 \approx 115{,}3°;\ \gamma_2 \approx 29{,}7°;\ c_2 \approx 2{,}85\,\text{cm}$
b) $\gamma_1 \approx 81{,}2°;\ \alpha_1 \approx 68{,}8°;\ a_1 \approx 7{,}83\,\text{m}$ $\gamma_2 \approx 98{,}8°;\ \alpha_2 \approx 51{,}2°;\ a_2 \approx 6{,}54\,\text{m}$
c) $\alpha_1 \approx 51{,}4°;\ \beta_1 \approx 95{,}1°;\ b_1 \approx 10{,}83\,\text{cm}$ $\alpha_2 \approx 128{,}6°;\ \beta_2 \approx 17{,}9°;\ b_2 \approx 3{,}35\,\text{cm}$
d) $\beta_1 \approx 73{,}2°;\ \alpha_1 \approx 56{,}8°;\ a_1 \approx 6{,}11\,\text{cm}$ $\beta_2 \approx 106{,}8°;\ \alpha_2 \approx 23{,}2°;\ a_2 \approx 2{,}88\,\text{cm}$

7 a) 1 Lösung: $\beta = 90°;\ \gamma = 60°;\ c \approx 5{,}20\,\text{cm}$
b) Es ergibt sich $\sin\beta = \frac{5}{6}\sqrt{2} > 1$, also keine Lösung.
c) 2 Lösungen: $\gamma_1 \approx 51{,}8°;\ \beta_1 \approx 88{,}2°;\ b_1 \approx 7{,}00\,\text{cm}$
$\gamma_2 \approx 128{,}2°;\ \beta_2 \approx 11{,}8°;\ b_2 \approx 1{,}43\,\text{cm}$
d) Es ergibt sich $\sin\gamma = \frac{17}{29} \cdot \sqrt{3} > 1$, also keine Lösung.
e) 1 Lösung: $\gamma \approx 40°;\ b \approx 8{,}42\,\text{cm}$
f) Individuelle Lösungen

8 a) Es gehören zusammen: $c_1 \approx 0{,}69\,\text{m};\ \beta_1 \approx 128{,}7°;\ \gamma_1 \approx 14{,}8°$
$c_2 \approx 2{,}69\,\text{m};\ \beta_2 \approx 51{,}3°;\ \gamma_2 \approx 92{,}2°$
Begründung: c_1 ist die kleinste Seite im Dreieck, daher muss für den Gegenwinkel γ_1 $\gamma_1 < \alpha$ gelten, also $\gamma_1 \approx 14{,}8°$. Wegen der Winkelsumme im Dreieck muss $\beta_1 \approx 128{,}7°$ sein. (Entsprechend kann ausgehend von c_2 als größter Seite im Dreieck argumentiert werden.)
b) $P = \frac{1}{4!} = \frac{1}{24}$

9 a) $\frac{a}{b} = \frac{\sin\alpha}{\sin(90°-\alpha)} = \frac{\sin\alpha}{\cos\alpha} \Rightarrow \tan\alpha = \frac{a}{b};\ \frac{a}{c} = \frac{\sin\alpha}{1} \Rightarrow \sin\alpha = \frac{a}{c};\ \frac{b}{c} = \frac{\sin\beta}{1} \Rightarrow \sin\beta = \frac{b}{c}$
b) $\frac{a}{c} = \frac{\sin\alpha}{\sin\gamma} = \frac{\sin\alpha}{\sin(180°-2\alpha)} = \frac{\sin\alpha}{\sin 2\alpha}$

10 a) $\delta = 108°$
Man zeichnet z. B. die Parallele zu AD durch C und rechnet im $\Delta A'BC$ mit $\overline{A'B} = a - c$.
$\gamma' \approx 64{,}6° \Rightarrow \gamma = \alpha + \gamma' \approx 136{,}6° \Rightarrow \beta = 43{,}4°;\ d \approx 2{,}89\,\text{cm}$
b) $\delta = 140°;\ \gamma = 75°$
Aus dem Hilfsdreieck A′BC (vgl. a)) ergibt sich $d \approx 2{,}70\,\text{m},\ c \approx 2{,}59\,\text{m}$.

11 Dreieck ABD: $\frac{\overline{BD}}{c} = \frac{\sin\frac{\alpha}{2}}{\sin\delta}$ mit $\delta = \sphericalangle ADB$ Dreieck ADC: $\frac{\overline{DC}}{b} = \frac{\sin\frac{\alpha}{2}}{\sin(180°-\delta)}$

Da $\sin(180°-\delta) = \sin\delta$ ist, gilt: $\frac{\overline{BD}}{c} = \frac{\overline{DC}}{b}$ bzw. $\frac{\overline{BD}}{\overline{DC}} = \frac{c}{b}$.

Die Winkelhalbierende teilt die Gegenseite im Verhältnis der anliegenden Seiten.

S. 43 **12**

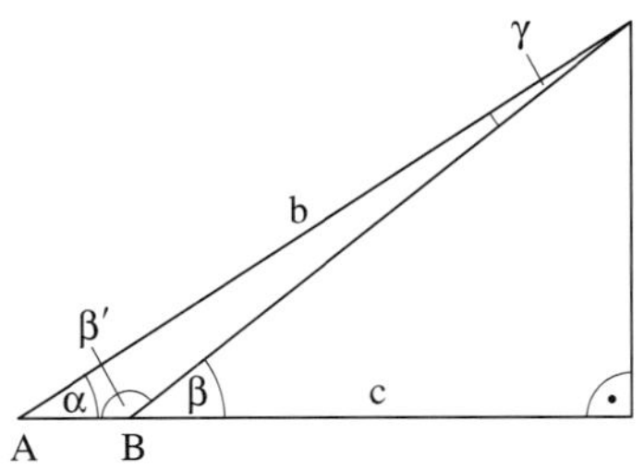

a) $\frac{\sin\beta'}{\sin\gamma} = \frac{b}{\overline{AB}}$

$\Rightarrow b = \frac{\sin(180°-\beta)}{\sin(\beta-\alpha)} \cdot \overline{AB} = \frac{\sin\beta}{\sin(\beta-\alpha)} \cdot \overline{AB}$

$\approx 1288{,}42\,\text{m}$

$\Rightarrow h = b \cdot \sin\alpha \approx 646{,}35\,\text{m}$

b) $\tan\alpha = \frac{h}{c + \overline{AB}};\ \tan\beta = \frac{h}{c}$

$\Rightarrow \tan\alpha \cdot (c + \overline{AB}) = \tan\beta \cdot c$

$\Rightarrow c = \frac{\tan\alpha \cdot \overline{AB}}{\tan\beta - \tan\alpha} \approx 914{,}57\,\text{m}$

$\Rightarrow h = c \cdot \tan\beta \approx 646{,}35\,\text{m}$

13 a) $\overline{AB} = \frac{24 \cdot 1{,}852}{4}\,\text{km} = 11{,}112\,\text{km}$; $\beta = \sphericalangle LBA = 96° + 49{,}6° = 145{,}6° \Rightarrow \gamma = \sphericalangle ALB = 13{,}4°$

$\overline{AL} = \frac{\sin\beta \cdot \overline{AB}}{\sin\gamma} \approx 27{,}089\,\text{km}$; $\alpha = \sphericalangle LAB = 84° - 63° = 21°$; $\overline{BL} = \frac{\sin\alpha \cdot \overline{AB}}{\sin\gamma} \approx 17{,}183\,\text{km}$

b) $d = \overline{BL} \cdot \cos(84° - 49{,}6°) \approx 14{,}178\,\text{km}$

14 a) $\frac{\overline{AC}}{\overline{AB}} = \frac{\sin\beta}{\sin(180° - \alpha - \beta)} \Rightarrow \overline{AC} = \frac{\sin\beta}{\sin(\alpha+\beta)} \cdot \overline{AB} \approx 338{,}25\,\text{m}$; $h = \overline{AC} \cdot \tan\gamma \approx 209{,}72\,\text{m}$

Der Winkel δ wurde bei dieser Rechnung nicht benutzt.

b) $\overline{BC} = \frac{\sin\alpha}{\sin(\alpha+\beta)} \cdot \overline{AB} \approx 373{,}39\,\text{m}$; $h = \overline{BC} \cdot \tan\delta \approx 209{,}54\,\text{m}$

Die geringe Differenz zwischen den beiden Ergebnissen ist auf Messfehler zurückzuführen. Bei großer Differenz könnte man der Messung nicht mehr trauen.

15 a) $h = h' + \overline{AB}$ mit $h' = \sin\beta \cdot \overline{AM} \Rightarrow h = \sin\beta \cdot \overline{AM} + \overline{AB}$

$\frac{\overline{AM}}{\overline{AR}} = \frac{\sin(\sphericalangle MRA)}{\sin(\sphericalangle AMR)}$ mit $\sphericalangle MRA = 180° - 2\alpha$

$\sphericalangle AMR = 180° - \alpha - \beta - \sphericalangle MRA = \alpha - \beta$

$\overline{AR} = \frac{\overline{AB}}{\sin\alpha} \approx 586{,}81\,\text{m} \Rightarrow \overline{AM} = \frac{\sin(180° - 2\alpha)}{\sin(\alpha - \beta)} \cdot \overline{AR} \approx 8685{,}18\,\text{m} \Rightarrow h \approx 1665{,}47\,\text{m}$

16 mögliche Lösungen:

a) $x(x^2 - x - 1)$
b) $(a-b)^2$
c) $2(3s+1)^2$
d) $(a+2)(a-3)$

*3 Der Kosinussatz

S. 44

1 a) Für $\alpha = 90°$ ist $\overline{BC} = \sqrt{b^2 + c^2}$.

b) Es gilt: $x = b \cdot \cos\alpha$ und $h = b \cdot \sin\alpha$.

$$\begin{aligned} \overline{BC}^2 &= (c - x)^2 + h^2 \\ &= (c - b\cdot\cos\alpha)^2 + b^2 \cdot \sin^2\alpha \\ &= c^2 - 2bc\cos\alpha + \underbrace{b^2\cos^2\alpha + b^2\sin^2\alpha}_{= b^2} \\ &= c^2 - 2bc\cos\alpha + b^2 \end{aligned}$$

S. 45

2 In jedem Dreieck ist das Quadrat einer Seitenlänge gleich der Summe der Quadrate der beiden anderen Seitenlängen vermindert um das Doppelte des Produkts aus diesen beiden Seitenlängen und dem Kosinus des von ihnen eingeschlossenen Winkels.
Da $\cos 90° = 0$, ist der Satz des Pythagoras ein Spezialfall des Kosinussatzes, denn für rechtwinklige Dreiecke mit $\gamma = 90°$ erhält man $c^2 = a^2 + b^2$.

3 Außer bei Teilaufgabe f) kann aufgrund der Angaben die Eindeutigkeit der Lösung gefolgert werden. Der zutreffende Kongruenzsatz ist jeweils in Klammern angegeben.

a) $\alpha \approx 41{,}4°$; $\beta \approx 55{,}8°$; $\gamma \approx 82{,}8°$ (SSS)
b) $a \approx 4{,}58\,\text{cm}$; $\alpha \approx 70{,}9°$; $\gamma \approx 49{,}1°$ (SWS)
c) $\alpha \approx 34{,}8°$; $\beta \approx 38{,}2°$; $b \approx 4{,}01\,\text{m}$ (SsW)
d) $\alpha \approx 64{,}1°$; $\beta \approx 71{,}7°$; $\gamma \approx 44{,}2°$ (SSS)
e) $c \approx 73{,}08\,\text{m}$; $\alpha \approx 37{,}6°$; $\beta \approx 64{,}9°$ (SWS)
f) $\alpha \approx 41{,}8°$; $a \approx 3{,}42\,\text{cm}$; $\beta \approx 61{,}2°$; $\gamma \approx 77°$ (Es gibt noch ein stumpfwinkliges Dreieck mit $\alpha' \approx 138{,}2°$; $a' = 8{,}88\,\text{cm}$; $\beta' \approx 19{,}8°$; $\gamma' \approx 22{,}0°$.)
g) $a \approx 427{,}12\,\text{m}$; $\beta \approx 31{,}1°$; $\gamma \approx 45{,}9°$ (SWS)

4 a) $\cos\alpha = \frac{\frac{c}{2}}{s} = \frac{c}{2\cdot 2c} = \frac{1}{4} \Rightarrow \alpha \approx 75{,}5°\ (= \beta) \Rightarrow \gamma \approx 29{,}0°$

Alle Dreiecke mit $s = 2c$ sind nach dem WW-Satz ähnlich.

b) $c^2 = 2s^2(1-\cos\gamma)$ bzw. $0 = c^2 - 2sc\cdot\cos\alpha$

c) Aus b) folgt: $s = \frac{c}{\sqrt{2(1-\cos\gamma)}} \Rightarrow s \approx 5{,}1\,\text{cm}$ oder $s = \frac{c}{2\cdot\cos\alpha} \Rightarrow s \approx 5{,}1\,\text{cm}$

d) $c = 2s\cdot\cos\alpha \approx 16{,}55\,\text{m}$ oder: $c = s\cdot\sqrt{2(1-\cos\gamma)} \approx 16{,}55\,\text{m}$

S. 46

5 a)

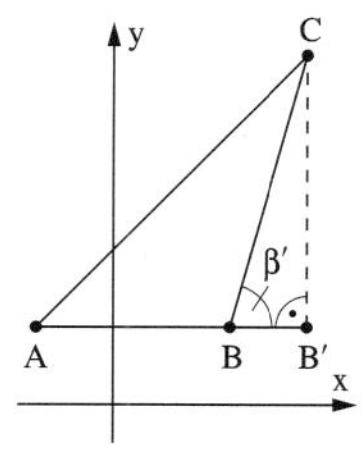

$c = \overline{AB} = 5{,}5$

$\Delta AB'C$ ist gleichschenklig-rechtwinklig.

$\Rightarrow b = \overline{AC} = \sqrt{7^2+7^2} = 7\sqrt{2} \approx 9{,}90;\ \alpha = 45°$

$a = \overline{BC} = \sqrt{1{,}5^2+7^2} = \frac{1}{2}\cdot\sqrt{205} \approx 7{,}16$

$\tan\beta' = \frac{7}{1{,}5} \Rightarrow \beta' = 77{,}9° \Rightarrow \beta = 102{,}1°;\ \gamma = 32{,}9°$

$A = \frac{1}{2}\cdot 5{,}5\cdot 7 = 19{,}25$

b)

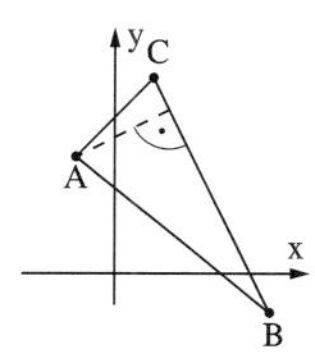

$a = \overline{BC} = \sqrt{3^2+6^2} = 3\sqrt{5} \approx 6{,}71$ $b = \overline{AC} = \sqrt{2^2+2^2} = 2\sqrt{2} \approx 2{,}83$

$c = \overline{AB} = \sqrt{4^2+5^2} = \sqrt{41} \approx 6{,}40$

Mit dem Kosinussatz ergibt sich:

$\cos\alpha = \frac{1}{\sqrt{82}} \Rightarrow \alpha \approx 83{,}7°$

$\cos\beta = \frac{13}{\sqrt{205}} \Rightarrow \beta \approx 24{,}8°;\ \gamma \approx 71{,}5°$

$h_a = \sin\beta\cdot c \approx 2{,}68$ $A = \frac{1}{2}\cdot h_a\cdot a \approx 9$

c) Individuelle Lösungen

6

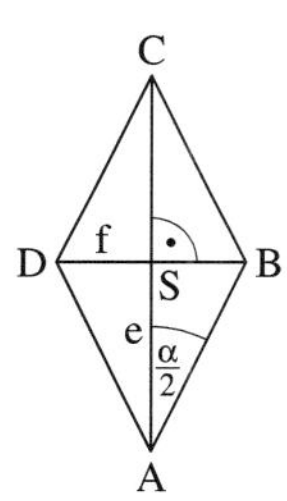

Man berechnet z. B. das rechtwinklige ΔABS mit $\sphericalangle BAS = \frac{\alpha}{2}$.
Dann ist

$\frac{e}{2} = 4{,}3\,\text{cm}\cdot\cos 37° \Rightarrow e \approx 6{,}87\,\text{cm}$

$\frac{f}{2} = 4{,}3\,\text{cm}\cdot\sin 37° \Rightarrow f \approx 5{,}18\,\text{cm}$

Anmerkung: e ergibt sich auch mit dem Kosinussatz, auf das gleichschenklige ΔABC mit $\beta = 106°$ (analog f) angewendet.

7 $b = \sqrt{\left(\frac{e}{2}\right)^2+\left(\frac{f}{2}\right)^2-2\cdot\frac{e}{2}\cdot\frac{f}{2}\cdot\cos 48°} \approx 5{,}25\,\text{cm}$

$a = \sqrt{\left(\frac{e}{2}\right)^2+\left(\frac{f}{2}\right)^2-2\cdot\frac{e}{2}\cdot\frac{f}{2}\cdot\cos(180°-48°)} \approx 10{,}12\,\text{cm}$

$\Rightarrow d = b = 5{,}25\,\text{cm};\ c = a = 10{,}12\,\text{cm}$

8 a) ΔABC: $e^2 = a^2+b^2-2ab\cdot\cos\beta \Rightarrow e \approx 11{,}26\,\text{cm}$

ΔACD: $e^2 = c^2+d^2-2cd\cdot\cos\delta \Rightarrow \delta \approx 119{,}9°$

ΔABC: $\sin\alpha_1 = \frac{b\cdot\sin\beta}{e} \Rightarrow \alpha_1 \approx 40{,}1°$

ΔACD: $\sin\alpha_2 = \frac{c\cdot\sin\delta}{e} \Rightarrow \alpha_2 \approx 27{,}5°$

$\alpha = \alpha_1+\alpha_2 \approx 67{,}6°;\ \gamma = 360°-(\alpha+\beta+\delta) \approx 107{,}5°$

b) ΔABD: $f^2 = a^2+d^2-2ad\cdot\cos\alpha \Rightarrow \alpha \approx 72{,}1°$

$\sin\beta_1 = \frac{d\cdot\sin\alpha}{f} \Rightarrow \beta_1 \approx 20{,}4°$

ΔBCD: $f^2 = b^2+c^2-2bc\cdot\cos\gamma \Rightarrow \gamma \approx 94{,}9°$

$\sin\beta_2 = \frac{c\cdot\sin\gamma}{f} \Rightarrow \beta_2 \approx 36{,}7°$

$\beta = \beta_1+\beta_2 \approx 57{,}1°;\ \delta = 360°-(\alpha+\beta+\gamma) \approx 135{,}9°$

9 a) Unterschied der Flächeninhalte:

$(a^2+b^2)-c^2 = (a^2+a^2+c^2-2ac\cdot\cos\beta)-c^2 = 2a(a-c\cdot\cos\beta) \approx 6{,}50\,\text{cm}^2$

Prozentualer Unterschied: $\frac{6{,}50\,\text{cm}^2}{144\,\text{cm}^2} \approx 0{,}045 \approx 4{,}5\,\%$

b) Die Flächeninhalte sind gleich, wenn gilt: $2a(a-c\cdot\cos\beta) = 0$

$\Rightarrow a-c\cdot\cos\beta = 0 \Rightarrow \cos\beta = \frac{a}{c} = \frac{7}{12} \Rightarrow \beta = 54{,}3°$

10 a) Die Raumdiagonalen halbieren sich gegenseitig und sind alle gleich lang.

$\overline{AS} = \overline{BS} = \frac{d}{2}$ $\qquad \overline{AB}^2 = \left(\frac{d}{2}\right)^2 + \left(\frac{d}{2}\right)^2 - 2 \cdot \frac{d}{2} \cdot \frac{d}{2} \cdot \cos\alpha$

Mit $d^2 = \overline{AB}^2 + \overline{BC}^2 + \overline{AE}^2$ folgt: $\cos\alpha = \frac{\overline{BC}^2 + \overline{AE}^2 - \overline{AB}^2}{\overline{AB}^2 + \overline{BC}^2 + \overline{AE}^2} \approx -0{,}1743 \Rightarrow \alpha \approx 100{,}0°$

Aus $\overline{BC}^2 = \left(\frac{d}{2}\right)^2 + \left(\frac{d}{2}\right)^2 - 2 \cdot \frac{d}{2} \cdot \frac{d}{2} \cdot \cos\varepsilon$ folgt entsprechend

$\cos\varepsilon = \frac{\overline{AB}^2 + \overline{AE}^2 - \overline{BC}^2}{\overline{AB}^2 + \overline{BC}^2 + \overline{AE}^2} \approx 0{,}3394 \Rightarrow \varepsilon \approx 70{,}2°$

b) Unter Verwendung des Ergebnisses von a) ergibt sich $\cos\varepsilon \approx \frac{a^2}{3 \cdot a^2} = \frac{1}{3} \Rightarrow \varepsilon \approx 70{,}5°$

11 a) $\sin\alpha = \frac{h_c}{b} \Rightarrow \alpha \approx 41{,}8°$ $\qquad a^2 = b^2 + c^2 - 2bc \cdot \cos\alpha \Rightarrow a \approx 3{,}42\,\text{cm}$

$\sin\beta = \frac{h_c}{a} \Rightarrow \beta \approx 61{,}2°$ $\qquad \gamma = 180° - (\alpha + \beta) \approx 77°$

b) $\sin\beta = \frac{h_a}{c} \Rightarrow \beta \approx 34{,}7°$

$b_1^2 = w_\beta^2 + c^2 - 2 w_\beta c \cdot \cos\frac{\beta}{2} \Rightarrow b_1 \approx 73{,}34\,\text{m}$

$\sin\alpha = \frac{w_\beta \cdot \sin\frac{\beta}{2}}{b_1} \Rightarrow \alpha \approx 23{,}2°$

$\gamma = 180° - (\alpha + \beta) \approx 122{,}1°$

$b = \frac{c \cdot \sin\beta}{\sin\gamma} \approx 107{,}46\,\text{m}$; $a = \frac{c \cdot \sin\alpha}{\sin\gamma} \approx 74{,}45\,\text{m}$

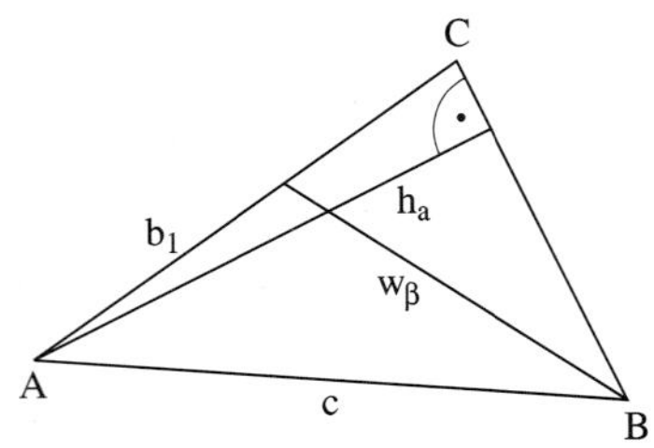

12 a) $s^2 = r^2 + r^2 - 2r^2 \cdot \cos\alpha \Rightarrow s \approx 6{,}88\,\text{cm}$

b) $\sin\frac{\alpha}{2} = \frac{\frac{s}{2}}{r} \Rightarrow \alpha \approx 104{,}7°$

c) $s^2 = r^2 + r^2 - 2r^2 \cdot \cos\alpha = 2r^2(1 - \cos\alpha) \Rightarrow s = r\sqrt{2(1 - \cos\alpha)}$

Überprüfung z. B. mit $\alpha = 0° \Rightarrow s = 0$; $\alpha = 60° \Rightarrow s = r$; $\alpha = 180° \Rightarrow s = 2r$

13 a) Seitenfläche ΔBCS: $h_1 = \sqrt{\overline{BS}^2 - \left(\frac{a}{2}\right)^2} = 4 \cdot \sqrt{2}\,\text{cm}$

Seitenfläche ΔASD: $h_2 = \sqrt{\overline{AS}^2 - \left(\frac{a}{2}\right)^2} = 2 \cdot \sqrt{15}\,\text{cm}$

Neigungswinkel ε_1 der Seitenfläche ΔBCS:

$h_2^2 = a^2 + h_1^2 - 2ah_1 \cdot \cos\varepsilon_1 \Rightarrow \varepsilon_1 \approx 105{,}4°$

Neigungswinkel ε_2 der Seitenfläche ΔASD:

$h_1^2 = a^2 + h_2^2 - 2ah_2 \cdot \cos\varepsilon_2 \Rightarrow \varepsilon_2 \approx 44{,}8°$

Pyramidenhöhe h: $h = h_2 \cdot \sin\varepsilon_2 \approx 5{,}45\,\text{cm}$

Neigungswinkel ε_3 der Seitenfläche ΔABS

(gilt aus Symmetriegründen auch für ΔCDS):

$\tan\varepsilon_3 = \frac{h}{\frac{a}{2}} \Rightarrow \varepsilon_3 \approx 69{,}9°$

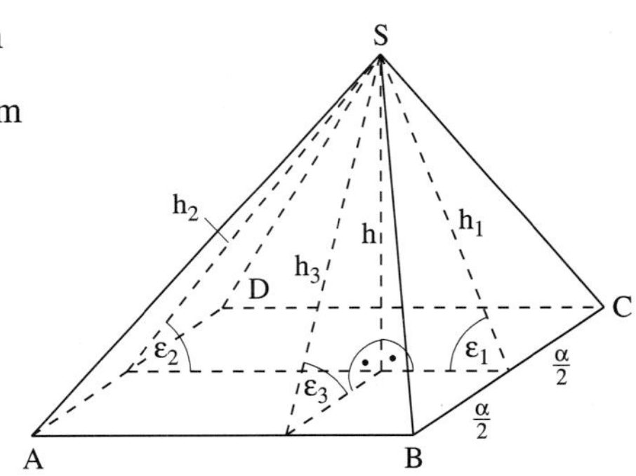

b) $h_3 = \sqrt{h^2 + \left(\frac{a}{2}\right)^2} \approx 5{,}81\,\text{cm}$

Oberflächeninhalt: $O = a^2 + \frac{1}{2}a \cdot (2h_3 + h_1 + h_2) \approx 66{,}04\,\text{cm}^2$

Volumen: $V = \frac{1}{3}a^2 \cdot h \approx 29{,}09\,\text{cm}^3$

14 a) $\gamma \approx 22{,}0°$; $\beta \approx 123{,}0°$; $b \approx 10{,}5\,\text{cm}$ $\qquad$ b) $\sin\alpha \approx 1{,}3383 > 1 \Rightarrow$ es existiert kein Dreieck

c) $\beta = 90°$; $c \approx 2{,}25\,\text{km}$ $\qquad$ d) $\gamma = 90°$; $\alpha = 60°$; $a \approx 6{,}06\,\text{cm}$

S. 47 **15** $v = \sqrt{v_{\text{Schiff}}^2 + v_{\text{Strömung}}^2 - 2\,v_{\text{Schiff}} \cdot v_{\text{Strömung}} \cdot \cos 45°} \approx 17{,}3$ Knoten

$\sin\alpha = \frac{v_{\text{Strömung}}}{v} \cdot \sin 45° \Rightarrow \alpha = 2{,}3°$

Das Schiff weicht durch die Strömung um 2,3° von seinem Kurs ab.

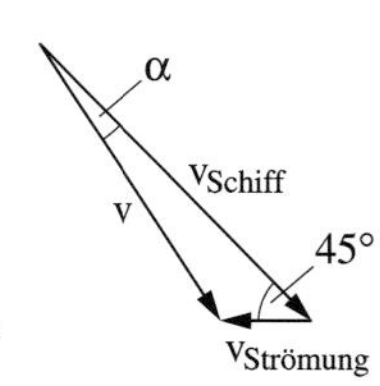

16 ΔABP: $\sphericalangle APB = \gamma_1 = 180° - \alpha - \beta_1 = 81{,}9°$ (36,0°)

$\overline{AP} = \frac{\sin \beta_1}{\sin \gamma_1} \cdot \overline{AB} \approx 183{,}63\,m$ (212,59 m)

ΔABQ: $\sphericalangle AQB = \delta_1 = 180° - \alpha_1 - \beta = 64{,}5°$ (32,5°)

$\overline{AQ} = \frac{\sin \beta}{\sin \delta_1} \cdot \overline{AB} \approx 398{,}64\,m$ (419,32 m)

ΔAQP: $\overline{PQ}^2 = \overline{AP}^2 + \overline{AQ}^2 - 2 \cdot \overline{AP} \cdot \overline{AQ} \cdot \cos(\alpha - \alpha_1) \Rightarrow \overline{PQ} \approx 265{,}08\,m$ (401,52 m)

17 $\overline{PQ'} = 1\,km$

$\Delta A'Q'P$: $\alpha' = 180° - \gamma - \delta_1 = 76°$ (42°) $\Rightarrow \overline{A'P} = \frac{\sin \delta_1}{\sin \alpha'} \cdot \overline{PQ'} \approx 0{,}606\,km$ (0,702 km)

$\Delta PB'Q'$: $\beta' = 180° - \gamma_1 - \delta = 53°$ (37°) $\Rightarrow \overline{B'P} = \frac{\sin \delta}{\sin \beta'} \cdot \overline{PQ'} \approx 1{,}247\,km$ (1,625 km)

$\Delta A'B'P$: $\overline{A'B'}^2 = \overline{A'P}^2 + \overline{B'P}^2 - 2 \cdot \overline{A'P} \cdot \overline{B'P} \cdot \cos(\gamma - \gamma_1) \Rightarrow \overline{A'B'} \approx 0{,}751\,km$ (1,522 km)

$\overline{PQ} = \frac{\overline{AB}}{\overline{A'B'}} \cdot \overline{PQ'} \approx 2{,}396\,km$ (1,840 km)

\+ Mögliche Öffnung der Aufgabe: Projektvorschlag am Rand

18 a) Die Stoßweite *l* wird gemessen als Entfernung zwischen dem ersten Eindruck der Kugel am Boden und dem inneren Rand des Stoßkreises, wobei das Maßband über den Kreismittelpunkt geführt werden muss.
Die Stoßrichtung durch den Kreismittelpunkt ist ideal, da so tatsächliche und gewertete Stoßweite gleich sind, andernfalls ist die gewertete Weite immer geringer als die tatsächliche.

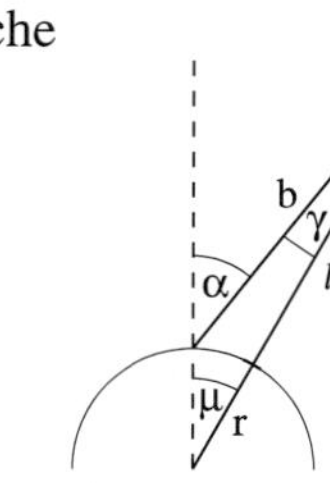

b) $\sin \gamma = \frac{r \cdot \sin(180° - \alpha)}{r + l} \Rightarrow \gamma \approx 1{,}0° \Rightarrow \mu \approx 19{,}0°$

$b = \frac{\sin \mu}{\sin(180° - \alpha)} \cdot (r + l) \approx 20{,}01\,m$

Um $\frac{b - l}{b} \approx 3{,}0‰$ ist die gewertete Weite geringer als die tatsächliche.

19

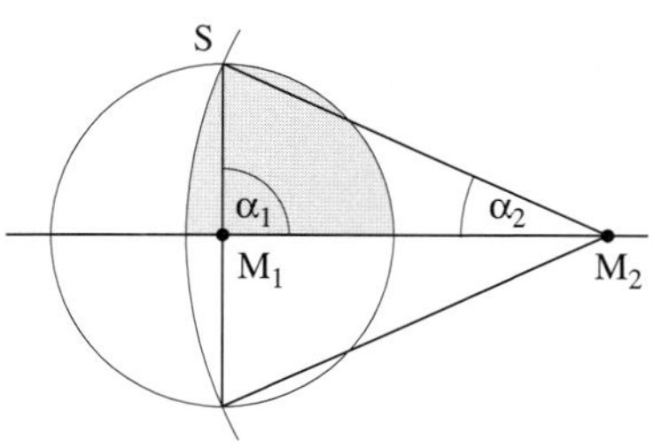

Aus Symmetriegründen gilt:

$A = 2 \cdot (A_{Sektor\,M_2;\,\alpha_2} - A_{\Delta M_1 M_2 S} + A_{Sektor\,M_1;\,\alpha_1})$

$\Delta M_1 M_2 S$: $\overline{M_2 S}^2 = \overline{M_1 S}^2 + \overline{M_1 M_2}^2 - 2 \cdot \overline{M_1 S} \cdot \overline{M_1 M_2} \cdot \cos \alpha_1$

$\Rightarrow \alpha_1 \approx 92{,}4°$

$\sin \alpha_2 \approx \frac{\overline{M_1 S} \cdot \sin \alpha_1}{\overline{M_2 S}} \Rightarrow \alpha_2 \approx 23{,}6°$

Höhe durch M_1: $h = \overline{M_1 M_2} \cdot \sin \alpha_2 \approx 3{,}60\,cm$

$A = 2 \cdot \left(\frac{\alpha_2}{360°} \cdot r_2^2 \cdot \pi - \frac{1}{2} \cdot r_2 \cdot h + \frac{\alpha_1}{360°} \cdot r_1^2 \cdot \pi\right) \approx 30{,}95\,cm^2$

20 Für den Winkel α gilt nach dem Kosinussatz:

$b^2 + c^2 = a^2 + a^2 + b^2 + c^2 - 2a\sqrt{a^2 + b^2 + c^2} \cdot \cos \alpha \Rightarrow \cos \alpha = \frac{a}{\sqrt{a^2 + b^2 + c^2}}$

Analog: $\cos \beta = \frac{b}{\sqrt{a^2 + b^2 + c^2}}$; $\cos \gamma = \frac{c}{\sqrt{a^2 + b^2 + c^2}}$

a) $\alpha = 45°$; $\beta \approx 55{,}6°$; $\gamma \approx 64{,}9°$

b) $\cos^2\alpha + \cos^2\beta + \cos^2\gamma = \frac{a^2}{a^2 + b^2 + c^2} + \frac{b^2}{a^2 + b^2 + c^2} + \frac{c^2}{a^2 + b^2 + c^2} = 1$

21 a) $\beta = \alpha = 5°$, da beide Schenkel beider Winkel jeweils senkrecht aufeinander stehen.

$K^2 = D^2 + D^2 - 2D \cdot D \cdot \cos \beta = (2 - 2\cos \beta) \cdot D^2 \Rightarrow D = \sqrt{\frac{K^2}{2 - 2\cos \beta}} \approx 11\,463\,N$

b) $D = K$: $K^2 = K^2 + K^2 - 2K \cdot K \cdot \cos \beta \Rightarrow \cos \beta = \frac{1}{2} \Rightarrow \alpha = \beta = 60°$

$D = 2K$: $K^2 = 4K^2 + 4K^2 - 2 \cdot 2K \cdot 2K \cdot \cos \beta \Rightarrow \cos \beta = \frac{7}{8} \Rightarrow \alpha = \beta = 29°$

22 Die Teildreiecke sind rechtwinklig, also gilt: $\alpha + \beta = 90°$. Zwischen den Winkeln β liegt also nochmals ein Winkel β.

$\Rightarrow 3\beta = 180°$, also $\beta = 60°$ und $\alpha = 30°$.

4 Trigonometrische Funktionen

S. 48

1 a)

Pos.	1	2	3	4
n	30 m	15 m	−15 m	−15 m

b)

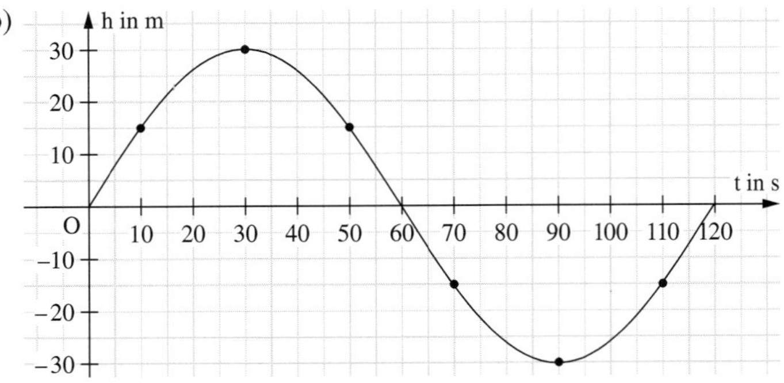

2 a)

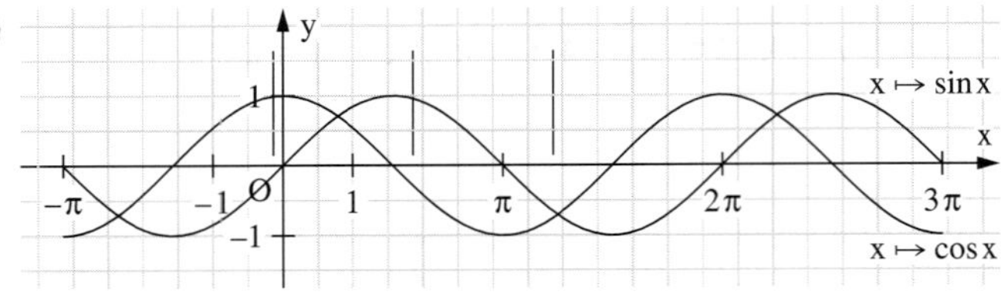

b) $\sin\frac{3}{4}\pi = 0{,}7$; $\cos(-100°) = -0{,}2$; $\sin\frac{11}{4}\pi = 0{,}7$; $\cos\frac{5}{4}\pi = -0{,}7$;
$\sin 400° = 0{,}6$; $\sin(-2{,}5) = -0{,}6$; $\cos 8{,}7 = -0{,}7$; $\sin\left(-\frac{\pi}{3}\right) = -0{,}9$

3 a) 0 b) 0 c) −1 d) −1 e) −1 f) 0,5
g) $-\frac{1}{2}\sqrt{3}$ h) $\frac{1}{2}\sqrt{3}$ i) −1 k) $-\frac{1}{2}\sqrt{2}$ l) 0 m) $-\frac{1}{2}\sqrt{2}$

S. 51

4 Individuelle Lösungen; z. B. Sonnenstand im Tages-/Jahreslauf, Ebbe und Flut, Lichtwellen, Sinustöne, Motorkolben, Turbine. Es sollte echte Periodizität vorliegen; z. B. ein Temperaturverlauf über mehrere Tage ist ungeeignet.

5 a) 0,9195 b) −0,0859 c) 0,9397 d) −0,7985 e) 0,5299 f) −0,9239
g) 0,8215 h) 0,7089 i) 0,8090 k) −0,9920 l) 0,6773

6 Periode $T \approx 0{,}035\,s$

7 a) $\frac{7}{8}$ s
b) Individuelle Lösungen;
Herzrhythmusstörungen sind am Ausbleiben einer regelmäßigen Periode zu erkennen.

8 a) $x_1 = -\frac{3}{2}\pi$; $x_2 = \frac{\pi}{2}$
b) $x_1 = -\frac{7}{4}\pi$; $x_2 = -\frac{\pi}{4}$; $x_3 = \frac{\pi}{4}$; $x_4 = \frac{7}{4}\pi$
c) $x_1 = -\frac{7}{6}\pi$; $x_2 = -\frac{5}{6}\pi$; $x_3 = \frac{5}{6}\pi$; $x_4 = \frac{7}{6}\pi$
d) $x_1 = -\frac{5}{6}\pi$; $x_2 = -\frac{\pi}{6}$; $x_3 = \frac{7}{6}\pi$; $x_4 = \frac{11}{6}\pi$

9 a) Die Funktion h ist periodisch, wenn sich das Fahrrad mit konstanter Geschwindigkeit fortbewegt.
b) Z. B.

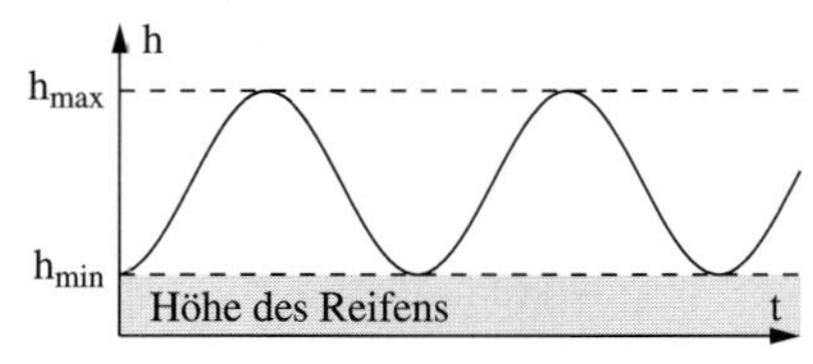

c) Individuelle Lösungen

10 a) $\sin 15 \approx \sin(2\cdot 2\pi + 2{,}4) \approx \sin\frac{3}{4}\pi \approx \sin\frac{\pi}{4} \approx \frac{1}{2}\sqrt{2} \approx 0{,}7$
b) $\cos 22 \approx \cos(3\cdot 2\pi + 3{,}15) \approx \cos\pi \approx -1$
c) $\cos(-32) \approx \cos(-5\cdot 2\pi - 0{,}6) \approx \cos\left(-\frac{\pi}{6}\right) \approx \cos\frac{\pi}{6} = \frac{1}{2}\sqrt{3} \approx 0{,}9$
d) $\sin 753° \approx \sin(2\cdot 360° + 30°) \approx \sin 30° \approx 0{,}5$
e) $\sin(-45) \approx \sin(-7\cdot 2\pi - 1) \approx \sin\left(-\frac{\pi}{3}\right) \approx -\sin\frac{\pi}{3} \approx -\frac{1}{2}\sqrt{3} \approx -0{,}9$
f) $\cos 1300° \approx \cos(3\cdot 360° + 210°) \approx \cos(210°) \approx -\cos 30° \approx -\frac{1}{2}\sqrt{3} \approx -0{,}9$
g) Individuelle Lösungen

11 a) $x_1 \approx 1{,}22;\ x_2 \approx 1{,}92$ b) $x_1 \approx 0{,}89;\ x_2 \approx 5{,}39$ c) $x_1 \approx 2{,}66;\ x_2 \approx 3{,}62$
d) keine Lösung, da $|\sin x| > 1$ e) $x_1 \approx 4{,}16;\ x_2 \approx 5{,}26$ f) $x_1 \approx 1{,}75;\ x_2 \approx 4{,}54$
g) keine Lösung, da $|\cos x| > 1$ h) $x_1 \approx 3{,}73;\ x_2 \approx 5{,}70$

12 a) $x_1 \approx 1{,}05 + k\cdot 2\pi;\ x_2 \approx 5{,}24 + k\cdot 2\pi \quad k \in \mathbb{Z}$
b) $x_1 \approx 0{,}64 + k\cdot 2\pi;\ x_2 \approx 2{,}50 + k\cdot 2\pi \quad k \in \mathbb{Z}$
c) $x_1 \approx 4{,}07 + k\cdot 2\pi;\ x_2 \approx 5{,}35 + k\cdot 2\pi \quad k \in \mathbb{Z}$
d) $x_1 \approx 1{,}77 + k\cdot 2\pi;\ x_2 \approx 4{,}51 + k\cdot 2\pi \quad k \in \mathbb{Z}$

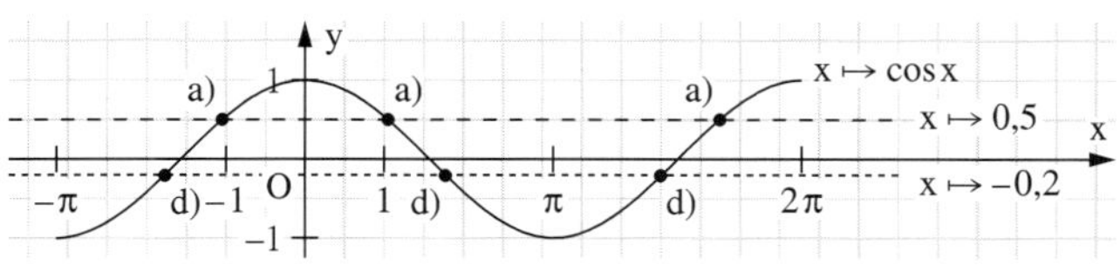

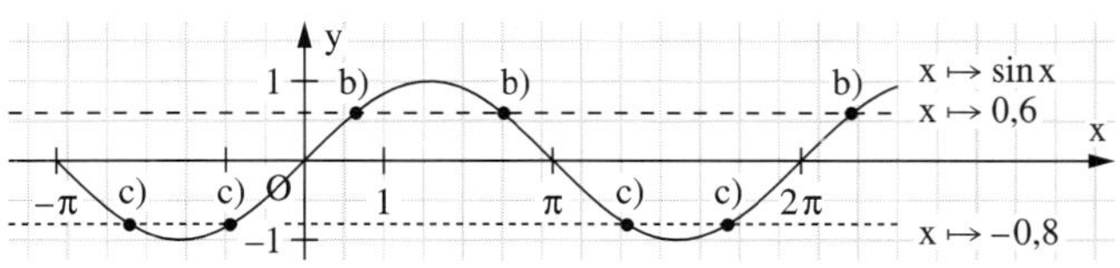

S. 52

13 a) Z.B. $\left(-\frac{\pi}{2};\frac{\pi}{2}\right)$, $(0; 2\pi)$, $(2; 10\pi + 2)$ b) Z.B. $(1; 2)$, $\left(-\frac{1}{3}; 4\frac{2}{3}\right)$, $(4; -4)$
c) Z.B. $(0; 0)$, $(-\pi; 0)$, $\left(-\frac{3}{2}\pi; \frac{3}{2}\pi\right)$ d) Z.B. $(0; 0)$, $\left(\frac{\pi}{4};\frac{\pi}{8}\right)$, $\left(\frac{4}{3}\pi; -\frac{\pi}{6}\right)$
e) Z.B. $(\sqrt{2}; 0)$, $(-3; -\sqrt{7})$, $(-\sqrt{5}; \sqrt{3})$ f) Z.B. $(0; 0)$, $(1; 3)$, $\left(\frac{1}{3}; 1\right)$

14 a) Die Gleichung hat keine Lösung, da stets $|\sin x| \leqq 1$ und $|\cos x| \leqq 1$ ist und für kein $x \in \mathbb{R}$ $\sin x = \cos x = 1$ gilt.
b) Die Gleichung hat keine Lösung, da für kein $x \in \mathbb{R}$ $\sin x = \frac{1}{\cos x}$ gilt.

15 f ist eine lineare Funktion; ihr Graph ist eine Gerade.
Mit $f(-10) = -1$ und $f(10) = -3$ ergibt sich $W_f = [-3; -1]$.

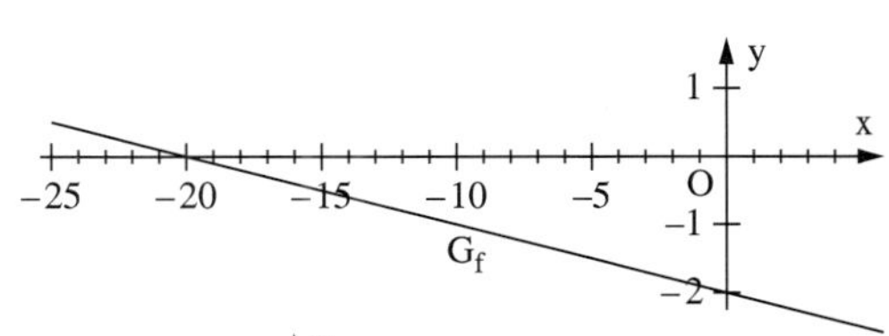

Für g gilt $|\sin x| \leqq 1$, also $W_g = [-1; 1]$.

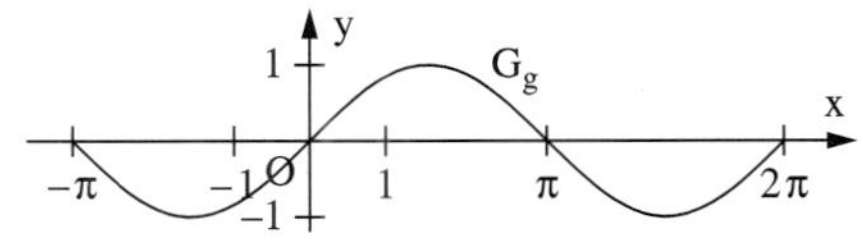

h ist eine quadratische Funktion; ihr Graph ist eine nach oben geöffnete Parabel.
Es ist $x \mapsto 0{,}2x^2 - 2x + 4 = 0{,}2(x-5)^2 - 1$, also liegt der Scheitel bei $(5|-1)$.
Größter Funktionswert im gegebenen Intervall ist $h(-10) = 44$, also $W_h = [-1; 44]$.

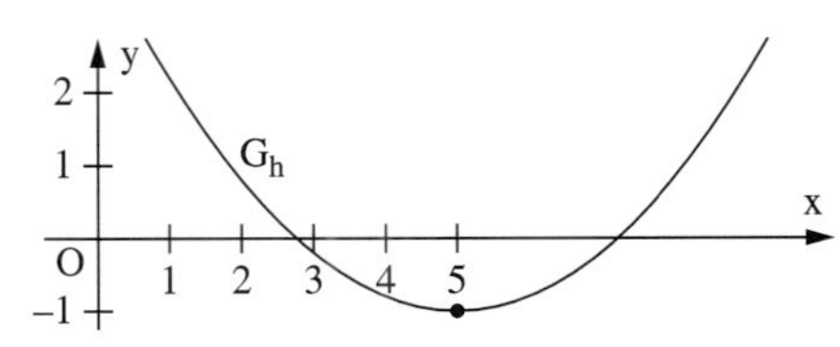

k ist eine gebrochenrationale Funktion; ihr Graph ist symmetrisch zur y-Achse.
Der größte Funktionswert ist $k(0) = 2$.
Da $k(-10) = k(10) = 0{,}4$ ist $W_k = [0{,}4; 2]$.

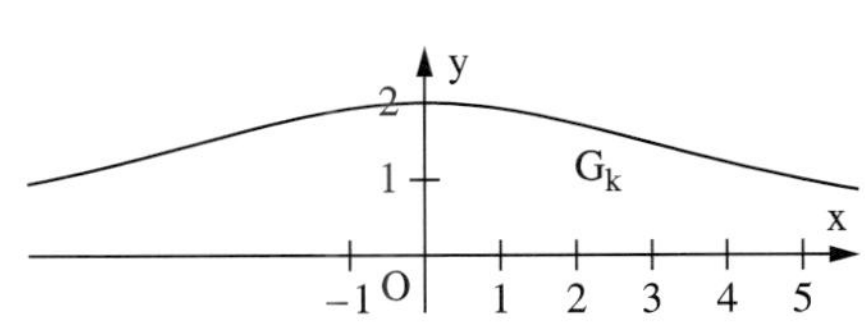

16 a) Mögliche Lösungen:
Quadratische Funktionen, deren Graph (Parabel) symmetrisch zur y-Achse ist und durch die Punkte $P_1(-\pi|1)$ und $P_2(\pi|1)$ bzw. $P_1'(-\pi|-1)$ und $P_2'(\pi|-1)$ geht mit dem Scheitel $(0|-1)$ bzw. $(0|1)$.

$y = \frac{2}{\pi^2} \cdot x^2 - 1$ (Parabel nach oben geöffnet)

$y = -\frac{2}{\pi^2} \cdot x^2 + 1$ (Parabel nach unten geöffnet)

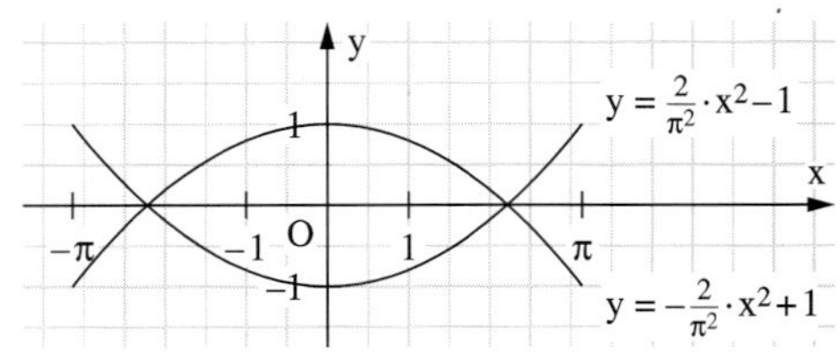

Weitere Lösungen ergeben sich, wenn man in die Funktionsgleichung $y = ax^2 + bx + c$ die Koordinaten von P_1' und P_2 (bzw. P_1 und P_2') einsetzt und für a, b oder c einen beliebigen Wert wählt.
Es ergibt sich z. B. für a = 1: $y = x^2 + \frac{1}{\pi} \cdot x - \pi^2$,
für c = −5: $y = \frac{5}{\pi^2} \cdot x^2 + \frac{1}{\pi} \cdot x - 5$.

b) Entsprechend wie bei a) findet man z. B.:
$y = \frac{1}{2\pi^2} \cdot x^2 - 1$; $y = -\frac{1}{2\pi^2} \cdot x^2 + 1$; $y = x^2 + \frac{1}{2\pi} \cdot x - 4\pi^2$

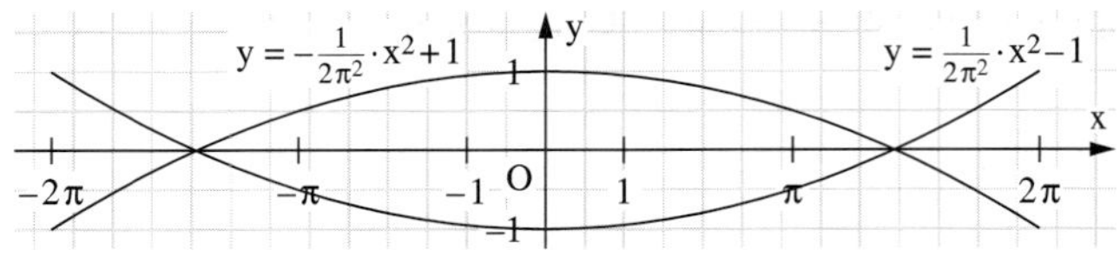

17 a) Mithilfe der Skizze der Graphen $y = \sin x$ und $y = \cos x$ in einem Koordinatensystem lassen sich folgende Lösungen bestimmen:
$x_1 \approx -\frac{7}{4}\pi$; $x_2 \approx -\frac{3}{4}\pi$; $x_3 \approx \frac{\pi}{4}$; $x_4 \approx \frac{5}{4}\pi$

b) Mithilfe der Skizze der Graphen $y = \sin x$ und $y = -\cos x$ in einem Koordinatensystem lassen sich folgende Lösungen bestimmen:
$x_1 \approx -\frac{5}{4}\pi$; $x_2 \approx -\frac{\pi}{4}$; $x_3 \approx \frac{3}{4}\pi$; $x_4 \approx \frac{7}{4}\pi$

18 a)

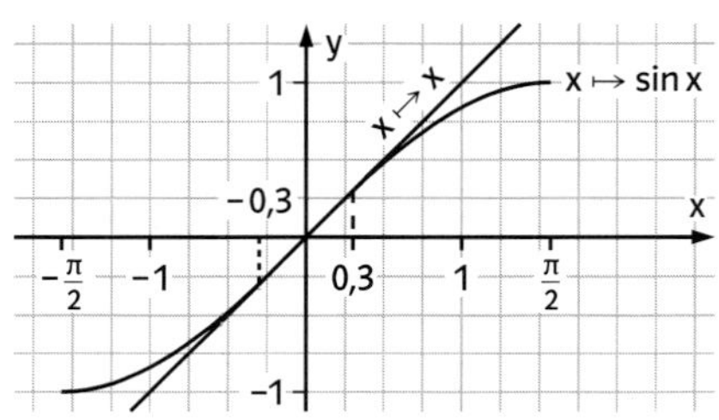

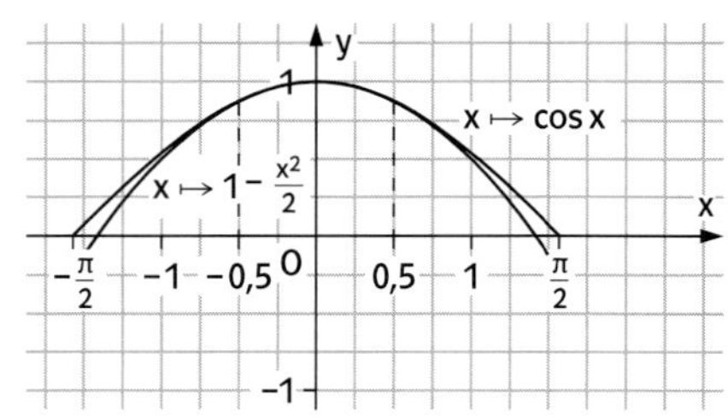

b) $\sin x \approx x$ gültig für $-0,3 < x < 0,3$. $\cos x \approx 1 - \frac{x^2}{2}$ gültig für $-0,5 < x < 0,5$.

19 a) $(\sin x + \cos x)^2 = \sin^2 x + 2 \cdot \sin x \cdot \cos x + \cos^2 x = 1 + 2 \cdot \sin x \cdot \cos x$

b) $\sin^4 x - \cos^4 x = (\sin^2 x + \cos^2 x) \cdot (\sin^2 x - \cos^2 x)$
$= 1 \cdot (\sin^2 x - \cos^2 x)$
$= \sin^2 x - \cos^2 x$

20 a)

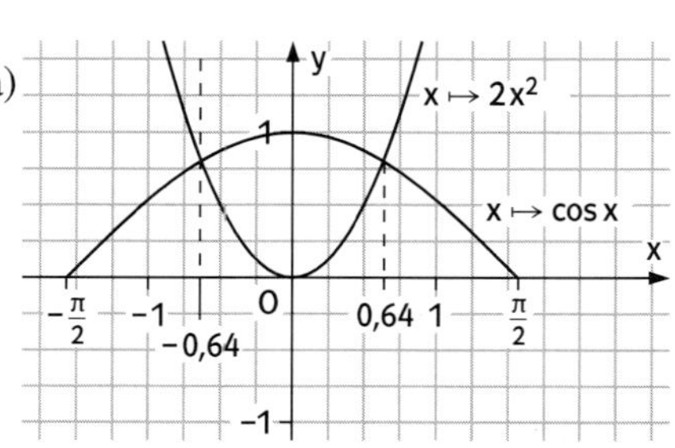

Es ergibt sich $x \approx 0,64$.

b) Es ergibt sich $x \approx 0,64$ (genauer 0,635).

21 a) Das gelbe Flächenstück ist näherungsweise ein Dreieck mit $g = \frac{\pi}{2}$ und $h = \cos\frac{\pi}{4} = \frac{1}{2}\sqrt{2}$.
Also: $A_g = \frac{1}{2} \cdot \frac{\pi}{2} \cdot \frac{1}{2}\sqrt{2} = \frac{\pi}{8}\sqrt{2}$

b) Der Flächeninhalt A_{sin} zwischen der Sinuskurve und der x-Achse in $[0;\ \pi]$ ist gleich dem Flächeninhalt A_{cos} der Kosinuskurve und der x-Achse in $\left[\frac{\pi}{2};\ \frac{3}{2}\pi\right]$.
Grünes Flächenstück („Wurst“): $A_W = 2 \cdot (A_{sin} - A_g) \approx 2{,}9$

22 P(„2 unbrauchbare Schrauben“) $= \frac{4}{80} \cdot \frac{3}{79} \approx 0{,}2\,\%$

5 Die allgemeine Sinusfunktion $x \mapsto a \cdot \sin(bx + c)$

A **Alternative zum Einstieg:**

→ AB Arbeitsblatt: Gewinnen allgemeiner Sinusfunktionen aus der Sinusfunktion; Kopiervorlage S. 127 f.
Mit dem Arbeitsblatt entdecken die Schüler selbst die Regeln zum Manipulieren der Sinusfunktion.

S. 53 **1** a) Individuelle Lösungen; a beeinflusst eine Streckung in y-Richtung, b eine Streckung in x-Richtung, c eine Verschiebung in x-Richtung.

b) Roter Graph: $y = 2{,}5 \cdot \sin x$, da ähnlich der Sinuskurve und Nullstellen wie bei $y = \sin x$ $(0;\ \pi;\ 2\pi)$
Schwarzer Graph: $y = \sin 2x$, da der Funktionswert des schwarzen Graphen an einer Stelle x dem Funktionswert der Sinusfunktion bei 2x gleicht.
Blauer Graph: $y = (x-2)^2 - 2$, Parabel mit Scheitel $(2\,|\,-2)$

S. 55 **2** a) 2,73; (−2,32; −2,99; 2,60) b) 0,84; (0,43; −0,68; 0,50)
c) −1,68; (−0,85; 1,36; −1) d) −0,28; (0,48; −1,18; −1,30)

3 Ansatz: $y = a \cdot \sin\left[b\left(x + \frac{c}{b}\right)\right]$
Amplitude: $a = 1{,}5$ Periode: $2\frac{\pi}{b} = 3{,}2 \Rightarrow b = \frac{5}{8}\pi$
Verschiebung: $\frac{c}{b} = -0{,}5$ (Verschiebung nach rechts)
$\Rightarrow c = -\frac{5}{16}\pi$ $\Rightarrow y = 1{,}5 \cdot \sin\left(\frac{5}{8}\pi \cdot x - \frac{5}{16}\pi\right)$

S. 56 **4**

	a)	b)	c)	d)	e)	f)
Amplitude	2,5	2	1	0,5	$\frac{2}{3}$	2
Periode	2π	2π	6π	$\frac{2}{3}\pi$	$\frac{8}{3}\pi$	4

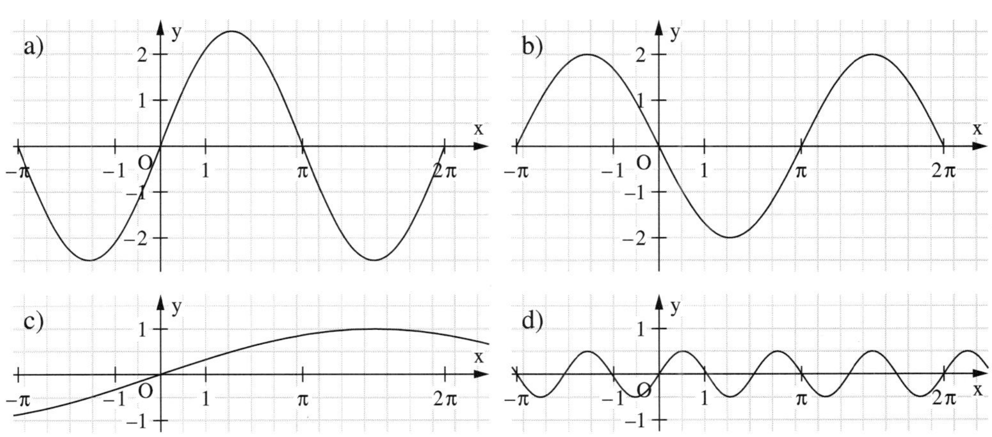

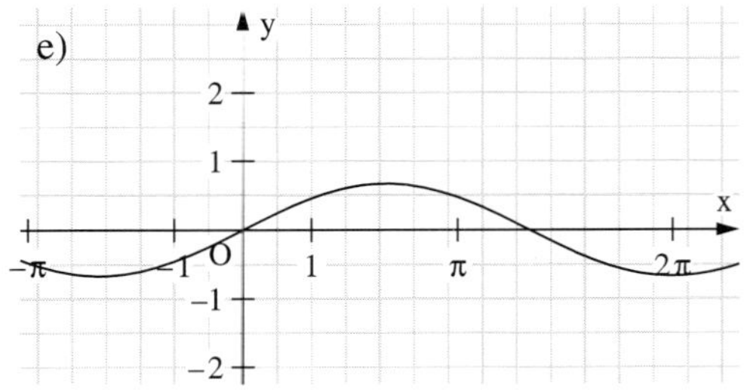

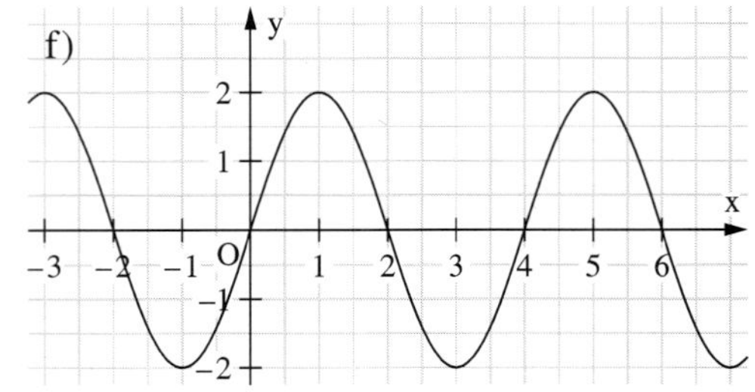

5 a) Amplitude: 1; Periode: 2π;
Verschiebung um $\frac{\pi}{2}$ nach links;
Nullstellen: $x_k = \left(k-\frac{1}{2}\right)\cdot\pi$, also $-\frac{\pi}{2}; \frac{\pi}{2}; \frac{3}{2}\pi$

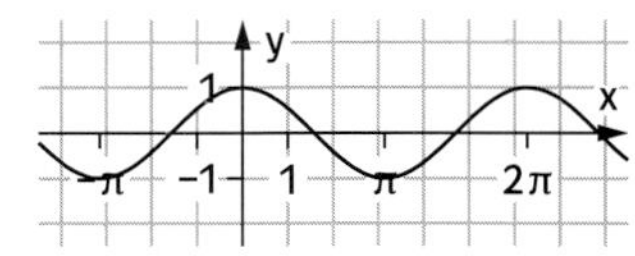

b) Amplitude: 2; Periode: 2π;
Verschiebung um 2π nach rechts;
Nullstellen: $x_k = (k+2)\cdot\pi$, also $-\pi; 0; \pi; 2\pi$

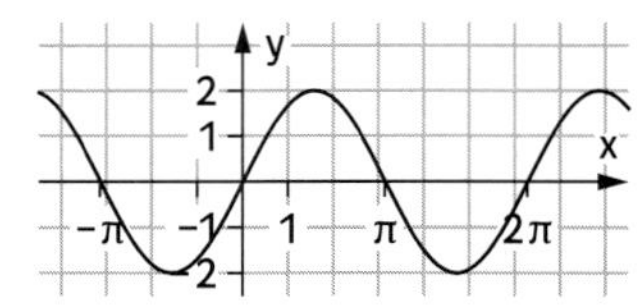

c) Amplitude: 2; Periode: 2π;
keine Verschiebung;
Nullstellen: keine, da $f(x) > 0$ für alle x

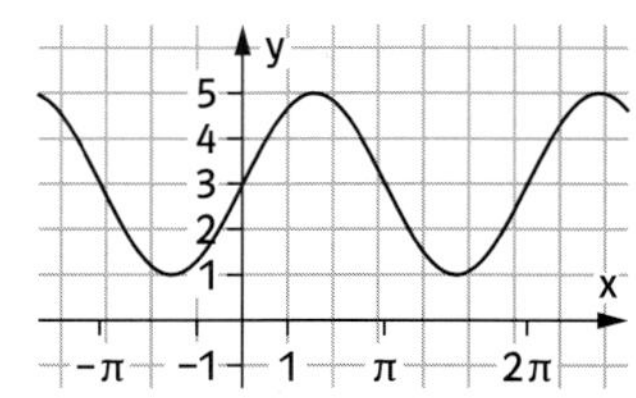

d) Amplitude: $\frac{3}{2}$; Periode: π;
Verschiebung um $\frac{\pi}{3}$ nach rechts;
Nullstellen: $x_k = (3k+2)\cdot\frac{\pi}{6}$,
also $-\frac{2}{3}\pi; -\frac{\pi}{6}; \frac{\pi}{3}; \frac{5}{6}\pi; \frac{4}{3}\pi; \frac{11}{6}\pi$

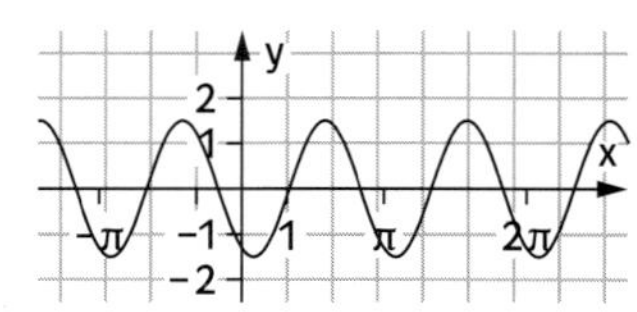

e) Amplitude: 1; Periode: 2π;
keine Verschiebung;
Nullstellen: keine, da $f(x) < 0$ für alle x

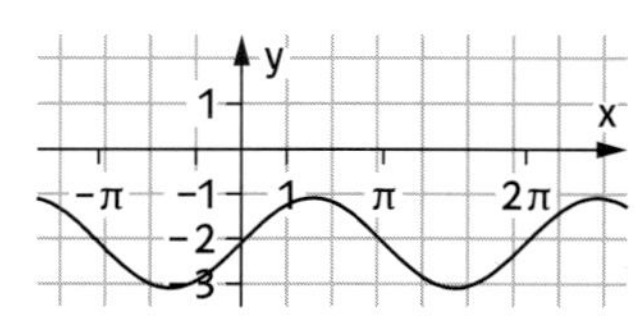

f) Amplitude: 2; Periode: 4π;
Verschiebung um $\frac{2}{3}\pi$ nach links;
Nullstellen: $x_k = (6k-2)\cdot\frac{\pi}{3}$, also $-\frac{2}{3}\pi; \frac{4}{3}\pi$

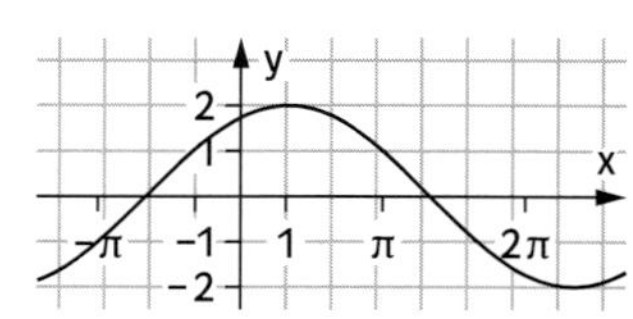

6 Überlandleitung: $t \mapsto 20000\cdot\sqrt{2}\cdot\sin\left(100\frac{\pi}{s}\cdot t\right) = 20000\cdot\sqrt{2}\cdot\sin\left(\frac{2\pi}{0{,}02\,s}\cdot t\right)$
Bundesbahnstrom: $t \mapsto 15000\cdot\sqrt{2}\cdot\sin\left(\frac{100}{3}\cdot\frac{\pi}{s}\cdot t\right) = 15000\cdot\sqrt{2}\cdot\sin\left(\frac{2\pi}{0{,}06\,s}\cdot t\right)$

7 a) $t \mapsto 3\cos t = 3\sin\left(t+\frac{\pi}{2}\right)$
Amplitude: 3; Periode: 2π; Verschiebung: $\frac{\pi}{2}$ (nach links)
b) $t \mapsto 2\cos\left(\frac{2\pi}{5}\cdot t+0{,}4\right) = 2\sin\left(\frac{2\pi}{5}\cdot t+0{,}4+\frac{\pi}{2}\right)$
Amplitude: 2; Periode: $\frac{2\pi}{b} = 5$; Verschiebung: $\frac{c}{b} = \frac{1}{\pi}+\frac{5}{4}$ (nach links)
c) $t \mapsto \frac{1}{2}\cos(2\pi\cdot t-\pi) = \frac{1}{2}\sin\left(2\pi\cdot t-\frac{\pi}{2}\right)$
Amplitude: $\frac{1}{2}$; Periode: $\frac{2\pi}{b} = 1$; Verschiebung: $\frac{c}{b} = \frac{1}{4}$ (nach rechts)

8 a) $2\sin\frac{\pi}{2}-1 = 1$ $\left(2\sin\frac{\pi}{4}-1 = \sqrt{2}-1;\ 2\sin\frac{3}{2}\pi-1 = -3;\ 2\sin 2-1 \approx 0{,}8186\right)$
b) Für $x_1 = \frac{\pi}{6}$ und $x_2 = \frac{5}{6}\pi$ ist der Funktionswert 0
(für $x = \frac{\pi}{2}$ ist der Funktionswert 1; für $x_1 \approx 1{,}02$ und $x_2 \approx 2{,}12$ ist der Funktionswert $\frac{1}{2}\sqrt{2}$).
c) 1 ist der größte und −3 der kleinste Funktionswert.

9 a) Es ist $\sin(-x+\pi) = \sin[-(x-\pi)] = -\sin(x-\pi)$, d. h. für die Graphen: Die Sinuskurve ist um π nach rechts zu verschieben und dann an der x-Achse zu spiegeln. Es ergibt sich wieder die Sinuskurve.

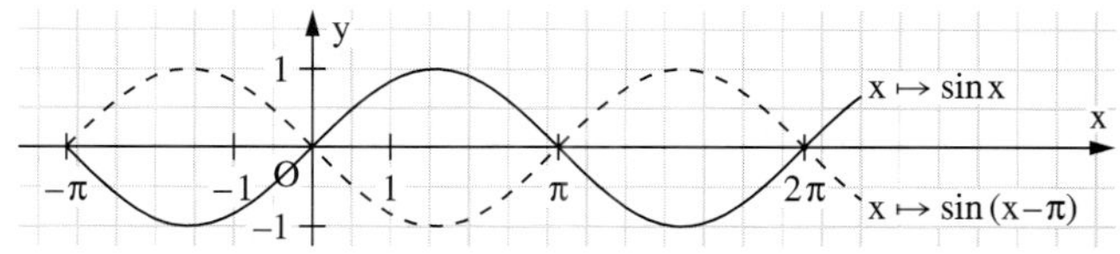

d. h. Verschiebung der Sinuskurve um 2π nach rechts.

b) Es ist $\sin\left(\frac{\pi}{2}-x\right) = \sin\left[-\left(x-\frac{\pi}{2}\right)\right] = -\sin\left(x-\frac{\pi}{2}\right)$, d. h. für die Graphen: Die Sinuskurve ist um $\frac{\pi}{2}$ nach rechts zu verschieben und dann an der x-Achse zu spiegeln. Es ergibt sich die Kosinuskurve.

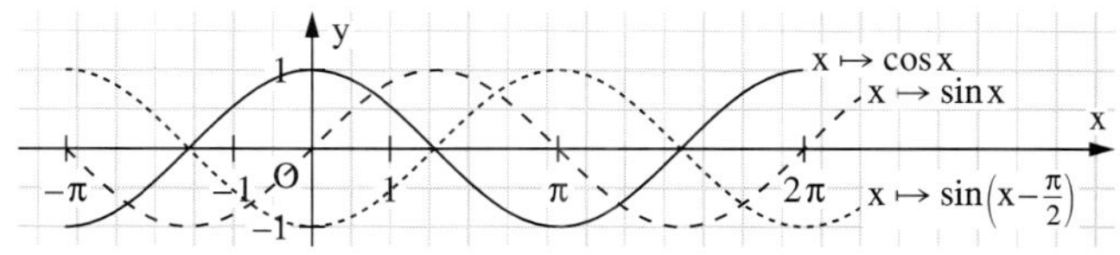

d. h. Verschiebung der Sinuskurve um $\frac{\pi}{2}$ nach rechts.

10 a) Schwarzer Graph: $y = \sin x$ Violettfarbener Graph: $y = 3\sin x$
Roter Graph: $y = 3\sin(2x)$ Blauer Graph: $y = 3\sin\left(2x-\frac{\pi}{2}\right)$

b) Individuelle Lösungen

11

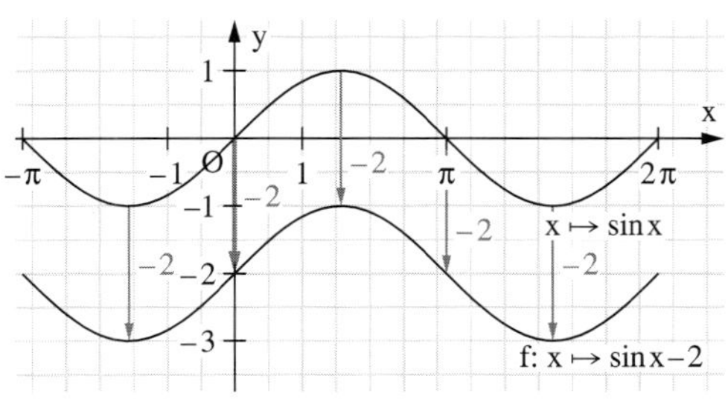

Graph von f: Sinuskurve um 2 in negative y-Richtung verschoben.

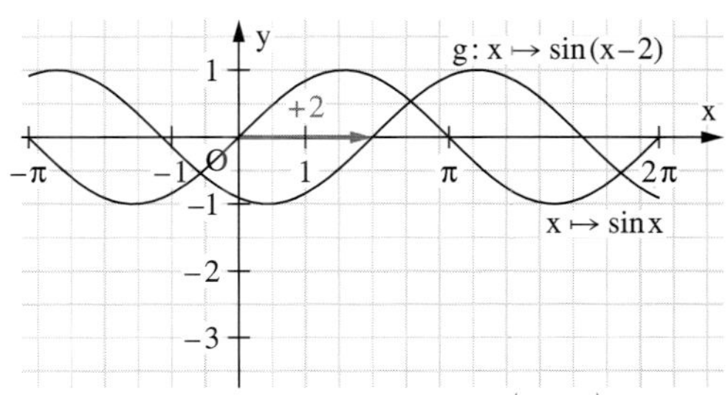

Graph von g: Sinuskurve um 2 $\left(\approx \frac{2}{3}\pi\right)$ in positive x-Richtung verschoben.

12 Wegen $W = [-3; 3]$ ist die Amplitude $a = 3$.
Lösungen sind z. B. $y = 3\sin x$; $y = 3\sin(2x)$; $y = 3\sin\left(\frac{1}{2}x-\frac{\pi}{2}\right)$

S. 57

13 a) $y = 12\,\text{cm}\cdot\sin\left(\frac{4}{s}\cdot t\right)$

b) $y = A$ für $t = \left(\frac{\pi}{8}+k\cdot\frac{\pi}{2}\right)s,\ k\in\mathbb{Z}$ $y = 0$ für $t = \left(\frac{\pi}{4}+k\cdot\frac{\pi}{4}\right)s,\ k\in\mathbb{Z}$

c) 12 cm (–12 cm; $-6\sqrt{3}$ cm; –11,41 cm)

d) $t = \left(\frac{3}{8}\pi+k\cdot\frac{\pi}{2}\right)s,\ k\in\mathbb{Z}$ $\left(t = \left(\frac{7}{24}\pi+k\cdot\frac{\pi}{2}\right)s,\ k\in\mathbb{Z}\ \text{oder}\ t = \left(\frac{11}{24}\pi+k\cdot\frac{\pi}{2}\right)s,\ k\in\mathbb{Z}\right)$

14 a) Die Tidenkurve für Büsum kommt dem Augenschein nach einer Sinuskurve nahe, während der fast lineare Abfall der Tidenkurve für Hamburg nicht zur Sinuskurve passt.

b) Man legt zweckmäßig das Koordinatensystem mit Zeit- und Höhenachse so, dass der Nullpunkt der Zeitachse bei „6 Stunden vor Hochwasser" liegt und auf der Höhenachse zugleich in der Mitte zwischen „Niedrigwasser" (0,0 m) und „Hochwasser" (3,64 m).
Für den Ansatz $h(t) = a\cdot\sin(b\cdot t+c)$ bedeutet dies: Die Amplitude ist $a = 1{,}82\,\text{m}$. Die halbe Periode ergibt sich aus dem Abstand der Nullstellen (= Schnittpunkte der Kurve mit der Zeitachse) zu 7 h, also $\frac{2\pi}{b} = 14\,\text{h}$ bzw. $b = \frac{\pi}{7\,\text{h}}$.
Entsprechend der Grafik muss für die Verschiebung gelten: $\frac{c}{b} = 2{,}5\,\text{h}$ bzw. $c = \frac{5\pi}{14\,\text{h}}$
Näherungsfunktion: $h(t) = 1{,}82\cdot\sin\left(\frac{\pi}{7\,\text{h}}\cdot t-\frac{5\pi}{14\,\text{h}}\right)$
Für $t = 2{,}5\,\text{h}; 6\,\text{h}; 9{,}5\,\text{h}$ stimmen Funktions- und Messwerte überein.
Z. B. $h(0) \approx -1{,}64\,\text{m}$ Messwert: $-1{,}82\,\text{m}$
$h(2) \approx -0{,}40\,\text{m}$ Messwert: $-0{,}82\,\text{m}$

15 a) Die Schnittpunkte der Graphen $y = \sin 2x$ und $y = 0{,}5x$ liegen bei $x_1 \approx -1{,}25$; $x_2 \approx 0$; $x_3 \approx 1{,}25$.
b) Die Schnittpunkte der Graphen $y = 2 \cdot \cos(-x)$ und $y = -0{,}5x$ liegen bei $x_1 \approx -1{,}3$; $x_2 \approx 2{,}1$; $x_3 \approx 3{,}6$.

16 a) Zurückgelegter Weg in 1 s: $\frac{10 \cdot 2\pi \cdot 0{,}8}{60}\,\text{m} \approx 0{,}84\,\text{m}$
b) Schwingungsdauer (= Periode): 6 s, also $b = \frac{2\pi}{6\,\text{s}} = \frac{\pi}{3\,\text{s}}$
Schwingungsgleichung: $y(t) = 0{,}8\,\text{m} \cdot \sin\left(\frac{\pi}{3\,\text{s}} \cdot t\right)$
c) Schwingungsgleichung für den Schatten am Boden: $x(t) = 0{,}8\,\text{m} \cdot \cos\left(\frac{\pi}{3\,\text{s}} \cdot t\right)$

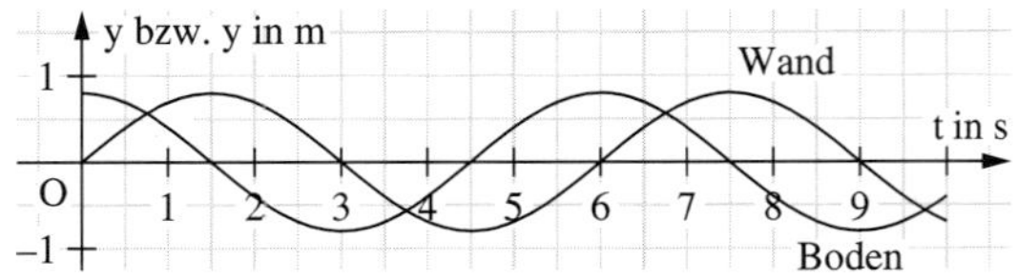

17 a) Annahmen: Zylinderradius $r_{Zylinder} = r_{Kugel}$
Zylinderhöhe $h_{Zylinder} = 6 \cdot r_{Kugel}$

$$\frac{3 \cdot V_{Kugel}}{V_{Zylinder}} = \frac{3 \cdot \frac{4}{3}\pi r_{Kugel}^3}{\pi r_{Kugel}^2 \cdot 6 r_{Kugel}} = \frac{2}{3}$$

$\frac{1}{3}$ des Zylindervolumens bleiben also leer.
b) $3 \cdot O_{Kugel} = 12 \cdot \pi r_{Kugel}^2$
$M_{Zylinder} = 2\pi r_{Kugel} \cdot 6 r_{Kugel} = 12\pi r_{Kugel}^2$
Die Kugeloberflächen und der Mantel haben den gleichen Flächeinhalt.

18 $P(-5 \mid 0{,}5) \in G_f$: $0{,}5 = -5m - 3 \Rightarrow m = -0{,}7$ also $y = -0{,}7x - 3$
Schnittstelle mit der x-Achse: $\left(-4\frac{2}{7} \mid 0\right)$; Schnittstelle mit der y-Achse: $(0 \mid -3)$

→ AB Arbeitsblatt: Gewinnen allgemeiner Sinusfunktionen aus der Sinusfunktion; Kopiervorlage S. 127 f.

→ TB Trainingsblatt: Allgemeine Sinusfunktion; Kopiervorlage S. 129 f.

→ Spiel: Allgemeines Sinus-Wabenpuzzle; Kopiervorlage S. 131 ff.
Spiel für 2–4 Personen/1 Person (Spieldauer: 20–30 min.)

Spielbeschreibung:
Zu zufällig zusammengestellten Parametern a, b und c sollen Funktionsgraphen von Funktionen $f: x \mapsto a \cdot \sin(bx + c)$ zugeordnet werden.

Thema: Spiralen als Funktion

S. 58

1 a) $a = 1$: $a = 2$:

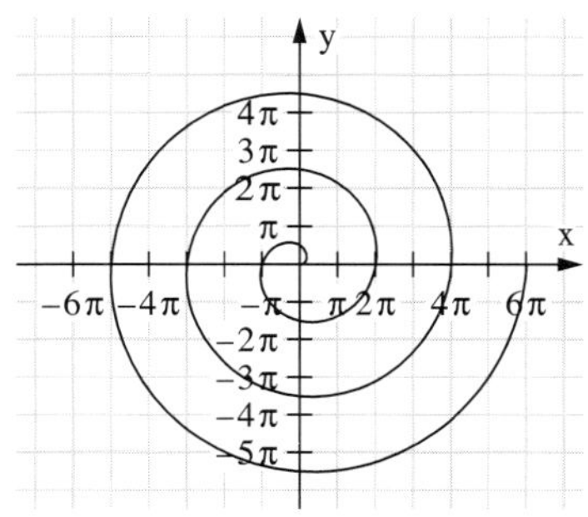

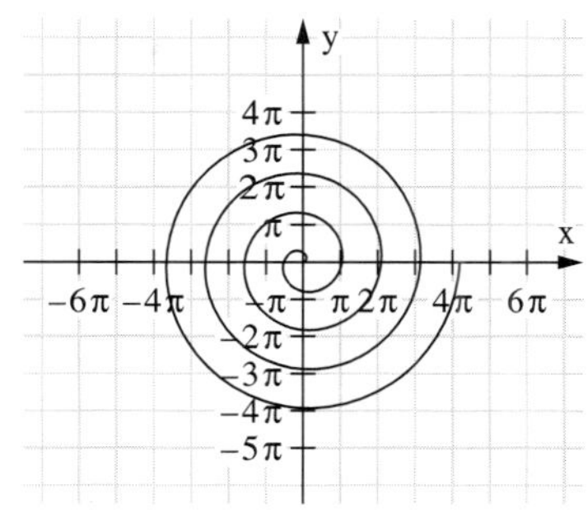

Der Windungsabstand bleibt über den gesamten Definitionsbereich konstant.

b) Sind $P_1(a\varphi \mid \varphi)$ und $P_2(a \cdot (\varphi + 2\pi) \mid \varphi + 2\pi)$ zwei Punkte auf derselben Halbgeraden, dann gilt für den Abstand $d = a \cdot (\varphi + 2\pi) - a \cdot \varphi = 2\pi a$

c) $2\pi a = 1$, also $r(\varphi) = \frac{1}{2\pi} \cdot \varphi$

d) $z \cdot \pi \geqq 100 \Rightarrow z \geqq 32$

S. 59

2 a) und c): Erhöht man den Grad von r (und a), betrachtet also die durch $r^h(\varphi) = a^h \cdot \varphi$ definierten Kurven, so liegen die Windungen mit größerer Entfernung vom Zentrum immer dichter beieinander.
Da der Grad in c) größer als der in a) ist, gilt folgende Zuordnung:
a) Form (2), b) Form (4)

b) Da $r(\varphi)$ eine streng monoton fallende Funktion ist, verlaufen die Spiralen von außen nach innen. Das Zentrum wird in immer enger werdenden Windungen umrundet, jedoch nie erreicht. Nähert sich die Größe des Winkels φ dem Wert 0, so zeigen die Spiralen ein asymptotisches Verhalten. Dies erfüllt Form (3).

d) Erhöht man den Grad in φ, so wird der Abstand der aufeinanderfolgenden Windungen immer größer. Dies erfüllt Form (1).

3 Individuelle Lösungen

Projektvorschlag: Individuelle Lösungen

→ AB Arbeitsblatt: Polarkoordinaten; Kopiervorlage S. 134 f.

→ Polarkoordinatenpapier; Kopiervorlage S. 136

Hinweis: Das untere Polarkoordinatenpapier ist kombiniert mit einem kartesischen Koordinatensystem. Damit kann es zum näherungsweisen Umwandeln von Polar- in kartesische Koordinaten (und umgekehrt) verwendet werden.

Thema: Überlagerung von Schwingungen

S. 60

1

	Periode	Amplitude
a)	2π	5
b)	$\frac{2}{5}\pi$	11
c)	2π	$2\sqrt{2}$
d)	2π	1,97
e)	nicht periodisch	
f)	20π	2

2 a) Ton a: $T_1 = \frac{1}{440}\,s$; f_1: $t \mapsto \sin\left(880\,\frac{\pi}{s}\cdot t\right)$

Ton cis: $T_2 = \frac{1}{550}\,s$; f_2: $t \mapsto \sin\left(1100\,\frac{\pi}{s}\cdot t\right)$

b) Ton e: $T = \frac{1}{660}\,s$; f: $t \mapsto \sin\left(1320\,\frac{\pi}{s}\cdot t\right)$

3 a) Die Funktionenfolge nähert sich einer Dreieckslinie an.
b) Die Funktionenfolge nähert sich einer Sägezahnlinie an.

S. 61

4 $f_1(t) = a_1 \cdot \sin(b\cdot t+c)$; $f_2(t) = a_2\cdot \sin(b\cdot t+c)$
$(f_1+f_2)(t) = f_1(t)+f_2(t) = (a_1+a_2)\cdot \sin(b\cdot t+c)$

5 a) $\sin(b_1\cdot t+c_1)+\sin(b_2\cdot t+c_2) = 2\cdot \sin\frac{(b_1+b_2)\cdot t+(c_1+c_2)}{2}\cdot\cos\frac{(b_1-b_2)\cdot t+(c_1-c_2)}{2}$

$= 2\cdot\sin\left(\frac{b_1+b_2}{2}\cdot t+\frac{c_1+c_2}{2}\right)\cdot\cos\left(\frac{b_1-b_2}{2}\cdot t+\frac{c_1-c_2}{2}\right)$

b) $a\cdot\sin(bt+c_1)+a\cdot\sin(bt+c_2) = 2a\cdot\sin\left(bt+\frac{c_1+c_2}{2}\right)\cdot\cos\left(\frac{c_1-c_2}{2}\right)$ mit $\cos\left(\frac{c_1-c_2}{2}\right) = c =$ konstant

$\Rightarrow a\cdot\sin(bt+c_1)+a\cdot\sin(bt+c_2) = a'\cdot\sin(bt+c')$

mit $a' = 2a\cos\left(\frac{c_1-c_2}{2}\right)$ und $c' = \frac{c_1+c_2}{2}$

6 a) $f(t) = 2\cdot\sin\left(\frac{2{,}95}{2}\pi\cdot t\right)\cdot\cos\left(-\frac{0{,}05}{2}\pi\cdot t\right)$

$\Rightarrow -2\cos(-0{,}025\,\pi\cdot t) \leqq f(t) \leqq 2\cos(-0{,}025\,\pi\cdot t) = 2\cos(0{,}025\,\pi\cdot t)$

b) Bei einer Schwebung nimmt man einen „Heulton“ wahr, dessen Lautstärke ständig an- und abschwillt.

7 Bis auf die „Summenfunktion“ in e) sind alle periodisch.

III Exponentialfunktion und Logarithmus

Die verschiedenen in diesem Kapitel betrachteten Wachstumsformen können auch im Rahmen eines Lernzirkels behandelt werden.

→ Lernzirkel: Arten von Wachstum; Kopiervorlage S. 137
Im Lernzirkel können lineares, exponentielles, beschränktes und logistisches Wachstum betrachtet werden. Eine vergleichende Übersicht rundet den Lernzirkel ab. Einzelne Module können hierbei auch weggelassen oder als Arbeitsblätter zu den einzelnen Lerneinheiten verwendet werden.

1 Lineares und exponentielles Wachstum

A Alternative zum Einstieg:
Der Unterschied zwischen linearem und exponentiellem Wachstum kann mithilfe der folgenden beiden Arbeitsblätter erarbeitet werden. Das dritte genannte Arbeitsblatt lässt die Dynamik exponentiellen Wachstums unmittelbar erfahren.

→ AB Arbeitsblatt: Lineares Wachstum; Kopiervorlage S. 138 f.

→ AB Arbeitsblatt: Exponentielles Wachstum; Kopiervorlage S. 140 f.

→ AB Arbeitsblatt: Exponentielles Wachstum erfahren; Kopiervorlage S. 142 f.

S. 64 **1** Die Bevölkerung wächst alle 10 Jahre mit dem Faktor 1,13.

Jahr	2000	2010	2020	2030	2040	2050	2060
Anzahl in Mrd.	6,1	6,89	7,79	8,80	9,95	11,24	12,70

Trifft die Gesetzmäßigkeit zu, dann werden 2050 fast doppelt so viele Menschen auf der Erde leben wie im Jahr 2000.

Der Pegelstand steigt jede Stunde um die gleiche Höhe 8 cm.

Zeit in Std.	0	1	2	10	20	30	31	32
Pegelstand in cm	0	8	16	80	160	240	248	256

Steigt der Wasserspiegel konstant weiter, so ist nach ca. 31 Stunden mit der Überflutung von großen Teilen der Altstadt zu rechnen.

S. 66 **2** a) $a = \frac{f(1)}{f(0)} = \frac{25}{20} = 1{,}25$

t	0	1	2	3	4
f(t)	20	25	31,25	39,06	48,83

b) $a = \frac{f(3)}{f(2)} = \frac{1{,}8}{2{,}4} = 0{,}75$

t	0	1	2	3	4
f(t)	4,27	3,2	2,4	1,8	1,35

3 a) exponentielles Wachstum; $a = 1{,}25$; $f(0) = 2{,}4$; Änderung: 25 %

b) exponentielles Wachstum; $a = 0{,}8$; $f(0) = \frac{f(2)}{a^2} = 10$; Änderung: –20 %

c) lineares Wachstum; $d = -0{,}8$; $f(0) = 10{,}4 + 2 \cdot 0{,}8 = 12$

d) $f(2) - f(1) = -1{,}0$; $f(3) - f(2) = -1{,}5$ $\Rightarrow$ kein lineares Wachstum

$\frac{f(2)}{f(1)} \approx 0{,}904$; $\frac{f(3)}{f(2)} \approx 0{,}840$ $\Rightarrow$ kein exponentielles Wachstum

e) lineares Wachstum; $d = 0{,}6$; $f(0) = 5{,}2 - 2 \cdot 0{,}6 = 4$

f) $\frac{f(2)}{f(1)} = 1{,}2$; $\frac{f(4)}{f(2)} = 1{,}44 = 1{,}2^2$; $a = 1{,}2$; $f(0) = 5{,}4 : 1{,}2 = 4{,}5$; Änderung: 20 %

4 Mit Kohlensäure angereichertes Regenwasser löst auf dem Weg durch den Dolomit Kalk, der sich beim Tropfen von der Höhlendecke als sog. „Sinter“ ablagert. Das Wachstum hängt stark von der Regenmenge und von den Veränderungen des Wasserweges durch das Gestein ab. Es ist also nicht mit einer konstanten absoluten Zunahme pro (Zeit-)Schritt zu rechnen. Über lange Zeitspannen könnten sich die Einflüsse für das Wachstum mitteln.
Für die Teufelshöhle in Pottenstein wird ein durchschnittliches Wachstum von 1 mm pro 13 Jahre angegeben. Angenähert lineares Wachstum ist nur über lange Zeiträume anzunehmen.

5 a)

t in Jahren	−3	−2	−1	0	1
Taschengeld in €	10	15	20	25	30

$f(t) = 25 + 5 \cdot t$; lineares Wachstum

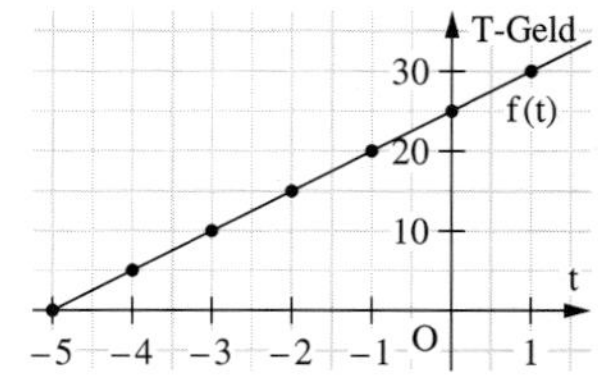

Aussage zutreffend für $t \in [-5; +\infty[$

b)

t in Jahren	0	1	2	3	4	5
Stundenlohn in €	10	10,20	10,40	10,61	10,82	11,04

$f(t) = 10 \cdot 1{,}02^t$; exponentielles Wachstum

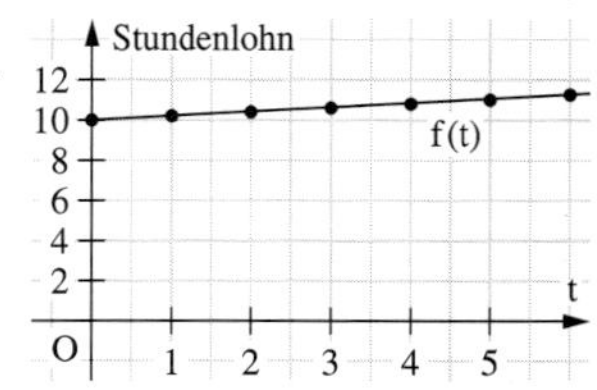

Aussage zutreffend für $t \in [0; +\infty[$

c)

t in min	0	1	2	10	20	30
Länge in mm	120	118	116	100	80	60

$f(t) = 120 - 2 \cdot t$; lineare Abnahme

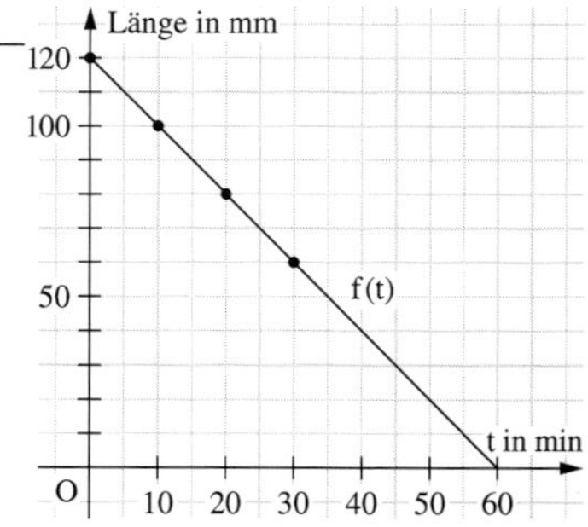

Aussage zutreffend für $t \in [0; 60]$

d)

t in Jahren	0	1	2	3	4	5
Wert in €	1000	500	250	125	62,5	31,25

$f(t) = 1000 \cdot 0{,}5^t$; exponentielle Abnahme

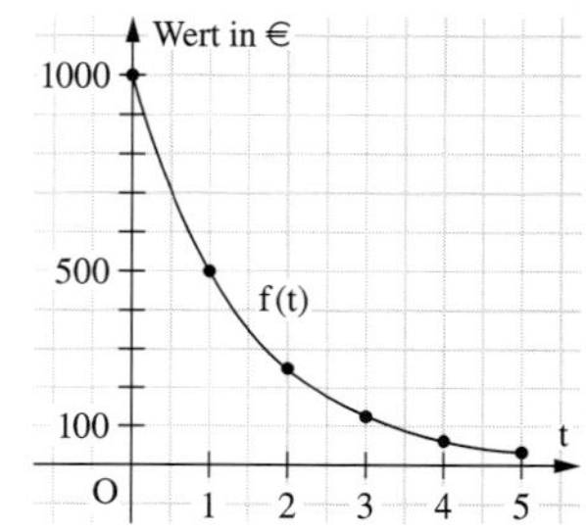

Aussage sinnvoll für $t \in [0; 6]$
Gesetzmäßigkeit gilt theoretisch unbegrenzt.

e)

t in Jahren	0	1	2	3	4	5	6
Masse	m	3m	9m	27m	81m	243m	729m

$f_m(t) = m \cdot 3^t$; exponentielles Wachstum

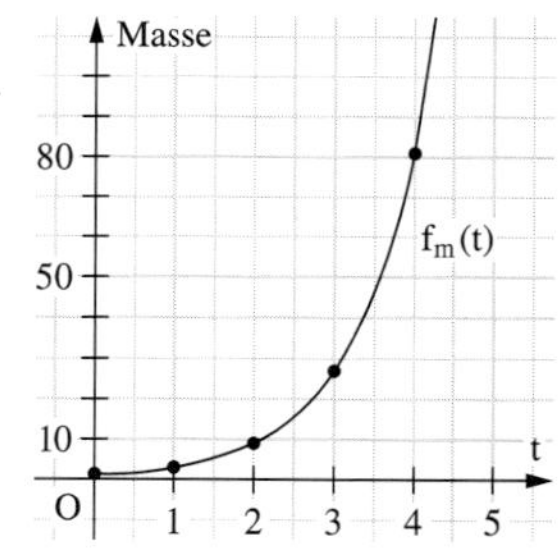

Aussage zutreffend für $t \in [0; +\infty[$

f) Individuelle Lösungen

6 a) lineares Wachstum; $d = f(2) - f(1) = 5{,}5$

t	0	1	2	3	4	5
f(t)	49,5	55	60,5	66	71,5	77

t	6	7	8	9	10
f(t)	82,5	88	93,5	99	104,5

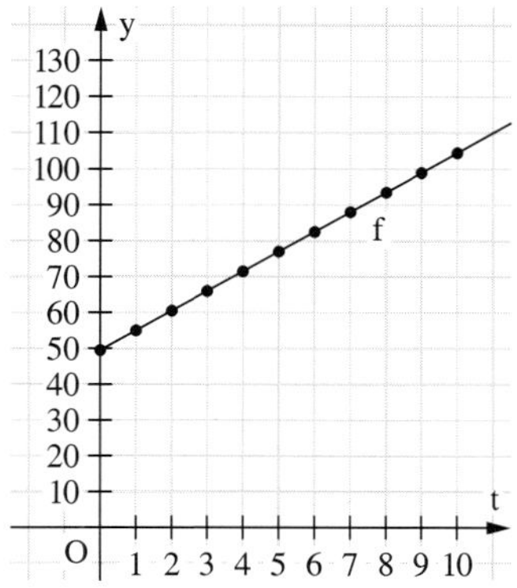

b) exponentielles Wachstum; $a = \frac{f(2)}{f(1)} = 1{,}1$

t	0	1	2	3	4	5
f(t)	50	55	60,5	66,55	73,21	80,53

t	6	7	8	9	10
f(t)	88,58	97,44	107,18	117,90	129,69

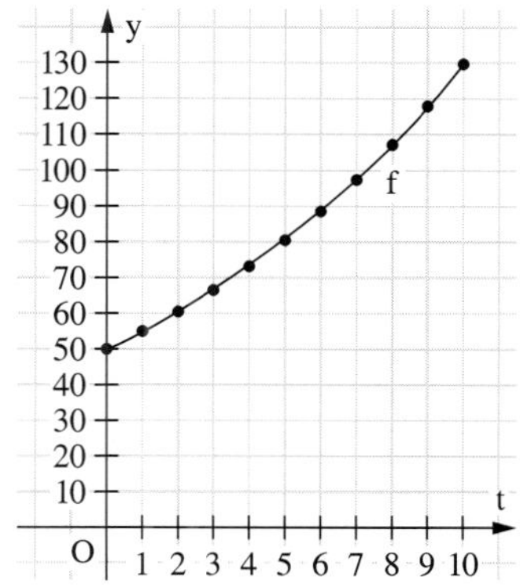

S. 67

7 Die Temperatur T
- steigt mit konstanter Geschwindigkeit;
- steigt mit wachsender Geschwindigkeit;
- fällt mit abnehmender Geschwindigkeit;
- steigt mit abnehmender Geschwindigkeit;
- fällt mit konstanter Geschwindigkeit.

8 a) exponentielles Wachstum: $f(n) = 2400 \cdot 1{,}015^n$
lineares Wachstum: $g(n) = 2400 + 80 \cdot n$

n	10	20	30	50	100
f(n)	2785	3232	3751	5052	10637
g(n)	3200	4000	4800	6400	10400

Die Behauptung ist richtig. Auf lange Sicht, d. h. für großes n überholt das exponentielle Wachstum das lineare.

b) $f(n) = 2400 \cdot 1{,}01^n$
Probieren in 10er-Schritten ergibt: $f(70) \approx 4816$
Die Behauptung ist falsch. Nach 70 Monaten hat sich der Absatz verdoppelt.

c) $f(n) = 2400 \cdot 0{,}95^n$; $f(20) \approx 860$
Die Behauptung ist falsch. Nach 20 Monaten werden noch 860 Stück verkauft.

9 a) $\frac{899}{1013} \approx 0{,}887$; $\frac{795}{899} \approx 0{,}884$; $\frac{701}{795} \approx 0{,}882$; $\frac{616}{701} \approx 0{,}879$;
$\frac{540}{616} \approx 0{,}877$; $\frac{472}{540} \approx 0{,}874$; $\frac{411}{472} \approx 0{,}871$; $\frac{356}{411} \approx 0{,}866$
In grober Näherung können die Quotienten aufeinanderfolgender Werte als konstant angesehen werden, obwohl sie insgesamt mit der Höhe etwas abnehmen.

b) Mittelwert der Quotienten: 0,878; pro km nimmt der Luftdruck im Mittel um 12,2 % ab.

c) Abnahme des Luftdrucks pro 2 km: $1 - 0{,}878^2 \approx 0{,}229 = 22{,}9\,\%$

d) Mithilfe des funktionalen Zusammenhangs zwischen Luftdruck und Meereshöhe lässt sich für ein Barometer aus der Druckskala eine Höhenskala errechnen.

i Bei barometrischen Höhenmessern ist die Höhenskala drehbar gegenüber der festen Druckskala angebracht. Bei einer Wanderung stellt man die Höhenskala so ein, dass der Zeiger die Höhe des Startpunkts angibt. Der Druckunterschied zwischen Startpunkt und aktuellem Standort ist dann als Höhe des Standorts ablesbar (soweit sich der Luftdruck in der Region durch Wettereinfluss nicht wesentlich verändert hat).

10 a) $d(0) = 150\,(\text{mm})$; $d(1) = 150 + 0{,}4$; $d(2) = 150 + 0{,}4 \cdot 2$; $d(n) = 150 + 0{,}4 \cdot n$

b) $l(1) = d(0) \cdot \pi = 150\pi$; $l(2) = l(1) + d(1) \cdot \pi = 150\pi \cdot 2 + 0{,}4 \cdot \pi$

$l(3) = l(2) + d(2) \cdot \pi = 150\pi \cdot 3 + 0{,}4 \cdot \pi \cdot (1+2)$

$\vdots$

$l(n) = 150\pi \cdot n + 0{,}4 \cdot \pi \cdot (1 + 2 + \ldots + n - 1) = 150\pi \cdot n + 0{,}4 \cdot \pi \cdot \frac{(n-1) \cdot n}{2} = 149{,}8\pi n + 0{,}2\pi n^2$

i $\left(1 + 2 + \ldots + n = \frac{n \cdot (n+1)}{2}\right)$

c) $d(n) = 1800 \Rightarrow 1800 = 150 + 0{,}4 \cdot n \Rightarrow n = 4125$

$l(4125) = 149{,}8\pi \cdot 4125 + 0{,}2 \cdot \pi \cdot 4125^2 \approx 12\,632\,501\,\text{mm} \approx 12{,}63\,\text{km}$

11 a) 1 Spiel = 3 Möglichkeiten; 2 Spiele = $3 \cdot 3 = 9$ Möglichkeiten;
3 Spiele = $3 \cdot 3 \cdot 3 = 27$ Möglichkeiten; usw.
Mit jedem Spiel wächst die Anzahl der Möglichkeiten mit dem Faktor 3.

b) Anzahl der Möglichkeiten: $3^{11} = 177\,147$

P_{11}(„Gewinn im 1. Rang“) $= \frac{1}{3^{11}} \approx 5{,}6 \cdot 10^{-6} \approx 0{,}0006\,\%$

c) P_{13}(„Gewinn im 1. Rang“) $= \frac{1}{3^{13}} = \frac{1}{9} \cdot \frac{1}{3^{11}} = \frac{1}{9} \cdot P_{11}$

Prozentuale Verringerung der Gewinnchancen: $\frac{P_{11} - P_{13}}{P_{11}} = 1 - \frac{1}{9} \approx 88{,}9\,\%$

12 a) Anfangskapital = a $J(0) = a$

$J(1) = a \cdot 1{,}01$; $J(2) = a \cdot 1{,}01 \cdot 1{,}02$; $J(3) = a \cdot 1{,}01 \cdot 1{,}02 \cdot 1{,}03$; …

$J(9) = a \cdot 1{,}01 \cdot 1{,}02 \cdot 1{,}03 \cdot 1{,}04 \cdot 1{,}05 \cdot 1{,}06 \cdot 1{,}07 \cdot 1{,}08 \cdot 1{,}09 \approx 1{,}5471 \cdot a$

Das Kapital hat sich in den neun Jahren um ca. 54,7 % vermehrt.

b) 5 % ist das arithmethische Mittel der einzelnen Prozentsätze.

$J(9) = a \cdot 1{,}05^9 \approx 1{,}551 \cdot a$

Das Kapital wäre bei diesem Zinssatz in neun Jahren um 55,1 % angewachsen.

13 a) $n = 2$ bedeutet halbjährliche Verzinsung zu $\frac{p}{n} = 2\,\%$ pro Zinsabschnitt.

Die Zahl der Zinsabschnitte beträgt $n \cdot t = 2 \cdot 5 = 10$.

Der Wachstumsfaktor in jedem der 10 Zinsabschnitte ist $102\,\% = 1 + \frac{p}{n}$.

$K(5) = 1000 \cdot (1 + 0{,}02)^{10}\,€ \approx 1218{,}99\,€$

b) $t = 10$; $p = 0{,}04$

$n = 1$: $K(10) = 1000 \cdot 1{,}04^{10}\,€ \approx 1480{,}24\,€$;

$n = 4$: $K(10) = 1000 \cdot 1{,}01^{40}\,€ \approx 1488{,}86\,€$

$n = 12$: $K(10) = 1000 \cdot \left(1 + \frac{0{,}04}{12}\right)^{120}\,€ \approx 1490{,}83\,€$

Bei weiterer Verkürzung der Zinsabschnitte (z. B. wöchentliche oder tägliche Verzinsung) würde das Kapital in 10 Jahren noch einen leicht höheren Ertrag bringen.

S. 68 **14** a) Kapital nach 12 Jahren mit einem Jahreszinssatz von p %: $K(12) = K \cdot (1+p)^{12}$

Kapital nach 20 Jahren mit einem Jahreszinssatz von 5 %: $K(20) = K \cdot (1 + 0{,}05)^{20}$

Mit der gegebenen Bedingung: $K \cdot (1+p)^{12} = K \cdot (1 + 0{,}05)^{20}$

$\Rightarrow (1+p)^{12} \approx 2{,}653 \Rightarrow 1 + p \approx 1{,}0847 \Rightarrow p \approx 8{,}47\,\%$

b) in 10 Jahren: $K \cdot (1+p)^{10} = 2 \cdot K \Rightarrow (1+p)^{10} = 2 \Rightarrow 1 + p = \sqrt[10]{2} \Rightarrow p \approx 7{,}18\,\%$

in 20 Jahren: $K \cdot (1+p)^{20} = 2 \cdot K \Rightarrow (1+p)^{20} = 2 \Rightarrow 1 + p = \sqrt[20]{2} \Rightarrow p \approx 3{,}53\,\%$

@i **15** Peter Minuit tauschte vermutlich Waren im Wert von 60 Gulden gegen die Insel ein.
Im 19. Jh., als diese Berechnung gemacht wurde, entsprachen dies etwa 24 $.

a) $t = 2008 - 1626 = 382$; $t \approx 380$

$p = 5\,\%$: $K(380) = 24\,\$ \cdot 1{,}05^{380} = 2\,704\,860\,603\,\$ \approx 2{,}7 \cdot 10^9\,\$$

$p = 10\,\%$: $K(380) = 24\,\$ \cdot 1{,}1^{380} \approx 1{,}28 \cdot 10^{17}\,\$$

b) $60\,\text{km}^2 = 6 \cdot 10^7\,\text{m}^2$

Grundstückspreis bei $p = 5\,\%$: $\frac{2{,}7 \cdot 10^9\,\$}{6 \cdot 10^7\,\text{m}^2} = 45\,\frac{\$}{\text{m}^2}$

$p = 10\,\%$: $\frac{1{,}28 \cdot 10^{17}\,\$}{6 \cdot 10^7\,\text{m}^2} \approx 2{,}1 \cdot 10^9\,\frac{\$}{\text{m}^2}$

16 a) $D(t) = D(0) \cdot 0{,}8^t$

t in min	0	1	2	3	4	5	6	7	8	9	10
D(t) in °C	50	40	32	25,6	20,5	16,4	13,1	10,5	8,4	6,7	5,4
T(t) in °C	70	60	52	45,6	40,5	36,4	33,1	30,5	28,4	26,7	25,4

b)

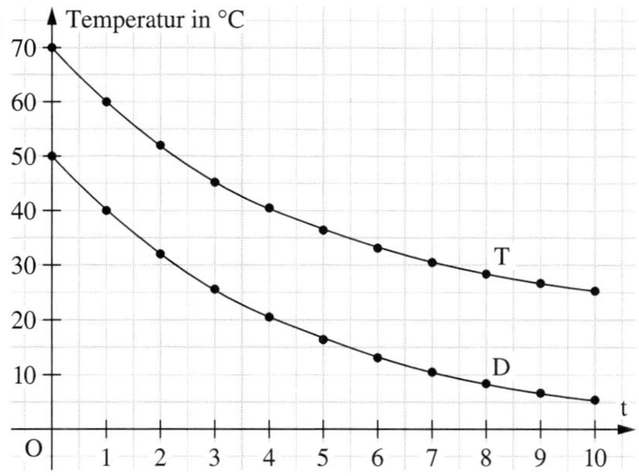

c) $T(t) = U + D(t);\ D(t) = D(0) \cdot 0{,}8^t \ \Rightarrow\ T(t) = U + D(0) \cdot 0{,}8^t$

$T(15) = 20 + 50 \cdot 0{,}8^{15} \approx 21{,}8$

Der Kaffee hat nach 15 Minuten eine Temperatur von ca. 21,8 °C.

d) $\frac{T(1)}{T(0)} = \frac{60}{70} \approx 0{,}857;\ \frac{T(2)}{T(1)} = \frac{52}{60} \approx 0{,}867;\ \frac{T(3)}{T(2)} = \frac{45{,}6}{52} \approx 0{,}877;\ \ldots$

Der Wachstumsfaktor wächst langsam, also liegt kein exponentielles Wachstum (Abnahme) vor. Allerdings nimmt D(t) exponentiell ab.

e) $T(0) = 5;\ U = 30;\ D(0) = 25;\ D(t) = 25 \cdot 0{,}9^t$

$T(t) = 30 - 25 \cdot 0{,}9^t$

$T(10) = 30 - 25 \cdot 0{,}9^{10} \approx 21{,}3$

Nach 10 Minuten hat die Limonade eine Temperatur von ca. 21,3 °C.

f)

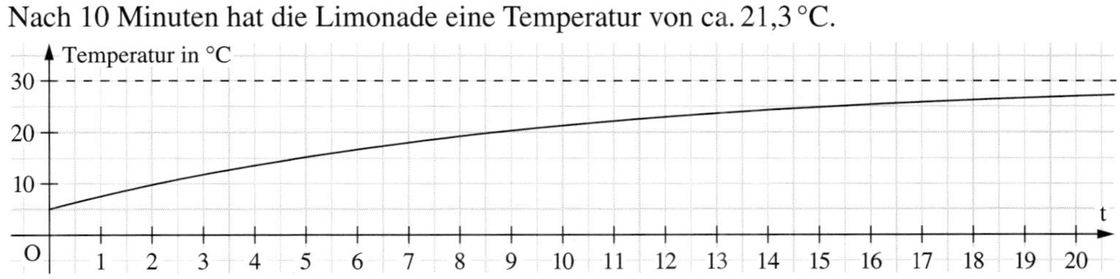

17 a) Kein lineares Wachstum, da die absoluten Zuwächse steigen.

Kein exponentielles Wachstum: $\frac{4{,}5}{3{,}3} \approx 1{,}36;\ \frac{6{,}7}{4{,}5} \approx 1{,}49;\ \frac{10{,}4}{6{,}7} \approx 1{,}55;\ \frac{14{,}9}{10{,}4} \approx 1{,}43$

b) Die stärkste absolute Zunahme (2005 auf 2006) bezieht sich auf einen höheren Grundwert.

18 a) Zeichnung individuell

Sei d der Abstand zwischen h und k bzw. h und g

$A_{\Delta ABC} = \frac{1}{2} \cdot \overline{AB} \cdot 2d = \overline{AB} \cdot d$

$A_{\Delta ABE} = \frac{1}{2} \cdot \overline{AB} \cdot d = \frac{1}{2} \cdot A_{\Delta ABC}$

$A_{\Delta BDE} = \frac{1}{2} \cdot \overline{ED} \cdot d = \frac{1}{2} \cdot \frac{1}{2} \cdot \overline{AB} \cdot d = \frac{1}{4} \cdot A_{\Delta ABC}$, da $\frac{\overline{AB}}{\overline{ED}} = \frac{2}{1}$

$A_{\Delta EDC} = A_{\Delta BDE} = \frac{1}{4} \cdot A_{\Delta ABC}$

b) $\overline{ED} = \frac{1}{2} \cdot \overline{AB}$ unabhängig von der Länge von $\overline{AB}$ und d (Strahlensatz).

c) Die Flächeninhalte der Dreiecke ändern sich nicht, wenn C auf g wandert, weil nach dem Strahlensatz mit $\overline{AB}$ auch $\overline{ED}$ konstant bleibt und die Dreieckshöhen ebenfalls.

19 a) 4 b) $a^{\frac{5}{3}} + 2 \cdot a^{\frac{5}{6}} b^{\frac{1}{6}} + b^{\frac{1}{3}}$ c) $-\sqrt{3}$ d) 3 e) $\frac{\sqrt{3}}{5}(\sqrt{5} - 1)$ f) 1

→ AB Arbeitsblatt: Lineares Wachstum; Kopiervorlage S. 138 f.

→ AB Arbeitsblatt: Exponentielles Wachstum; Kopiervorlage S. 140 f.

→ AB Arbeitsblatt: Exponentielles Wachstum erfahren; Kopiervorlage S. 142 f.

→ AB Arbeitsblatt: Arten von Wachstum – Vergleichende Übersicht; Kopiervorlage S. 148 f.
Hinweis: Werden beschränktes und logistisches Wachstum (vgl. *Schülerbuch S. 86 f.*) nicht behandelt, sind auf dem Arbeitsblatt die beiden letzten Tabellenspalten wegzulassen.

2 Exponentialfunktionen

S. 69

1 a) $f(0) = 1$ $g(0) = 0{,}5$ $h(0) = 3$
$f(1) = 1{,}5$ $g(1) = 1$ $h(1) = 1{,}5$
$f(2) = 2{,}25$ $g(2) = 2$ $h(2) = 0{,}75$
$a = \frac{f(x)}{f(x-1)} = 1{,}5$ $a = \frac{g(x)}{g(x-1)} = 2$ $a = \frac{h(x)}{h(x-1)} = 0{,}5$
Da der Wachstumsfaktor jeweils konstant bleibt, beschreiben die Funktionen f, g und h jeweils ein exponentielles Wachstum.
$f(x) = 1 \cdot 1{,}5^x$ $g(x) = 0{,}5 \cdot 2^x$ $h(x) = 3 \cdot 0{,}5^x$

b) Bei den Funktionen f und g ist $a > 1$ und die Funktionsgraphen steigen.
Bei der Funktion h ist $a < 1$ und der Funktionsgraph ist fallend.

c) $f\left(\frac{1}{2}\right)$, $g\left(\frac{1}{2}\right)$ und $h\left(\frac{1}{2}\right)$ geben den Wert der Wachstumsgröße nach Ablauf eines halben (Zeit-)Schritts an.

S. 71

2

	−4	−3,5	−3	−2,5	−2	−1,5	−1	−0,5	0	0,5	1	1,5	2	2,5	3	3,5	4
a) $f(x) = \left(\frac{3}{2}\right)^x$	0,20	0,24	0,30	0,36	0,44	0,54	0,67	0,82	1	1,22	1,50	1,84	2,25	2,76	3,38	4,13	5,06
b) $g(x) = \left(\frac{2}{3}\right)^x$	5,06	4,13	3,38	2,76	2,25	1,84	1,50	1,22	1	0,82	0,67	0,54	0,44	0,36	0,30	0,24	0,20
c) $f(x) = (\sqrt{3})^x$	0,11	0,15	0,19	0,25	0,33	0,44	0,58	0,76	1	1,32	1,73	2,28	3,00	3,95	5,20	6,84	9,00
d) $k(x) = (\sqrt[3]{2})^x$	0,40	0,45	0,50	0,56	0,63	0,71	0,79	0,89	1	1,12	1,26	1,41	1,59	1,78	2,00	2,24	2,52

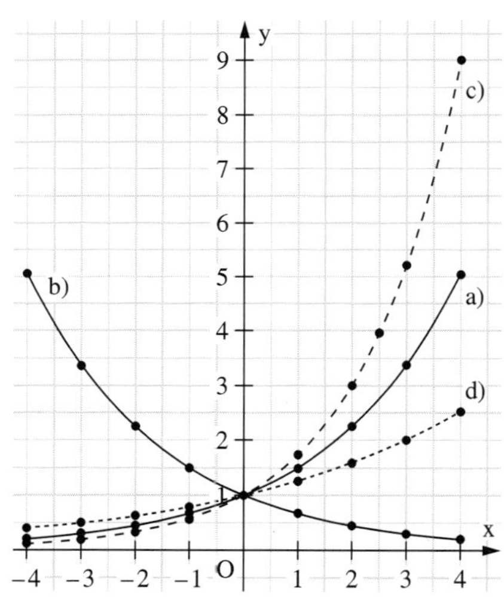

(Den Graphen $x \mapsto \left(\frac{2}{3}\right)^x$ erhält man durch Spiegelung des Graphen von $x \mapsto \left(\frac{3}{2}\right)^x$ an der y-Achse. Daher kann die Wertetabelle für b) direkt mit a) erstellt werden.)

3 a)

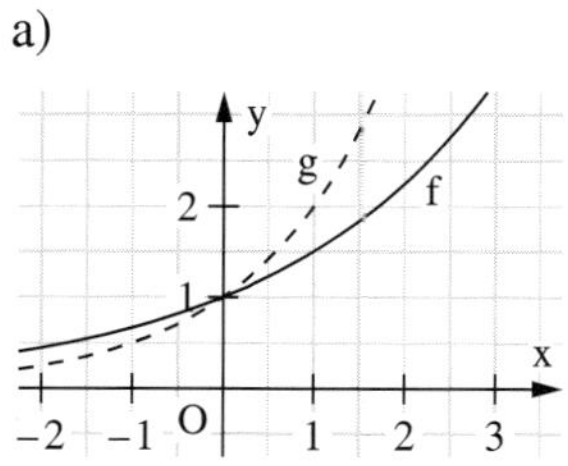

G_g verläuft für
- $x > 0$ oberhalb
- $x < 0$ unterhalb

von G_f

b)

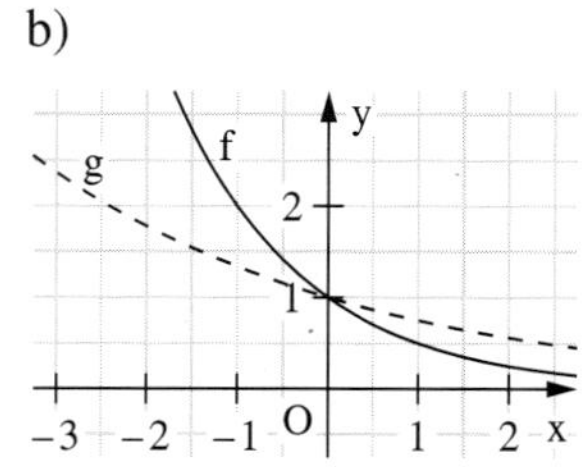

G_g verläuft für
- $x > 0$ oberhalb
- $x < 0$ unterhalb

von G_f

Bei a) und b) verlaufen die Graphen durch $(0|1)$.

4

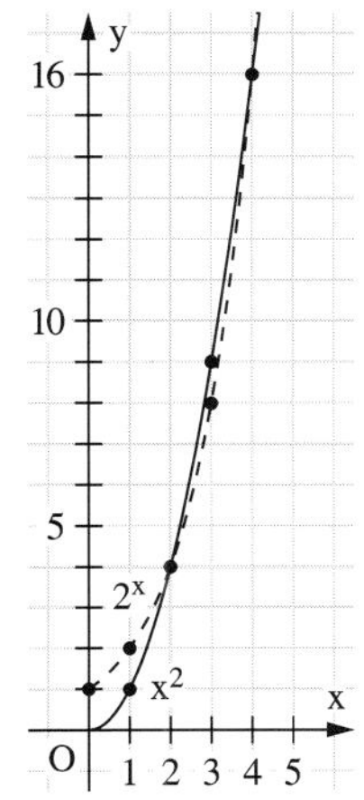

Für $0 \leqq x \leqq 2$ und für $x \geqq 4$ gilt $2^x \geqq x^2$.

5 Ein DIN-A4-Blatt ist ca. 21 cm breit und ca. 30 cm hoch.
Vergleichbare Aufgabe zum Logarithmus: *S. 78 Aufgabe 9*

a) $f(x) = 1{,}1^x$; $f(21) \approx 7{,}40$
Der Punkt des Graphen von f am rechten Rand ist 7,4 cm vom unteren Rand entfernt.

b) Individuelle Schätzung für x. (Meist wird das exponentielle Wachstum unterschätzt, so dass hier x zu groß angenommen wird.)
$f(x) = 30$; $f(35) \approx 28{,}1$; $f(36) \approx 30{,}9$
Das Blatt müsste nach rechts hin um ca. 15 cm verbreitert werden.

c) Individuelle Schätzung.
Am rechten Rand gilt nun $x = 42$; $f(42) = 1{,}1^{42} \approx 54{,}76$; $54{,}76 \cdot 0{,}5\,\text{cm} = 27{,}38\,\text{cm}$
Der Graph erreicht nicht ganz den oberen Rand.

6 a) $f(x) = a^x$; $f(x+1) = a^{x+1} = a \cdot a^x = a \cdot f(x)$
Der Funktionswert wird ver-a-facht.
b) $f(x) = a^x$; $f(2x) = a^{2x} = (a^x)^2 = (f(x))^2$
Der Funktionswert wird quadriert.

7 Ansatz für Funktion f: $f(x) = b \cdot a^x$

a) $f(1) = 1 \Rightarrow$ (I) $b \cdot a^1 = 1$
$f(2) = 0{,}2 \Rightarrow$ (II) $b \cdot a^2 = 0{,}2$
(II) : (I) $\Rightarrow a = 0{,}2$ in (I): $b = 5$ $f(x) = 5 \cdot 0{,}2^x$

b) Rechenweg analog a) $f(x) = 81 \cdot \left(\frac{2}{3}\right)^x$

c) Rechenweg analog a) $f(x) = 8 \cdot \left(\frac{1}{2}\right)^x$; Probe für dritten Punkt ist nötig.

d) Rechenweg analog a) $f(x) = 625 \cdot 0{,}2^x$

e) $P\left(0 \middle| \frac{1}{2}\right) \in G_f \Rightarrow b \cdot a^0 = \frac{1}{2} \Rightarrow b = \frac{1}{2}$; also $f(x) = \frac{1}{2} \cdot a^x$ (a beliebig)

f) Die Punkte $Q(3|4)$ und $R(3|1)$ können nicht auf dem Graphen einer Funktion liegen, weil die Zuordnung $x \mapsto f(x)$ eindeutig ist.

8 Der Funktionsterm $b \cdot a^x$ enthält zwei Variablen (Parameter), die zu bestimmen sind. Zur Bestimmung von a und b ist ein System mit zwei Gleichungen notwendig. Jeder Punkt, der auf dem Graphen von f liegt, liefert eine Gleichung. Soll der Funktionsterm durch einen Punkt festgelegt sein, so muss also einer der beiden Parameter schon bekannt sein.

9

Funktionsterm zu f:	$f(0) = 1$	$\Rightarrow$	$b \cdot a^0 = 1$	$\Rightarrow$	$b = 1$	
	$f(1) = 1{,}5$	$\Rightarrow$	$1 \cdot a^1 = 1{,}5$	$\Rightarrow$	$a = 1{,}5$	$f(x) = 1{,}5^x$
Funktionsterm zu g:	$g(0) = 1$	$\Rightarrow$	$b = 1$			
	$g(-1) = 4$	$\Rightarrow$	$1 \cdot a^{-1} = 4$	$\Rightarrow$	$a = 0{,}25$	$g(x) = 0{,}25^x$
Funktionsterm zu h:	$h(0) = 2{,}5$	$\Rightarrow$	$b = 2{,}5$			
	$h(1) = 3$	$\Rightarrow$	$2{,}5 \cdot a^1 = 3$	$\Rightarrow$	$a = 1{,}2$	$h(x) = 2{,}5 \cdot 1{,}2^x$
Funktionsterm zu k:	$k(0) = 4$	$\Rightarrow$	$b = 4$			
	$k(1) = 2{,}5$	$\Rightarrow$	$4 \cdot a^1 = 2{,}5$	$\Rightarrow$	$a = \frac{5}{8}$	$k(x) = 4 \cdot \left(\frac{5}{8}\right)^x$

S. 72

10 a) $2^{x-1} = \frac{2^x}{2} = \frac{1}{2} \cdot 2^x$

b) $2^{2x+3} = 2^{2x} \cdot 2^3 = 8 \cdot 2^{2x} = 8 \cdot 4^x$

c) $2^{2x-4} = \frac{4^x}{2^4} = \frac{1}{16} \cdot 4^x$

d) $(\sqrt{2})^{2x+4} = 2^{x+2} = 4 \cdot 2^x$

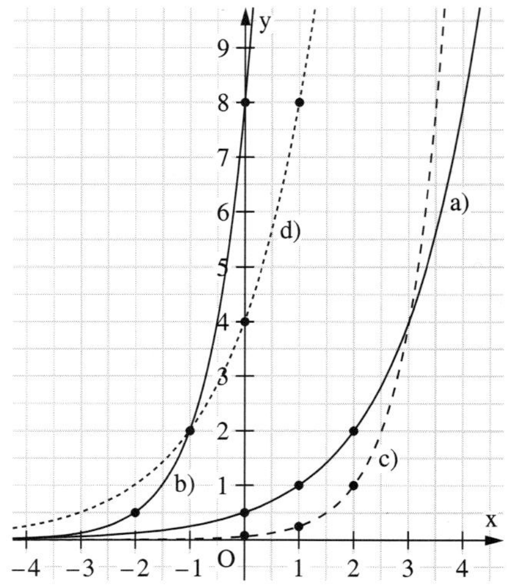

11 a) Graph steigt, wenn $a+1 > 1$, also für $a > 0$.
Graph fällt, wenn $0 < a+1 < 1$, also für $-1 < a < 0$.
Für $a = 0$ steigt/fällt der Graph nicht.

b) Der Graph ist für alle $a \neq 0$ eine nach oben geöffnete Parabel.
Der Graph fällt für $x < 0$ und steigt für $x > 0$. Von a hängt die Steigung des Graphen nicht ab.

c) Graph steigt, wenn $\frac{2}{a^2+1} > 1$, also für $a^2 < 1 \quad \Rightarrow \quad -1 < a < 1$.
Graph fällt für $a < -1$ oder $a > 1$.
Für $|a| = 1$ steigt/fällt der Graph nicht.

d) Graph ist konstant für alle a, steigt/fällt also nicht.

e) Graph steigt, wenn $a^2-3 > 1$, also für $a^2 > 4 \quad \Rightarrow \quad a < -2$ oder $a > 2$.
Graph fällt, wenn $0 < a^2-3 < 1$.
$a^2-3 > 0 \quad \Leftrightarrow \quad a^2 > 3$ also für $a < -\sqrt{3}$ oder $a > \sqrt{3}$
$\Rightarrow$ Graph fällt, wenn $-2 < a < -\sqrt{3}$ oder $\sqrt{3} < a < 2$.
Für $|a| = 2$ steigt/fällt der Graph nicht.

f) Der Graph ist eine Gerade. Gerade steigt für $a > 0$, sie fällt für $a < 0$.
Für $a = 0$ verläuft die Gerade waagrecht.

12 a) $f(x) = b \cdot 0{,}6^x$; $\quad b \cdot 0{,}6^1 = 3000 \quad \Rightarrow \quad b = 5000 \quad \Rightarrow \quad f(x) = 5000 \cdot 0{,}6^x$

x (in m)	0	1	2	3
f(x) (in lx)	5000	3000	1800	1080

x (in m)	4	5	6	7
f(x) (in lx)	648	388,8	233,3	140

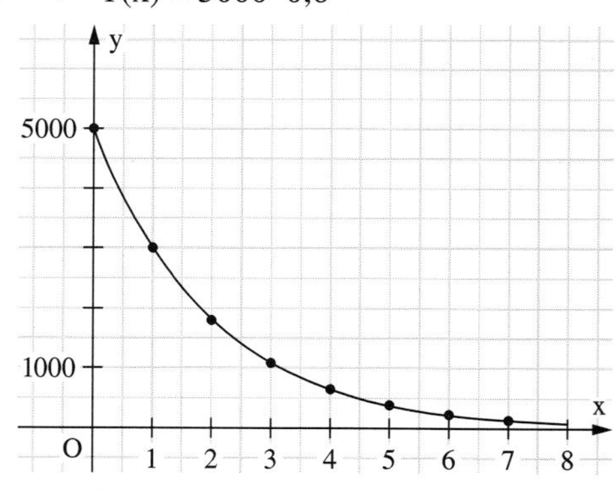

b) z. B. $f(x) = 2500$ für $x \approx 1{,}4$

c) $5000 \cdot 0{,}6^x = 0{,}2 \quad \Rightarrow \quad 0{,}6^x = 4 \cdot 10^{-5}$
Probieren: $0{,}6^{20} \approx 3{,}656 \cdot 10^{-5}$
$0{,}6^{19{,}8} \approx 4{,}049 \cdot 10^{-5}$
$0{,}6^{19{,}82} \approx 4{,}008 \cdot 10^{-5}$
In ca. 19,8 m Tiefe beträgt die Beleuchtungsstärke ungefähr 0,2 lx.

13 Das Experiment könnte (mit genügend Schokolinsen) tatsächlich durchgeführt werden.

a) Es werden immer ca. die Hälfte der Schokolinsen „LS" zeigen.
Anzahl der nach dem n-ten Wurf übrig gebliebenen Schokolinsen: $f(n) = 80 \cdot \left(\frac{1}{2}\right)^n$

b) Anzahl der nach dem n-ten Wurf verzehrten Schokolinsen: $g(n) = 80 - f(n)$
Die Funktionswerte von g wachsen mit zunehmendem n, überschreiten aber nie den Wert 80. Eine wachsende Exponentialfunktion erreicht aber beliebig große Werte. g ist also keine Exponentialfunktion.

c) Bei realen Schokolinsen wird der Abnahmefaktor nur ungefähr $\frac{1}{2}$ betragen, da nicht alle Schokolinsen eine Idealform haben. Beim einzelnen Experiment kann es unter Umständen zu beträchtlichen Abweichungen von den berechneten Idealwerten kommen.

14 Der feste Parameter a muss so bestimmt werden, dass die Funktion für **alle** $x \in \mathbb{R}$ erklärt ist.

a) $2a - 3 > 0 \;\Rightarrow\; a > 1{,}5$

b) $a^2 + 1 > 0$ für alle a, also a beliebig

c) $1 - a^2 \geqq 0 \;\Rightarrow\; -1 \leqq a \leqq 1$

d) $\frac{1}{a} + 1 > 0 \;\Rightarrow\; \frac{1+a}{a} > 0$

1. Fall: $1 + a > 0$ und $a > 0 \;\Rightarrow\; a > 0$ 2. Fall: $1 + a < 0$ und $a < 0 \;\Rightarrow\; a < -1$

Funktion $x \mapsto \left(\frac{1}{a} + 1\right)^x$ ist definiert für $a < -1$ oder $a > 0$.

e) $a + 1 \geqq 0$ und $2 - \sqrt{a+1} > 0$

$\Rightarrow\; a \geqq -1$ und $\sqrt{a+1} < 2 \;\Rightarrow\; a \geqq -1$ und $a < 3$.

Funktion $x \mapsto \left(2 - \sqrt{a+1}\right)^x$ ist definiert für $-1 \leqq a < 3$.

f) $\frac{a+3}{a^2} > 0$ und $a \neq 0 \;\Rightarrow\;$ (wegen $a^2 > 0$) $a > -3$ und $a \neq 0$.

15 a) $f(0) = 0{,}3 \;\Rightarrow\; b = 0{,}3$

$f(6) = 0{,}6 \;\Rightarrow\; 0{,}6 = 0{,}3 \cdot a^6 \;\Rightarrow\; a^6 = 2 \;\Rightarrow\; a = 2^{\frac{1}{6}}$ ($\approx 1{,}122$); $f(x) = 0{,}3 \cdot (2)^{\frac{x}{6}}$

b) Die Wassermelone wächst täglich um 12,2 %.

c) Individuelle Lösung

Es liegt nur während einer begrenzten Zeit exponentielles Wachstum vor. (Begrenztes Wasser-, Nährstoff- und Platzangebot)

16 a) $f(0) = 100 \;\Rightarrow\; b = 100$

$f(28) = 50 \;\Rightarrow\; 50 = 100 \cdot a^{28} \;\Rightarrow\; a^{28} = \frac{1}{2} \;\Rightarrow\; a = \sqrt[28]{\frac{1}{2}}$ ($\approx 0{,}9755$)

$f(x) = 100 \cdot 0{,}5^{\frac{x}{28}}$

Zerfall in einem Jahr: $100 - 100 \cdot 0{,}5^{\frac{1}{28}} \approx 2{,}45\,\%$

b) $f(50) = 100 \cdot 0{,}5^{\frac{50}{28}} \approx 29$

Nach 50 Jahren sind noch 29 mg vorhanden.

17 a) Die Aussage ist falsch, wie folgendes Gegenbeispiel zeigt:

t	0	1	2	3
$f(t) = (\sqrt{2})^t$	1	$\sqrt{2}$	2	$2\sqrt{2}$

Verdoppelungszeit $T_D = 2$

t	0	1	2	3
$(2\sqrt{2})^t$	1	$2\sqrt{2}$	8	…

keine Verdoppelung bei $\frac{T_D}{2}$

alternative Lösung:

Die Behauptung ist gleichwertig mit der Gleichung

$a^t = (2a)^{\frac{1}{2}t}$ oder $a^{2t} = (2a)^t \;\Rightarrow\; a^{2t} = 2^t \cdot a^t \;\Rightarrow\; a^t = 2^t \;\Rightarrow\; a = 2$

Für $a \neq 2$ ist die Aussage falsch.

b) falsch; Gegenbeispiel:

t	0	1	2	…
$f(t) = \left(\frac{\sqrt{2}}{2}\right)^t$	1	$\frac{\sqrt{2}}{2}$	$\frac{1}{2}$	…

Verdopplungszeit $T_H = 2$

t	0	1	2	…
$\left(\frac{\sqrt{2}}{4}\right)^t$	1	$\frac{\sqrt{2}}{4}$	…	…

keine Halbierung bei $\frac{T_H}{2}$

alternative Lösung:

Analog a) gilt:

$a^t = \left(\frac{1}{2}a\right)^{\frac{1}{2}t} \;\Rightarrow\; a^{2t} = \left(\frac{1}{2}a\right)^t \;\Rightarrow\; a^t = \left(\frac{1}{2}\right)^t \;\Rightarrow\; a = \frac{1}{2}$

Die Aussage ist für $a \neq \frac{1}{2}$ falsch.

c) $f(x) = b \cdot 1^x = b$; die Funktionswerte bleiben konstant b; Aussage ist richtig.

d) falsch; Gegenbeispiel:

$p = \sqrt{2} - 1 \Rightarrow a = \sqrt{2}$

t	0	1	2	...
$(\sqrt{2})^t$	1	$\sqrt{2}$	2	...

Verdopplungszeit $T_D = 2$

$2p = 2\sqrt{2} - 2 \Rightarrow a = 2\sqrt{2} - 1$

t	0	1	2	...
$(2\sqrt{2}-1)^t$	1	$2\sqrt{2}-1$	...	...

keine Verdoppelung bei $\frac{T_D}{2}$

alternative Lösung:

$(1+p)^t = (1+2p)^{\frac{1}{2}t} = (\sqrt{1+2p})^t \Rightarrow 1+p = \sqrt{1+2p} \Rightarrow 1+2p+p^2 = 1+2p$

$\Rightarrow p^2 = 0 \Rightarrow p = 0$

Für $p = 0$ liegt kein Wachstum vor, die Aussage ist falsch.

18 a) Ansatz: $f(x) = ax^2+bx+c$

$A \in G_f \Rightarrow$ (I) $a + b + c = 3$

$B \in G_f \Rightarrow$ (II) $4a+2b+c = 2{,}5$

$C \in G_f \Rightarrow$ (III) $a - b + c = 1$

Lösung des Gleichungssystems liefert:

$a = -\frac{1}{2};\ b = 1;\ c = 2{,}5$

$f(x) = -\frac{1}{2}x^2+x+2{,}5 = -\frac{1}{2}(x-1)^2+3$

b) Ansatz: $f(x) = a\cdot(x-2)(x+3)$

$P \in G_f \Rightarrow -6a = -3 \Rightarrow a = \frac{1}{2}$

$f(x) = \frac{1}{2}(x-2)(x+3) = \frac{1}{2}\left(x+\frac{1}{2}\right)^2 - 3{,}125$

→ TB Trainingsblatt: Exponentialfunktionen; Kopiervorlage S. 150f.

3 Modellieren von Wachstum

S. 73

1 a) Die Messpunkte werden durch die lineare Funkion h am besten angenähert. Sie liefern aber keinen eindeutigen Hinweis, ob die Beschreibung durch eine lineare oder eine Exponentialfunktion erfolgen soll.

b) Die Zusatzinformation veranlasst die Ausscheidung von h, denn für $t > 10$ gilt $h(t) < 0$.

S. 74

2 Die absolute Abnahme der Blutalkoholwerte schwankt um den Mittelwert $-0{,}18$. Es liegt also (in guter Näherung) lineares Wachstum vor.

$f(t) = 1{,}6 - 0{,}18\,t$

3 Die relative Abnahme schwankt um den Wert 0,849.
Es liegt also exponentielles Wachstum vor.

$f(t) = 1000 \cdot 0{,}849^t$

S. 75

4 Berechnung der Differenzen bzw. Quotienten zeigt:

a) Sowohl lineare als auch exponentielle Abnahme scheidet aus, da die absolute und relative Abnahme mit der Zeit geringer wird.

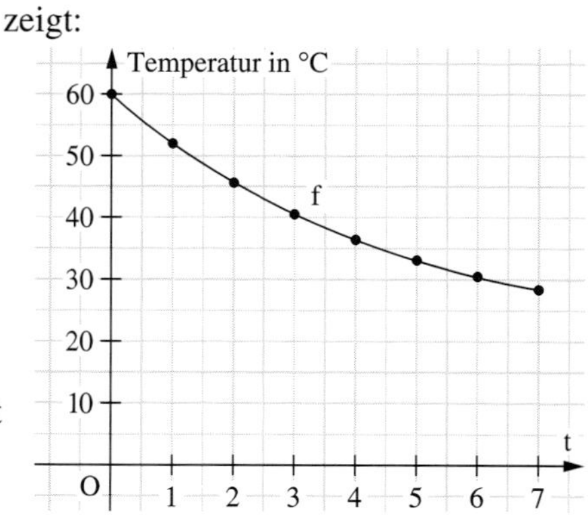

b) $f(t) = s + b\cdot a^t$

$f(0) = 60 \Rightarrow$ (I) $s + b\cdot a^0 = 60$

$f(1) = 52 \Rightarrow$ (II) $s + b\cdot a = 52$

$f(2) = 45{,}6 \Rightarrow$ (III) $s + b\cdot a^2 = 45{,}6$

Durch Lösen des Gleichungssystems erhält man $a = 0{,}8;\ b = 40;\ s = 20$

$y = 20 + 40\cdot 0{,}8^t$

c) s ist die Umgebungstemperatur. b ist die Temperaturdifferenz zum Zeitpunkt $t = 0$.

d)

t	0	1	2	3	4	5	6	7
f(t)	60	52	45,6	40,5	36,4	33,1	30,5	28,4

Die Modellierung passt genau. Alle Messpunkte liegen auf dem Graphen (siehe Teilaufgabe a)).

5 a)

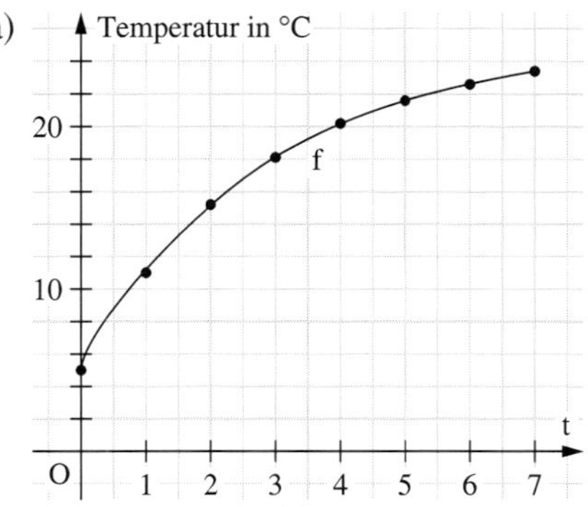

Die absolute und die relative Zunahme der Temperaturen wird mit der Zeit geringer. Linearer und exponentieller Temperaturanstieg scheiden somit aus.

Graph zu b)

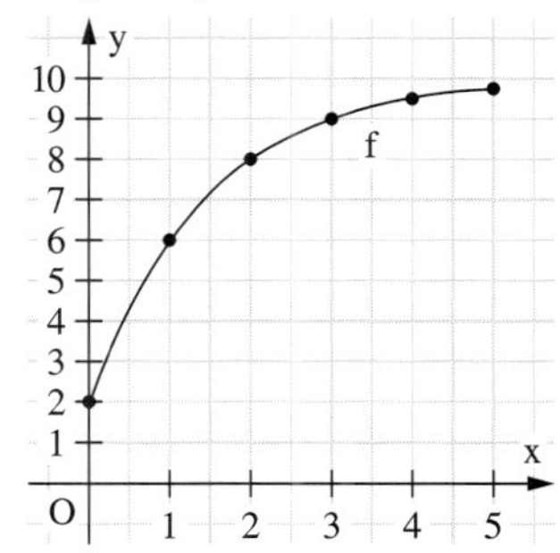

b) $f(x) = 10 - 8 \cdot 0{,}5^x$

x	0	1	2	3	4	5
f(x)	2	6	8	9	9,5	9,75

Der Graph steigt mit zunehmendem x weniger an und nähert sich dem Wert 10.

c) Für $0 < a < 1$ und $b > 0$ gibt der Term $b \cdot a^t$ eine monoton fallende Funktion an. Die Werte der Funktion $f\colon t \mapsto s - b \cdot a^t$ nähern sich also der Grenze s, welche die Grenztemperatur angibt. Die Funktion in b) zeigt dies beispielhaft.

d) $f(t) = 25 - 20 \cdot 0{,}7^t$
Lösungsweg analog 4 b)

e) $f(15) \approx 24{,}9$; der Körper erreicht nach 15 Minuten eine Temperatur von ca. 24,9 °C.

6 a)

t	0	1	2	3	4	5
y(t)	60	45	40	30	20	15
abs. Abn.		−15	−5	−10	−10	−5
rel. Abn.		−0,25	−0,11	−0,25	−0,33	−0,25

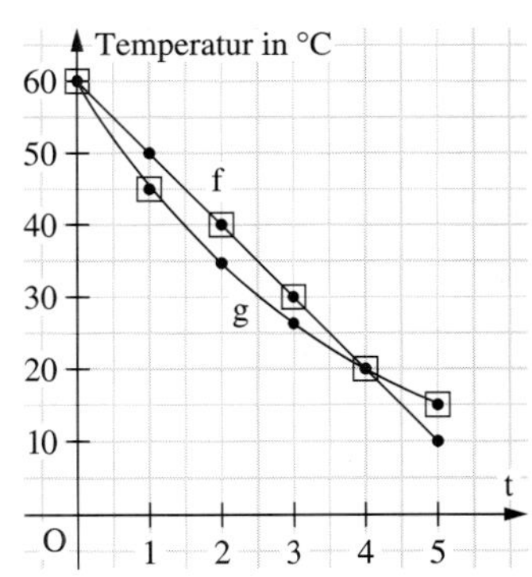

lineare Funktion f: $t \mapsto 60 - 10 \cdot t$
Exponentialfunktion g: $t \mapsto 60 \cdot 0{,}76^t$
(Mittelwert der relativen Abnahme pro Zeiteinheit: −0,24)

t	0	1	2	3	4	5
f(t)	60	50	40	30	20	10
g(t)	60	45,6	34,7	26,3	20	15,2

b) Betrachtet man die Abweichung der Funktionswerte von den vorgegebenen Werten, so lässt sich aus den sechs Werten nicht entscheiden, welche Modellierung zutreffender ist. Beide Modellfunktionen passen gut zu jeweils 4 Werten.

c) Die Punkte (6 | 12,5) und (7 | 10) lassen die Funktion f ausscheiden, da $f(6) = 0$ und $f(7) = -10$ ist. Dagegen gilt: $g(6) = 11{,}6$ und $g(7) = 8{,}8$
Die Funktion g ist die geeignete Modellierung.

d) $S_g = (60-60)^2 + (45-45{,}6)^2 + (40-34{,}7)^2 + (30-26{,}3)^4 + (20-20{,}0)^2 + (15-15{,}2)^2$
$+ (12{,}5-11{,}6)^2 + (10-8{,}8)^2$
$S_g = 44{,}43$

e) Die Funktion g liefert überwiegend etwas zu kleine Werte. Deshalb wählt man besser einen etwas größeren Wachstumsfaktor. $h(t) = 60 \cdot 0{,}77^t$
$S_h = (60-60)^2 + (45-46{,}2)^2 + (40-35{,}6)^2 + (30-27{,}4)^2 + (20-21{,}1)^2 + (15-16{,}2)^2$
$+ (12{,}5-12{,}5)^2 + (10-9{,}6)^2$
$S_h = 30{,}37$

7 140 % von 80 % = 1,4 · 0,8 = 1,12 = 112 %
Der Endpreis ist um 12 % höher als der Anfangspreis.

8 a) $-0{,}5$ b) $-4\frac{1}{3}$ c) $0{,}86$ d) $-0{,}9$ e) $9{,}5$ f) $39{,}99$

4 Logarithmen

S. 76

1 a) $1{,}019^{30} \approx 1{,}7588$
Wenn die jährliche relative Änderung 1,9 % beträgt, wächst die Weltbevölkerung in 30 Jahren um ca. 75,9 %.
b) $1{,}019^{40} \approx 2{,}123$; $1{,}019^{35} \approx 1{,}932$; $1{,}019^{37} \approx 2{,}007$
Bei einem jährlichen Zuwachs von 1,9 % verdoppelt sich die Weltbevölkerung nach 37 Jahren.

S. 77

2 a) $\log_2 32 = x$ b) $\log_{10} 10000 = 4$ c) $\log_7 1 = 0$ d) $\log_2 \frac{1}{2} = -1$
e) $\log_3 \frac{1}{9} = -2$ f) $\log_6 \sqrt[3]{6} = \frac{1}{3}$ g) $\log_5 \frac{1}{\sqrt{5}} = -\frac{1}{2}$ h) $\log_{10} \frac{1}{\sqrt[4]{1000}} = -\frac{3}{4}$

3 a) 2 b) 7 c) 3 d) 5
e) 4 f) -1 g) -3 h) -4
i) -2 k) -5 l) $\frac{3}{2}$ m) 0

4 a) $\log_a a^{\frac{3}{5}} = \frac{3}{5}$ b) $\log_{a^2} a^{-\frac{1}{2}} = \log_{a^2} (a^2)^{-\frac{1}{4}} = -\frac{1}{4}$ c) $\log_{a^{\frac{1}{2}}} a^{\frac{4}{3}} = \log_{a^{\frac{1}{2}}} \left(a^{\frac{1}{2}}\right)^{\frac{8}{3}} = \frac{8}{3}$

5 a) Gesucht ist eine Zahl x, deren 5. Potenz gleich 32 ist. Also: $x = 2$
b) Gesucht ist eine Hochzahl x, mit der man 3 potenzieren muss, um 81 zu erhalten. Also: $x = 4$
c) Gesucht ist eine Hochzahl x, mit der man 7 potenzieren muss, um 49 zu erhalten. Also: $x = 2$
d) Gesucht ist eine Hochzahl x, mit der man 25 potenzieren muss, um 125 zu erhalten. Also: $x = \frac{3}{2}$
e) Gesucht ist das Quadrat der Zahl 4. Also: $x = 16$
f) Gesucht ist eine Zahl x, deren 5. Potenz 243 ist. Also: $x = 3$

6 a) $\lg 25 \approx 1{,}40$ b) $\log_2 10 \approx 3{,}32$ c) nicht lösbar, da $2^x > 0$ für alle $x \in \mathbb{R}$
d) $\log_2 0{,}1 \approx -3{,}32$ e) $\log_{0,6} 40 \approx -7{,}22$ f) nicht lösbar, da $10^x > 0$ für alle $x \in \mathbb{R}$

S. 78

7 a) $a^2 = 25 \Rightarrow a = 5$ b) $a^2 = \frac{1}{49} \Rightarrow a = \frac{1}{7}$ c) $b^{-2} = 16 \Rightarrow b = \frac{1}{4}$
d) $b^{\frac{1}{2}} = 7 \Rightarrow b = 49$ e) $a^{\frac{3}{2}} = 5^{\frac{3}{2}} \Rightarrow a = 5$ f) $a^{\frac{3}{4}} = 3^{\frac{3}{2}} = 9^{\frac{3}{4}} \Rightarrow a = 9$
g) $(a^2)^{\frac{2}{3}} = (3^2)^{\frac{2}{3}} \Rightarrow a = 3$ h) $b^{-\frac{3}{4}} = \left(\frac{1}{5}\right)^{-\frac{3}{4}} \Rightarrow b = \frac{1}{5}$

8

t	0,1	0,5	1	2	3	4	5	6	7	8	9	10
f(x)	−3,32	−1	0	1	1,58	2	2,32	2,58	2,81	3	3,17	3,32
g(x)	−1	−0,3	0	0,30	0,48	0,60	0,70	0,78	0,85	0,90	0,95	1

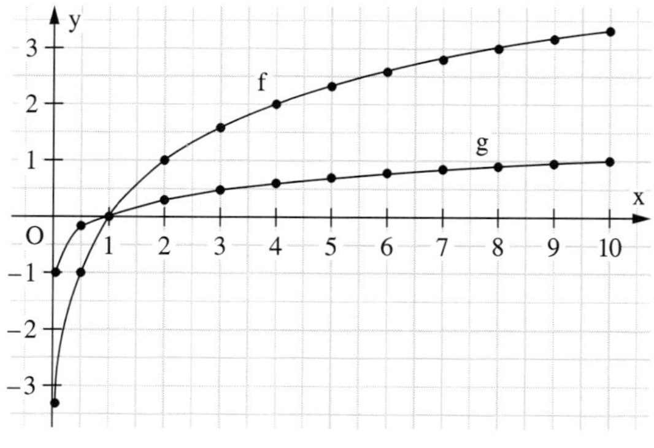

Gemeinsam:
$f(1) = g(1) = 0$
$f(x) < 0$ und $g(x) < 0$ für $0 < x < 1$;
$f(x) > 0$ und $g(x) > 0$ für $x > 1$
Beide Graphen steigen im gesamten Definitionsbereich $\mathbb{R}^+$.

Unterschiedlich:
Der Graph von f steigt schneller als der Graph von g.

i **9** Vergleichbare Aufgabe zur Exponentialfunktion: *S. 71 Aufgabe 5*

a) $f(21) = \log_2 21 \approx 4{,}39$; $g(21) = \log_{10} 21 \approx 1{,}32$

Der Graph von f ist 4,39 cm vom unteren Rand entfernt, der Graph von g 1,32 cm.

b) Individuelle Schätzung; der Wert wird wohl unterschätzt.

$f(x) = 29{,}7$; $x = 2^{29{,}7} \approx 8{,}72 \cdot 10^8$; $g(x) = 29{,}7$; $x = 10^{29{,}7} \approx 5{,}01 \cdot 10^{29}$

Damit der Graph von f den oberen Rand des DIN-A4-Blatttes erreicht, müsste das Blatt nach rechts hin auf ca. $8{,}72 \cdot 10^8$ cm verbreitert werden. Beim Graphen von g müsste es auf $5{,}01 \cdot 10^{29}$ cm verbreitert werden.

c) $8{,}7 \cdot 10^8\,\text{cm} = 8{,}7 \cdot 10^3\,\text{km}$ z. B. Entfernung New York – Lissabon

$5{,}01 \cdot 10^{29}\,\text{cm} \approx 5 \cdot 10^{24}\,\text{km}$

i 1 Lichtjahr ca. $9{,}5 \cdot 10^{12}$ km, also $5{,}01 \cdot 10^{29}\,\text{cm} \approx 526 \cdot 10^9$ Lichtjahre;

Alter des Universums ca. $13 \cdot 10^9$ Lichtjahre.

Das Licht hätte vom Beginn der Welt an bis heute ca. 2,5 % der Strecke zurückgelegt.

Randspalte: Setze: $\log_{\sqrt{3}} 17 = x \;\Rightarrow\; \sqrt{3}^{\,x} = 17 \;\Rightarrow\; 3^x = 289$ also $3^{\log_{\sqrt{3}} 17} = 289$

10 a) $25^{-\frac{1}{2}} = 5^{-1} = 0{,}2$; richtig b) $2^{-5} = 0{,}5^5 = 0{,}03125$; falsch

c) $\log_3(-8)$ ist nicht definiert: falsch d) $\log_3(-81)^4 = \log_3 81^4 = \log_3 3^{16} = 16$; richtig

e) Individuelle Lösungen

11 a) $1{,}4^x = 5 \Rightarrow x \approx 4{,}783$ b) $1{,}8^x = 0{,}8 \Rightarrow x \approx -0{,}380$ c) $2^x = \frac{4}{3} \Rightarrow x \approx 0{,}415$

d) $1{,}2^x = 2 \Rightarrow x \approx 3{,}802$ e) $3^x = 2{,}5 \Rightarrow x \approx 0{,}834$ f) $5^x = \frac{1}{3} \Rightarrow x \approx -0{,}683$

12 a) $5000 = 4000 \cdot 1{,}05^t \Rightarrow 1{,}05^t = 1{,}25 \Rightarrow t \approx 4{,}57$

Nach etwas mehr als 4,5 Jahren sind die 4000 € auf 5000 € angewachsen.

b) $5955 = 5000 \cdot a^3 \Rightarrow a^3 = 1{,}191 \Rightarrow a = \sqrt[3]{1{,}191} \approx 1{,}06$

Das Kapital wurde mit 6 % pro Jahr angelegt.

c) $2 = 1{,}06^t \Rightarrow t \approx 11{,}896$

Das Kapital hat sich nach knapp 12 Jahren verdoppelt.

13 a) Exponentielles Wachstum liegt vor, wenn die Quotienten aufeinanderfolgender Werte um einen Mittelwert schwanken.

$\frac{150}{100} = 1{,}5$; $\frac{230}{150} \approx 1{,}53$; $\frac{340}{230} \approx 1{,}48$; $\frac{500}{340} \approx 1{,}47$; also $f(t) = 100 \cdot 1{,}5^t$

b) $100 \cdot 1{,}5^t = 1000 \Rightarrow t \approx 5{,}68$

Nach 6 Stunden enthält die Kultur mehr als 1000 Bakterien.

c) Wachstum um 1000 % bedeutet das 11-fache des Anfangswertes. $1{,}5^t = 11 \Rightarrow t \approx 5{,}91$

Innerhalb von knapp 6 Stunden wächst die Zahl der Bakterien um 1000 %.

14 a) $(1 - 0{,}083)^t = 0{,}5 \Rightarrow t \approx 8{,}0$

Die Halbwertszeit von Jod-131 beträgt 8 Tage.

b) $f(8) \approx \frac{1}{2}$; $f(16) \approx \frac{1}{4}$; $f(24) \approx \frac{1}{8}$

Nach 24 Tagen ist noch $\frac{1}{8}$ der ursprünglichen Menge Jod-131 nicht zerfallen.

15 a) $\log_2 8 = x \Leftrightarrow 2^x = 8$ $\log_8 2 = y \Leftrightarrow 8^y = 2$

$\Rightarrow (8^y)^x = 8 \Rightarrow x \cdot y = 1$ (also $\log_2 8 \cdot \log_8 2 = 1$)

b) $\log_a b = x \Leftrightarrow a^x = b$ $\log_b a = y \Leftrightarrow b^y = a$

$\Rightarrow (b^y)^x = b \Rightarrow x \cdot y = 1$ (also $\log_a b \cdot \log_b a = 1$)

16 a) $\frac{1}{11} < \frac{1}{10}$ also $\frac{4}{10} + \frac{1}{11} < \frac{4}{10} + \frac{1}{10} = 0{,}5$ Aussage falsch

b) $\frac{4}{7} = \frac{12}{21}$ also $\frac{10}{21} - \frac{4}{7} < 0$ Aussage richtig

c) $\frac{21}{48} + \frac{4x}{48} > \frac{36}{48} \Leftrightarrow 21 + 4x > 36$ Aussage richtig für $x > 3{,}75$

d) $\frac{5}{11} \cdot \frac{9}{5} = \frac{9}{11} < 1$ Aussage falsch

→ AB Arbeitsblatt: Magische Quadrate; Kopiervorlage S. 152 f.

5 Rechnen mit Logarithmen

S. 79

1 Mithilfe der Tabelle wandelt man die an der Rechenoperation beteiligten Zahlen in Dreierpotenzen um und wendet die Potenzgesetze an. Mithilfe der Tabelle ermittelt man dann das Ergebnis der Rechenoperation.

$9 \cdot 729 = 3^2 \cdot 3^6 = 3^8 = 6561$ $\quad 81 \cdot 729 = 3^4 \cdot 3^6 = 3^{10} = 59049$

$27 \cdot 2187 = 3^3 \cdot 3^7 = 3^{10} = 59049$ $\quad 59049 : 729 = 3^{10} : 3^6 = 3^4 = 81$

$27^3 = (3^3)^3 = 3^9 = 19683$

S. 80

2 a) $\lg(4{,}7 \cdot 10^{150}) = \lg 4{,}7 + 150 \approx 150{,}672$ b) $\lg 3{,}6^{230} = 230 \cdot \lg 3{,}6 \approx 127{,}950$

c) $\lg(5 \cdot 10^{-120}) = \lg 5 - 120 \approx -119{,}301$ d) $\log_2(3 \cdot 2^{200}) = \log_2 3 + 200 \approx 201{,}585$

3 a) 1,46 b) −8,64 c) −2,18 d) 2,5 e) 4,52 f) 2,46

4 $\lg b = 2 \cdot \lg a \Rightarrow \lg b = \lg a^2 \Rightarrow b = a^2$

5 a) $\lg 12 = 2 \cdot \lg 2 + \lg 3 = 1{,}07918$ b) $\lg 12 \cdot 18 = \lg(2^3 \cdot 3^3) = 3 \cdot (\lg 2 + \lg 3) = 2{,}33445$

c) $\lg 27 = 3 \cdot \lg 3 = 1{,}43136$ d) $\lg\sqrt{6} = \frac{1}{2} \cdot (\lg 2 + \lg 3) = 0{,}389075$

e) $\lg\sqrt[4]{18} = \frac{1}{4}(\lg 2 + 2 \cdot \lg 3) = 0{,}3138175$ f) $\lg 270 = \lg(10 \cdot 3^3) = \lg 10 + 3 \cdot \lg 3 = 2{,}43136$

g) $\lg 150 = \lg(300 : 2) = \lg 100 + \lg 3 - \lg 2 = 2{,}17609$

h) $\lg 4{,}5 = \lg(9 : 2) = 2 \cdot \lg 3 - \lg 2 = 0{,}65321$

i) $\lg 0{,}18 = \lg(3^2 \cdot 2 : 100) = 2 \cdot \lg 3 + \lg 2 - \lg 100 = -0{,}74473$

k) $\lg 28 = \lg(4 \cdot 7)$ aber $\lg 7$ nicht gegeben

6 a) $2 \cdot \log_4 3 = \log_4 3^2 \Rightarrow x = 3^2 = 9$ b) $\lg 6 - \lg 3 = \lg \frac{6}{3} \Rightarrow \lg x = \lg 2 \Rightarrow x = 2$

c) $2 \cdot \lg 5 + 3 \cdot \lg 2 = \lg 25 + \lg 8 = \lg 200 \Rightarrow x = 200$

d) $\log_3 x = 3 \Rightarrow x = 3^3 = 27$

e) $2\lg x = \lg 144 \Rightarrow \lg x = \frac{1}{2}\lg 144 \Rightarrow \lg x = \lg 12 \Rightarrow x = 12$

f) $1 + \log_2 6 = \log_2 2 + \log_2 6 = \log_2 12 \Rightarrow 5x = 12 \Rightarrow x = 2{,}4$

h) $\lg_{10} + \lg x - \lg 2 = \lg 64 - \lg 4 \Rightarrow \lg 5x = \lg 16 \Rightarrow 5x = 16 \Rightarrow x = 3{,}2$

i) $\log_2 4 + \log_2 x = \log_2 125^{\frac{2}{3}} \Rightarrow \log_2 4x = \log_2 25 \Rightarrow x = 6{,}25$

7 a) $\lg 2^{500} = 500 \lg 2 \approx 150{,}51\ldots;\ 2^{500} = 10^{150{,}51\ldots} = 10^{150} \cdot 10^{0{,}51\ldots} \approx 3{,}27 \cdot 10^{150}$

b) $\lg 3^{-200} = -200 \lg 3 \approx -95{,}42\ldots;$

$3^{-200} = 10^{-95{,}42\ldots} = 10^{-0{,}42\ldots} \cdot 10^{-95} \approx 0{,}376 \cdot 10^{-95} \approx 3{,}76 \cdot 10^{-96}$

c) $\lg 12^{100} = 100 \cdot \lg 12 \approx 107{,}91\ldots;\ 12^{100} = 10^{107{,}91\ldots} \approx 8{,}28 \cdot 10^{107}$

8 a) $\log_a 2 + 1 + \log_a b$ b) $\log_a u + \log_a v - \log_a w$ c) $\frac{1}{4}\log_a b$

d) $2 \cdot \log_a(x+y)$ e) $-\frac{1}{3}\log_a b$ f) $\log_a(x+y) + \log_a(x-y)$

g) $\lg(3-a)$ h) $\log_a(x+1) - \log_a x$ i) $\lg(x+1) + \lg(x-1) - 2\lg x$

9 a) $\log_a u$ b) $\lg(a+b)$ c) 0 d) $\frac{1}{2}\log_a x$ e) $-\lg(3x+2)$ f) $\lg \frac{x^2-1}{x^2}$

10 a) falsch $\lg a + \lg b = \lg(a \cdot b)$

b) richtig $\frac{1}{2}\log_a b = x \Rightarrow a^x = \sqrt{b} \Rightarrow (a^2)^x = b$

$\Rightarrow \log_{a^2} b = x \Rightarrow \frac{1}{2}\log_a b = \log_{a^2} b$

c) richtig, denn $\log_a a = 1 \Leftrightarrow a^1 = a$ für alle $a > 0$

11 a) $\log_{4a} b = u \Leftrightarrow (4a)^u = b$ (I) und $\log_{a^2} b = u \Leftrightarrow (a^2)^u = b$ (II)

(I), (II) $\Rightarrow a^2 = 4a \Rightarrow a = 4$ ($a = 0$ keine Lösung, da $\log_0 b$ nicht definiert ist)

Analog folgt:

b) $a = \frac{1}{4}$ c) $a = \frac{1}{9}$

12 a) Auf 30,1 werden alle Zahlen des Intervalls [30,05; 30,15[gerundet.
$5^{30,05} \approx 1{,}01 \cdot 10^{21}$; $5^{30,15} \approx 1{,}19 \cdot 10^{21}$
Der Wert der Potenz kann nach der Rundungsregel mit einer geltenden Ziffer angegeben werden.
b) $50^{30,05} \approx 1{,}13 \cdot 10^{51}$; $50^{30,15} \approx 1{,}67 \cdot 10^{51}$
Nach der Rundungsregel ist keine Ziffer gesichert.
c) $500^{30,05} \approx 1{,}27 \cdot 10^{81}$; $500^{30,15} \approx 2{,}37 \cdot 10^{81}$
Auch hier ist keine Ziffer gesichert.
d) $500^{3,005} \approx 1{,}29 \cdot 10^{8}$; $500^{3,015} \approx 1{,}37 \cdot 10^{8}$
Nur die erste Ziffer des Potenzwertes ist gesichert.
e) $500^{0,3005} \approx 6{,}47$; $500^{0,3015} \approx 6{,}51$
Beide Werte liegen im Intervall [6,45; 6,55[; also $500^{0,301} \approx 6{,}5$

S. 81

13 a) $S = \lg \frac{1000 I_0}{I_0} = \lg 1000 = 3$
b) $\lg \frac{I}{I_0} = 6{,}4 \quad \Rightarrow \quad I = I_0 \cdot 10^{6,4} \approx I_0 \cdot 2{,}51 \cdot 10^6$
Ein Beben der Stärke 6,4 ist also ca. 2 Millionen mal stärker als die kleinste messbare Erschütterung.
c) Bayern: $I_B = I_0 \cdot 10^{5,8}$; Sumatra: $I_S = I_0 \cdot 10^{9,1}$ $\Rightarrow$ also: $\frac{I_S}{I_B} = 10^{3,3} \approx 1995$
Das Beben bei Sumatra (am 26. 12. 2004) war etwa 2000-mal stärker als das stärkste Beben in Bayern.
d) $S = \lg \frac{I}{I_0}$
I_0 wird halbiert: $S_1 = \lg \frac{I \cdot 2}{I_0} = \lg \frac{I}{I_0} + \lg 2 = S + \lg 2$
I_0 wird verdoppelt: $S_2 = \lg \frac{I}{2 \cdot I_0} = S - \lg 2$

Einfach logarithmisches Papier
→ Kopiervorlage S. 156

S. 82

14 a) $\lg 1 = 0$; $\lg 1000 = \lg 10^3 = 3$; $\lg 0{,}001 = \lg 10^{-3} = -3$
b) $\lg 10^{-n} = -n$
10^{-n} ist also auf der logarithmischen Skala n Längeneinheiten von der Eins entfernt.
Der Platz für Null rückt ins Unendliche.

15 a) In einem Koordinatensystem auf einfach logarithmischem Papier liegen die Messpunkte auf einer Geraden g.
Ansatz für g:
$g(d) = \lg f(d) = \lg f(0) + d \cdot \lg a = \lg(f(0) \cdot a^d)$
$\Rightarrow \quad f(d) = f(0) \cdot a^d$
$f(0) = 500 \qquad f(3) = 125$
$500 \cdot a^3 = 125 \Rightarrow a^3 = 0{,}25 \Rightarrow a \approx 0{,}63$
$f(d) = 500 \cdot 0{,}63^d$
$g(d) = \lg 500 + d \cdot \lg 0{,}63 = \lg(500 \cdot 0{,}63^d)$
b) $(0{,}63)^9 \approx 0{,}01563 \approx 1{,}56\,\%$

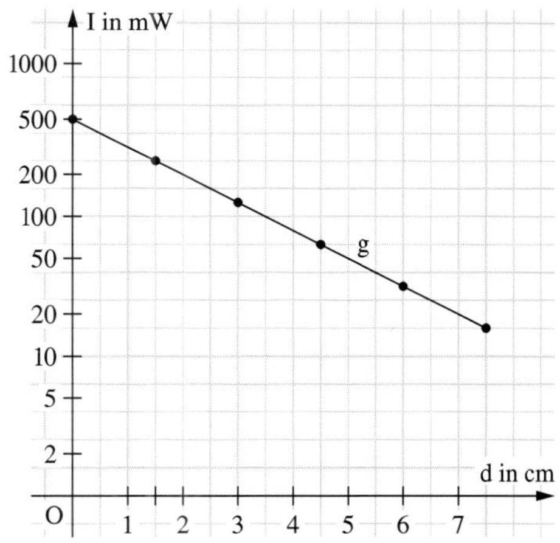

16 a)

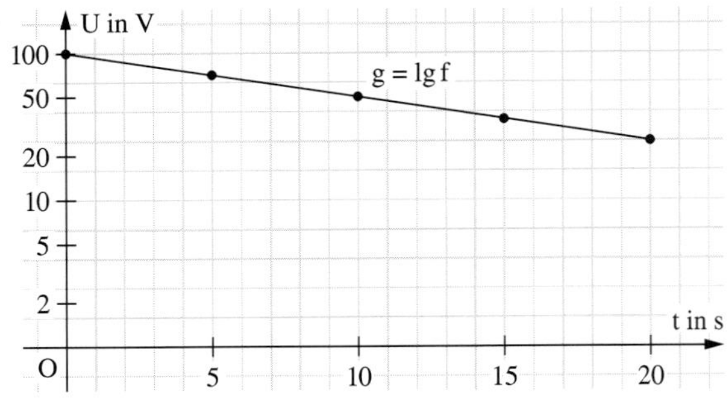

$f: t \mapsto f(0) \cdot a^t$
$f(0) = 100 \quad f(20) = 24$
$\Rightarrow \; 100 \cdot a^{20} = 24$
$\Rightarrow \; a = \sqrt[20]{0{,}24} \approx 0{,}93$
$y \approx 100 \cdot 0{,}93^t$

b) Pro Sekunde nimmt die Spannung um 7 % ab.

c) $0{,}93^{t_H} = \frac{1}{2} \quad \Rightarrow \quad t_H = \frac{\lg 0{,}5}{\lg 0{,}93} \approx 9{,}55$
Die Halbwertszeit beträgt ca. 9,6 s.

17 $f(x) = a^x \quad \Rightarrow \quad \lg f(x) = \lg a^x = x \cdot \lg a$
$g(x) = a^{x+d} = a^x \cdot a^d \quad \Rightarrow \quad \lg g(x) = \lg(a^x \cdot a^d) = \lg a^x + \lg a^d = x \cdot \lg a + d \cdot \lg a$
Auf einfach logarithmischem Papier aufgetragen sind die Graphen der Funktion f und g parallele Geraden mit der Steigung lg a.

18 a) Von $I_1 = 1000\,I_0$ auf $I_2 = 21\,000\,I_0$
$L_1 = 10 \cdot \lg 1000\,\text{dB} = 30\,\text{dB} \quad L_2 = 10 \cdot \lg 21\,000\,\text{dB} \approx 43{,}2\,\text{dB}$
analog von $I_1 = 10\,000\,I_0$ auf $I_2 = 30\,000\,I_0$: $L_1 = 40\,\text{dB} \quad L_2 \approx 44{,}8\,\text{dB}$
analog von $I_1 = 100\,000\,I_0$ auf $I_2 = 120\,000\,I_0$: $L_1 = 50\,\text{dB} \quad L_2 \approx 50{,}8\,\text{dB}$

b) $L_1 = 40\,\text{dB} \quad \Rightarrow \quad I_1 = 10^4 \cdot I_0; \quad L_2 = 80\,\text{dB} \quad \Rightarrow \quad I_2 = 10^8 \cdot I_0 = 10^4 \cdot I_1$
Bei einer Steigerung der Lautstärke von 40 dB auf 80 dB steigert sich die Reizintensität auf das 10 000-fache.

c) $L = 50\,\text{dB} \Rightarrow \lg \frac{I}{I_0} = 5 \Rightarrow I = 10^5 \cdot I_0; \quad I = 10^{-7} \frac{\text{W}}{\text{m}^2} \Rightarrow I_0 = 10^{-7} \frac{\text{W}}{\text{m}^2} \cdot 10^{-5} = 10^{-12} \frac{\text{W}}{\text{m}^2}$

d) $L = 10 \cdot \lg \frac{I}{I_0}$
$L_1 = 10 \cdot \lg \frac{I}{100\,I_0} = 10 \cdot \left[\lg \frac{I}{I_0} - \lg 100\right] = 10 \cdot \left[\lg \frac{I}{I_0} - 2\right] = L - 20$
Der Schwerhörige empfindet die Lautstärke gegenüber dem normal Hörenden um 20 dB verringert.

e) Individuelle Lösungen

19 $V = 125\,\text{cm}^3 = (5\,\text{cm})^3 \quad \Rightarrow \quad a = 5\,\text{cm}$
Zeichnung im Maßstab 1 : 2
zeichnerisch: $e \approx 8{,}7\,\text{cm}$
$\beta \approx 35°$
rechnerisch: $e = \sqrt{3 \cdot a^2} = \sqrt{75}\,\text{cm} \approx 8{,}7\,\text{cm}$
$\sin \beta = \frac{a}{e} = \frac{5}{\sqrt{75}} = \frac{1}{\sqrt{3}} \quad \Rightarrow \quad \beta \approx 35{,}3°$

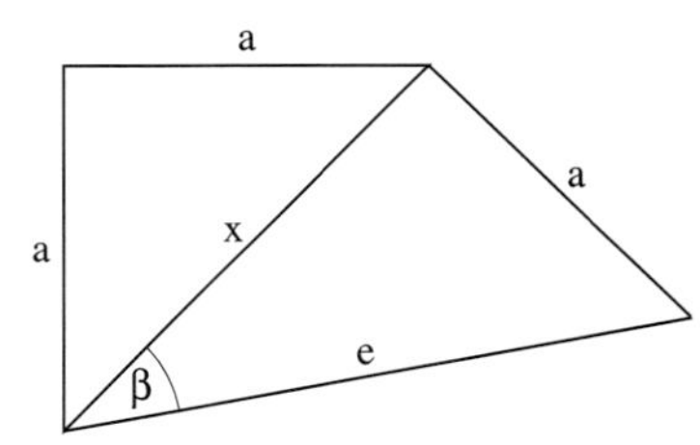

20 a) $x = 1; \; y = 2{,}5$

b) (I) $\frac{2x-1}{3y-1} = \frac{2x-3}{3y-5} \;\Leftrightarrow\; (2x-1)(3y-5) = (2x-3)(3y-1) \;\Leftrightarrow\; 4x - 3y = 1 \;\; \text{(I a)}$
(II) $\frac{5x-2}{6} = \frac{5y-3}{9} \;\Leftrightarrow\; 3(5x-2) = 2(5y-3) \;\Leftrightarrow\; 3x - 2y = 0 \;\; \text{(II a)}$
(I a), (II a) $\Rightarrow \; x = -2; \; y = -3$

→ TB Trainingsblatt: Rechnen mit Logarithmen; Kopiervorlage S. 154 f.

→ Einfach logarithmisches Papier; Kopiervorlage S. 156

→ Historisches zum Logarithmus; Kopiervorlage S. 157

Vierecksdomino zum Rechnen mit Logarithmen; Kopiervorlage S. 158 f.
Spiel für 1 Person oder mehrere Personen (Spieldauer: 30–40 min.)

Es kann nach herkömmlichen Dominoregeln gespielt werden.
Lösungssatz: Die unbekannte Hochzahl in der Exponentialgleichung $a^x = b$ nennt man Logarithmus.

6 Exponentialgleichungen

S. 83

1 a)

x	−4	−3	−2	−1	0	1	2	3	4
f(x)	0,6	0,9	1,3	2	3	4,5	6,8	10,1	15,2
g(x)	128	64	32	16	8	4	2	1	$\frac{1}{2}$

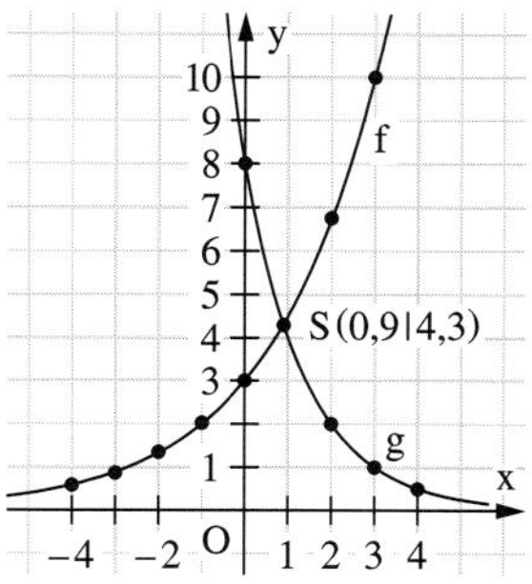

b) **1. Möglichkeit:** $d(x) = f(x) - g(x)$;
$d(0{,}9) = 0{,}034$; $d(0{,}89) = -0{,}013$
Die Nullstelle von d liegt im Intervall [0,89; 0,9], In diesem Intervall liegt auch die x-Koordinate des Schnittpunkts. Durch systematisches Probieren kann man das Intervall verkleinern.
2. Möglichkeit: Umformen der Gleichung $f(x) = g(x)$;

$3 \cdot 1{,}5^x = 8 \cdot 0{,}5^x \;\Rightarrow\; \frac{1{,}5^x}{0{,}5^x} = \frac{8}{3} \;\Rightarrow\; 3^x = \frac{8}{3} \;\Rightarrow\; x = \lg_3 \frac{8}{3} = \frac{\lg \frac{8}{3}}{\lg 3} \approx 0{,}89279$

3. Möglichkeit: Von beiden Seiten der Gleichung wird der Logarithmus betrachtet.
$\lg f(x) = \lg g(x)$
$\lg 3 + x \cdot \lg 1{,}5 = \lg 8 + x \cdot \lg 0{,}5 \;\Rightarrow\; \frac{\lg 8 - \lg 3}{\lg 1{,}5 - \lg 0{,}5} \approx 0{,}89279$

S. 84

2 a) 2 b) ≈ 0,62 c) 3 d) ≈ −2,36 e) ≈ 0,38 f) −1,5 g) 1 h) 5

3 a) $5 \cdot 0{,}8^x = 2 \cdot 1{,}6^x$ $x = \frac{\lg 2 - \lg 5}{\lg 0{,}8 - \lg 1{,}6} \approx 1{,}32$; $f(1{,}32) \approx 3{,}72$; Schnittpunkt $S(1{,}32 \mid 3{,}72)$
b) $1{,}5^{2x-1} = 2^{x+1}$ $x = \frac{\lg 2 + \lg 1{,}5}{2 \cdot \lg 1{,}5 - \lg 2} \approx 9{,}33$; $f(9{,}33) \approx 1285$; Schnittpunkt $S(9{,}33 \mid 1285)$
c) keine Schnittpunkte, da $f(x) < 0$ und $g(x) > 0$ für alle $x \in \mathbb{R}$.

4 $1{,}2 \cdot 2^t = 30 \Rightarrow t \approx 4{,}643$ 0,643 Wochen = 0,643 · 7 Tage ≈ 4,5 Tage
Nach 4 Wochen, 4 Tagen und 12 Stunden erreicht die Alge die Wasseroberfläche.

5 a) $1{,}05^t = 3 \Rightarrow t \approx 22{,}5$ Nach etwa 22,5 Jahren hat sich das Kapital verdreifacht.
b) $7000 \cdot 1{,}055^t = 12\,000 \Rightarrow t \approx 10{,}07$
Nach etwa 10 Jahren ist das Kapital von 7000 € auf 12 000 € angewachsen.

6 a) $3^x = u \Rightarrow u^2 - 4u + 3 = 0$ $u_1 = 1 \Rightarrow x_1 = 0$ $u_2 = 3 \Rightarrow x_2 = 1$
b) $7^x = u \Rightarrow u^2 + 4u - 21 = 0$ $u_1 = 3 \Rightarrow x_1 \approx 0{,}565$ $u_2 = -7$ keine Lösung für x, da $7^x > 0$ für alle x
c) $5^{2x} - 3 \cdot 5^x + 2 = 0$
$5^x = u \Rightarrow u^2 - 3u + 2 = 0$ $u_1 = 1 \Rightarrow x_1 = 0$ $u_2 = 2 \Rightarrow x_2 \approx 0{,}431$
d) $2^{3x} = u \Rightarrow u^2 - 5u - 24 = 0$ $u_1 = 8 \Rightarrow x = 1$ $u_2 = -3$ keine Lösung für x, da $2^{3x} > 0$ für alle x

7 a) $5^{\frac{7-x}{3}} = 5^{x-2} \Rightarrow \frac{7-x}{3} = x - 2 \Rightarrow x = 3{,}25$ b) $3^{\frac{2x+5}{4}} = 3^{\frac{3x}{2}} \Rightarrow \frac{2x+5}{4} = \frac{3x}{2} \Rightarrow x = 1{,}25$

8 a)

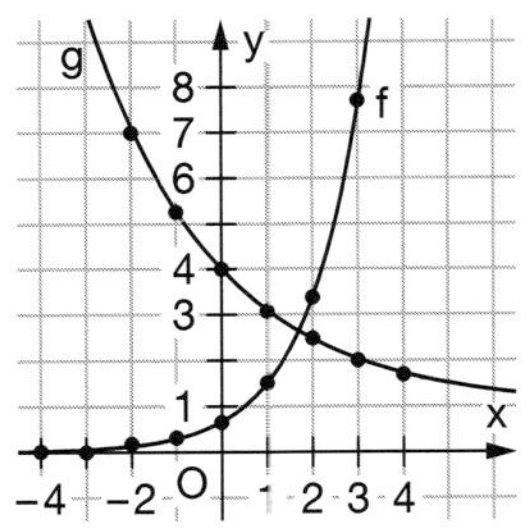

Die Gleichung $1{,}5^{2x-1} = 3 \cdot 07^x + 1$ lässt sich durch Logarithmieren nicht in eine nach x auflösbare Gleichung umformen. Die Rechengesetze erlauben keine Umformung von $\lg(3 \cdot 0{,}7^x + 1)$.

b) $d(x) = 3 \cdot 0{,}7^x + 1 - 1{,}5^{2x-1}$
$d(1{,}5) \approx 0{,}507$; $d(1{,}7) \approx -0{,}010$; $d(1{,}6) \approx 0{,}255$; $d(1{,}69) \approx 0{,}017$; $d(1{,}696) \approx 0{,}0007$
$d(1{,}697) \approx -0{,}002$
$x_S \in [1{,}696;\ 1{,}697]$ Auf zwei Nachkommastellen genau ist $x_S \approx 1{,}70$.

c) $x_S \approx 1{,}70$; $f(1{,}70) \approx 2{,}64 \approx g(1{,}70)$

S. 85

9 a) Ansatz für die aktuelle Aktivität:
$A(t) = 15{,}3 \cdot a^t$; $a^{5730} = \frac{1}{2} \Rightarrow a = 0{,}5^{\frac{1}{5730}}$; $A(t) = 15{,}3 \cdot 0{,}5^{\frac{t}{5730}}$; $\frac{A(t+1000)}{A(t)} = 0{,}5^{\frac{1000}{5730}} \approx 0{,}886$
In 1000 Jahren nimmt der C-14-Gehalt um 11,4 % ab.

b) $A(t) = 15{,}3 \cdot 0{,}5^{\frac{t}{5730}} \Rightarrow t = 5730 \cdot \frac{\lg A(t) - \lg 15{,}3}{\lg 0{,}5}$
Alter von
- Buch Jesaja: $A(t) = 12 \Rightarrow t \approx 2008$ Jahre
- Grabtuch von Turin: $A(t) = 13{,}8 \Rightarrow t \approx 853$ Jahre
- Ägyptischer Holzsarg: $A(t) = 8 \Rightarrow t \approx 5360$ Jahre
- Holzkohle aus Stonehenge: $A(t) = 9{,}5 \Rightarrow t \approx 3940$ Jahre
- Knochen eines Mammuts: $A(t) = 1{,}9 \Rightarrow t \approx 17\,244$ Jahre

c) $A(40\,000) = 15{,}3 \cdot 0{,}5^{\frac{40\,000}{5730}} \approx 0{,}12$
$A(41\,000) \approx 0{,}11$
Bei dieser geringen Aktivität wird die Messung zu ungenau; 1000 Jahre Unterschied sollen aus einem Aktivitätsunterschied von nur 0,1 abgelesen werden.

10 a) $x \approx 2{,}107$ b) $x \approx 5{,}049$ c) $x_1 = 0{,}5$; $x_2 = 1$
d) $x \approx 1{,}638$ e) $x \approx 0{,}928$ f) $4x = \frac{2}{3} \Rightarrow x = \frac{1}{6}$
(a), b), d) analog Aufgabe 2; c), e) analog Aufgabe 6.)

11 a) Phosphor 32: $(1 - 0{,}047)^t = 0{,}5 \Rightarrow t_H \approx 14{,}4$ Tage
b) Kobalt 58: $0{,}99^t = 0{,}5 \Rightarrow t_H \approx 69$ Tage
c) Polonium 228: $0{,}8^t = 0{,}5 \Rightarrow t_H \approx 3{,}1$ Minuten
d) Plutonium 239: $(1 - 0{,}028)^{\frac{t}{1000}} = 0{,}5 \Rightarrow t_H \approx 24\,407$ Jahre
e) Es sind noch $12{,}5\,\% = \frac{1}{8} = \left(\frac{1}{2}\right)^3$ der ursprünglich vorhanden radioaktiven Atome nicht zerfallen. Dies ist nach der dreifachen Halbwertszeit der Fall.
Phosphor 32: 43,2 Tage; Kobalt 58: 207 Tage;
Polonium 228: 9,3 Minuten; Plutonium 239: 73 221 Jahre

12 $0{,}5 = 0{,}63^x \Rightarrow x \approx 1{,}5\,\text{cm}$ Die Bleiplatte müsste etwa 1,5 cm dick sein.

13 Aluminium: $0{,}5 = a^9 \Rightarrow a = 0{,}5^{\frac{1}{9}}$
$0{,}5^{\frac{x}{9}} = 0{,}2 \Rightarrow x = \frac{9 \cdot \lg 0{,}2}{\lg 0{,}5} \approx 20{,}9$
Nach dem Durchdringen von 20,9 cm Aluminium ist die Intensität auf $0{,}2\,I_0$ gesunken.

analog: Eisen: $0{,}5^{\frac{x}{2{,}8}} = 0{,}2 \Rightarrow x \approx 6{,}5\,\text{cm}$
Wasser: $0{,}5^{\frac{x}{25}} = 0{,}2 \Rightarrow x \approx 58{,}0\,\text{cm}$

14 a) $7\cdot 2^{x} = \frac{1}{3}\cdot 3^{2x} \quad\Rightarrow\quad \lg 7 + x\lg 2 = \lg\frac{1}{3} + x\cdot 2\lg 3 \quad\Rightarrow\quad x = \frac{\lg\frac{1}{3} - \lg 7}{\lg 2 - 2\lg 3} \approx 2{,}02$

b) $3^{2x+1} - 3^{2x} = 5^{x} + 5^{x+1} \quad\Rightarrow\quad 3^{2x}(3-1) = 5^{x}(1+5) \quad\Rightarrow\quad 3^{2x} = 3\cdot 5^{x}$

$\Rightarrow\quad x = \frac{\lg 3}{\lg 9 - \lg 5} \approx 1{,}87$

c) $2^{x}(1+2^{1}+2^{2}) = 3^{x}(1+3^{1}+3^{2}) \quad\Rightarrow\quad 7\cdot 2^{x} = 13\cdot 3^{x} \quad\Rightarrow\quad x = \frac{\lg 7 - \lg 13}{\lg 3 - \lg 2} \approx -1{,}53$

15 a) ZZ = „Zweimal Zahl“

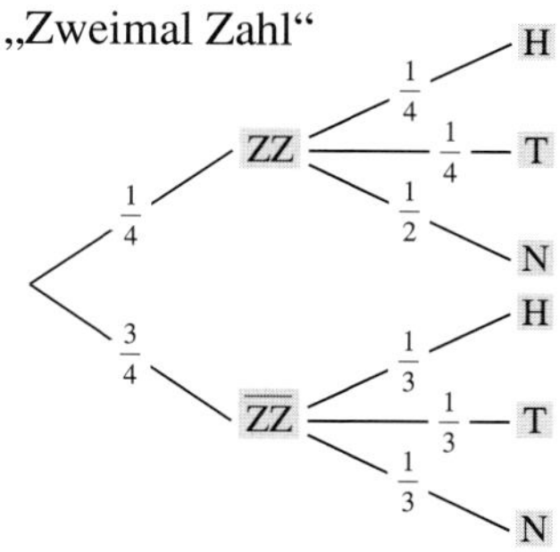

$P(H) = \frac{1}{4}\cdot\frac{1}{4} + \frac{3}{4}\cdot\frac{1}{3} = \frac{5}{16}$

b) $P(N) = \frac{1}{4}\cdot\frac{1}{2} + \frac{3}{4}\cdot x = \frac{1}{2} \quad\Rightarrow\quad \frac{1}{8} + \frac{3}{4}x = \frac{1}{2} \quad\Rightarrow\quad x = \frac{1}{2}$

Die Sektorfläche für N muss auch beim 2. Glücksrad auf 50 % der Kreisfläche vergrößert werden.

16

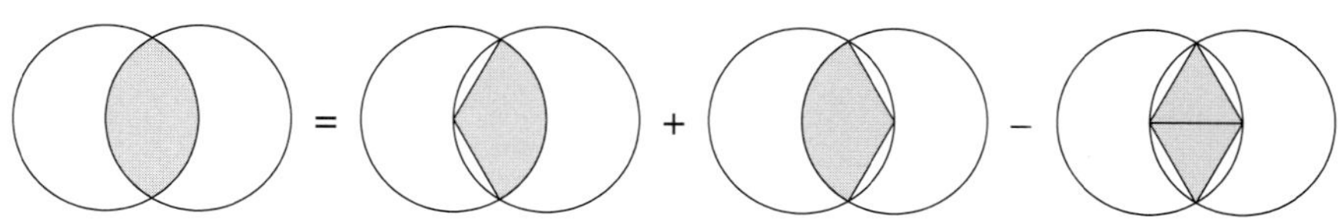

Inhalt des Flächenstücks: 2 · Kreissektor (r = 3 cm; α = 120°) – 2 · gleichseitiges Dreieck (a = 3 cm)

$A = 2\cdot\frac{1}{3}\cdot(3\,\text{cm})^2\pi - 2\cdot\frac{1}{2}\cdot 3\,\text{cm}\cdot\frac{3\,\text{cm}}{2}\cdot\sqrt{3} = \left(6\pi - 4{,}5\cdot\sqrt{3}\right)\text{cm}^2 \approx 11{,}06\,\text{cm}^2$

Thema: Wachstum mit Grenzen

Dieses Thema (und das folgende Projekt) eignet sich besonders für die fächerverknüpfenden/fächerübergreifenden Unterrichtsvorhaben „Verantwortung übernehmen – Grenzen bedenken“ und „Wachstum“, wie sie im Lehrplan für Jahrgangsstufe 10 vorgeschlagen sind.

S. 86 **1** Graphen mittels Wertetabelle oder Funktionsplotter:

a)

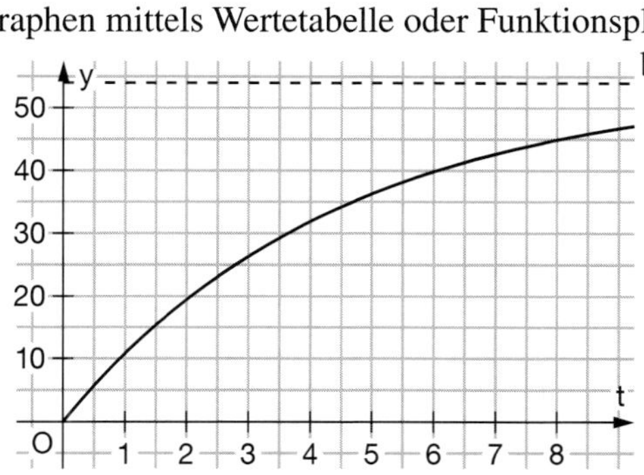

$f(t) = 54\cdot(1 - 0{,}8^{t})$

Maximale Fallgeschwindigkeit: $54\,\frac{\text{m}}{\text{s}}$

b)

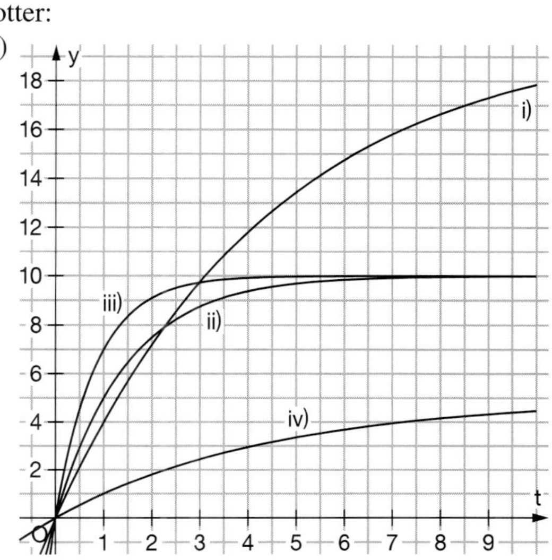

c) f: $t \mapsto S\cdot(1 - a^{t})$

S bestimmt die maximale Fallgeschwindigkeit, a den Anstieg der Fallgeschwindigkeit. Ein kleineres a bewirkt ein schnelleres Anwachsen der Fallgeschwindigkeit.

2 a)

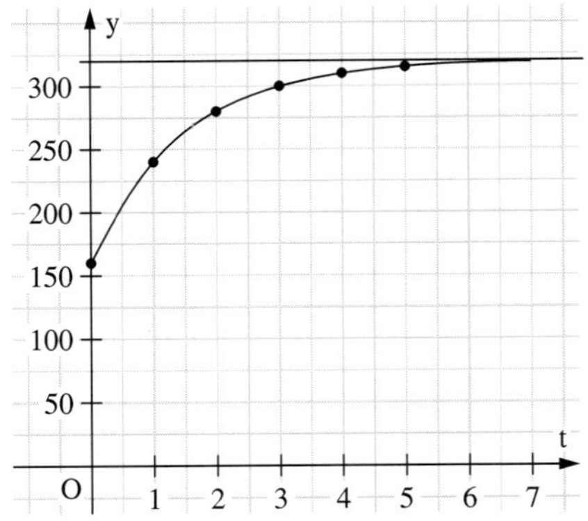

$f\colon t \mapsto 160 + 160\cdot\frac{1}{2} + 160\cdot\left(\frac{1}{2}\right)^2 + \ldots + 160\cdot\left(\frac{1}{2}\right)^t$

t	0	1	2	3	4	5	…
f(t)	160	240	280	300	310	315	…

Die Zahl der Erkrankten nähert sich dem Wert 320.

b) $f(t) = 320 - 160\cdot\left(\frac{1}{2}\right)^t$

S. 87 **3** a)

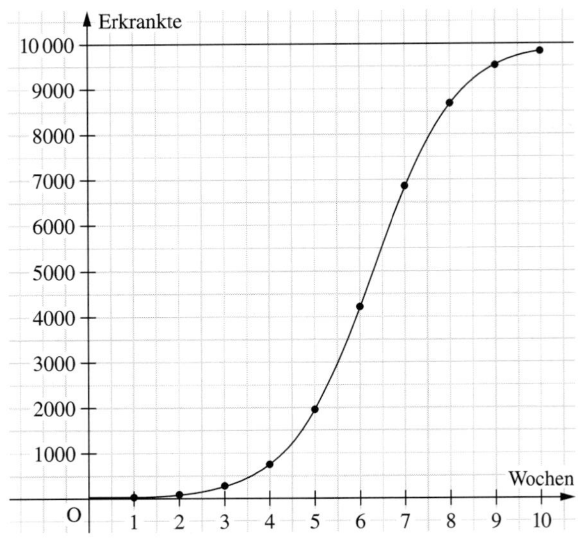

b) $f(t) = S\cdot\frac{a^{t-m}}{1+a^{t-m}}$; $S = 10\,000$

also $f(t) = 10\,000\cdot\frac{a^t\cdot a^{-m}}{1+a^{t-m}}$

$f(0) = 10$

$\Rightarrow\ 10\,000\cdot\frac{a^{-m}}{1+a^{-m}} = 10$

$\Rightarrow\ a^{-m} = \frac{1}{999}$

also $f(t) = 10\,000\cdot\frac{a^t}{999+a^t}$

$f(5) = 1960$

$\Rightarrow\ 10\,000\cdot\frac{a^5}{999\cdot a^5} = 1960$

$\Rightarrow\ a^5 \approx 243{,}54\ \Rightarrow\ a \approx 3{,}0$

also $f(t) = 10\,000\cdot\frac{3^t}{999+3^t}$

4 Individuelle Lösungen
wesentlicher Aspekt: Die das Wachstum beschränkenden Einflüsse machen sich erst nach einer gewissen zeitlichen Verzögerung bemerkbar; z. B. Zerstörung der Nahrungsmittelressourcen.

→ AB Arbeitsblatt: Beschränktes Wachstum; Kopiervorlage S. 144 f.

→ AB Arbeitsblatt: Logistisches Wachstum; Kopiervorlage S. 146 f.

→ AB Arbeitsblatt: Arten von Wachstum – Vergleichende Übersicht; Kopiervorlage S. 148 f.

Projekt: Bevölkerungswachstum

S. 88 Dieses Thema eignet sich besonders für die fächerverknüpfenden/fächerübergreifenden Unterrichtsvorhaben „Verantwortung übernehmen – Grenzen bedenken“ und „Wachstum“, wie sie im Lehrplan für Jahrgangsstufe 10 vorgeschlagen sind.

IV Vierfeldertafel und bedingte Wahrscheinlichkeit

1 Ereignisse und Vierfeldertafel

S. 92

1 a) 30

b) Zwei Personen aus der 10C sind weiblich und nutzen den Computer mindestens eine Stunde pro Tag.

c)

	Weiblich	Männlich	
Mindestens eine Stunde pro Tag	2	8	10
Weniger als eine Stunde pro Tag	14	6	20
	16	14	30

8 Personen sind männlich und nutzen den Computer mindestens eine Stunde pro Tag.
14 Personen sind weiblich und nutzen den Computer weniger als eine Stunde pro Tag.
6 Personen sind männlich und nutzen den Computer weniger als eine Stunde pro Tag.

S. 94

2 a) M: „Mountainbike“; R: „Rückstrahler“
$|R| = 0{,}75 \cdot 240 = 180$

	M	$\overline{M}$	
R	120	60	**180**
$\overline{R}$	**30**	30	60
	150	90	**240**

b) $\frac{|\overline{R} \cap \overline{M}|}{|\Omega|} = \frac{30}{240} = \frac{1}{8}$ (= 12,5 %)

Randspalte: Projektvorschlag: Individuelle Lösungen

3 a) R: „Rot“; B: „Blau“; Z: „Zahl“

	R	$\overline{R} = B$	
Z	20	30	**50**
$\overline{Z}$	40	**60**	100
	60	**90**	**150**

b) $|R \cup Z| = 20 + 40 + 30 = 90$
c) $|R \cap Z| = 20$
d) $\frac{|R \cap Z|}{|\Omega|} = \frac{20}{150} = \frac{2}{15}$ (= $13{,}\overline{3}$ %)

4 a) L: „Latein“; S: „Spanisch“

	L	$\overline{L}$	
S	20	40	**60**
$\overline{S}$	30	**0**	30
	50	40	**90**

b) $\frac{|L \cap S|}{|\Omega|} = \frac{20}{90} = \frac{2}{9}$ (= $22{,}\overline{2}$ %)

5 a) Es müssen mindestens 3 ermittelt werden. b), c) Individuelle Lösungen

6 Individuelle Lösungen

7 a) M: „Masse stimmt“; F: „Form stimmt“
$|\overline{F}| = 0{,}06 \cdot 500 = 30$

	M	$\overline{M}$	
F	**420**	50	470
$\overline{F}$	20	10	**30**
	440	**60**	**500**

$|\overline{M} \cap \overline{F}| = 10$

b) $\frac{|\overline{F} \cap M| + |F \cap \overline{M}|}{|\Omega|} = \frac{20 + 50}{500} = \frac{70}{500} = \frac{14}{100} = 14\,\%$

8 F: „Frau“; S: „Schnarcher“

$|F| = 0{,}36 \cdot 50 = 18$

$|\overline{F}| = 50 - 18 = 32$

$|\overline{F} \cap S| = 0{,}75 \cdot 32 = 24$

$|S| = 0{,}5 \cdot 50 = 25$

	F	$\overline{F} = M$	
S	1	**24**	**25**
$\overline{S}$	17	8	25
	18	**32**	**50**

$|S \cap F| = |S| - |S \cap \overline{F}| = 25 - 24 = 1$

9 a) R: „Raucher“; W: „Weiblich“

$|W| = 0{,}52 \cdot 250 = 130$

$|W \cap R| = 0{,}2 \cdot 130 = 26$

$|\overline{W} \cap R| = 0{,}3 \cdot 120 = 36$

b) $|\overline{R}| = 188$

c) $|W \cap R| = 26$

d) $|\overline{W} \cup R| = 36 + 84 + 26 = 146$

	R	$\overline{R}$	
W	**26**	104	**130**
$\overline{W} = M$	**36**	84	**120**
	62	188	**250**

10 a) $\frac{2 \cdot 6}{\sqrt{2 \cdot 36}} = \sqrt{2}$　b) $\frac{6k}{\sqrt[3]{8 \cdot 12}} = \frac{3k}{\sqrt[3]{12}} = \frac{k \cdot 12^{\frac{2}{3}}}{4}$　c) $\frac{2x^2 \cdot (2x)^{\frac{2}{3}}}{2x} = 2^{\frac{2}{3}} \cdot x^{\frac{5}{3}}$　d) $\frac{25d + 30\sqrt{cd} + 9c}{25d - 9c}$

2 Vierfeldertafel und Baumdiagramm

S. 95

1 B: „Bremse in Ordnung“; L: „Lichtanlage in Ordnung“

	B	$\overline{B}$	
L	37	8	45
$\overline{L}$	48	**7**	**55**
	85	**15**	**100**

Zu $\frac{37}{100} = 37\,\%$ wird keines von beiden beanstandet.

S. 97

2 a)

	A	B	
1 S	**35**	15	**50**
2 S	25	25	50
	60	**40**	**100**

b) i) $P(A) = \frac{60}{100} = 60\,\%$

ii) $P(A \cap 2S) = \frac{25}{100} = 25\,\%$

iii) $P(A \cup 1S) = \frac{35+25+15}{100} = \frac{75}{100} = 75\,\%$

Alternativ: $P(A \cup 1S) = 1 - P(B \cap 2S)$
$= 1 - \frac{25}{100} = 75\,\%$

iv) $P(B \cap 2S) = \frac{25}{100} = 25\,\%$

3 a) L: „benötigt Lesebrille“; M: „Mann“

	L	$\overline{L}$	
M	**25**	25	**50**
$\overline{M} = W$	15	25	40
	40	50	**90**

b) i) $P(\overline{M}) = \frac{40}{90} = \frac{4}{9} \approx 44{,}4\,\%$

ii) $P(\overline{M} \cap \overline{L}) = \frac{25}{90} = \frac{5}{18} \approx 27{,}8\,\%$

iii) $P(\overline{M} \cup \overline{L}) = \frac{15+25+25}{90} = \frac{65}{90} = \frac{13}{18} \approx 72{,}2\,\%$

4 a)

	R	$\overline{R}$	
T	0,15	**0,55**	0,7
$\overline{T}$	**0,25**	0,05	0,3
	0,4	0,6	**1**

b) $P(R \cap T) = 0{,}15$

c) 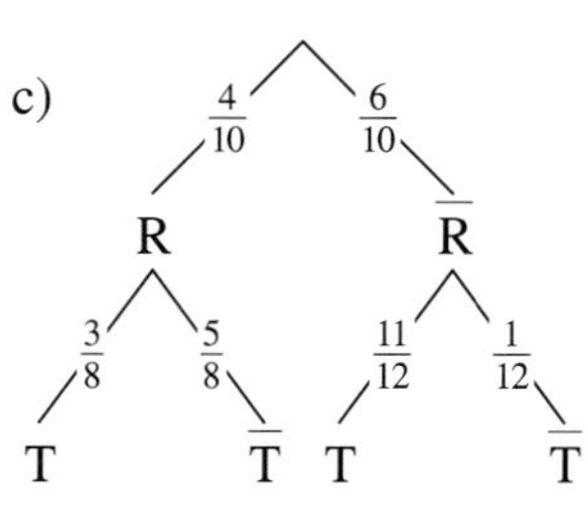

oder 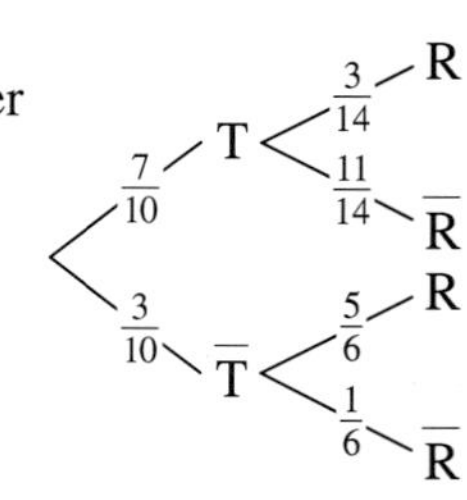

5 a) Die Summe der Wahrscheinlichkeiten in den grauen Feldern beträgt 0,7.
Z. B. wegen $P(A) = 0{,}6$ folgt also:
$P(\overline{A} \cap B) = 0{,}1$

	A	$\overline{A}$	
B	0,2	0,1	**0,3**
$\overline{B}$	0,4	0,3	0,7
	0,6	0,4	**1**

b) $P(A \cap B) = 0{,}2$

c) 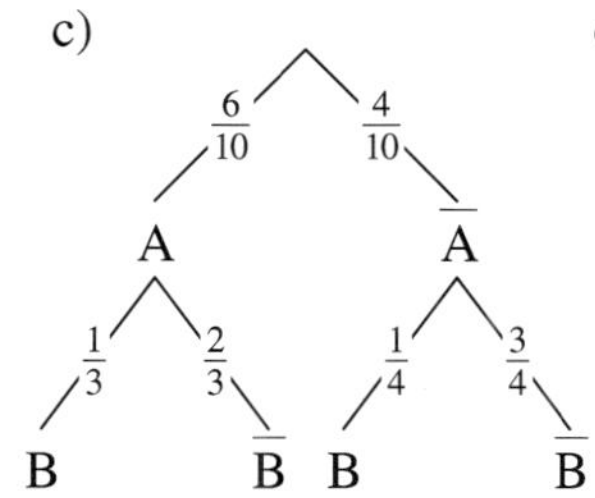

oder 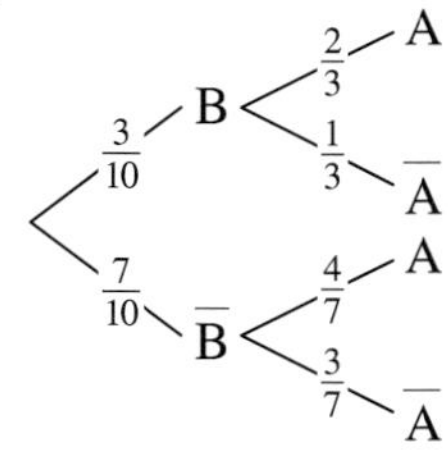

6 a) 30 % ist die Wahrscheinlichkeit, dass das Ereignis A eingetreten ist und das Ereignis B nicht.

b)

	B	$\overline{B}$	
A	8 %	30 %	38 %
$\overline{A}$	32 %	30 %	62 %
	40 %	60 %	100 %

c) $P(A \cup B) = 8\,\% + 30\,\% + 32\,\%$
$= 70\,\%$
Alternativ:
$P(A \cup B) = 1 - P(\overline{A} \cap \overline{B})$
$= 1 - 30\,\% = 70\,\%$

d) 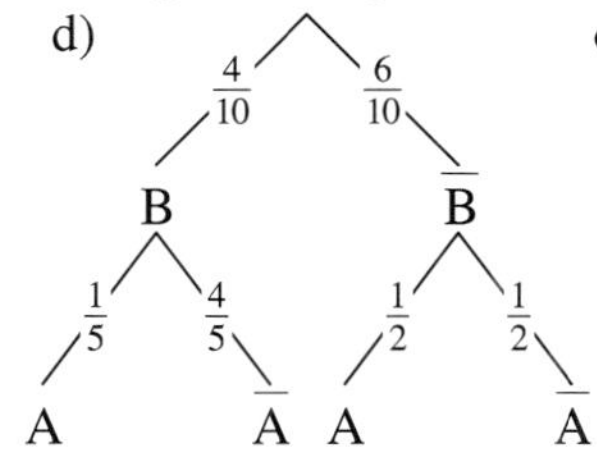

oder 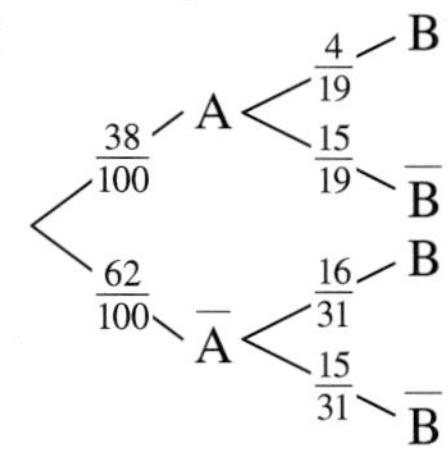

7 a) Z. B. In einer Klasse sind gleich viele Mädchen und Jungen. Von den Mädchen tragen 30 % eine Bluejeans und von den Jungen 60 %.
b) $P(A \cap B) = 0{,}5 \cdot 0{,}3 = 0{,}15$
c) $P(B) = 0{,}5 \cdot 0{,}3 + 0{,}5 \cdot 0{,}6 = 0{,}45$
d) $P(A \cup B) = 0{,}5 \cdot 0{,}3 + 0{,}5 \cdot 0{,}7 + 0{,}5 \cdot 0{,}6 = 0{,}8$
Alternativ: $P(A \cup B) = 1 - P(\overline{A} \cap \overline{B}) = 1 - 0{,}5 \cdot 0{,}4 = 0{,}8$

e)

	A	$\overline{A}$	
B	**0,15**	0,3	**0,45**
$\overline{B}$	0,35	0,2	0,55
	0,5	**0,5**	**1**

8 a) Mit $\overline{AD} = \overline{AB} = 5\,\text{cm}$ und $\overline{BD} = 3\,\text{cm}$ ist das Teildreieck ABD eindeutig festgelegt (SSS) und somit auch die ganze Raute (da BD Symmetrieachse der Raute ist).
b) Mögliche Begründung: Das Teildreieck ABD muss gleichschenklig sein, mit Basis [BD]. Daher kann bei D kein rechter Winkel vorliegen.

9 a) $x_1 = -\frac{7}{4}\pi;\ x_2 = -\frac{3}{4}\pi;\ x_3 = \frac{\pi}{4};\ x_4 = \frac{5}{4}\pi$
b) $x_1 = -\frac{5}{4}\pi;\ x_2 = -\frac{\pi}{4};\ x_3 = \frac{3}{4}\pi;\ x_4 = \frac{7}{4}\pi$
c) $x \in \left[-2\pi; -\frac{7}{4}\pi\right[\cup \left]-\frac{5}{4}\pi; -\frac{5}{6}\pi\right[\cup \left]-\frac{\pi}{6}; \frac{\pi}{4}\right[\cup \left]\frac{3}{4}\pi; \frac{7}{6}\pi\right[\cup \left]\frac{11}{6}\pi; 2\pi\right]$
d) $x \in \left]-\frac{5}{3}\pi; -\frac{7}{6}\pi\right[\cup \left]-\frac{5}{6}\pi; -\frac{\pi}{3}\right[\cup \left]\frac{\pi}{3}; \frac{5}{6}\pi\right[\cup \left]\frac{7}{6}\pi; \frac{5}{3}\pi\right[$

→ TB Trainingsblatt: Vierfeldertafel und Baumdiagramm; Kopiervorlage S. 160 f.

→ Baumschule; Kopiervorlage S. 162 ff.
Spiel für 2–6 Personen (Spieldauer: 30–65 min.)

Spielbeschreibung:
Zu zufällig aufgedeckten Vierfeldertafeln sollen passende Bäume zusammengestellt werden. Die Spieler konkurrieren hierbei um die zur Verfügung stehenden Zweigekarten. Die Zahlenwerte sind so gewählt, dass jede Zweigekarte vielfältig für verschiedene Bäume eingesetzt werden kann.

Spielmaterial:
Es muss ein herkömmlicher Spielewürfel mit Kantenlänge 16 mm geeignet präpariert werden.

3 Bedingte Wahrscheinlichkeit

S. 98

1 a) $P(\text{Farbenfehlsichtigkeit}) = \frac{42}{1000} = 4{,}2\,\%$

b) Ja, da bei Frauen die Farbenfehlsichtigkeit anteilmäßig geringer ist: $\frac{2}{500} = 0{,}4\,\%$

S. 101

2 a) 0,4 ist die bedingte Wahrscheinlichkeit $P_K(L)$ für das Eintreten von L, wenn K bereits eingetreten ist.

b) $P_{\overline{K}}(L) = 0{,}2$; $P(\overline{K} \cap L) = 0{,}3 \cdot 0{,}2 = 0{,}06$

c) $P(K \cap L) = 0{,}7 \cdot 0{,}4 = 0{,}28$

	L	$\overline{L}$	
K	**0,28**	0,42	**0,7**
$\overline{K}$	**0,06**	0,24	**0,3**
	0,34	0,66	1

d) $P(L) = 0{,}34$; $P_L(K) = \frac{|L \cap K|}{|L|} = \frac{0{,}28}{0{,}34} = \frac{14}{17} \approx 82{,}4\,\%$

3 J: „Junge“; O: „Oberstufe“

a) $P(J \cap O) = \frac{10}{8+10+16+6} = \frac{1}{4} = 25\,\%$

b) $P_O(J) = \frac{|O \cap J|}{|O|} = \frac{10}{10+6} = \frac{5}{8} = 62{,}5\,\%$

c) $P_{\overline{O}}(\overline{J}) = \frac{|\overline{O} \cap \overline{J}|}{|\overline{O}|} = \frac{16}{8+16} = \frac{2}{3} \approx 66{,}7\,\%$

4 M: „Mädchen“; T: „verwendet den Taschenrechner“

a)

	T	$\overline{T}$	
M	**6**	6	**12**
$\overline{M}$	**6**	12	**18**
	12	18	**30**

b) $|M \cap \overline{T}| = 6$

c) $P_T(\overline{M}) = \frac{|T \cap \overline{M}|}{|T|} = \frac{6}{12} = \frac{1}{2}$

5 Auf einem Würfel sind die Augenzahlen 2, 3 und 5 Primzahlen. $\frac{1}{3}$ $\left(\frac{1}{3}\right)$

6 a) i) $P_M(D)$: Bedingte Wahrscheinlichkeit, dass beim Vorliegen eines Motorschadens die Vermutung „Motor defekt“ aufgestellt wird.

ii) $P_{\overline{M}}(D)$: Bedingte Wahrscheinlichkeit, dass bei einem intakten Motor die Vermutung „Motor defekt“ aufgestellt wird.

iii) $P_{\overline{M}}(\overline{D})$: Bedingte Wahrscheinlichkeit, dass bei einem intakten Motor die Vermutung „Motor in Ordnung“ aufgestellt wird.

iv) $P_D(M)$: Bedingte Wahrscheinlichkeit, dass bei der Vermutung „Motor defekt“ ein Motorschaden vorliegt.

v) $P_{\overline{D}}(M)$: Bedingte Wahrscheinlichkeit, dass bei der Vermutung „Motor in Ordnung“ ein Motorschaden vorliegt.

vi) $P_{\overline{D}}(\overline{M})$: Bedingte Wahrscheinlichkeit, dass bei der Vermutung „Motor in Ordnung“ kein Motorschaden vorliegt.

b) i) groß ii) klein iii) groß iv) groß v) klein vi) groß

7 a)

	K	$\overline{K}$	
SV	20	28	48
$\overline{SV}$	4	68	72
	24	96	120

b)

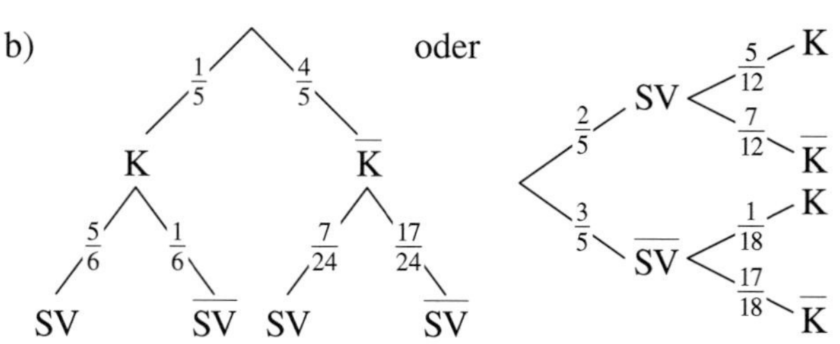

c) $P(K) = \frac{24}{120} = \frac{1}{5} = 20\,\%$ d) $P(K \cap SV) = \frac{20}{120} = \frac{1}{6} \approx 16{,}7\,\%$ e) $P_{SV}(K) = \frac{20}{48} = \frac{5}{12} \approx 41{,}7\,\%$

S. 102

8 a) A: „Augensumme zeigt mindestens 8“; F: „1. Wurf zeigt 5“

$A = \{(2|6), (3|5), (3|6), (4|4), (4|5), (4|6),$
$(5|3), (5|4), (5|5), (5|6), (6|2), (6|3), (6|4), (6|5), (6|6)\} \Rightarrow |A| = 15$

$A \cap F = \{(5|3), (5|4), (5|5), (5|6)\} \Rightarrow |A \cap F| = 4 \Rightarrow P_A(F) = \frac{4}{15} \approx 26{,}7\,\%$

b) E: „1. Wurf zeigt 1“; V: „Augensumme zeigt höchstens 4“

$E = \{(1|1), (1|2), (1|3), (1|4), (1|5), (1|6)\} \Rightarrow |E| = 6$

$E \cap V = \{(1|1), (1|2), (1|3)\} \Rightarrow |E \cap V| = 3 \Rightarrow P_E(V) = \frac{3}{6} = \frac{1}{2} = 50\,\%$

9 a) 50 %

b) Es liegt ein Laplace-Experiment vor, da jedes Ergebnis (Treffen oder Verfehlen der 3 Gegenstände) die Wahrscheinlichkeit $\frac{1}{8}$ besitzt.
Mithilfe eines Baumdiagramms lassen sich folgende Wahrscheinlichkeiten ermitteln:

i) $\frac{4}{7} \approx 57{,}1\,\%$ ii) $\frac{1}{3} \approx 33{,}3\,\%$ iii) $\frac{1}{4} = 25\,\%$ iv) $\frac{1}{2} = 50\,\%$

v) 0 vi) $\frac{3}{4} = 75\,\%$ vii) $\frac{3}{7} \approx 42{,}9\,\%$

10 a) L: „Lesebrille“; M: „Mann“

	L	$\overline{L}$	
M	**12**	12	**24**
$\overline{M}$	28	8	36
	40	20	**60**

b) i) $P(M) = \frac{24}{60} = \frac{2}{5} = 40\,\%$

ii) $P(M \cap L) = \frac{12}{60} = \frac{1}{5} = 20\,\%$

iii) $P_{\overline{M}}(L) = \frac{28}{36} = \frac{7}{9} \approx 77{,}8\,\%$

c) $P_L(\overline{M}) = \frac{28}{40} = \frac{7}{10} = 70\,\%$

11 $\Omega = \{(1|1), (1|2), \ldots, (1|6),$
$(2|1), (2|2), \ldots, (2|6),$
$\vdots$
$(6|1), (6|2), \ldots, (6|6)\}$

$\Rightarrow |\Omega| = 36$

a) U: „Augensumme ist ungerade“; N: „Augensumme zeigt 9“

$|U| = 18$, da in jeder Zeile (s. oben) genau 3 Ergebnisse sind, die eine ungerade Augensumme liefern.

$U \cap N = \{(3|6), (4|5), (5|4), (6|3)\} \Rightarrow |U \cap N| = |N| = 4$

$\Rightarrow P_U(N) = \frac{4}{18} = \frac{2}{9} \approx 22{,}2\,\%$

b) S: „Augensumme ist größer als 7“

$S = \{(2|6),$
$(3|5), (3|6),$
$(4|4), (4|5), (4|6),$
$(5|3), (5|4), (5|5), (5|6),$
$(6|2), (6|3), (6|4), (6|5), (6|6)\} \Rightarrow |S| = 15$

$S \cap N = \{(3|6), (4|5), (5|4), (6|3)\} \Rightarrow |S \cap N| = 4$

$\Rightarrow P_S(N) = \frac{4}{15} \approx 26{,}7\,\%$

12 a) G: „Zahl ist gerade“

Für das Lösen der einzelnen Teilaufgaben ist es sinnvoll, ein geeignetes Baumdiagramm zu erstellen.

i) Z: „Zweite Kugel trägt die Ziffer zwei“

$|Z| = 3 \cdot 2 = 6$

$Z \cap G = \{124, 324\} \Rightarrow |Z \cap G| = 2$

$\Rightarrow P_Z(G) = \frac{2}{6} = \frac{1}{3} \approx 33{,}3\,\%$

ii) E: „Erste Kugel trägt eine ungerade Ziffer“

$|E| = 2 \cdot 3 \cdot 2 = 12$

$E \cap G = \{124, 132, 134, 142, 312, 314, 324, 342\} \Rightarrow |E \cap G| = 8$

$\Rightarrow P_E(G) = \frac{8}{12} = \frac{2}{3} \approx 66{,}7\,\%$

iii) $P(G) = \frac{12}{4 \cdot 3 \cdot 2} = \frac{1}{2} = 50\,\%$

b) Die Wahrscheinlichkeit für die zuletzt gezogene Zahl ist unabhängig von den vorher gezogenen, deshalb ist die Wahrscheinlichkeit für eine gerade Zahl jeweils $\frac{1}{2}$.

13

	NT	S	
Französisch	55	20	75
Latein	15	30	45
	70	50	120

a)

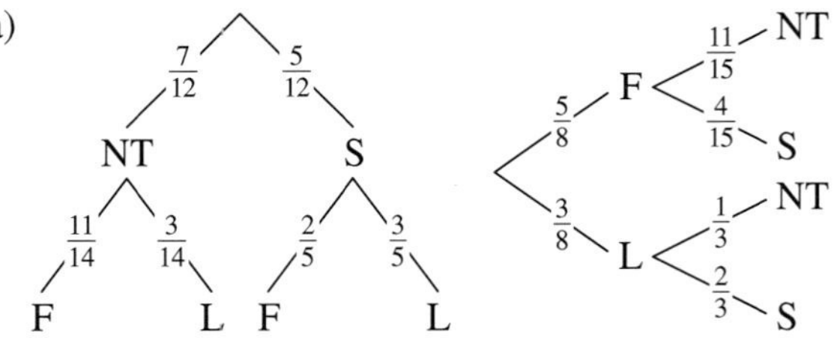

b) i) $P(NT) = \frac{70}{120} = \frac{7}{12} \approx 58{,}3\,\%$

ii) $P(L) = \frac{45}{120} = \frac{3}{8} = 37{,}5\,\%$

iii) $P(L \cap NT) = \frac{15}{120} = \frac{1}{8} = 12{,}5\,\%$

iv) $P_{NT}(L) = \frac{15}{70} = \frac{3}{14} \approx 21{,}4\,\%$

v) $P_L(NT) = \frac{15}{45} = \frac{1}{3} \approx 33{,}3\,\%$

i Bemerkung: Alle gesuchten Wahrscheinlichkeiten können der Vierfeldertafel entnommen werden.

S. 103

14 $\Omega = \{(1|1), (1|2), \ldots, (1|6),$
$(2|1), (2|2), \ldots, (2|6),$
$\vdots$
$(6|1), (6|2), \ldots, (6|6)\}$

S: „Augensumme zeigt 7“

a) Bemerkung: Die Betrachtung einer bedingten Wahrscheinlichkeit ist nicht notwendig, da beide Würfe unabhängig sind und somit nur die Wahrscheinlichkeit für die Augenzahl drei beim einfachen Würfelwurf zu bestimmen ist. $P(S) = \frac{1}{6}$

b) UG: „ein Wurf zeigt eine gerade Zahl und der andere eine ungerade“

$|UG| = 3 \cdot 3 + 3 \cdot 3 = 18$

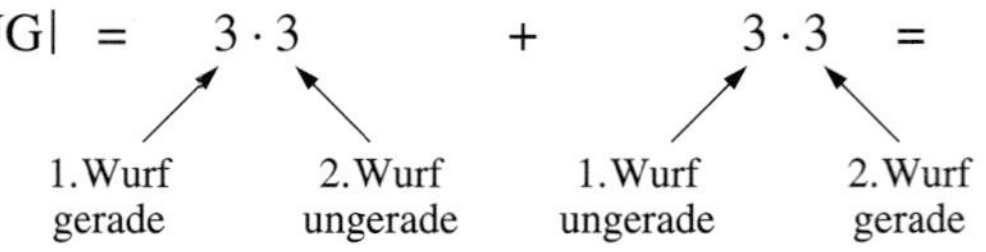

$UG \cap S = \{(2|5), (4|3), (6|1), (1|6), (3|4), (5|2)\} \Rightarrow |UG \cap S| = 6$

$\Rightarrow P_{UG}(S) = \frac{6}{18} = \frac{1}{3}$

c) Die Augensumme zweier ungerader Ergebnisse kann nicht 7 sein. $P(S) = 0$

d) ZD: „zweiter Wurf zeigt eine Augenzahl kleiner als 3“

$|ZD| = 2 \cdot 6 = 12$

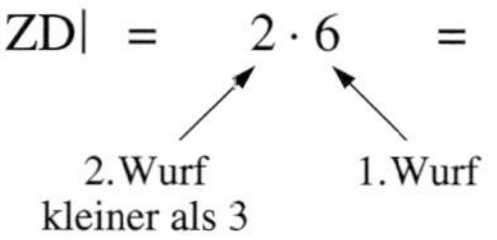

$ZD \cap S = \{(5|2), (6|1)\} \Rightarrow |ZD \cap S| = 2$

$\Rightarrow P_{ZD}(S) = \frac{2}{12} = \frac{1}{6}$

15

a) $P_K(POS)$: Bedingte Wahrscheinlichkeit, dass das Ergebnis positiv ist, wenn die Krankheit vorhanden ist. (groß)

b) $P_{\overline{K}}(POS)$: Bedingte Wahrscheinlichkeit, dass das Ergebnis positiv ist, wenn die Krankheit nicht vorhanden ist. (klein)

c) $P_{POS}(K)$: Bedingte Wahrscheinlichkeit, dass die Person krank ist, wenn das Ergebnis positiv ist. (groß)

d) $P_{POS}(\overline{K})$: Bedingte Wahrscheinlichkeit, dass die Person nicht krank ist, wenn das Ergebnis positiv ist. (klein)

e) $P_{\overline{POS}}(\overline{K})$: Bedingte Wahrscheinlichkeit, dass die Person nicht krank ist, wenn das Ergebnis negativ ist. (groß)

f) $P_{\overline{POS}}(K)$: Bedingte Wahrscheinlichkeit, dass die Person krank ist, wenn das Ergebnis negativ ist. (klein)

16 S: „Unterrichtsstörung“; B: „erhöhter Blutdruck“

	S	$\overline{S}$	
B	0,20	0,075	0,275
$\overline{B}$	0,05	0,675	0,725
	0,25	0,75	1

$P(B \cap S) = 0{,}8 \cdot 0{,}25 = 0{,}2$

$P(B \cap \overline{S}) = 0{,}1 \cdot 0{,}75 = 0{,}075$

a) $P(S \cap B) = 0{,}20$ b) $P(B) = 0{,}725$ c) $P_B(S) = \frac{0{,}20}{0{,}275} = \frac{8}{11} \approx 72{,}7\,\%$

17 a) D: „eine zufällig ausgewählte Person ist gedopt“
POS: „eine zufällig ausgewählte Person hat ein positives Testergebnis“
Bemerkung: Da $|D \cap POS| = 50 \cdot 0{,}999 = 49{,}95 \approx 50$, fällt praktisch bei jedem Dopingsünder der Test positiv aus. Daher kann für $|D \cap POS|$ mit 50 gerechnet werden.

	POS	$\overline{POS}$	
D	50	0	50
$\overline{D}$	50	2450	2500
	100	2450	2550

$2500 \cdot 0{,}98 = 2450$

b) $D_{POS}(D) = \frac{50}{100} = \frac{1}{2} = 50\,\%$

c) Da in 50 % der positiven Ergebnisse ein unschuldiger Athlet des Dopings bezichtigt wird, können die Athleten mit dem Test nicht einverstanden sein.

18

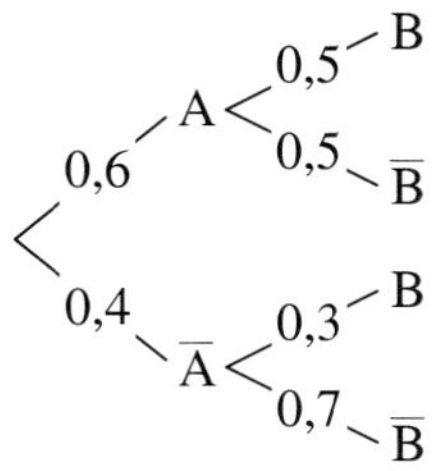

$P(A \cap \overline{B}) = 0{,}6 \cdot 0{,}5 = 0{,}3$

$P(\overline{B}) = 0{,}6 \cdot 0{,}5 + 0{,}4 \cdot 0{,}7 = 0{,}58$

$\Rightarrow P_{\overline{B}}(A) = \frac{0{,}3}{0{,}58} \approx 51{,}7\,\%$

Alternative Lösung:

	B	$\overline{B}$	
A	0,3	0,3	0,6
$\overline{A}$	0,12	0,28	0,4
	0,42	0,58	1

19 Radius großer Kreis: $r_g = 5{,}8\,\text{cm}$
Radius kleiner Kreis (Innenkreis): $r_k = 2{,}3\,\text{cm}$
Flächeninhalt zwischen den beiden Kreisen: $A = r_g^2 \cdot \pi - r_k^2 \cdot \pi \approx 89{,}06\,\text{cm}^2$
Abspieldauer pro cm^2: $72\,\text{min} : 89{,}06 \approx 48{,}5\,\text{s}$

→ TB Trainingsblatt: Bedingte Wahrscheinlichkeit; Kopiervorlage S. 166 f.

Thema: HIV-Tests

S. 104 Dieses Projekt eignet sich besonders für die fächerverknüpfenden/fächerübergreifenden Unterrichtsvorhaben „Krankheit, Sterben, Tod – Tabus?“ und „Biotechnologie – Bioethik“, wie sie im Lehrplan für Jahrgangsstufe 10 vorgeschlagen sind.

S. 105 Hinweis: Für die Bearbeitung der Aufgaben dieser Seite müssen die Informationen von *Seite 104* im *Schülerbuch* genutzt werden.

1 a)

	K	$\overline{K}$	
T_E	**9990**	19980	29970
$\overline{T_E}$	10	**9970020**	9970030
	10000	9990000	**10000000**

$P_{T_E}(K) = \frac{9990}{29970} = \frac{1}{3}$

b)

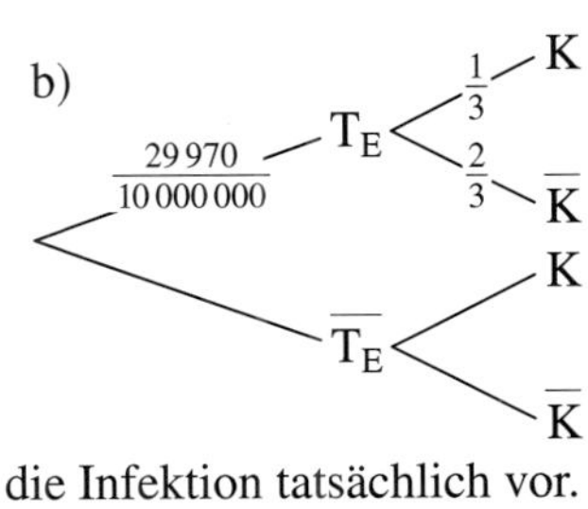

c) Nur bei 1 von 3 positiv getesteten Männern liegt die Infektion tatsächlich vor. D. h. 2 von 3 positiv getesteten Männern würden sich bei Bekanntgabe des positiven Ergebnisses unnötigerweise sehr große Sorgen machen. Aus diesem Grund wird zunächst ein weiterer Test durchgeführt.

2 a)

	K	$\overline{K}$	
T_W	9980	2	9982
$\overline{T_W}$	10	19978	19988
	9990	**19980**	**29970**

Bemerkung: $|K|$ und $|\overline{K}|$ sind die Anzahlen der Erkrankten bzw. nicht Erkrankten unter den im ELISA-Test als positiv getesteten Männern (s. Teilaufgabe 1 a)).

b) Dies ist bei zwei Männern der Fall.

c) $P_{T_W}(K) = \frac{9980}{9982} \approx 0{,}9998 = 99{,}98\,\%$

d) $P_{T_W}(\overline{K}) = \frac{2}{9982} \approx 0{,}0002 = 0{,}02\,\%$

3 a)

	K	$\overline{K}$	
T_W	9990	999	10989
$\overline{T_W}$	10	9989001	9989011
	10000	**9990000**	**10000000**

$P_{T_W}(K) = \frac{9990}{10989} = \frac{10}{11} \approx 90{,}91\,\%$

b)

	K	$\overline{K}$	
T_E	9980	40	10020
$\overline{T_E}$	10	19940	19950
	9990	**19980**	**29970**

Es wurde auf ganze Zahlen gerundet.

Bemerkung: $|K|$ und $|\overline{K}|$ sind die Anzahlen der Erkrankten bzw. nicht Erkrankten unter den im ELISA-Test als positiv getesteten Männern (s. Teilaufgabe 1 a)).

$P_{T_E}(K) = \frac{9980}{10020} \approx 99{,}6\,\%$ und $P_{T_E}(\overline{K}) = \frac{40}{10020} \approx 0{,}4\,\%$

40 Personen, also 20-mal so viele wie bei der Verwendung des Western-Blot-Tests, meinen irrtümlich, die Krankheit zu haben.

4 a) Material: Atlas

In Botswana beträgt die Infektionsrate 30 % +.

	K	$\overline{K}$	
T_E	2997	14	3011
$\overline{T_E}$	3	6986	6989
	3000	7000	10000

(Die Anzahl der getesteten Personen kann beliebig gewählt werden.)

$P_{T_E}(K) = \frac{2997}{3011} \approx 99{,}5\,\%$

b) $P_{T_E}(K) = \frac{P(K \cap T_E)}{P(T_E)} = \frac{0{,}999 \cdot P(K)}{0{,}999 \cdot P(K) + 0{,}002 \cdot (1 - P(K))}$

Sei $P(K) = x$ und $P_{T_E}(K) = f(x)$, so gilt:

$f(x) = \frac{0{,}999 \cdot x}{0{,}999 \cdot x + 0{,}002 \cdot (1 - x)}$

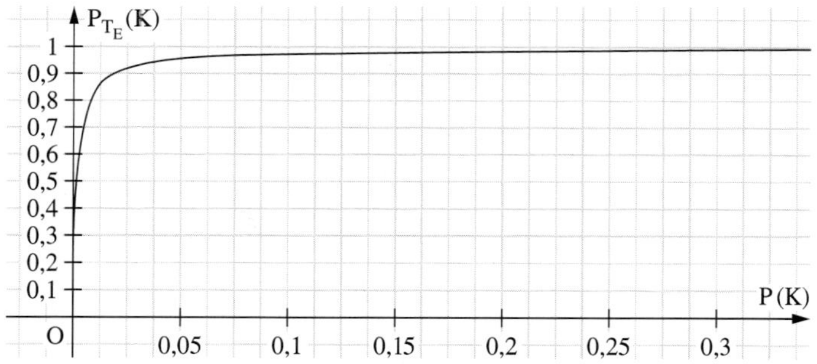

V Ganzrationale Funktionen

1 Potenzfunktionen mit natürlichen Exponenten

S. 108 **1** $f(2r) = \frac{4}{3} \cdot \pi \cdot (2r)^3 = 8 \cdot \frac{4}{3} \cdot \pi r^3 \quad \Rightarrow$ Volumen verachtfacht sich;
analog: $f\left(\frac{r}{2}\right) = \frac{1}{8} \cdot \frac{4}{3} \cdot \pi r^3 \quad \Rightarrow$ Volumen wird geachtelt.
Entsprechend wird der Oberflächeninhalt vervierfacht bzw. geviertelt.

S. 109 **2** a) Ansatz: $3^n = 9 \Rightarrow n = 2$ b) $n = 3$ c) n beliebig d) $n = 5$

i **3** **Hinweis:** Eine Skizze mithilfe der angegebenen Punkte und des charakteristischen Verlaufs genügt.
a) $n = 2$, $a = 2$; „von links oben nach rechts oben"
b) $n = 4$, $a = -\frac{1}{8}$; „von links unten nach rechts unten"
c) $n = 3$, $a = \frac{1}{8}$; der prinzipielle Verlauf kann allein durch Kenntnis der Punkte R und S **nicht** angegeben werden.
d) $n = 4$, $a = 8$; der prinzipielle Verlauf kann allein durch Kenntnis der Punkte R und S **nicht** angegeben werden.
e) $n = 5$, $a = -0{,}1$; „von links oben nach rechts unten"

4 $n = 8$
i **Hinweis:** Hier empfiehlt sich die Strategie „Systematisches Probieren":
Wegen des Graphenverlaufs kann n nur geradzahlig sein. Einen guten Anhaltspunkt liefert der Punkt $(1{,}25\,|\,6)$, der nahezu auf dem Graphen liegt: Testet man $1{,}25^4$, $1{,}25^6$, $1{,}265^8$, so erkennt man: $1{,}25^8 = 5{,}960\ldots$; alle anderen Potenzen liefern keine Werte in der Nähe von 6. Also erhält man als Lösung $n = 8$.
Analytisch kann man hier nicht vorgehen, da es keinen sinnvollen Gitterpunkt gibt, der auf dem Graphen liegt.

5 Nachweis für Q: $0{,}5 \cdot 2^3 = 0{,}5 \cdot 8 = 4$; Nachweis für P: $0{,}5 \cdot (-1)^3 = 0{,}5 \cdot (-1) = -0{,}5$
Der anzugebende Term kann nicht der Term einer Potenzfunktion sein, da es nur eine Potenzfunktion durch zwei Punkte geben kann (außer durch die Punkte $(-1\,|\,-1)$ und $(1\,|\,1)$), da der Ansatz für einen Potenzfunktionsterm auf zwei Gleichungen mit zwei Unbekannten führt.
Man muss andere Funktionen suchen, z. B. lineare oder quadratische.
(Für weitere Funktionstypen sind die Lösungsansätze komplexer und werden eher nicht gewählt.)
Mögliche Lösungen: lineare Funktion: $g(x) = 1{,}5x + 1$
quadratische Funktion: $g(x) = 1{,}5x^2 - 2$ (Ansatz: $g(x) = ax^2 + c$)

6 a) doppelter Radius: $f(2 \cdot r) = (2r)^2 \cdot \pi = 4 \cdot r^2 \pi$ vierfacher Flächeninhalt
analog: gedrittelter Radius $\Rightarrow$ Flächeninhalt beträgt ein Neuntel des ursprünglichen Flächeninhalts
doppelter Radius: $f(2 \cdot r) = 2 \cdot (2 \cdot r) \cdot \pi = 2 \cdot 2r\pi$ doppelter Umfang
analog: gedrittelter Radius $\Rightarrow$ gedrittelter Umfang
b) Vergrößerung des Radius um 20 %: $V(1{,}2r) = \frac{4}{3} \cdot (1{,}2r)^3 \cdot \pi = 1{,}2^3 \cdot \frac{4}{3} r^3 \cdot \pi$
Volumen vergrößert sich auf das $1{,}2^3$-fache.
analog: $\frac{2}{3}$ des Radius $\Rightarrow$ Volumen beträgt $\frac{8}{27}$ des ursprünglichen Volumens.
Vergrößerung des Radius um 20 %: $O(1{,}2r) = 4 \cdot (1{,}2r)^2 \cdot \pi = 1{,}2^2 \cdot 4r^2 \cdot \pi$
Oberfläche vergrößert sich auf das $1{,}2^2$-fache.
analog: $\frac{2}{3}$ des Radius $\Rightarrow$ Oberfläche beträgt $\frac{4}{9}$ der ursprünglichen Oberfläche.

S. 110 **7** $V_{\text{linkes Glas}} = \frac{1}{3} \cdot h \cdot \frac{d^2}{4} \cdot \pi$; $V_{\text{rechtes Glas}} = \frac{1}{3} \cdot h \cdot \frac{9}{16} d^2 \cdot \pi = \frac{9}{4} \cdot \frac{1}{3} \cdot h \cdot \frac{d^2}{4} \cdot \pi$
also: $V_{\text{rechtes Glas}} = 2{,}25 \cdot V_{\text{linkes Glas}}$; es passen 125 % mehr in das rechte Glas.

8 a) Wahr. $1^n = 1$ für alle $n \in \mathbb{N}$
b) Falsch. Z. B. ist der Graph der Funktion $x \mapsto x^2$ achsensymmetrisch.
c) Wahr. $x \mapsto x^2$ hat die Wertemenge $\mathbb{R}_0^+$ und $x \mapsto x^3$ hat die Wertemenge $\mathbb{R}$.
d) Falsch. Z. B. haben die Graphen der Funktionen $x \mapsto x^3$ und $x \mapsto x^5$ drei Schnittpunkte.
e) Falsch. Z. B. gibt es für den Punkt $(1|2)$ kein n, denn $1^n = 2$ ist nicht lösbar.
f) Falsch. Z. B. weisen $x \mapsto x^2$ und $x \mapsto x^3$ für $x < 0$ unterschiedliches Steigungsverhalten auf.

9 Ansatz mit allgemeiner Potenzfunktion: $F(v) = a \cdot v^n$
(I) $11{,}2 = a \cdot 4^n$
(II) $34{,}3 = a \cdot 7^n$
Lösen des Gleichungssystems führt zu $a = 0{,}7$ und $n = 2$, also $F(v) = 0{,}7 \cdot v^2$.
Überprüfen der restlichen Werte bestätigt die Potenzfunktion.

10 $r_{neu} = 1{,}053 \cdot r$
a) $V_{neu} = \frac{4}{3} \cdot (1{,}053 \cdot r)^3 \cdot \pi = 1{,}1676 \ldots \cdot \frac{4}{3} \cdot r^3 \cdot \pi$; das Volumen vergrößerte sich um 16,76 %.
b) $1 : 1{,}1676 \approx 0{,}8565$; das Volumen der alten Bälle war um 14,35 % kleiner.
@ c) Zweck der Vergrößerung war eine Verlangsamung des Spiels und damit eine Steigerung der Attraktivität des Spiels für die Zuschauer.

11

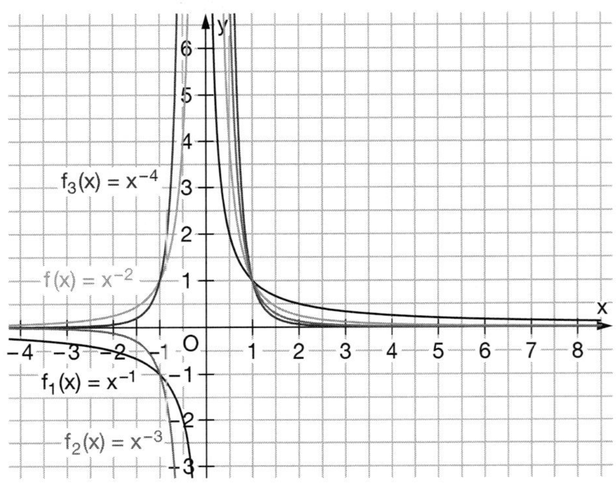

Steigungsverhalten:
für ungerade n: für $x < 0$ nehmen mit wachsenden x-Werten die Funktionswerte ab, für $x > 0$ ebenso.
für gerade n: für $x < 0$ nehmen mit wachsenden x-Werten die Funktionswerte zu, für $x > 0$ ab.
Wertemenge:
für ungerade n: $W = \mathbb{R} \setminus \{0\}$
für gerade n: $W = \mathbb{R}^+$
Symmetrie:
für ungerade n: Punktsymmetrie bezüglich des Ursprungs
für gerade n: Achsensymmetrie bezüglich der y-Achse

12
rot: $f(x) = \frac{1}{4}x^4$
grün: $f(x) = -\frac{1}{2}x^2 + 4$
blau: $f(x) = -x^3 - 1$
schwarz: $f(x) = 0{,}12\,x^3$

13 a) $2x^2 = 0{,}1\,x^4 \;\Rightarrow\; 0 = x^2 \cdot (0{,}1\,x^2 - 2) \;\Rightarrow\; x = 0$ oder $x = \pm\sqrt{20}$
für $x \in \left]-\sqrt{20}; \sqrt{20}\right[\setminus \{0\}$ verläuft G_f oberhalb von G_h.
b) $0{,}5\,x^3 = 2\,x^6 \;\Rightarrow\; 0 = x^3 \cdot (2x^3 - 0{,}5) \;\Rightarrow\; x = 0$ oder $x = \sqrt[3]{0{,}25}$
für $x \in \left]0; \sqrt[3]{0{,}25}\right[$ verläuft G_f oberhalb von G_h.

14 Z. B. $f: x \mapsto -x^2 + 4$ und $g: x \mapsto x^2 - 4$
($f: x \mapsto -x(x-5)$ und $g: x \mapsto x(x-5)$)

15 a) $f(x) = x^2 - 2x + 3 = (x-1)^2 + 2$
$g_1(x) = x + 3$

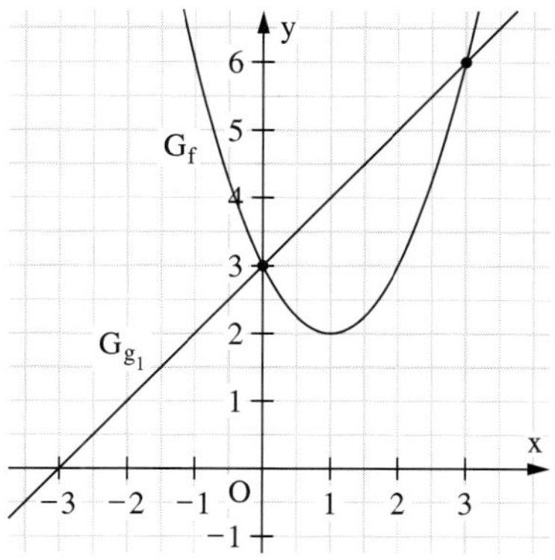

b) $x^2 - 2x + 3 = x + 3 \Rightarrow x^2 - 3x = 0$
also $S_1(0|3)$; $S_2(3|6)$
c) $x^2 - 2x + 3 = mx + 3 \Rightarrow x^2 - x(2+m) = 0$;
ein Berührpunkt bedeutet Diskriminante = 0,
also $\sqrt{(2+m)^2} = 0 \Rightarrow m = -2$
Berührpunkt $B(0|3)$

16 $4 \cdot 1{,}2^x = 7 \cdot 0{,}9^x \Rightarrow \frac{1{,}2^x}{0{,}9^x} = \frac{7}{4} \Rightarrow \left(\frac{4}{3}\right)^x = \frac{7}{4} \Rightarrow \lg\left[\left(\frac{4}{3}\right)^x\right] = \lg\frac{7}{4} \Rightarrow x = \frac{\lg\frac{7}{4}}{\lg\frac{4}{3}} \approx 1{,}95$

2 Eigenschaften ganzrationaler Funktionen

S. 111 (💻) **1** a) $V(x) = l \cdot b \cdot h = (3-2x) \cdot (2-2x) \cdot x = 4x^3 - 10x^2 + 6x$
b)

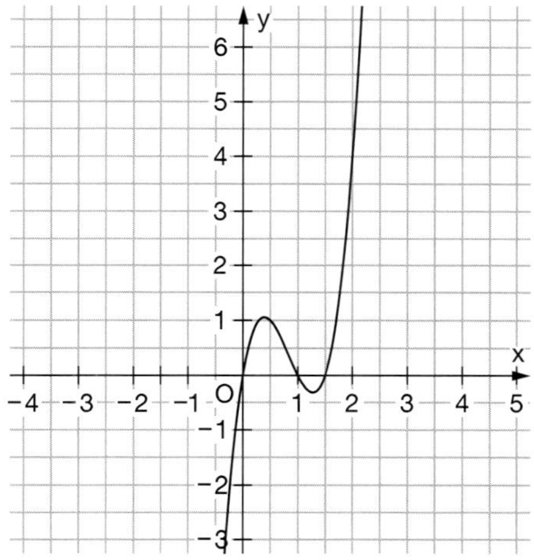

S. 113 **2**
a) Ganzrational mit Grad 5: $a_5 = 1$; $a_3 = -2$; $a_0 = 2$; $a_4 = a_2 = a_1 = 0$
b) Ganzrational mit Grad 1: $a_1 = \sqrt{5}$; $a_0 = 1$
c) Nicht ganzrational
d) Ganzrational mit Grad 5: $a_5 = -1$; $a_1 = -3$; $a_4 = a_3 = a_2 = a_0 = 0$ $d(x) = -x^5 - 3x$
e) Ganzrational mit Grad 2: $a_2 = 1$; $a_1 = -\frac{1}{3}$; $a_0 = 0$
f) Nicht ganzrational
g) Ganzrational mit Grad 3: $a_3 = 1$; $a_2 = -9$; $a_1 = 15$; $a_0 = -7$ $g(x) = x^3 - 9x^2 + 15x - 7$
h) Nicht ganzrational

3 a) Entscheidende Potenz: $-2x^6$ „von links unten nach rechts unten“
b) $f(x) = -x^5 + x^3$ „von links oben nach rechts unten“
c) Entscheidende Potenz: x^3 „von links unten nach rechts oben“
d) Entscheidende Potenz: $10^{-7} \cdot x^7$ „von links unten nach rechts oben“
e) Entscheidende Potenz: x^4 „von links oben nach rechts oben“
(Grad des Klammerterms ist 3, deshalb Ausmultiplizieren unnötig)
f) $f(x) = -\frac{1}{2}x^3 - 1$ „von links oben nach rechts unten“
g) $f(x) = -x^n + x^3$
für $n = 0$, 1 oder 2: „von links unten nach rechts oben“
$n = 3$: Funktion ist konstant 0.
$n > 3$: n gerade: „von links unten nach rechts unten“
n ungerade: „von links oben nach rechts unten“
h) $f(x) = -x^3 + x^2$ „von links oben nach rechts unten“
i) $f(x) = 18x^4 - 48x^3 + 32x^2$ „von links oben nach rechts oben“
k) für $n = 0$: Funktion ist konstant -1.
$n > 0$: „von links oben nach rechts oben“; (der Exponent ist stets gerade)
l) $f(x) = x^7 + 2x^6 - 4x^5 + x^4 - 4x^3 + 4x^2$ „von links unten nach rechts oben“
m) $f(x) = -x^{10} + x^8 + 5x^6 - 5x^4 - 6x^2 + 6$ „von links unten nach rechts unten“

4 a) „von links oben nach rechts oben“: z. B. $2x^4 - x + 7$; $x^{10} + x^7 - 5x^2$
„von links unten nach rechts oben“: z. B. $5x^5 - 1$; $1{,}5x^9 - 5x^8 + 2$
„von links unten nach rechts unten“: z. B. $-4x^6 - 2x$; $-7x^2 + 1$
„von links oben nach rechts unten“: z. B. $-6x^3 + 4x^2 + x - 6$; $-x^5 + 3$
b) Individuelle Lösungen

5 mögliche Kriterien:
Nullstelle bei $x = 0$: e, f, h
Graph schneidet die x-Achse (ohne Berühren): a, f, p, h, b
Graph berührt die x-Achse: d, e
Charakteristischer Verlauf: „von links oben nach rechts oben“: d, e, g
„von links oben nach rechts unten“: a, f, h
„von links unten nach rechts oben“: b
„von links unten nach rechts unten“: p
Funktion ist ganzrational: a, b, d, e, f, g, h, p
Graph ist eine Parabel: d, g, p
Graph ist eine Gerade: h, b
Graph hat eine Asymptote: c, k
Weitere Kriterien könnten untersucht werden.

6 a) Wird ein normaler Ausschnitt im x-Bereich zum Plotten gewählt (z. B. von -10 bis 10), so sieht der geplottete Ausschnitt des Graphen aus wie der Graph einer ganzrationalen Funktion dritten Grades. Ändert man den x-Bereich passend, so erkennt man, dass f bei etwa -50 eine weitere Nullstelle hat und der Graph in der Tat „von links oben nach rechts oben“ verläuft.
b) Z. B. $g(x) = \frac{1}{40}x^5 + x^4 + x^3 - 2x^2 + 1$; im Bereich von -10 bis 10 sieht der Graph aus wie der Graph einer ganzrationalen Funktion vierten Grades.

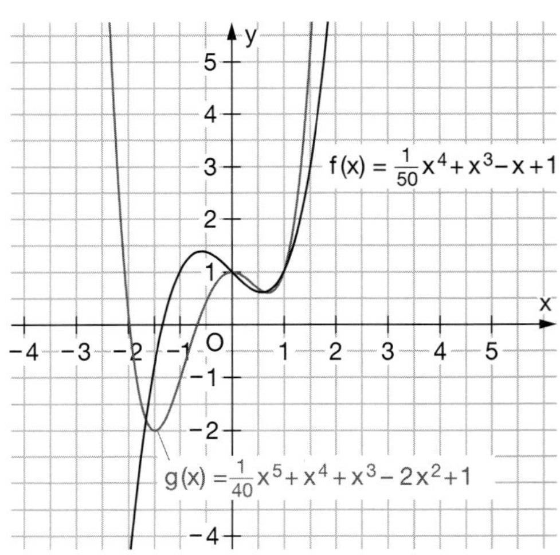

S. 114

7 1 $x \mapsto x^3+x^2+1$ N; Funktion 3. Grades, „von links unten nach rechts oben“ mit Funktionswert 1 an der Stelle 0.

2 $x \mapsto -2x^2+2x+2$ E; quadratische Funktion mit negativem Vorzeichen bei x^2.

3 $x \mapsto -x^5-3x^2$ I; Funktion mit ungeradem Grad, negativem Vorzeichen und Nullstelle $x = 0$.

4 $x \mapsto -x^3+x+1$ R; Funktion mit ungeradem Grad, negativem Vorzeichen und Funktionswert 1 an der Stelle 0.

5 $x \mapsto x^4-2x^2+1$ E; Funktion vom Grad mindestens 4 mit Funktionswert 1 an der Stelle 0.

6 $x \mapsto x^3+x^2+x$ F Funktion 3. Grades, „von links unten nach rechts oben“ mit Nullstelle $x = 0$.

Lösungswort (von hinten gelesen): FERIEN

8 a) f hat Grad 4. Grad 5 und 3 kann nicht sein, da f sonst wegen des charakteristischen Verlaufs eine dritte Nullstelle haben müsste. Da der Graph keine Parabel bzw. keine Gerade ist, scheiden Grad 2 bzw. Grad 1 aus. Also muss es sich um Grad 4 handeln, da der Grad kleiner als 6 ist.

b) $f(x) = 1{,}5x^4+3x^3-0{,}5x^2+2$

9 a) Individuelle Skizze

b) $d = 2$, da der Graph durch den Punkt $B(0|2)$ verläuft.

c) (I) $-a + b - c + 2 = -1$

(II) $a + b + c + 2 = 2$

(III) $8a + 4b + 2c + 2 = 2$

$\Rightarrow$ $a = 0{,}5$; $b = -1{,}5$; $c = 1$

$\Rightarrow$ $f(x) = 0{,}5x^3-1{,}5x^2+x+2$

d)

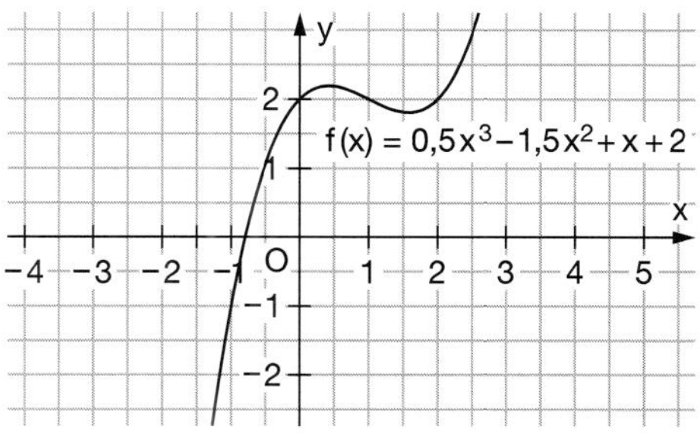

10 a) $5a(a-3)$ b) $(r+s)(r-s)$ c) $12t^2r^2(3t+4r)$ d) $24x^3(x^2-1)$

e) $(b-2)(b-3)$ f) geht nicht g) $2z(z+1)(z-1)$ h) $2\cdot(x-1)(x-2)$

→ TB Trainingsblatt: Bestimmung von Potenzfunktionen und ganzrationalen Funktionen; Kopiervorlage S. 168 f.

3 Nullstellen und Faktorisieren

A Alternative zum Einstieg:

→ TB Trainingsblatt: Funktionsgraphen ganzrationaler Funktionen; Kopiervorlage S. 176 f.
Die Bearbeitung dieses Trainingsblattes könnte die in dieser Lerneinheit zu erlernenden Techniken motivieren und begleiten.

S. 115 **1** $f(0) = 2$; $N_1(2|0)$; $N_2(1|0)$; $N_3(-1|0)$;
Skizze unter Berücksichtigung des charakteristischen Verlaufs

S. 119 **2** a) $x_1 = 0$; $x_2 = 2$; $x_3 = -2$ b) $x_1 = 2$; $x_2 = -1$ c) $t_1 = \sqrt{0{,}5}$; $t_2 = -\sqrt{0{,}5}$

d) $x = 0{,}2$ e) keine Nullstellen f) $x_1 = x_2 = \sqrt{2}$; $x_3 = x_4 = -\sqrt{2}$

g) $s_1 = s_2 = 0$; $s_3 = 3$; $s_4 = -3$ h) $x_1 = x_2 = 0$; $x_3 = -\sqrt[3]{0{,}5}$ i) $r_1 = \sqrt[4]{0{,}5}$; $r_2 = -\sqrt[4]{0{,}5}$

k) $t_1 = 0$; $t_2 = -2$; $t_3 = 4$ l) $t_1 = t_2 = t_3 = 2$; $t_4 = \sqrt[3]{0{,}4}$ m) $r_1 = \frac{1}{2}$; $r_2 = -4$

3 a) Substitution: $t^2 = z$ — $t_1 = \sqrt{3}$; $t_2 = -\sqrt{3}$; $t_3 = \sqrt{2}$; $t_4 = -\sqrt{2}$
b) Substitution: $x^2 = z$ — $x_1 = \sqrt{2}$; $x_2 = -\sqrt{2}$
c) Substitution: $s^2 = z$ — $s_1 = \sqrt{5}$; $s_2 = -\sqrt{5}$; $s_3 = 1$; $s_4 = -1$
d) Substitution: $v^2 = z$ — $v_1 = v_2 = 0$; $v_3 = 4$; $v_4 = -4$
e) Substitution: $t^2 = z$ — $t_1 = 2$; $t_2 = -2$
f) Substitution: $t^3 = z$ — $t_1 = \sqrt[3]{2}$; $t_2 = -\sqrt[3]{4}$
g) Substitution: $x + 1 = z$ — $x_1 = 1$; $x_2 = -1$; $x_3 = -4$
h) Substitution: $(v-1)^2 = z$ — $v_1 = 3$; $v_2 = -1$

4 Bestätigen der Nullstelle durch Einsetzen in den Funktionsterm.
a) $(x^3 + 10x^2 + 7x - 18):(x-1) = x^2 + 11x + 18$; — $x_1 = 1$; $x_2 = -2$; $x_3 = -9$
b) $(x^3 + 5x^2 - 22x - 56):(x-4) = x^2 + 9x + 14$; — $x_1 = 4$; $x_2 = -7$; $x_3 = -2$
c) $s_1 = -1 - \sqrt{2}$; $s_2 = -1 + \sqrt{2}$ (statt Polynomdivision nur Lösungsformel)
d) $(3x^3 + 7x^2 - 22x - 8):\left(x + \frac{1}{3}\right) = 3x^2 + 6x - 24$; — $x_1 = \frac{1}{3}$; $x_2 = -4$; $x_3 = 2$
e) $(2s^3 + 4{,}8s^2 + 1{,}5s - 0{,}2):(s+2) = 2s^2 + 0{,}8s - 0{,}1$; — $s_1 = -2$; $s_2 = 0{,}1$; $s_3 = -0{,}5$
f) $(5x^3 + 3x^2 - 12x + 4):(x - 0{,}4) = 5x^2 + 5x - 10$; — $x_1 = 0{,}4$; $x_2 = -2$; $x_3 = 1$

5 a) Kosten der Verpackung $= 3\,ct \cdot O_{Dose} \approx 3\,ct \cdot 2{,}83\,dm^2 \approx 8{,}49\,ct$
($O_{Dose} = 2r^2 \cdot \pi + 4 \cdot r \cdot 2 \cdot r \cdot \pi = 10r^2 \cdot \pi$; $r = 0{,}3\,dm$)
Kosten des Inhalts $= 15\,ct \cdot V_{Dose} \approx 15\,ct \cdot 0{,}34\,dm^3 \approx 5{,}1\,ct$; die Behauptung stimmt.
($V_{Dose} = 4r^3 \cdot \pi$; $r = 0{,}3\,dm$)
b) $10r^2 \cdot \pi \cdot 3 \leqq 4r^3 \cdot \pi \cdot 15 \quad \Rightarrow \quad r \geqq 0{,}5\,dm$

6 Fehler im *Schülerbuch,* Auflage 1[1] bei Teilaufgabe c): Es soll u heißen anstatt ku.
a) $f(x) = (x-1)(x-2)(x-3)$ b) $g(t) = (t+1)(t+2)(t-2)$
c) $k(u) = (u-3)^2$ d) $h(a) = (a-3)(a+0{,}5)^2$
e) $r(s) = -2(s-4)(s+1)$ f) $d(x) = \left(x - \sqrt{2 + 2\sqrt{2}}\right)\left(x + \sqrt{2 + 2\sqrt{2}}\right)\left(x^2 - (2 - 2\sqrt{2})\right)$

7 orange: drei einfache Nullstellen
violett: eine einfache und eine doppelte Nullstelle
rot: eine dreifache Nullstelle

8 a) $S_1(1|0)$; $S_2\left(1 + \frac{1}{2}\sqrt{10} \,\middle|\, -\frac{3}{4}\sqrt{10}\right)$; $S_3\left(1 - \frac{1}{2}\sqrt{10} \,\middle|\, \frac{3}{4}\sqrt{10}\right)$
b) $S_1(0|-1)$; $S_2(1|-3)$; $S_3(4|3)$ c) $S_1(1|4)$; $S_2(-2|55)$

9 a) $f_2(x) = 2x^3 - 2x^2 + 8x$ — Nullstelle bei $(0|0)$
$f_{-10}(x) = 2x^3 + 10x^2 + 8x$ — Nullstellen bei $(0|0)$; $(-1|0)$; $(-4|0)$
b) $|t| > 8$ (Strategie: Systematisches Probieren)

S. 120

10 $f(x) = 0{,}0025(x+3)^3(x-5)^2$ — $g(x) = -0{,}3 \cdot (x+6)(x+4)(x+2)^2$
$k(x) = 0{,}4x^3(x-3)$ — $p(x) = -0{,}02 \cdot (x+3)(x+1)(x-2)^2(x-4)$

(💻) **11** a) $a_1 = -2;\ a_2 = 1;\ a_3 = 4$ Vorzeichen wechselt immer

b) $z_1 = -1$ doppelte Nullstelle, kein Vorzeichenwechsel; $z_3 = 3$ Vorzeichenwechsel

c) $x_1 = x_2 = 0$ kein Vorzeichenwechsel; $x_3 = 3;\ x_4 = -3{,}5$ jeweils Vorzeichenwechsel

d) $t_1 = -1;\ t_2 = 1;\ t_3 = -2;\ t_4 = 2$ Vorzeichen wechselt immer

e) $x_1 = 0;\ x_2 = -3;\ x_3 = -1;\ x_4 = 2;\ x_5 = 4$ Vorzeichen wechselt immer

f) $x_1 = -2;\ x_2 = x_3 = x_4 = 1;\ x_5 = 5$ Vorzeichen wechselt immer

g) $x_1 = 0;\ x_2 = x_3 = x_4 = 3$ Vorzeichen wechselt;

$x_5 = -2$ vierfache Nullstelle $\Rightarrow$ kein Vorzeichenwechsel

(Anmerkung: der Tiefpunkt liegt bei $(1{,}41 \mid -38{,}22)$ außerhalb der Abbildung)

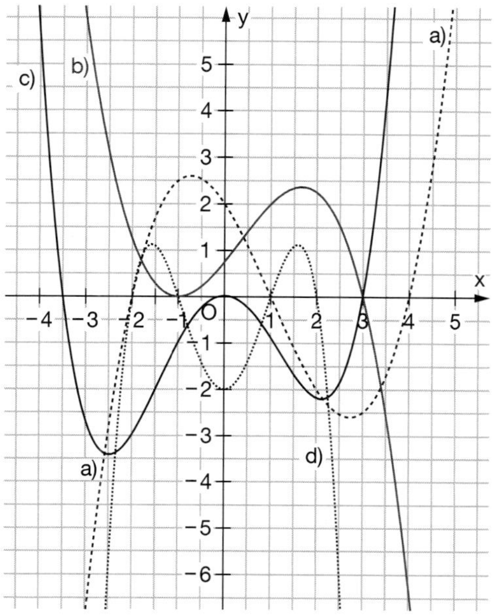

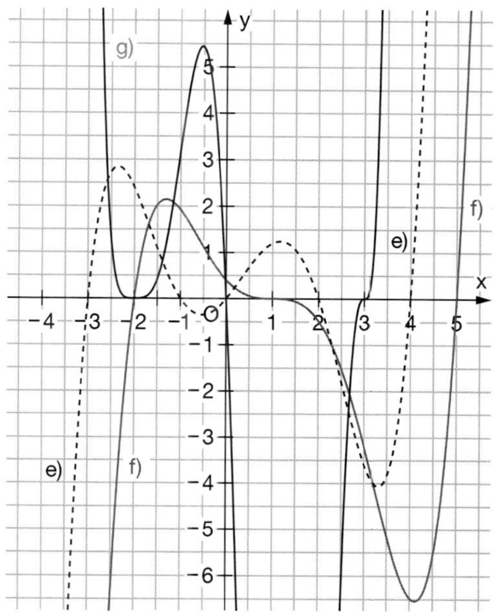

12 Es werden jeweils die Nullstellen mit ihrem Vorzeichenwechselverhalten und der charakteristische Verlauf bestimmt.

a) Für $x \in]-2; 0[$ und $x > 2$

b) Für $x \in]-2; +\infty[\setminus \{3\}$

c) Für $x < \frac{1-\sqrt{41}}{2}$ und $x \in]-2{,}5; 1[$ und $x > \frac{1+\sqrt{41}}{2}$

d) Für $x < -1$ und $x \in]2-\sqrt{2}; 2+\sqrt{2}[$

Hinweis: $(-0{,}5x^3 + 1{,}5x^2 + x - 1) : (x+1) = -0{,}5x^2 + 2x - 1$

e) Für $x < -\sqrt{3}$ und $x \in]-1; 1[$ und $x > \sqrt{3}$

Hinweis: Berechnung der Nullstellen durch Substitution

13 (angegeben sind mögliche Begründungen)

f(x): grüner Graph (Nullstellen -2 und 4; aber $f(x)$ für $x = 3$ sicher größer als $h(x)$)

g(x): roter Graph (Nullstellen 2 und -2 (3. binom. Formel))

h(x): blauer Graph (Nullstellen -2 und 4)

k(x): schwarzer Graph (Nullstellen 2 und -2; wegen $(2-x) = -(x-2)$ aber nach oben geöffnet)

14 Individuelle Lösungen für die möglichen Verläufe; Graphen s. Abbildung rechts

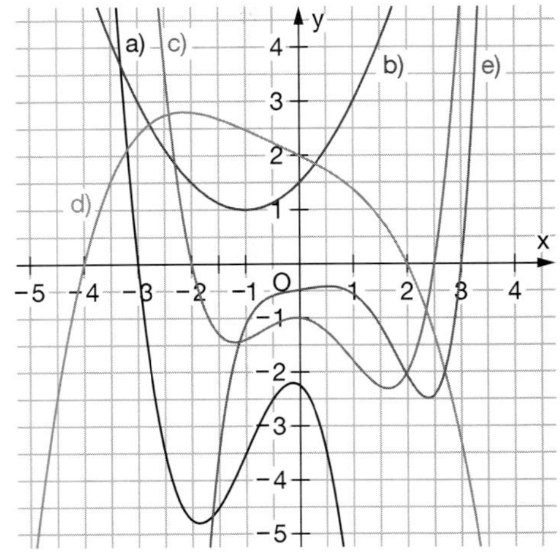

15 Bei $x = -1$ und $x = 2$ müssen einfache oder dreifache Nullstellen vorliegen.
Z. B. folgende Fälle sind dann noch möglich:

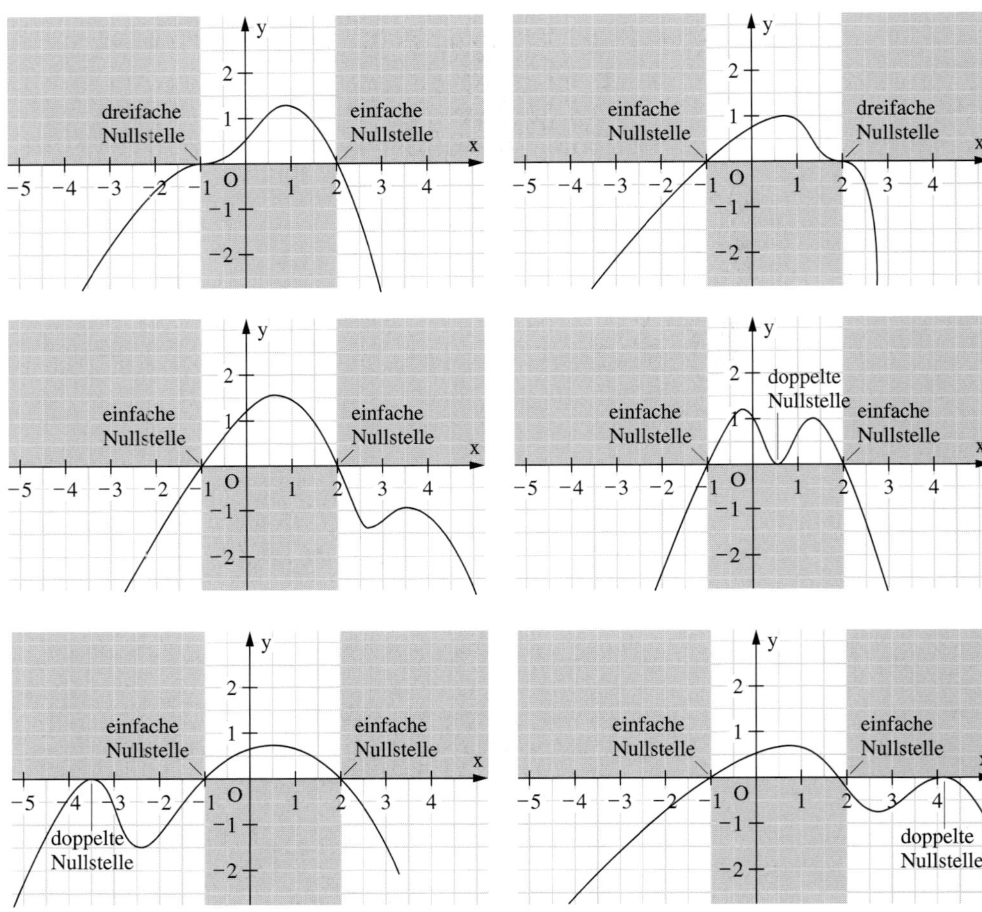

i Für die Lösung genügt es, einen dieser Fälle zu skizzieren. Die Aufgabe eignet sich besonders, im Klassenverband verschiedene mögliche Lösungen zu diskutieren.

S. 121

16 a) Gezeigt sind einige typische mögliche Funktionsgraphen.

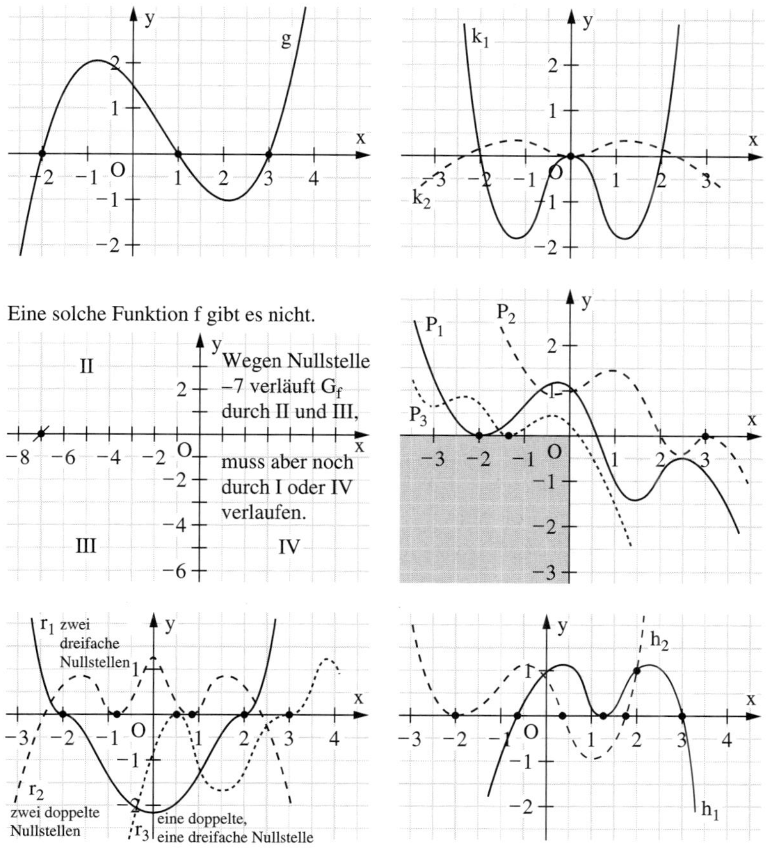

b) Individuelle Lösungen

17 a) Die Einnahmen durch den Verkauf von x Stück können mit dem Term 1,5 x berechnet werden. Der Gewinn errechnet sich dann, indem man von den Einnahmen die Herstellungskosten subtrahiert, also durch $1{,}5\,x - K(x)$.

b) Wegen $K(0) = 980$ und $G(0) = -980$ gehört der blaue Graph zur Funktion K und der rote Graph zur Funktion G.

c) Für $G(x) > 0$ wird ein Gewinn erzielt. Dies ist für $667 \leqq x \leqq 9822$ der Fall. Bei einer Stückzahl von 6000 ist der Gewinn am größten.

d) Wird der Verkaufspreis zu gering, so verläuft der Graph (im positiven x-Bereich) nicht mehr oberhalb der x-Achse, somit kann kein Gewinn mehr erzielt werden. Durch Ausprobieren mit einem Funktionsplotter findet man heraus, dass der Graph von G ab 0,38 € die x-Achse im positiven Bereich schneidet, es ergibt sich dann erstmals ein Gewinn. Ab Werte von 0,37 € und weniger verläuft der Graph immer unterhalb der x-Achse.

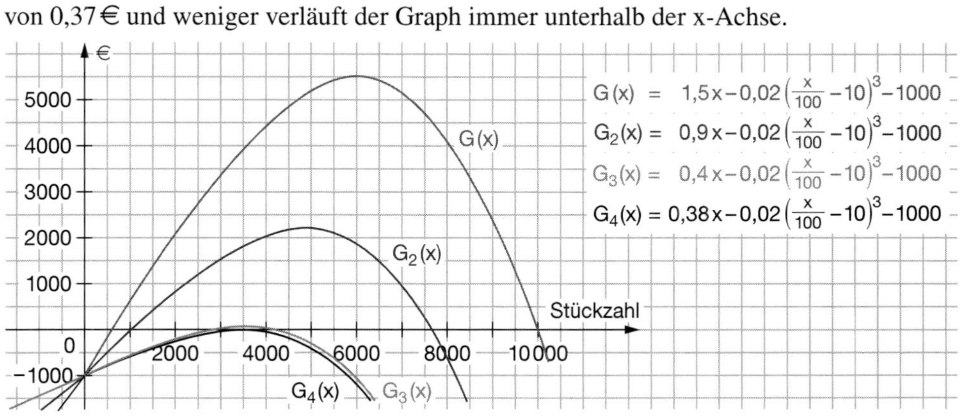

18 a) Da $1^n - 1 = 1 - 1 = 0$, ist die Zahl 1 Nullstelle des Terms $x^n - 1$. $x^n - 1$ lässt sich somit schreiben als $x^n - 1 = g(x) \cdot (x-1)$ und somit enthält $x^n - 1$ den Linearfaktor $x - 1$.
b) $x^n + 1$ enthält den Linearfaktor $x + 1$, wenn -1 eine Nullstelle von $x^n + 1$ ist. Dies ist nur der Fall, wenn n ungerade ist.

19 $f_1(x) = (x+1)^2(x-2)^2$
Der Graph hat zwei doppelte Nullstellen; für $x < -1$ verläuft der Graph oberhalb der x-Achse und berührt bei $x = -1$ die x-Achse. Anschließend steigt er, erreicht einen höchsten Punkt, fällt dann wieder, um bei $x = 2$ wieder die x-Achse zu berühren. Danach steigt der Graph wieder an und verläuft nach oben „ins Unendliche".
$f_2(x) = (x+1)(x-2)^3$
Der Graph hat eine einfache Nullstelle bei $x = -1$; für $x < -1$ verläuft der Graph oberhalb der x-Achse; für $x > -1$ verläuft er unterhalb der x-Achse; er erreicht einen tiefsten Punkt, steigt dann wieder, um bei $x = 2$ die x-Achse zu überqueren (dreifache Nullstelle). Der Graph verläuft für $x > 2$ nach oben „ins Unendliche".
Weitere Möglichkeiten:
$f_3(x) = (x+1)^3(x-2)$; $f_4(x) = (x+1)(x-2)(x^2+1)$

20 a) Wahr. Für betragsmäßig große x-Werte wird bei einer ganzrationalen Funktion dritten Grades der Wert durch den Summanden ax^3 bestimmt, wobei $a \in \mathbb{R} \setminus \{0\}$ gilt. Das bedeutet, dass der Graph entweder „von links unten nach rechts oben" $(a > 0)$ oder „von rechts oben nach links unten" $(a < 0)$ verläuft. In beiden Fällen muss der Graph also die x-Achse überqueren und somit hat die Funktion mindestens eine Nullstelle.
b) Falsch. Z. B. ist $(x+1)(x-2)(x^2+1)$ der Term einer ganzrationalen Funktion vierten Grades, besteht aber nur aus zwei Linearfaktoren $(x+1)(x-2)$ und einem weiteren Faktor x^2+1, der nicht mehr in zwei Linearfaktoren zerlegt werden kann.
c) Wahr. Allgemeine Terme der beiden Funktionen ax^3+bx^2+cx+d und ex^2+fx+g
Aus (*) $ax^3+bx^2+cx+d = ex^2+fx+g$
folgt $ax^3+(b-e)x^2+(c-f)x+d-g = 0$. Nun kann wie in a) argumentiert werden, dass die Funktion $x \mapsto ax^3+(b-e)x^2+(c-f)x+d-g$ als ganzrationale Funktion dritten Grades auf jeden Fall eine Nullstelle hat und somit Gleichung (*) eine Lösung und daher die beiden Funktionen zweiten bzw. dritten Grades einen Schnittpunkt besitzen.

21 Das gleichschenklige Dreieck wird durch die Höhe in zwei rechtwinklige Dreiecke zerlegt:
$h^2 + \left(\frac{c}{2}\right)^2 = a^2$
Das achsensymmetrische Trapez wird durch die beiden Höhen in ein Rechteck und zwei rechtwinklige Dreiecke zerlegt: $h^2 + \left(\frac{a-c}{2}\right)^2 = b^2$
Im Drachen ergeben sich durch die beiden Diagonalen vier rechtwinklige Dreiecke:
$\overline{AM}^2 + \overline{BM}^2 = \overline{AB}^2$; $\overline{BM}^2 + \overline{MC}^2 = \overline{BC}^2$; analog ΔAMD und ΔDMC
In der Pyramide finden sich z. B. folgende rechtwinklige Dreiecke:
ΔSAM: $\overline{AM}^2 + \overline{MS}^2 = \overline{AS}^2$
ΔSEM: $\overline{EM}^2 + \overline{MS}^2 = \overline{ES}^2$
ΔSEB: $\overline{SE}^2 + \overline{EB}^2 = \overline{SB}^2$
ΔMAB: $\overline{MA}^2 + \overline{MB}^2 = \overline{AB}^2$
ΔABC: $\overline{AB}^2 + \overline{BC}^2 = \overline{AC}^2$

22 $y = (x-3)^2 + 4 \cdot (x-3) - 3 + 4 = x^2 - 6x + 9 + 4x - 12 + 1 = x^2 - 2x - 2$
$b = -2$; $c = -2$

→ TB Trainingsblatt: Polynomdivision; Kopiervorlage S. 170 f.

→ TB Trainingsblatt: Methoden der Faktorisierung; Kopiervorlage S. 172 f.

→ TB Trainingsblatt: Nullstellen und Faktorisierung; Kopiervorlage S. 174 f.

→ TB Trainingsblatt: Funktionsgraphen ganzrationaler Funktionen; Kopiervorlage S. 176 f.

→ Ping-Pong zum Faktorisieren von Polynomen; Kopiervorlage S. 178
Spiel für 2 Personen (Spieldauer: ca. 20 min.)

Spielbeschreibung:
Wechselweise müssen Nullstellen von Polynomen bestimmt werden. Der Partner kann jeweils eine Lösungskontrolle einsehen.

→ Nullstellenbingo; Kopiervorlage S. 179 ff.
Spiel für die ganze Klasse (Spieldauer: 20 – 30 min.)

Spielmaterial: Overheadprojektor oder Datei für Beamer; 3 verschiedene Folienstifte

Spielbeschreibung:
Zu gegebenen Funktionen sollen die Nullstellen bestimmt werden. Diese werden auf einem Bingofeld markiert. Die Gruppen konkurrieren um das Ankreuzen dieser Bingofelder. Ein Lösungsbogen ermöglicht der Lehrkraft eine schnelle Kontrolle während des Spiels.

Thema: Die Formel von Cardano

S. 123

1 $x^3 = 6x + 9$

$p = 6;\ q = 9$

$$x = \sqrt[3]{\tfrac{9}{2} + \sqrt{\left(\tfrac{9}{2}\right)^2 - \left(\tfrac{6}{3}\right)^3}} + \sqrt[3]{\tfrac{9}{2} - \sqrt{\left(\tfrac{9}{2}\right)^2 - \left(\tfrac{6}{3}\right)^3}} = \sqrt[3]{4{,}5 + 3{,}5} + \sqrt[3]{4{,}5 - 3{,}5} = 3$$

$p = -3;\ q = 2$

$$x = \sqrt[3]{1 + \sqrt{(1)^2 - (-1)^3}} + \sqrt[3]{1 - \sqrt{(1)^2 - (-1)^3}} = \sqrt[3]{1 + \sqrt{2}} + \sqrt[3]{1 - \sqrt{2}} \approx 0{,}60$$

2 a) $g(x) = (x+2)^3 - 6(x+2)^2 + 9(x+2) - 4 = x^3 - 3x - 2$

Der Graph von g entsteht aus dem Graphen von f durch eine Verschiebung nach links um zwei Einheiten.

b) $x^3 = 3x + 2$

$p = 3;\ q = 2$; Es gilt: $\left(\frac{q}{2}\right)^2 \geqq \left(\frac{p}{3}\right)^3$

$$x = \sqrt[3]{1 + \sqrt{(1)^2 - (-1)^3}} + \sqrt[3]{1 - \sqrt{(1)^2 - (-1)^3}} = 1 + 1 = 2$$

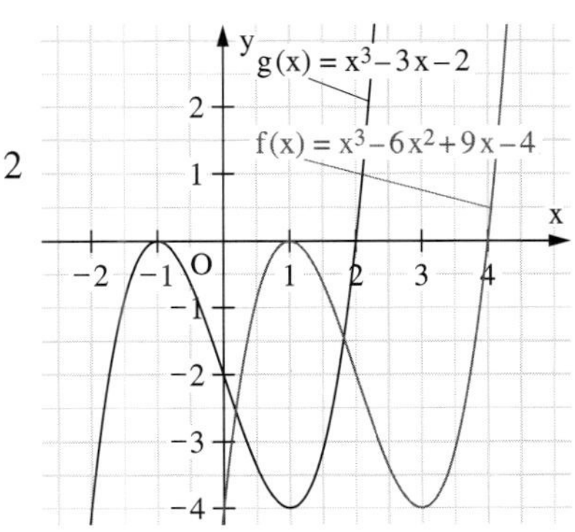

Weitere Nullstellen können mithilfe einer Polynomdivision berechnet werden.

$(x^3 - 3x - 2) : (x - 2) = x^2 + 2x + 1 = (x+1)^2$

Nullstellen von g: $x_1 = x_2 = -1;\ x_3 = 2$

Nullstellen von f: $x_1 = x_2 = 1;\ x_3 = 4$

3
$$\begin{aligned} f\left(x - \tfrac{b}{3}\right) &= \left(x - \tfrac{b}{3}\right)^3 + b\left(x - \tfrac{b}{3}\right)^2 + c\left(x - \tfrac{b}{3}\right) + d \\ &= x^3 - \tfrac{2}{3}bx^2 + \tfrac{1}{9}b^2x - \tfrac{1}{3}bx^2 + \tfrac{2}{9}b^2x - \tfrac{1}{27}b^3 + bx^2 - \tfrac{2}{3}b^2x + \tfrac{1}{9}b^3 + cx - \tfrac{1}{3}bc + d \\ &= x^3 + x^2\underbrace{\left(-\tfrac{2}{3}b - \tfrac{1}{3}b + b\right)}_{=0} + x\left(-\tfrac{1}{3}b^2 + c\right) + \tfrac{2}{27}b^3 - \tfrac{1}{3}bc + d \\ &= x^3 + x\left(-\tfrac{1}{3}b^2 + c\right) + \tfrac{2}{27}b^3 - \tfrac{1}{3}bc + d \end{aligned}$$

i Für die in Aufgabe 2 betrachtete Funktion g gilt der hier betrachtete Zusammenhang (b = 6). Damit ist gezeigt, dass sich manche komplexere Funktionsgleichungen auf solche zurückführen lassen, welche mit der Formel von Cardano lösbar sind.

VI Eigenschaften von Funktionen und ihrer Graphen

Die verschiedenen in diesem Kapitel betrachteten Manipulationen an Funktionsgraphen können auch im Rahmen eines Lernzirkels behandelt werden.

→ Lernzirkel: Verändern von Funktionsgraphen; Kopiervorlage S. 182 f.

Im Lernzirkel werden das Verschieben, Strecken und Spiegeln von Funktionsgraphen erarbeitet. Für das selbstentdeckende Lernen im Rahmen der jeweiligen Einstiegsaufgaben ist der Einsatz eines Funktionsplotters erforderlich. Gegebenenfalls ist für die Einarbeitung in dieses Werkzeug zusätzlich Zeit einzuplanen.

Die Arbeitsblätter des Lernzirkels können auch separat verwendet werden.

1 Verschieben von Funktionsgraphen

A Alternative zum Einstieg:

Im Rahmen eines selbstentdeckenden Lernens bietet sich der Einsatz des folgenden Arbeitsblattes an, welches den Einsatz eines Funktionsplotters voraussetzt:

→ AB Arbeitsblatt: Verschieben von Funktionsgraphen; Kopiervorlage S. 183 f.

S. 126

1

x	−5	−4	−3	−2	−1	0	1	2	3	4
f(x)	12,5	8	4,5	2	0,5	0	0,5	2	4,5	8
g(x)	14,5	10	6,5	4	2,5	2	2,5	4	6,5	10
h(x)	4,5	2	0,5	0	0,5	2	4,5	8	12,5	18

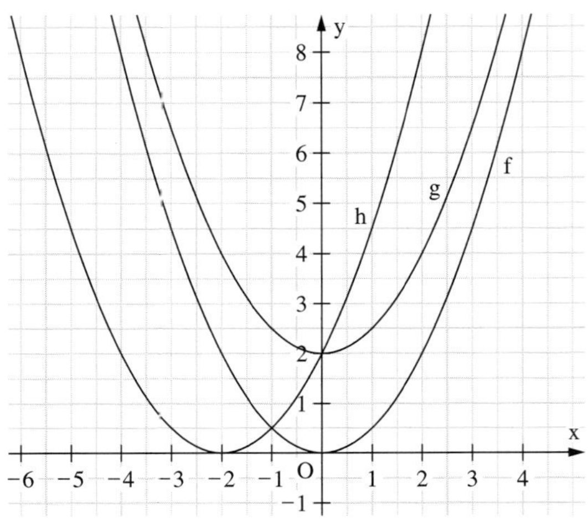

Die Graphen von f und g sind gleich weit geöffnet. Der Graph von g ist im Vergleich zu demjenigen von f lediglich um 2 Einheiten nach oben verschoben. Beide Parabeln haben ihren Scheitelpunkt auf der y-Achse.
Auch die Graphen von f und h sind gleich weit geöffnet. Der Graph von h ist im Vergleich zu demjenigen von f lediglich um 2 Einheiten nach links verschoben. Beide Parabeln haben ihren Scheitelpunkt auf der x-Achse.

S. 129

2 a) $g(x) = (x+2)^2 = x^2 + 4x + 4$
$h(x) = (x-2)^2 - 2 = x^2 - 4x + 2$
b) $g(x) = (x+3)^3 - 2(x+3)^2 = x^3 + 7x^2 + 15x + 9$
$h(x) = (x-1)^3 - 2(x-1)^2 - 2 = x^3 - 5x^2 + 7x - 5$

3 $f(x) = \frac{2}{3}x$, $g(x) = \frac{2}{3}x + 2$
Kuni: Verschiebung des Graphen von f um 2 Einheiten nach oben:
$f(x) + 2 = \frac{2}{3}x + 2 = g(x)$
Bert: Verschiebung des Graphen von f um 3 Einheiten nach links:
$f(x+3) = \frac{2}{3}(x+3) = \frac{2}{3}x + 2 = g(x)$
Folglich haben beide recht.

i **4** Hinweis zum Knacken des Lösungsworts: Die Lösungsbuchstaben müssen im Alphabet noch geeignet verschoben werden.
i) f_3 (W) ii) f_7 (X) iii) f_1 (V) iv) f_9 (E) v) f_4 (X)
vi) f_8 (I) vii) f_2 (K) viii) f_6 (M) ix) f_5 (I)
Verschieben um jeweils vier Buchstaben nach vorne ergibt das Lösungswort: STRATEGIE.

5 a) $g(x) = f(x+2) - 3 = \frac{1}{x+2} - 3$
b) $g(x) = f(x-3) + 1{,}5 = x^2 - 6x + 11{,}5$
c) $g(x) = f\left(x - \frac{\pi}{2}\right) + 2 = \sin\left(x - \frac{\pi}{2}\right) + 2$

S. 130

6 a) $f(x+a)+b = (x+a)^2+1+b = x^2+2ax+a^2+1+b$
$\Rightarrow$ $a = -2$ (Verschiebung um 2 Einheiten nach rechts) $\Rightarrow$ $b = -2$
weitere Teilaufgaben analog
b) Nein c) $a = -2;\ b = 3$ d) Nein e) Nein
f) $a = -1;\ b = 0$ g) $a = -\pi;\ b = -1$ h) Nein i) $a = -\frac{\pi}{2};\ b = 0$

7

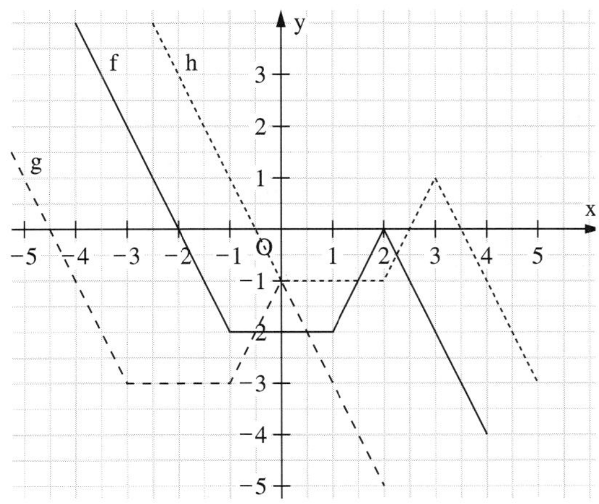

Der Graph von g ist im Vergleich zu dem von f um 2 Einheiten nach links und eine Einheit nach unten verschoben worden. Der Graph von h ist im Vergleich zu dem von f um eine Einheit nach rechts und um eine Einheit nach oben verschoben worden.

S. 131

8 Hinweis: Die im *Schülerbuch auf Seite 130* im Kasten vorgestellten Methoden können hier benutzt werden.
a) $z = \pm\frac{\pi}{8};\ \pm\frac{3\pi}{8};\ \pm\frac{5\pi}{8};\ \pm\frac{7\pi}{8};\ \ldots;$ $\left(\text{allgemein: } z_k = \left(k + \frac{1}{2}\right)\cdot\frac{\pi}{4},\ k \in \mathbb{Z}\right)$
b) $x_1 = -0{,}5;\ x_2 = 2$ c) keine Nullstellen d) $z = \frac{3}{4}$
e) $z_1 = -\frac{1}{2};\ z_2 = \frac{1}{2}$ f) $x = -\log_3 2 = -\frac{\lg 2}{\lg 3} \approx -0{,}63$

9 a) $x = 5{,}8$ b) $x = \log_{1{,}5} 12 = \frac{\lg 12}{\lg 1{,}5} \approx 6{,}13$ c) $x = 1$
d) $x = \pm\frac{\pi}{3};\ \pm\frac{5\pi}{3};\ \pm\frac{7\pi}{3};\ \pm\frac{11\pi}{3};\ \pm\frac{13\pi}{3};\ \pm\frac{17\pi}{3};\ \ldots$
e) $x_1 = -3$ f) $x_1 = -1;\ x_2 = 1$ g) $x_1 = 0;\ x_2 = \frac{2}{3}$

10 a) blau: $g\colon x \mapsto \sin(x+1)$ rot: $h\colon x \mapsto \sin(x+1) - 1$
b) blau: $g\colon x \mapsto 2\cdot\cos(x+2) + 1$ rot: $h\colon x \mapsto 2\cdot\cos(x+2) - 1$

11 a) $g(x) = 1{,}5x + 2 = f(x)$
Der Funktionsterm von g ist gleich dem Funktionsterm von f.
b) Z. B. i) Verschiebung um 3 Einheiten nach oben und um 2 Einheiten nach rechts.
ii) Verschiebung um 1,5 Einheiten nach oben und um eine Einheit nach rechts.
c) Z. B. Verschiebung um p-Einheiten in y-Richtung ($p > 0$: nach oben; $p < 0$: nach unten) und um eine Einheit in x-Richtung nach rechts.

12 a)

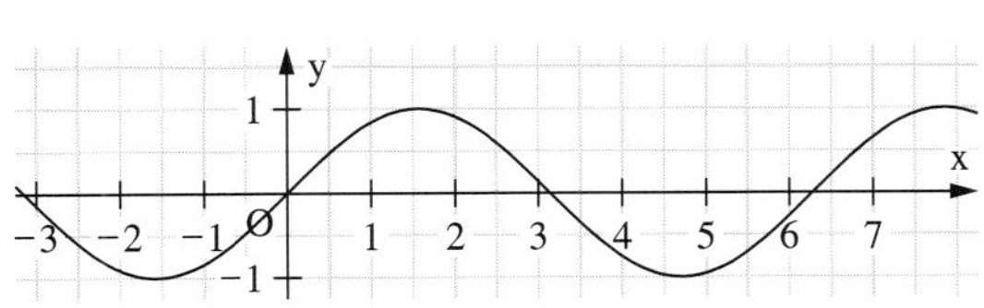

Der Graph der Funktion f ist gleich dem Graphen der Funktion $x \mapsto \sin x$.

b) Die Amplitude der Funktion g beträgt 1. Da der Graph von g im Vergleich zu demjenigen der Kosinuskurve um 2 Einheiten nach unten verschoben ist, liegen die Werte von g(x) zwischen −3 und −1. Somit besitzt g keine Nullstellen.
c) $-\frac{3}{4}\pi$
\+ Es können alle Parameter bestimmt werden, so dass $h\left(\frac{\pi}{4}\right) = 0$.
Lösung: $a_k = \left(-\frac{3}{4} - 2k\right)\cdot\pi,\ k \in \mathbb{Z}$

13 Hier ist es sinnvoll, den Graphen von f vorher zu skizzieren sowie die Schnittpunkte mit den Koordinatenachsen zu berechnen.

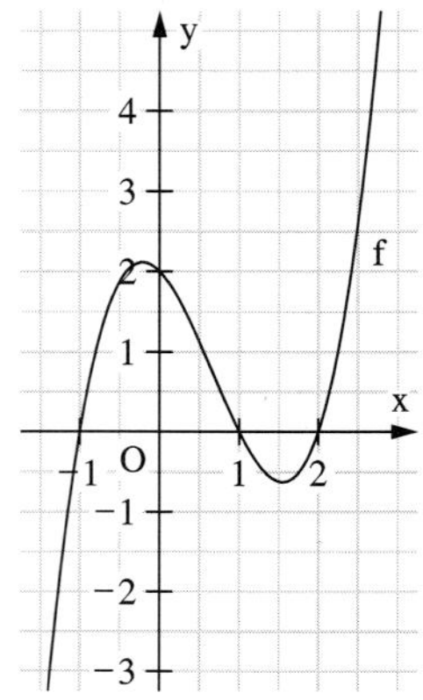

Nullstellen: $x_1 = -1$; $x_2 = 1$; $x_3 = 2$

Schnittpunkt mit der y-Achse: $S_y(0|2)$

a) Z. B. Verschiebung des Graphen von f um 2 Einheiten nach unten
$\Rightarrow$ g: $x \mapsto x^3 - 2x^2 - x$

b) Z. B. Verschiebung des Graphen von f um 1 Einheit nach rechts
$\Rightarrow$ g: $x \mapsto x^3 - 5x^2 + 6x$

c) Z. B. Verschiebung des Graphen von f um 3 Einheiten nach links
$\Rightarrow$ g: $x \mapsto x^3 + 7x^2 + 14x + 8$

d) Es gibt keine solche Funktion, deren Graph nur durch Verschiebung des Graphen von f entsteht.

e) Wegen $f(-2) = -12$ z. B. Verschiebung um 4 Einheiten nach oben:
g: $x \mapsto x^3 - 2x^2 - x + 6$
Wegen $f(1) = 0$ z. B. Verschiebung um 3 nach links und 8 nach unten:
$g(x) = f(x+3) - 8$

f) Z. B. Verschiebung des Graphen von f um eine Einheit nach links
$\Rightarrow$ g: $x \mapsto x^3 + x^2 - 2x$

g) Es gibt keine solche Funktion.

14 a)

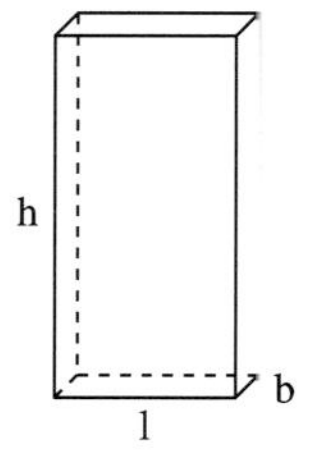

b) Breite: $b = \frac{1}{4}l$; Höhe: $h = 2l$

Volumen: $V = l \cdot b \cdot h = l \cdot \frac{1}{4}l \cdot 2l = \frac{1}{2}l^3$

Oberflächeninhalt: $O = 2 \cdot (l \cdot b + l \cdot h + b \cdot h) = \frac{11}{2}l^2$

c) $d_R = \sqrt{l^2 + b^2 + h^2} = \frac{9}{4}l$

15 E: Person isst Ei; A: Person ist Amerikaner

	A	$\overline{A}$	
E	$\frac{1}{5} \cdot \frac{3}{10} = \frac{6}{100}$	$\frac{1}{14} \cdot \frac{7}{10} = \frac{5}{100}$	$\frac{11}{100}$
$\overline{E}$	$\frac{4}{5} \cdot \frac{3}{10} = \frac{24}{100}$	$\frac{13}{14} \cdot \frac{7}{10} = \frac{65}{100}$	$\frac{89}{100}$
	$\frac{30}{100}$	$\frac{70}{100}$	1

$P_E(A) = \frac{P(A \cap E)}{P(E)} = \frac{6}{11}$

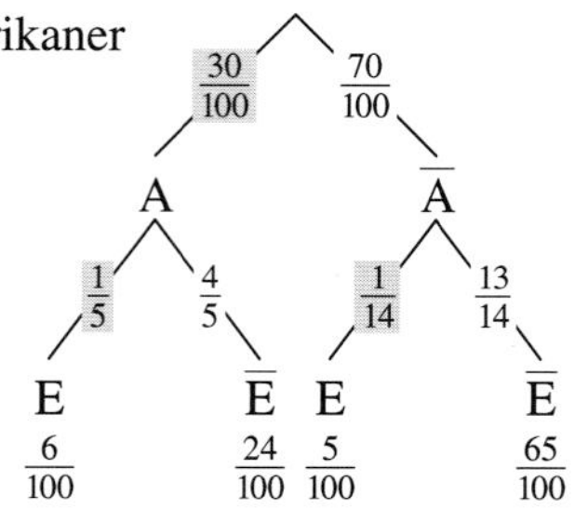

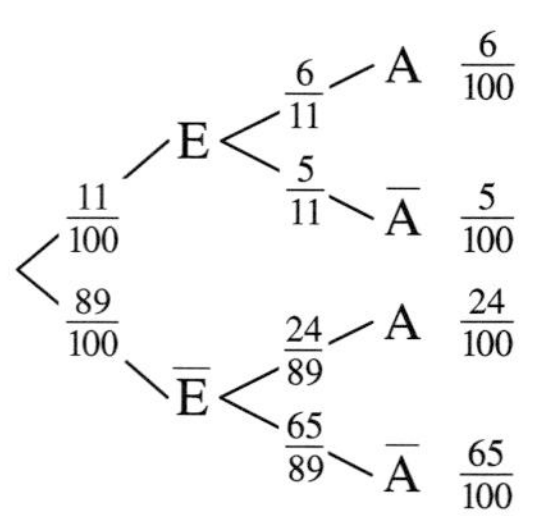

→ AB Arbeitsblatt: Verschieben von Funktionsgraphen; Kopiervorlage S. 183 f.
Hinweis: Die Benutzung eines Funktionsplotters wird vorausgesetzt.

2 Strecken und Spiegeln von Funktionsgraphen

A Alternative zum Einstieg:
Im Rahmen eines selbstentdeckenden Lernens bietet sich der Einsatz folgender Arbeitsblätter an, welche den Einsatz eines Funktionsplotters voraussetzen:

→ AB Arbeitsblatt: Strecken von Funktionsgraphen; Kopiervorlage S. 185 f.

→ AB Arbeitsblatt: Spiegeln von Funktionsgraphen; Kopiervorlage S. 187 f.

S. 132 **1** a)

x	−4	−3	−2	−1	0	1	2	3	4
f(x)	−1	0	2	0	−1	0	1	0	1
$g_1(x)$	–	1	2	4	2	1	2	3	2
$g_2(x)$	−2	0	4	0	−2	0	2	0	2
$g_3(x)$	–	–	−1	2	−1	1	1	–	–
$g_4(x)$	2	–	0	–	−1	–	0	–	1

b)

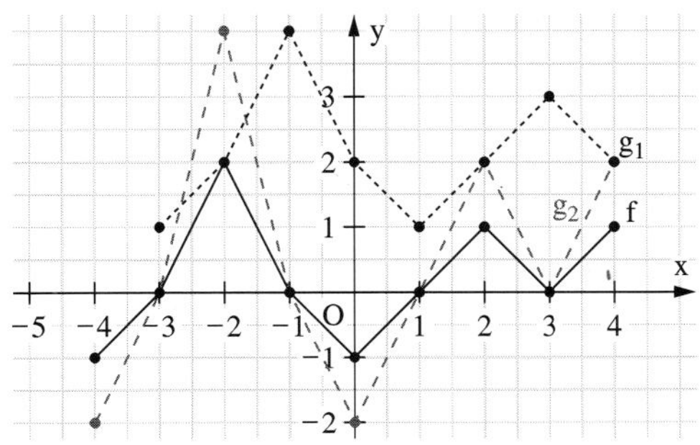

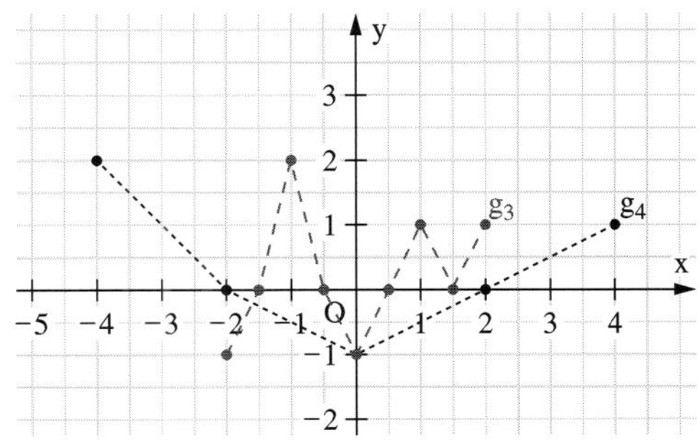

2 Der Graph der Funktion $1{,}5 \cdot \sin x$ ist gegenüber demjenigen der Funktion $\sin x$ in y-Richtung (von der x-Achse aus) mit dem Faktor 1,5 gestreckt.
Der Graph der Funktion $\sin(1{,}5 \cdot x)$ ist gegenüber demjenigen der Funktion $\sin x$ in x-Richtung (von der y-Achse aus) mit dem Streckungsfaktor $\frac{1}{1{,}5} = \frac{2}{3}$ gestreckt.

S. 135 **3** a) $g(x) = \frac{1}{2-x}$; $h(x) = \frac{1}{-x-2}$ b) $g(x) = -x^4 + 2x^2 - 3x - 5$; $h(x) = x^4 - 2x^2 - 3x + 5$

c) $g(x) = -2^x$; $h(x) = 2^{-x} = \left(\frac{1}{2}\right)^x$ d) $g(x) = -\sin x$; $h(x) = \sin(-x) = -\sin x$

Bei Teilaufgabe d) sind g und h identisch.

4

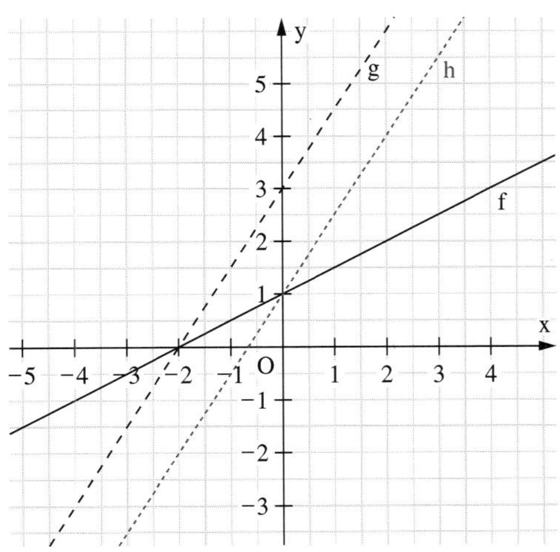

5 **Hinweis:** Für diese Aufgabe empfiehlt sich zur Kontrolle die Verwendung eines Funktionsplotters.

	f(x)	Term des roten Graphen	Term des blauen Graphen
a)	x^2	$(x-3)^2-2 = x^2-6x+7$	$-(x+1)^2+1 = -x^2-2x$
b)	x^3	$(x-2)^3+1 = x^3-6x^2+12x-7$	$-(x+1)^3-2 = -x^3-3x^2-3x-3$
c)	x^2	$4(x-2)^2+1 = 4x^2-16x+17$	$\frac{1}{16}x^2-1$
d)	$\frac{1}{x}$	$\frac{1}{x-2}-1 = \frac{-x+3}{x-2}$	$2\cdot\left(\frac{1}{x+1}\right) = \frac{2}{x+1}$
e)	2^x	2^{x+2}	$\frac{2}{x+1}$ (nur positiver Ast)
f)	$\sqrt{x}$	$2\sqrt{x-1}$	$\sqrt{-(x-2)} = \sqrt{-x+2}$

Der blaue Graph bei e) kann, da er auch eine senkrechte Asymptote besitzt, nicht durch eine Verschiebung aus G_f hervorgegangen sein.

6

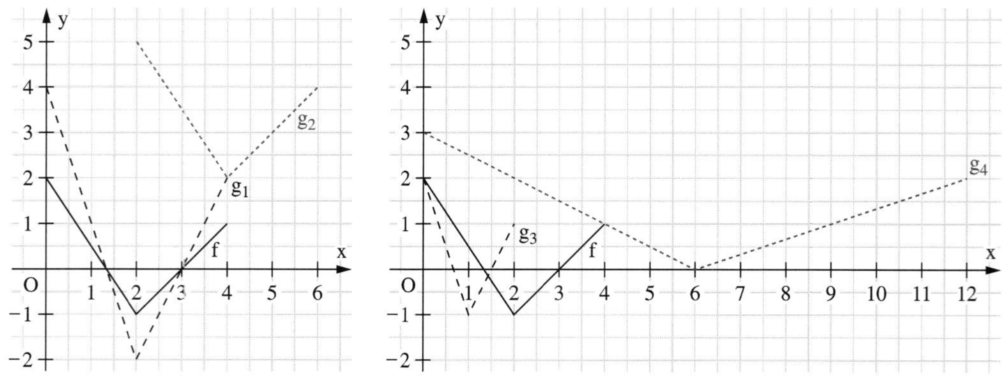

a) $x \in [0; 4]$ b) $x \in [2; 6]$ c) $x \in [0; 2]$ d) $x \in [0; 12]$

7

	x	Der Graph ist im Vergleich zu dem von f
a)	0,75	in x-Richtung mit dem Streckungsfaktor $\frac{1}{2}$ gestreckt.
b)	15	in x-Richtung mit dem Streckungsfaktor 10 gestreckt.
c)	3,5	um 2 Einheiten nach rechts verschoben.
d)	6	in x-Richtung mit dem Streckungsfaktor 4 gestreckt.
e)	$\frac{\lg(3^{1,5}-1)}{\lg 3} \approx 1{,}31$	um eine Einheit nach oben verschoben.
f)	$\frac{1{,}5\cdot\lg 3-\lg 2}{\lg 3} \approx 0{,}87$	In y-Richtung mit dem Streckungsfaktor 2 gestreckt.

8

$g(x) = -x^3+2x^2-4x+1$	Spiegelung des Graphen von f an der x-Achse
$h(x) = x^3+2x^2+4x+1$	Spiegelung des Graphen von g an der y-Achse
$k(x) = -x^3-2x^2-4x-1$	Spiegelung des Graphen von h an der x-Achse
$t(x) = x^3-2x^2+4x-1 = f(x)$	Spiegelung des Graphen von k an der y-Achse

$t(x) = f(x)$, d.h. nach der Verkettung von obigen vier Achsenspiegelungen ist wieder der ursprüngliche Funktionsgraph entstanden.

9 $f\left(\frac{3}{2}\cdot x\right)-1 = \frac{3}{2\cdot\frac{3}{2}x+4}-1 = \frac{3-3x-4}{3x+4} = \frac{-3x-1}{3x+4} = g(x)$

Die Asymptoten von f sind $x = -2$ und $y = 0$, die Asymptoten von g sind $x = \frac{2}{3}\cdot(-2) = -\frac{4}{3}$ (Streckung) und $y = 0-1 = -1$ (Verschiebung).

S. 136

10 a) $f(x) = \frac{1}{2}x^2,\ g(x) = 2x^2$

Felizitas: $g(x) = \frac{1}{2}\cdot 4x^2 = \frac{1}{2}\cdot(2x)^2 = f(2x)$

$\Rightarrow$ Streckungsfaktor in x-Richtung: $\frac{1}{2}$

Benjamin: $g(x) = 4\cdot\frac{1}{2}x^2 = 4\cdot f(x)$

$\Rightarrow$ Streckungsfaktor in y-Richtung: 4

b) $h(x) = \frac{1}{2}x^2 - 2,\ k(x) = 2x^2 - 2$

Felizitas: $k(x) = \frac{1}{2}\cdot 4x^2 - 2 = \frac{1}{2}\cdot(2x)^2 - 2 = h(2x)$

$\Rightarrow$ Streckungsfaktor in x-Richtung: $\frac{1}{2}$

Benjamin: $k(x) = 4\cdot\left(\frac{1}{2}x^2 - \frac{1}{2}\right) \neq 4\cdot h(x)$

Auch für andere Streckungsfaktoren als 4 ergibt sich keine Gleichheit.

Somit trifft für die Parabeln h und k nur noch Felizitas Aussage zu.

11 a) $f_1(x) = 0{,}5^{x-2}$

Die nebenstehende Skizze zeigt, dass die Funktionsgraphen übereinstimmen.
(Dies lässt sich auch rechnerisch nachweisen:
$f_2(x) = 4\cdot 0{,}5^x = \frac{1}{0{,}5^2}\cdot 0{,}5^x = 0{,}5^{x-2} = f_1(x)$)

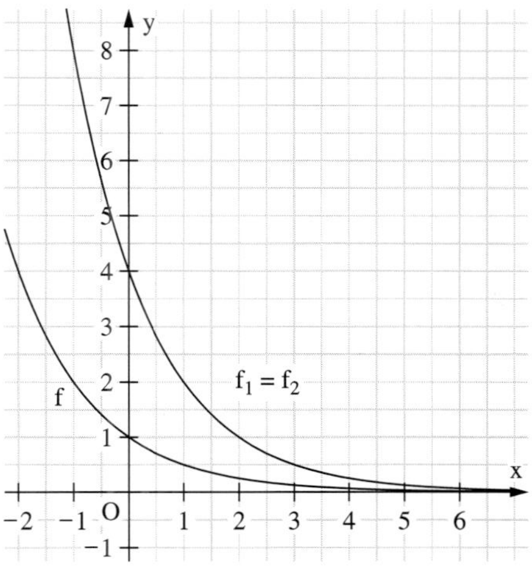

b) z. B. $g_1(x) = 2^{x-2},\ g_2(x) = \frac{1}{4}\cdot 2^x$;

$h_1(x) = 2^{x+2},\ h_2(x) = 4\cdot 2^x$

12 i) f_8 ii) f_4 iii) f_2 iv) f_1 v) f_3
vi) f_9 vii) f_6 viii) f_5 ix) f_7
Lösungswort: GEHEIMNIS

13 a) (I): $y = \frac{2}{3}x + 1$

(II): $y = \frac{2}{3}x - 1$

Graphen ohne Schnittpunkt; also nicht lösbar.

b) (I): $y = 2 - \frac{3}{2}x$

(II): $y = -\frac{3}{6} + \frac{1}{2}x$

Graphen schneiden sich in einem Punkt; also eindeutig lösbar.

14 a) $175 : 1{,}25 = 140$

b) Nein. Der Würfel wird jeweils um 25 % länger, breiter und höher, doch sein Volumen nimmt damit um deutlich mehr als 25 % zu.

c) $V_{klein} = 1\,cm^3,\ V_{groß} = (1{,}25\,cm)^3 \approx 1{,}953\,cm^3$

Das Volumen des größeren Würfels ist um etwa 95,3 % größer als das Volumen des kleineren Würfels.

→ AB Arbeitsblatt: Strecken von Funktionsgraphen; Kopiervorlage S. 185 f.
Hinweis: Die Benutzung eines Funktionsplotters wird vorausgesetzt.

→ AB Arbeitsblatt: Spiegeln von Funktionsgraphen; Kopiervorlage S. 187 f.
Hinweis: Die Benutzung eines Funktionsplotters wird vorausgesetzt.

→ TB Trainingsblatt: Verschieben, Strecken und Spiegeln von Funktionsgraphen; Kopiervorlage S. 189 f.

3 Symmetrie von Funktionsgraphen

i In dieser Lerneinheit werden nur Achsensymmetrie bezüglich y-Achse und Punktsymmetrie bezüglich Koordinatenursprung betrachtet.

S. 137 **1** a)

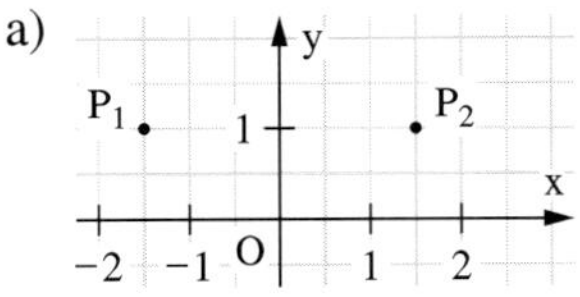

Die beiden Punkte unterscheiden sich in der x-Koordinate nur durch das Vorzeichen, die y-Koordinate ist gleich.

b) $f(1) = 0 = f(-1),\ f(2) = 18 = f(-2)$
$\Rightarrow$ Der Graph von f könnte achsensymmetrisch bezüglich der y-Achse sein.
$g(1) = 0 = g(-1),\ g(2) = 6,\ g(-2) = -6$
$\Rightarrow$ Der Graph von g könnte punktsymmetrisch bezüglich des Ursprungs sein.
$h(1) = 2;\ h(-1) = 0,\ h(2) = 12,\ h(-2) = -4$
$\Rightarrow$ Der Graph von h weist keine Symmetrie auf.

2 G_f: 4 Nullstellen; achsensymmetrisch bezüglich der y-Achse
G_g: 3 Nullstellen; punktsymmetrisch bezüglich des Koordinatenursprungs
G_h: eine Nullstelle
Aufgrund der Achsensymmetrie bezüglich der y-Achse bzw. Punktsymmetrie bezüglich des Koordinatenursprungs lassen sich die Graphen von f und g einfach beschreiben, auch wenn man sie nur im I. und IV. Quadranten zeichnet.

S. 139 **3** Punktsymmetrisch bzgl. des Koordinatenursprungs: a), c), i), k)
Achsensymmetrisch bzgl. der y-Achse: b), d), e), h), m), o)

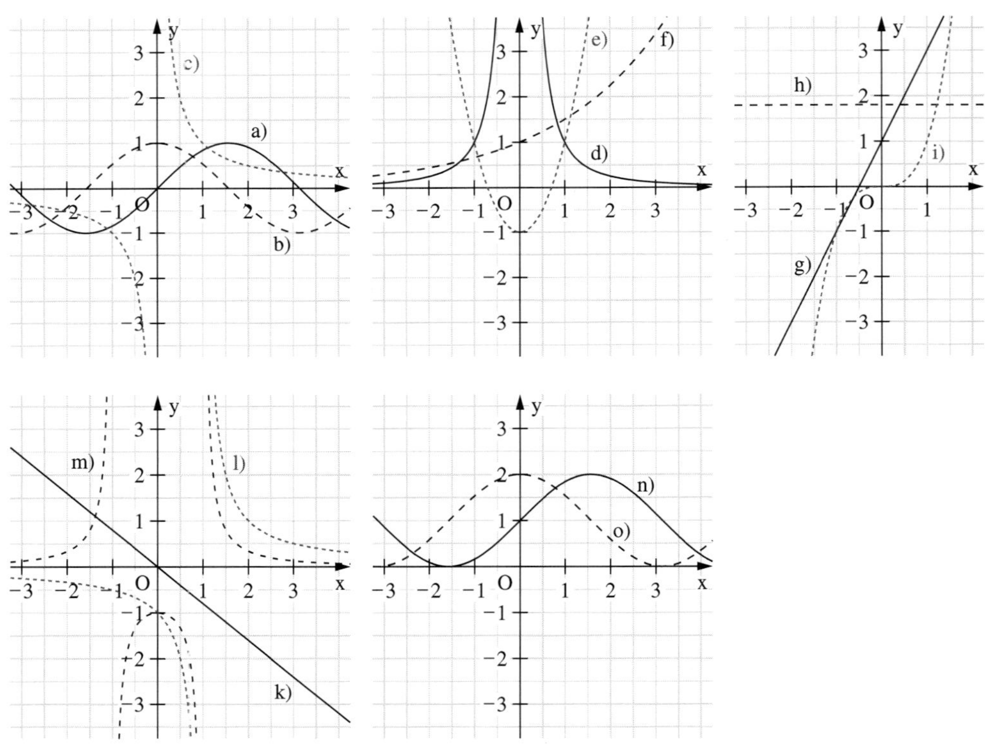

4 Achsensymmetrisch bzgl. der y-Achse: b), d)
Punktsymmetrisch bzgl. des Koordinatenursprungs: c)
Keine Symmetrie: a), e), f)

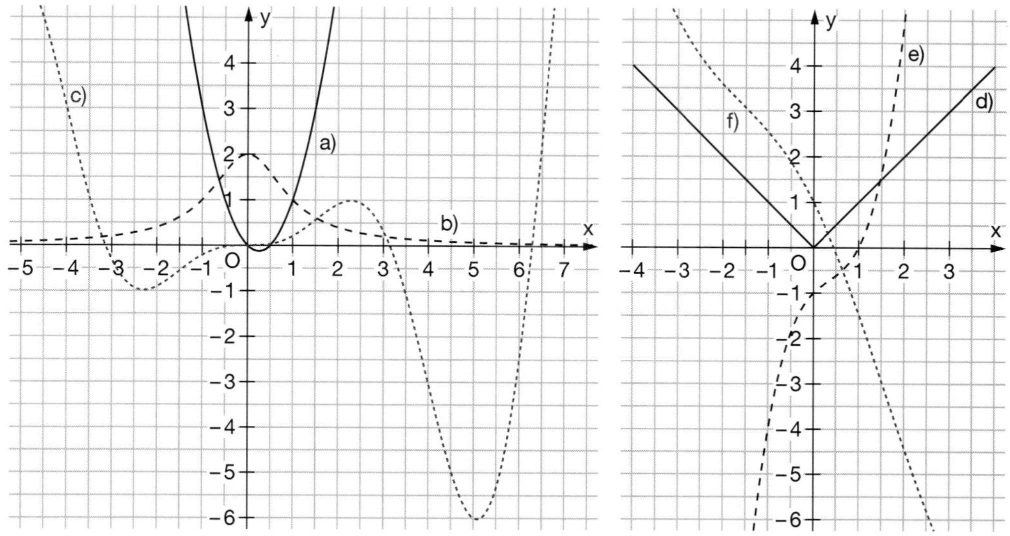

S. 140

5 Gerade Funktionen: ERLE
Ungerade Funktionen: ESEL
Weder gerade noch ungerade Funktionen: BIENE

6 f: Der Graph von f steigt für negative x-Werte zunächst stark an, fällt danach stark ab, bis er schließlich über die y-Achse hinweg die Steigung Null besitzt. Anschließend steigt der Graph für positive x-Werte, fällt erneut etwas ab und steigt schließlich wieder.
g: Der Graph von g steigt für negative x-Werte zunächst stark an, fällt dann über den Koordinatenursprung hinweg, bis er für positive x-Werte wieder ansteigt. Der Graph scheint punktsymmetrisch bezüglich des Koordinatenursprungs zu sein.

7 a) z.B. $f(x) = x^2 - 4$ b) z.B. $f(x) = x^3 - 4x$

8 a) Eine ungerade Funktion besitzt immer eine Nullstelle im Koordinatenursprung. Da der Graph an gleich weit vom Koordinatenursprung entfernten x-Werten betragsgleiche Funktionswerte besitzt, gibt es zu jeder Nullstelle eine weitere, nämlich ihre Gegenzahl. Somit ergibt sich für die Gesamtanzahl an Nullstellen stets eine ungerade Zahl.
b) Da der Graph an gleich weit vom Koordinatenursprung entfernten x-Werten gleiche Funktionswerte besitzt, gibt es zu jeder Nullstelle eine weitere, nämlich ihre Gegenzahl. Damit besitzt eine gerade Funktion links und rechts vom Koordinatenursprung immer die gleiche Anzahl an Nullstellen. Hinzukommen kann auch eine Nullstelle im Koordinatenursprung selbst. Somit kann eine gerade Funktion sowohl eine gerade als auch eine ungerade Anzahl an Nullstellen besitzen. Insbesondere gibt es auch gerade Funktionen ohne Nullstellen.
Ein einfaches Unterscheidungsmerkmal ist der Funktionswert $f(0)$. Genau dann, wenn $f(0) = 0$, besitzt f eine ungerade Zahl an Nullstellen. Erkennbar ist dies am fehlenden konstanten Glied im Funktionsterm.

9 Laut Kasten im *Schülerbuch S. 138* liegt Achsensymmetrie (bzw. Punktsymmetrie) nur genau dann vor, wenn nur gerade (bzw. nur ungerade) x-Potenzen auftreten.
a) Punktsymmetrisch bzgl. des Koordinatenursprungs nur für $t = 0$.
b) Achsensymmetrisch bzgl. der y-Achse für alle $t \in \mathbb{R}$.
c) Achsensymmetrisch bzgl. der y-Achse nur für $t = 0$.
d) Achsensymmetrisch bzgl. der y-Achse nur für $t = 1$.

10 a) Falsch, da z. B. für $f: x \mapsto x^2+1$ $f(0) = 1$ gilt.
b) Richtig, für eine ungerade Funktion gilt immer $f(0) = 0$.
c) Falsch, da z. B. für $f: x \mapsto x^3-x$ $f(1) = f(-1) = 0$ gilt.
d) Richtig. Dies ist die Nullfunktion $f(x) = 0$ (y-Achse),
da sowohl $f(-x) = 0 = f(x)$ als auch $f(-x) = 0 = -f(x)$ gilt.
e) Falsch, da bei einer Verschiebung in y-Richtung die Achsensymmetrie erhalten bleibt.
f) Richtig, da nach einer Verschiebung in y-Richtung der Funktionswert an der Stelle 0 nicht mehr gleich 0 ist.
g) Richtig, da eine Streckung in y-Richtung die Achsensymmetrie einer geraden Funktion beibehält.

11 **Hinweis:** Für diese Aufgabe empfiehlt sich zur Kontrolle die Verwendung eines Funktionsplotters.
a) Ansatz:
$f(x-a) = \frac{1}{3}(x-a)^3 + (x-a)^2 + 5(x-1) + 15 = \ldots$ soll keinen quadratischen Term mehr enthalten. Es folgt: $a = 1$; also Verschiebung des Graphen von f um eine Einheit nach rechts:
$h(x) = f(x-1) = \frac{1}{3}(x-1)^3 + (x-1)^2 + 5(x-1) + 15 = \frac{1}{3}x^3 + 4x + 10\frac{2}{3}$
Verschiebung des Graphen von h um $10\frac{2}{3}$ Einheiten nach unten:
$g(x) = h(x) - 10\frac{2}{3} = \frac{1}{3}x^3 + 4x$
Der Graph von f ist daher punktsymmetrisch bezüglich des Punktes $\left(-1 \middle| 10\frac{2}{3}\right)$.
b) Verschiebung des Graphen von f um eine Einheit nach links, um den Term $-8x^3$ zu eliminieren:
$g(x) = f(x+1) = 2(x+1)^4 - 8(x+1)^3 + 9(x+1)^2 - 2(x+1) = 2x^4 - 3x^2 + 2$
Weil dabei auch der lineare Term wegfällt, ist der Graph von g achsensymmetrisch bezüglich der y-Achse. Der Graph von f ist daher achsensymmetrisch bzgl. der Achse $x = 1$.

12

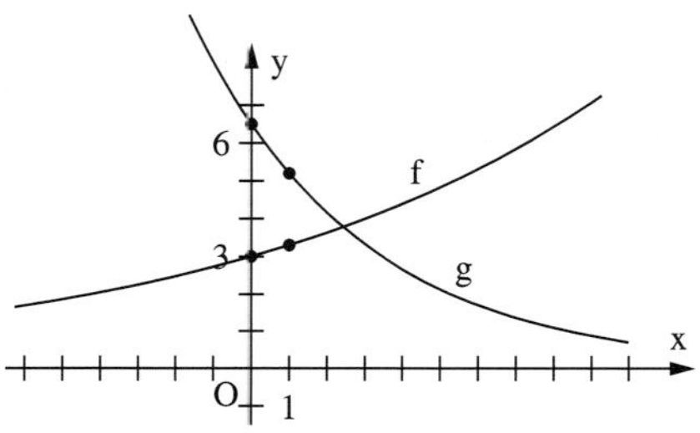

x	0	1
f(x)	3	3,3
g(x)	6,5	5,2

Ansatz: $3 \cdot 1{,}1^x = 6{,}5 \cdot 0{,}8^x$

$\Rightarrow \left(\frac{1{,}1}{0{,}8}\right)^x = \frac{6{,}5}{3}$

$\Rightarrow x \cdot \lg \frac{1{,}1}{0{,}8} = \lg \frac{65}{3}$

Schnittpunkt: $(\approx 2{,}43 \mid \approx 3{,}78)$

Domino zu ganzrationalen Funktionen; Kopiervorlage S. 191 f.
Spiel für 1 oder Personen (Spieldauer: 5–10 min.)

Spielbeschreibung:
Aussagen zu Funktionstermen und Graphen müssen einander zugeordnet werden.
Die Dominoschlange kann in Einzelarbeit, Partnerarbeit oder nach herkömmlichen Dominoregeln gelegt werden.

i Hinweis: Da auf Symmetrieeigenschaften zurückgegriffen werden muss, kann dieses Spiel erst nach Lerneinheit 3 im Kapitel VI eingesetzt werden.

4 Grenzwerte im Unendlichen

S. 141

1 Mit Blick auf den Ausschnitt möchte man annehmen, dass die Funktionswerte von f für immer größer werdende x-Werte ebenfalls immer größer werden. Allerdings ist f eine gebrochen rationale Funktion mit einer Definitionslücke bei $x = 6$. Da im Ausschnitt der Bereich für $x > 6$ fehlt, lässt sich über das dortige Verhalten des Graphen von f keine Aussage machen.
Anhand der Skizze lässt sich vermuten, dass die Funktionswerte gegen eine negative reelle Zahl streben, da f nur bei $x = 2$ eine Nullstelle besitzt.

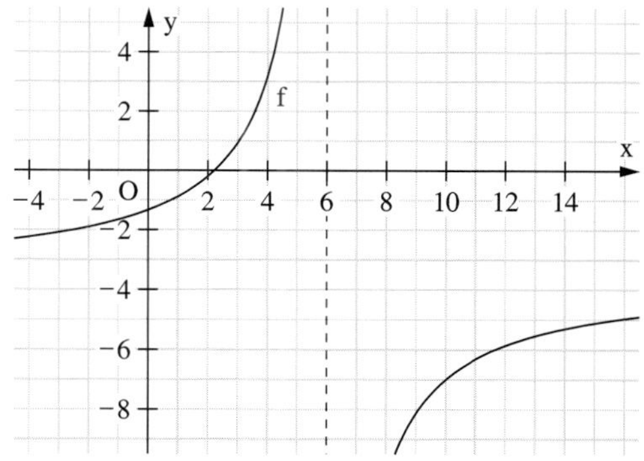

2 a) Temperaturunterschied: $D(0) = 25$; $D(1) = 22{,}5$; $D(2) = 20{,}2$; $D(3) = 17{,}2$; $D(4) = 15{,}5$
$\frac{D(1)}{D(0)} \approx \frac{D(2)}{D(1)} \approx \frac{D(3)}{D(2)} \approx \frac{D(4)}{D(3)} \approx 0{,}9 = a$
Somit nimmt der Temperaturunterschied pro Minute um etwa 10 % ab.
$\Rightarrow \quad D(t) = D(0) \cdot a^t = 0{,}25 \cdot 0{,}9^t$
Für die Temperatur gilt also: $T(t) = 30 - 25 \cdot 0{,}9^t$

b) $0{,}9^t > 0$ für alle t, da diese Exponentialfunktion die t-Achse zur Asymptote hat. Damit wird immer ein minimaler Temperaturunterschied bleiben, auch wenn dieser irgendwann nicht mehr messbar sein wird.

S. 144

3 a) 0 b) 0 c) 0 d) existiert nicht e) 0
f) 1 g) 0 h) existiert nicht i) existiert nicht k) 0
Im Fall der Teilaufgaben d) und i) ist auch die Schreibweise $\lim\limits_{x \to +\infty} 4^x = +\infty$ bzw. $\lim\limits_{x \to -\infty} x^3 - 1 = -\infty$ üblich.

4 Der Graph von f ist punktsymmetrisch bzgl. des Koordinatenursprungs und es gilt $\lim\limits_{x \to \pm\infty} f(x) = 0$.

$|f(x)| = \left|\frac{3}{x}\right| = 0{,}1 \quad \Rightarrow \quad x = \frac{3}{0{,}1} = 30$ und $x = -30$
$\Rightarrow$ für $x < -30$ und $x > 30$ sind Funktionswerte weniger als 0,1 entfernt.

$|f(x)| = \left|\frac{3}{x}\right| = 0{,}01 \quad \Rightarrow \quad x = \frac{3}{0{,}01} = 300$ und $x = -300$
$\Rightarrow$ für $x < -300$ und $x > 300$ sind Funktionswerte weniger als 0,01 entfernt.

analog: für $x < -3000$ und $x > 3000$ sind Funktionswerte weniger als 0,001 entfernt.
für $x < -30\,000$ und $x > 30\,000$ sind Funktionswerte weniger als 0,0001 entfernt.

5 Fehler im *Schülerbuch* (Auflage 1[1]), Teilaufgabe a)
Der letzte Grenzwert muss heißen: $\lim\limits_{x \to -\infty} \mathbf{g}(x)$ statt $\lim\limits_{x \to -\infty} f(x)$

a) $\lim\limits_{x \to +\infty} f(x) = +\infty \qquad \lim\limits_{x \to -\infty} f(x) = 0 \qquad \lim\limits_{x \to +\infty} g(x) = 0 \qquad \lim\limits_{x \to -\infty} f(x) = +\infty$

b) Spiegelt man den Graphen der Exponentialfunktion $f\colon x \mapsto 4^x$ an der y-Achse, so erhält man den Graphen von $g\colon x \mapsto \left(\frac{1}{4}\right)^x$ und umgekehrt.
$g(x) = 0{,}25^x = \left(\frac{1}{4}\right)^x = 4^{-x} = f(-x)$

c) $\lim\limits_{x \to -\infty} f(x) = 0$
$f(x) = 4^x = 0{,}1 \quad \Rightarrow \quad x = \log_4 0{,}1 \approx -1{,}66 \quad \Rightarrow$ Für $x < -1{,}66$ ist f(x) nah genug.
$f(x) = 4^x = 0{,}01 \quad \Rightarrow \quad x = \log_4 0{,}01 \approx -3{,}32 \quad \Rightarrow$ Für $x < -3{,}32$ ist f(x) nah genug.
$f(x) = 4^x = 0{,}001 \quad \Rightarrow \quad x = \log_4 0{,}001 \approx -4{,}98 \quad \Rightarrow$ Für $x < -4{,}98$ ist f(x) nah genug.

d)

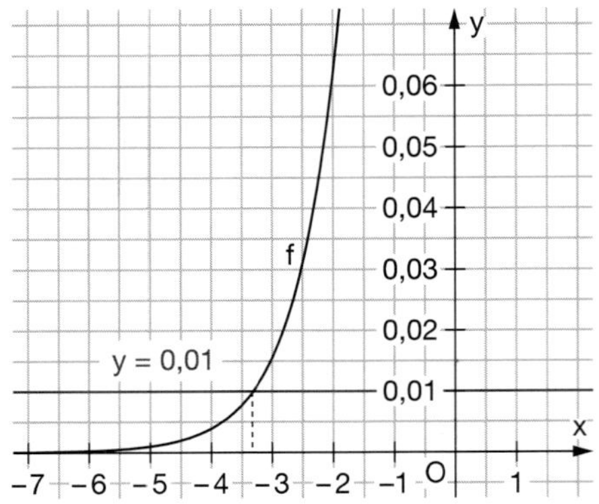

Es lässt sich ablesen:
$f(x) < 0{,}01 \Rightarrow x < \text{ca.} -3{,}3$

S. 145

6 a) Individuelle Vermutung, z. B. $\lim\limits_{x \to +\infty} f(x) = +\infty$

$f(1000) \approx 31{,}6$; $f(1\,000\,000) \approx 1000$; $f(1\,000\,000\,000) \approx 31\,663$

$\Rightarrow$ Die Vermutung scheint hierdurch bestätigt.

b) $f(x) = \sqrt{x} > 1000 \quad \Rightarrow \quad x > 1\,000\,000$

$f(x) = \sqrt{x} > 100\,000 \quad \Rightarrow \quad x > 1 \cdot 10^{10}$

$f(x) = \sqrt{x} > 10^7 \quad \Rightarrow \quad x > 10^{14}$

Zu jeder vorgegebenen Schranke S für die Funktionswerte ist $f(x)$ für $x > S^2$ größer als diese Schranke. Also übersteigt $f(x)$ jeden positiven Wert. $\Rightarrow$ Es gilt: $\lim\limits_{x \to +\infty} f(x) = +\infty$

c)

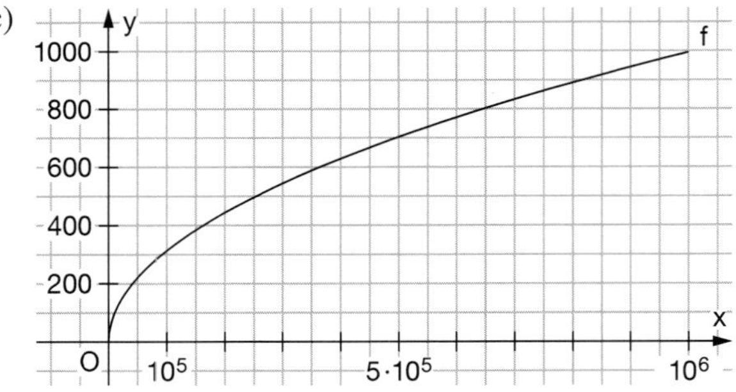

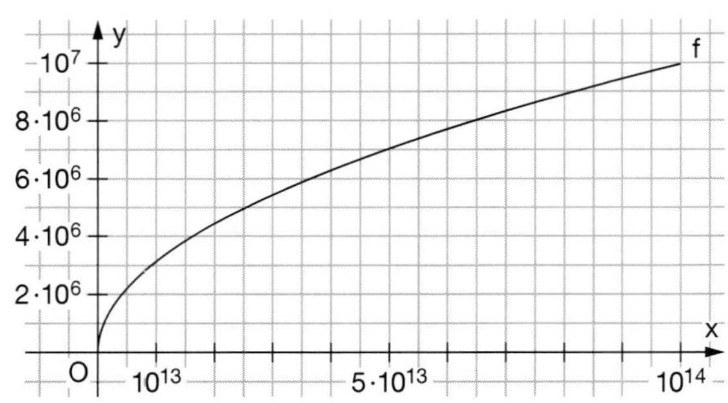

7 a) $\lim\limits_{x \to +\infty} f(x) = 0$; $y = 0$ b) $\lim\limits_{x \to +\infty} f(x) = \frac{3}{2}$; $y = \frac{3}{2}$

c) $\lim\limits_{x \to +\infty} f(x) = 3$; $y = 3$ d) $\lim\limits_{x \to +\infty} f(x) = 0$; $y = 0$

8 Sie hat nicht recht.

$\lim\limits_{x \to \pm\infty} f(x) = +\infty$, da das Verhalten für betragsmäßig große x-Werte durch den Summanden $0{,}001\,x^4$ bestimmt wird. Für sehr große x macht sich 0,001 nicht mehr bemerkbar.

Plottet man z. B. den Ausschnitt [−20; 20], wird bereits Lisas Behauptung fragwürdig.

Hinweis: Im *Schülerbuch* stimmen Term und Graph nicht überein, was für die Argumentation der Lösung aber unerheblich ist.

9 a) Individuelle Lösungen

Z. B. $f(x) = \frac{1}{x} + 1$ mit $\lim\limits_{x \to -\infty} f(x) = 1$

$g(x) = \frac{1}{x^2} + 1$ mit $\lim\limits_{x \to -\infty} g(x) = 1$

$h(x) = \frac{x+2}{x}$ mit $\lim\limits_{x \to -\infty} h(x) = 1$

b) Z. B. $f\colon x \mapsto 2 + \sin x$

c) 2 Nullstellen: z. B. $f\colon x \mapsto (1+x)x^2 = x^3 + x^2$

3 Nullstellen: z. B. $g\colon x \mapsto x(x-1)(x+1) = x^3 - x$

4 Nullstellen: z. B. $h\colon x \mapsto x^2(x+1)(x-1)(x+2) = x^5 + 2x^4 - x^3 - 2x^2$

10 Individuelle Lösungen

Gegenbeispiel: Der Graph von $f\colon x \mapsto -\frac{1}{x^2}$ ist in ganz $\mathbb{R}^+$ steigend und liegt unterhalb der Gerade $y = 2$.

Dennoch gilt: $\lim\limits_{x \to +\infty} f(x) = 0$

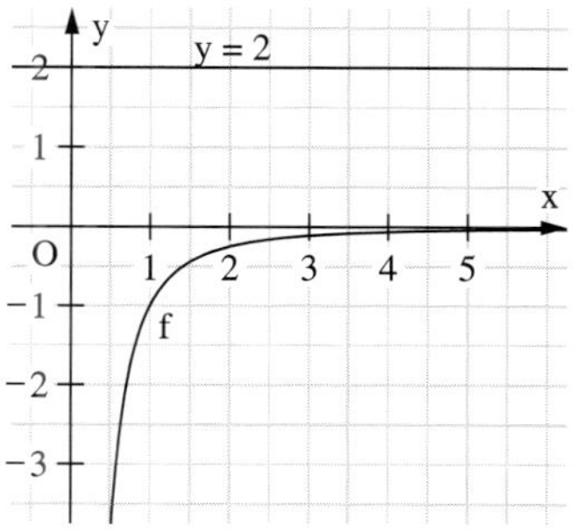

11 a) $D_{max} = \mathbb{R}\setminus\{0\}$

b) $f(-x) = \frac{1}{-x} \cdot \cos(-x) = -\frac{1}{x} \cdot \cos x = -f(x)$

Der Graph von f ist punktsymmetrisch bzgl. des Koordinatenursprungs.

c) Durch den Vorfaktor verringert sich die Amplitude der Kosinuskurve für $|x| > 1$ auf das $\frac{1}{x}$-Fache, d. h. die Schwankungsbreite um die x-Achse wird umso kleiner, je größer $|x|$ wird. Zudem hat der Graph von f durch den Vorfaktor die y-Achse als Asymptote.

d) $\lim\limits_{x \to -\infty} f(x) = 0$

e) $f(x) = \frac{1}{x} \cdot \cos x < 0{,}01$

Da $|\cos x|$ maximal den Wert 1 annehmen kann, gilt diese Ungleichung sicher für $\frac{1}{|x|} < 0{,}01$ bzw. $|x| > 100$.

Somit weichen für $x > 100$ bzw. $x < -100$ alle Funktionswerte um weniger als 0,01 vom Grenzwert ab.

f) $D_{max} = \mathbb{R}\setminus\{0\}$

Der Graph von g weist keine Symmetrie auf. Es handelt sich um eine um $\frac{1}{x}$ Einheiten in y-Richtung verschobene Kosinuskurve, welche die y-Achse als Asymptote hat.

$\lim\limits_{x \to -\infty} g(x)$ existiert nicht.

12 $V = \left[\frac{1}{3} \cdot \pi \cdot 2^2 \cdot 7{,}2 + \pi \cdot 2^2 \cdot 5 + \frac{1}{2} \cdot \frac{4}{3} \cdot \pi \cdot 2^3\right] dm^3 \approx 109{,}75\,dm^3$

$O = \left[\pi \cdot 2 \cdot \sqrt{7{,}2^2 + 2^2} + 2\pi \cdot 2 \cdot 5 + \frac{1}{2} \cdot 4\pi \cdot 2^2\right] dm^2 \approx 134{,}92\,dm^2$

5 Funktionsuntersuchungen

S. 146

1 Lineare Funktionen: violett, orange

Eigenschaften: $D_{max} = \mathbb{R}$; $W = \mathbb{R}$; Graph: Gerade; maximal eine Nullstelle (Ausnahme: $x \mapsto 0$ mit unendlich vielen Nullstellen); konstante Steigung

Quadratische Funktionen: schwarz, rot

Eigenschaften: $D_{max} = \mathbb{R}$; Graph: Parabel; achsensymmetrisch bzgl. einer Geraden $x = k$, $k \in \mathbb{R}$; maximal 2 Nullstellen; besitzt einen Scheitelpunkt

Gebrochen rationale Funktion: grün

Eigenschaften: besitzt Definitionslücke(n); Graph: kann waagrechte Asymptoten besitzen; besitzt senkrechte Asymptote(n)

Exponentialfunktion: blau

Eigenschaften: $D_{max} = \mathbb{R}$; $W = \mathbb{R}^+$; Graph: durchgehend steigend oder fallend; Asymptote: $y = 0$; keine Nullstellen

2 Fehler im *Schülerbuch* (Auflage 1[1]), grünes Kärtchen
Es muss heißen: Scheitel bei $S(-2|-1)$

Funktion	Eigenschaft	a) Begründung	b) Weitere Eigenschaft z. B.
f	Wertemenge $W = [-3; 3]$	Die Sinuskurve wurde mit dem Streckungsfaktor 3 in y-Richtung gestreckt.	Periode 2π
p	Asymptote $y = 1$	$\lim\limits_{x \to \pm\infty} p(x) = 1$	Definitionslücke bei $x = \frac{1}{2}$
k	Schnittpunkt mit der y-Achse bei $(0|1)$	$k(0) = 1$	$W = \mathbb{R}^+$
h	Nullstelle bei $x = 10$	$h(x) = 0 \Rightarrow x = 10$	Steigung $m = -0{,}5$
g	Scheitel bei $S(-2|-1)$	g liegt in Scheitelpunktform vor.	$W = [-1; +\infty[$
r	vier verschiedene Nullstellen	$r(x) = 0 \Leftrightarrow x_1 = 0$ (doppelte Nullstelle), $x_2 = 4;\ x_3 = 1,\ x_4 = -1$	Verlauf von G_r: „von links unten nach rechts oben“

S. 149

3 a) $f\colon x \mapsto x^3$
- $D_{max} = \mathbb{R};\ W = \mathbb{R}$
- Graph: Verlauf „von links unten nach rechts oben“, punktsymmetrisch bezüglich des Koordinatenursprungs
- $\lim\limits_{x \to +\infty} f(x) = +\infty,\ \lim\limits_{x \to -\infty} f(x) = -\infty$
- Nullstelle: $x = 0$ (dreifach)

b) $f\colon x \mapsto x^4$
- $D_{max} = \mathbb{R};\ W = \mathbb{R}_0^+$
- Graph: Verlauf „von links oben nach rechts oben“, achsensymmetrisch bezüglich der x-Achse
- $\lim\limits_{x \to \pm\infty} f(x) = +\infty$
- Nullstelle: $x = 0$ (vierfach)

c) $f\colon x \mapsto \frac{1}{x}$
- $D_{max} = \mathbb{R}\setminus\{0\};\ W = \mathbb{R}\setminus\{0\}$
- Asymptoten: $x = 0,\ y = 0$
- Graph: punktsymmetrisch bezüglich des Koordinatenursprungs, fallend für $x < 0$ und für $x > 0$
- $\lim\limits_{x \to \pm\infty} f(x) = 0$
- Nullstelle: keine

d) $f\colon x \mapsto \sin x$
- $D_{max} = \mathbb{R};\ W = [-1; 1]$
- Graph: punktsymmetrisch bezüglich des Koordinatenursprungs
- Amplitude: 1; Periode: 2π
- Nullstellen: $x_k = k\pi,\ k \in \mathbb{Z}$

e) $f\colon x \mapsto 2^x$
- $D_{max} = \mathbb{R};\ W = \mathbb{R}^+$
- Graph: durchgehend steigend
- Asymptote: $y = 0$ (für $x \to -\infty$)
- Nullstelle: keine
- $f(0) = 1$

4 a) $s_1 = \frac{1-\sqrt{17}}{4} \approx -0{,}78,\ s_2 = 0,\ s_3 = \frac{1+\sqrt{17}}{4} \approx 1{,}28$ b) $t = -1$
c) $x_k = k\pi,\ k \in \mathbb{Z}$ d) $t = -5$ e) $x = 2$ f) keine g) $x_1 = 3;\ x_2 = 0$
h) $s_1 = 0$ (doppelt), $s_2 = 0{,}5$ i) $t_1 = -1,\ t_2 = -0{,}5$ (doppelt), $t_3 = 1,\ t_4 = 4$
k) $x_1 = -2,\ x_2 = -1,\ x_3 = 1,\ x_4 = 2$

5 Eine Überprüfung der Ergebnisse mit dem Funktionsplotter ist sinnvoll.
Lineare Funktion: f, k
Quadratische Funktion: w
Ganzrationale Funktion höheren Grades: b, i, j, n, s, t
Gebrochen rationale Funktion: d, h, l, o, p, u, y, z
Trigonometrische Funktion: a, m, q, v
Exponentialfunktion: c, g
Wurzelfunktion: e, r

Zuordnung: 1 ⟶ u (E); Asymptoten bei $y = 2$; $x = 1$
2 ⟶ a (S); Kosinus-Graph um 2 nach oben, 1 nach links verschoben
3 ⟶ o (U); ohne senkrechte Asymptote; $\lim\limits_{x \to \pm\infty} o = 0$; $o(0) = 2$
4 ⟶ y (A); senkrechte Asymptote $x = 0$; für $x \to +\infty$ nähert sich der Graph dem Graphen von $x \mapsto 0{,}5\,x$
5 ⟶ s (P); „von links oben nach rechts unten“; $s(2) = 0$
Lösungswort (rückwärts gelesen): PAUSE

6 Individuelle Lösungen

7 a)

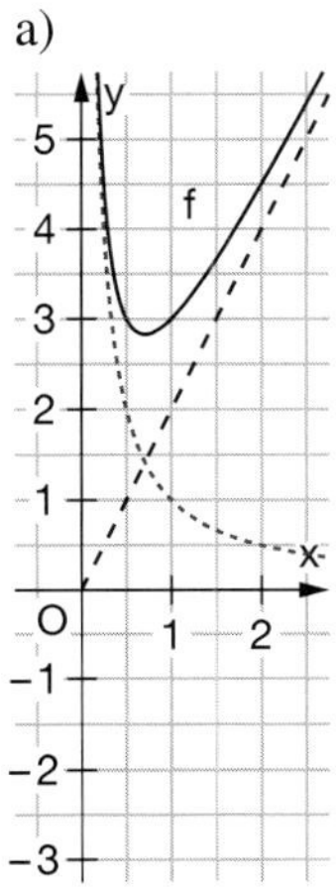

b)

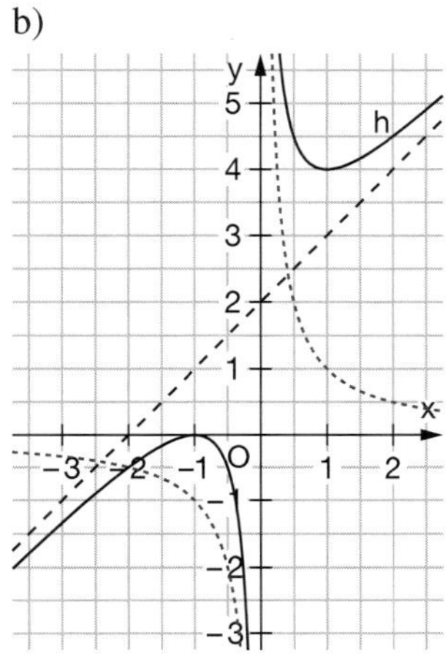

c)

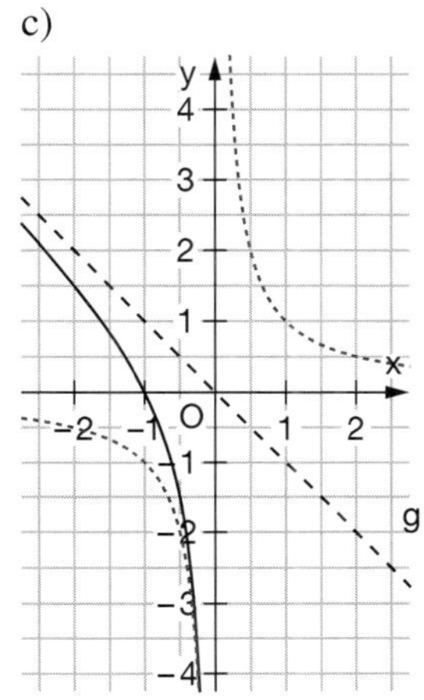

d)

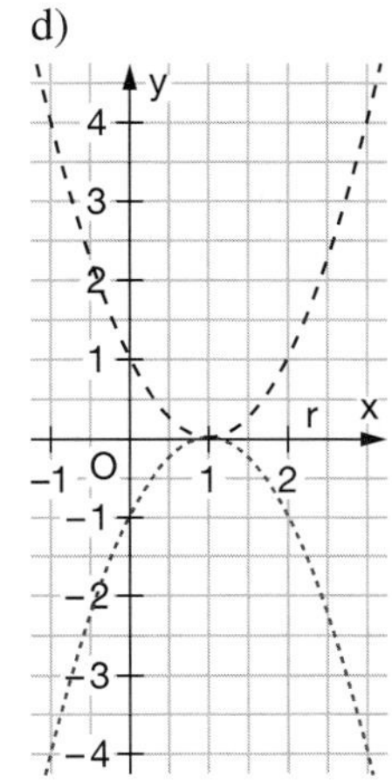

e)

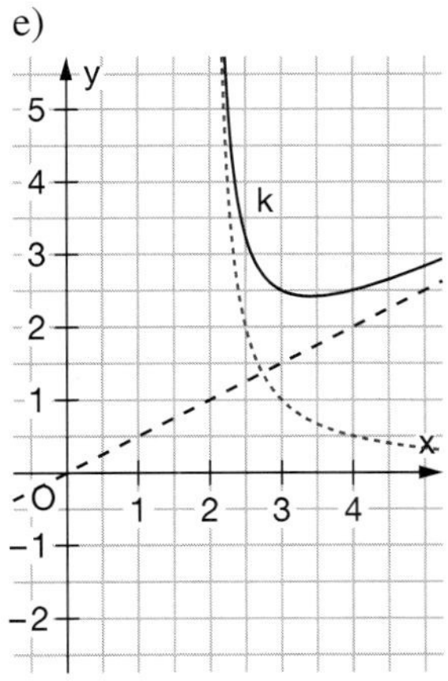

f)

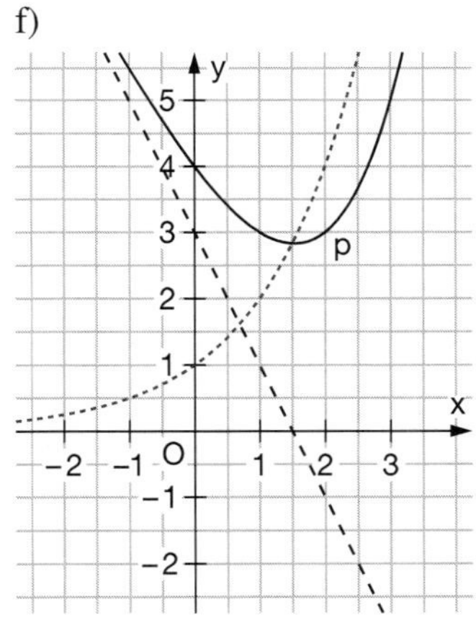

g)

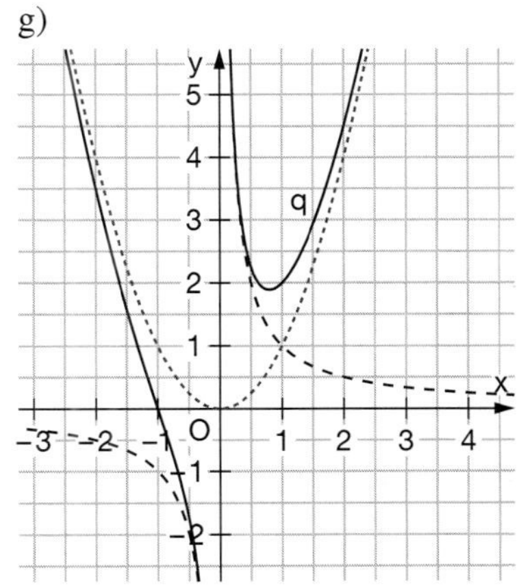

S. 150

8 a) Individuelle Beschreibung der Merkmale

f: Gebrochen rationale Funktion

$D_{max} = \mathbb{R}\backslash\{-1\}$; $W = \mathbb{R}\backslash\{0{,}5\}$; Asymptoten: $x = -1$; $y = 0{,}5$;

$\lim\limits_{x \to \pm\infty} f(x) = 0{,}5$; Nullstelle: $x = -3$

g: Lineare Funktion

$D_{max} = \mathbb{R}$; $W = \mathbb{R}$; durchgehend fallender Graph;

Steigung: $m = -0{,}5$; y-Achsenabschnitt $t = f(0) = 1$; Nullstelle: $x = 2$

h: Exponentialfunktion

$D_{max} = \mathbb{R}$; $W = \mathbb{R}^+$; durchgehend steigender Graph;

Asymptote: $y = 0$ (für $x \to -\infty$); Nullstelle: keine; $f(0) = 1$; $f(1) = 1{,}5$

k: Quadratische Funktion

$D_{max} = \mathbb{R}$; $W =]-\infty; 2[$; Graph: Nach unten offene Parabel, die enger als die Normalparabel ist; Nullstellen: $x_1 = 0{,}5$; $x_2 = 2{,}5$; $f(0) = -2{,}5$;

Scheitel: $(1{,}5|2)$; achsensymmetrisch bzgl. der Geraden $x = 1{,}5$

b) $f(x) = \frac{1}{x+1} + 0{,}5$ $g(x) = -0{,}5x + 1$

$h(x) = 1{,}5^x$ $k(x) = -2(x-1{,}5)^2 + 2 = -2x^2 + 6x - 2{,}5$

9 Individuelle Lösungen

10

	Definitionslücken	Nullstellen	$f(x) > 0$	$f(x) < 0$
a)	keine	$x_1 = -1$ $x_2 = 2$ (doppelt)	$x \in]-1; +\infty[\backslash\{2\}$	$x \in [-\infty; -1]$
b)	keine	$x_1 = 0$ (doppelt) $x_{2/3} = \frac{-1 \pm \sqrt{33}}{4}$ also $x_2 \approx -1{,}69$ $x_3 \approx 1{,}19$	$x \in]-1{,}69; 1{,}19[$ $\backslash\{0\}$	$x \in \mathbb{R}\backslash[-1{,}69; 1{,}19]$
c)	$x = -3$	$x = -2{,}5$	$x \in]-3; -2{,}5[$	$x \in]-\infty; -3[$ $\cup]-2{,}5; +\infty[$
d)	keine	$x_1 = -1$; $x_2 = 0{,}5$	$x \in]-1; 0{,}5[$	$x \in \mathbb{R}\backslash[-1; 0{,}5]$
e)	$x = -3$	$x = 1{,}5$	$x \in]-\infty; -3[$ $\cup]1{,}5; +\infty[$	$x \in]-3; 1{,}5[$
f)	keine	$x_1 = -2$ (doppelt) $x_2 = 1$	$x \in]1; +\infty[$	$x \in]-\infty; 1[\backslash\{-2\}$

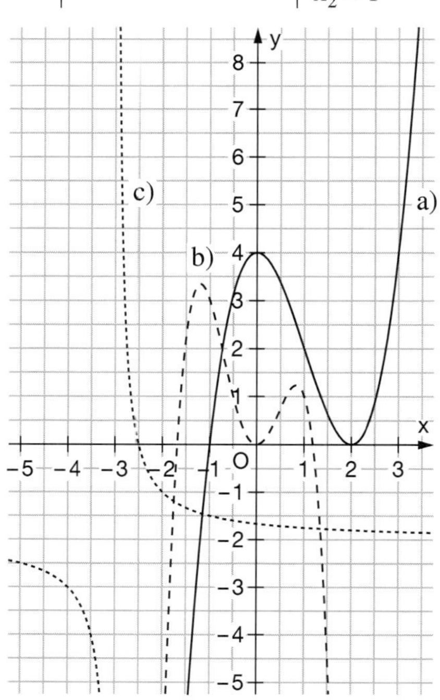

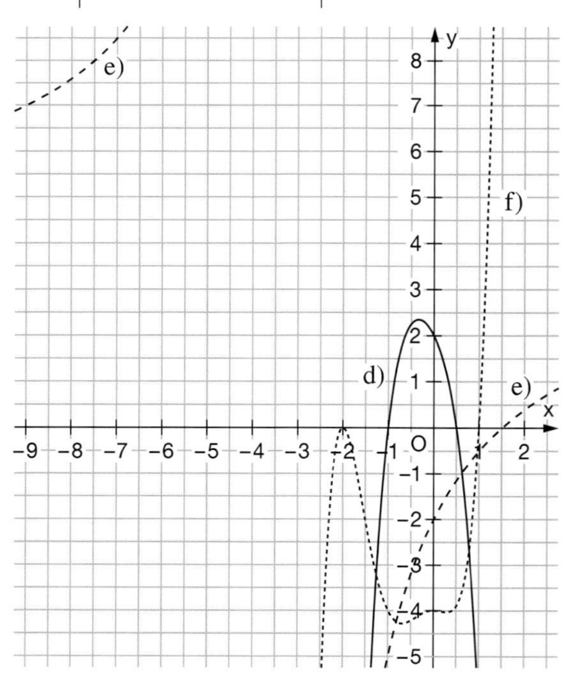

11

	a)	b)	c)	d)	e)	f)	g)
$\lim\limits_{x \to +\infty}$	0	0	0	0	0,05	1	0
$\lim\limits_{x \to -\infty}$	$-\infty$	$+\infty$	0	$-\infty$	0,05	–	–

12 a)–f)

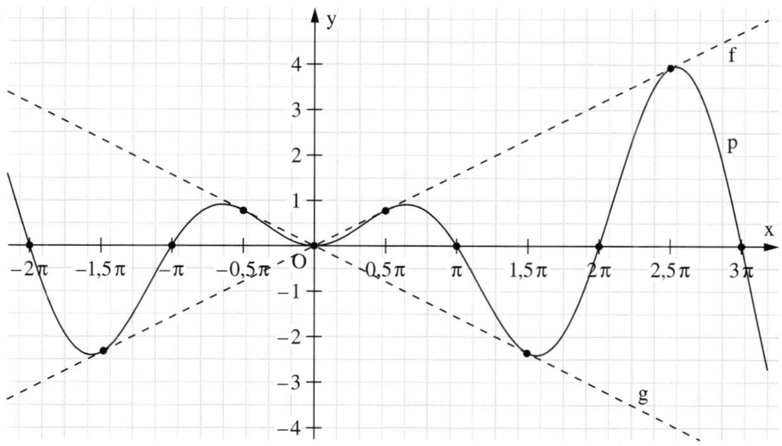

b) p und h besitzen die gleichen Nullstellen x_k, da $p(x) = f(x) \cdot h(x) = 0$ genau dann, wenn $f(x) = 0$ oder $h(x) = 0$ gilt.
Also: $x_k = k \cdot \pi,\ k \in \mathbb{Z}_0^+$

c) Für die angegebenen x-Werte besitzt die Funktion h jeweils den Funktionswert 1, also gilt: $p(x) = f(x)$.
Da $\sin x \in]-1;\,1[$ ergibt sich für $x \geqq 0$: $p(x) = 0{,}5\,x \cdot \sin x \leqq 0{,}5\,x = f(x)$
Also berührt für $x = 0{,}5\,\pi;\ 2{,}5\,\pi;\ 4{,}5\,\pi;\ \ldots$ G_p den Graphen von f und für alle anderen x-Werte verläuft G_p unterhalb von G_f.
Für $x = 1{,}5\,\pi;\ 3{,}5\,\pi;\ 5{,}5\,\pi;\ \ldots$ berührt der Graph von p den Graphen von g.

d) – f) Siehe Zeichnung

g)

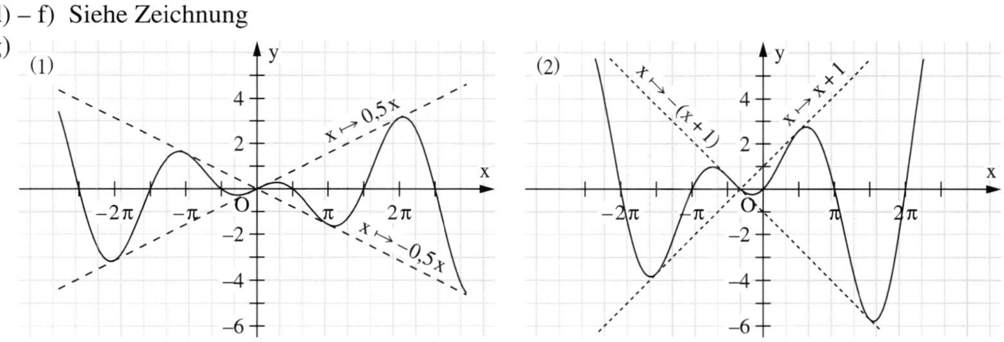

S. 151

13 $\lim\limits_{x \to +\infty} \left(1{,}5 \cdot \sqrt{x - \tfrac{1}{2}}\right) = +\infty$; daher kommt der linke Graph nicht in Frage.
Der mittlere Graph scheidet aus, da z. B. $4{,}5 \mapsto 1{,}5\,\sqrt{4} = 3$ und der Punkt $P(4{,}5\,|\,3)$ nicht auf dem mittleren Graph liegt.

14 Die angegebene Funktion ist weder linear, noch besitzt sie eine Definitionslücke.
Also kommen der lila- und der orangefarbene Graph nicht infrage.
Ihr Graph ist jedoch punktsymmetrisch bezüglich des Koordinatenursprungs
$\left(f(-x) = 0{,}6 \cdot (-x) \cdot [\cos(0{,}5 \cdot (-x))]^2 = -0{,}6\,x \cdot [\cos(0{,}5\,x)]^2 = -f(x)\right)$.
Daher gehört der blaue Graph zur Funktion.

15 a) $x^2 \geqq 0$ für alle $x \in \mathbb{R}$
$\Rightarrow x^2+0{,}25 > 0$ für alle $x \in \mathbb{R}$
$\Rightarrow D_{max} = \mathbb{R}$

b) $f(-x) = \frac{1}{(-x)^2+0{,}25} - 2 = \frac{1}{x^2+0{,}25} - 2 = f(x)$

$\Rightarrow$ Der Graph von f ist achsensymmetrisch bezüglich der y-Achse.

c) Für $x = 0$ nimmt der Nenner $x^2+0{,}25$ den kleinstmöglichen Wert und der Quotient $\frac{1}{x^2+0{,}25}$ daher den größtmöglichen Wert an. Somit ergibt sich dort der größtmögliche Funktionswert $f(0) = 2$.

d) $\lim\limits_{x \to +\infty} f(x) = -2$; $\lim\limits_{x \to -\infty} f(x) = -2$

e) Da f bei $x = 0$ den größtmöglichen Funktionswert besitzt, für $x > 0$ fällt und $\lim\limits_{x \to +\infty} f(x) = -2$ gilt, besitzt f für $x > 0$ genau eine Nullstelle.
Aufgrund der Achsensymmetrie von f bzgl. der y-Achse ergibt sich für $x < 0$ genau eine weitere Nullstelle.

f)
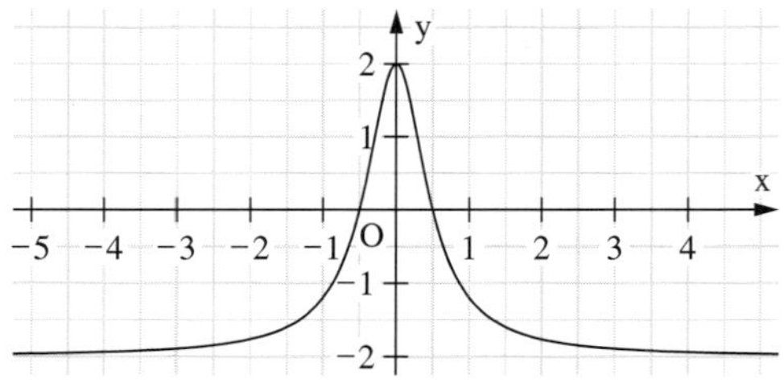

16 Individuelle Lösungen

17
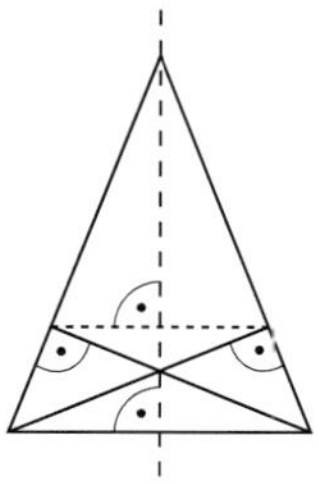

Die Symmetrieachse des gleichschenkligen Dreiecks ist auch Symmetrieachse der beiden Höhenfußpunkte.
Die Symmetrieachse steht senkrecht zur Verbindungsstrecke zueinander symmetrischer Punkte.
Somit ist die genannte Verbindungslinie zur Basis parallel.

→ TB

Trainingsblatt: Funktionsgraphen erkennen und skizzieren; Kopiervorlage S. 192 f.

Funktionenseptett; Kopiervorlage S. 194 ff.
Spiel für 3–5 Personen (Spieldauer: 30–45 min.)

Spielbeschreibung:
Jeweils bis zu 7 zu einer Funktion gehörende Karten (Funktionsterm, Graph, Definitions- und Wertemenge, Verhalten im Unendlichen, Nullstellen, Symmetrie, weitere Eigenschaften des Graphen) sind zusammen abzulegen. Gespielt wird nach Rommé-ähnlichen Regeln.

Vernetzende Aufgaben

Vernetzende Aufgaben befinden sich durchgängig im gesamten Buch. Das Kapitel Vernetzende Aufgaben am Ende des Buches dient besonders dem vernetzenden Wiederholen am Ende des Schuljahres. Die Aufgaben können jedoch auch eher eingesetzt werden.
Die folgende Tabelle fasst zusammen, auf welche Kapitel jeweils zurückgegriffen wird.

Aufgabe \ Kapitel im Buch	I	II	III	IV	V	VI
1–5						
6		●				g)
7			●			
8			●			
9	●					
10	●					
11			●			
12	●					
13			●			
14				●		
15	●					
16	●					
17	●			●		
18	●	●		●	●	●

Strategisch vorgehen

Im Abschnitt Strategisch vorgehen wird noch einmal kurz an die in den vorangegangenen Bänden betrachteten Strategien erinnert.
Drei weitere Strategien werden behandelt:
- Das **Betrachten eines Extremfalls** (Spezialfalls) vereinfacht oft eine Fragestellung und lässt, darauf aufbauend, eine allgemeine Lösung erkennen.
- Das **Betrachten des Gegenteils** wird insbesondere auch bei indirekten Beweisen und – in der Stochastik – bei der Untersuchung von Gegenereignissen praktiziert.
- Beim **Rückwärts arbeiten** wird vom Ergebnis her gedacht. Eine Ausprägung hiervon ist das Ausschlussprinzip.

Mit diesen Strategien ist der „Strategielehrgang“ in der Lambacher-Schweizer-Schulbuchreihe abgeschlossen. Die Strategien werden auch in den Bänden 11 und 12 wieder aufgegriffen.

Neben der ausführlichen Betrachtung dieser beiden Lösungsstrategien wird im Buch an mehreren Stellen die Verwendung verschiedener Lösungsstrategien bewusst gemacht. An solchen Stellen ist im *Schülerbuch* auf der Randspalte der Springer aus dem Schachspiel abgebildet.

→ Strategiekarten; Kopiervorlage S. 197 ff.
Mit den Strategiekarten können sich die Schüler über die Jahre hinweg eine eigene Kartei mit Lösungsstrategien aufbauen.
Es sollte unbedingt angeregt werden, für die verschiedenen Lösungsstrategien eigene Aufgabenkarten mit Lösungen zu erarbeiten.

S. 155

1

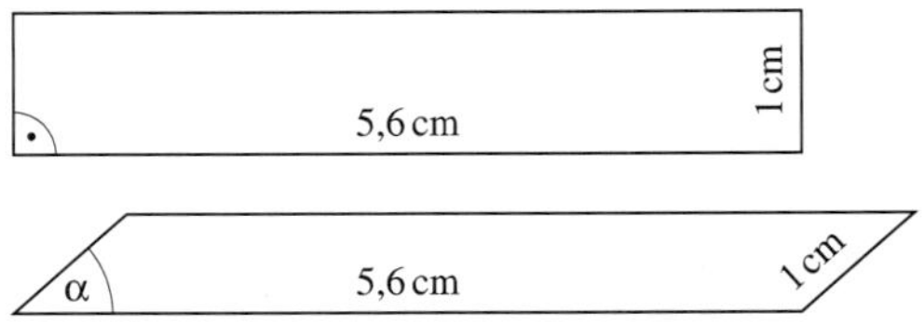

Ein Rechteck ($\alpha = 90°$) mit den Seitenlängen 1 cm und 5,6 cm besitzt den Flächeninhalt 5,6 cm^2.

Denkt man sich die Seiten durch bewegliche Scharniere verbunden, lässt sich bis zum Extremfall $\alpha = 0°$ jeder beliebige Flächeninhalt zwischen 5,6 cm^2 und 0 cm^2 erzielen.

S. 156

i 2 Der Beweis erfolgt über Betrachten des Gegenteils. Er geht auf den antiken Mathematiker Euklid zurück.
Annahme: Es gibt nur endlich viele Primzahlen.
Dann gibt es eine größte aller Primzahlen, diese sei n.
Es wird folgende Zahl gebildet: $(2 \cdot 3 \cdot 5 \cdot 7 \cdot 11 \cdot 13 \cdot \ldots \cdot n) + 1$
Sie lässt sich nicht durch eine beliebige der Primzahlen 2, 3, 5, …, n dividieren, da immer Rest 1 bleibt. Es gibt also eine weitere Primzahl (welche größer ist als n) und n kann nicht die größte Primzahl sein.

3 Es wird das Gegenereignis betrachtet.
P(„eine oder zwei Sechsen“) = 1 – P(„keine Sechs oder drei Sechsen“)
$= 1 - \left(\left(\frac{5}{6}\right)^3 + \left(\frac{1}{6}\right)^3\right) = \frac{30}{72} \approx 41{,}7\,\%$

4 Lösung durch „Rückwärts arbeiten“
Von den Lösungskärtchen kann nur B richtig sein, da die beiden letzten Stellen multipliziert „2“ ergeben.
$38{,}2 \cdot 24{,}6 = 939{,}72$

5 Lösung durch „Rückwärts arbeiten“
Der eine Apfel bleibt übrig, wenn Daniel die Hälfte vom Rest und einen halben Apfel wegnimmt. Also waren es vorher 3 Äpfel, wovon Daniel 2 (1,5 + 0,5) erhielt.
Davor waren es 7 Äpfel, wovon Christina 4 Äpfel bekam. Davor waren es 15 Äpfel, wovon Berta 8 Äpfel bekam. Also waren es am Anfang 31 Äpfel, wovon Anton 16 erhielt.

S. 157

@ 6

a) Recherche Internet, Lexikon etc.
Durch die Neigung der Erdachse kann die Sonne über den im Sommer ihr zugewandten Pol „hinwegsehen“. Polarnahe Gebiete werden auch nachts beleuchtet.

b) Amplitude: a = 19 (gemessen in Grad), da maximaler Erhebungswinkel 38°
Periode: 24 Std. $\Rightarrow \frac{2\pi}{b} = 24 \Rightarrow b = \frac{\pi}{12}$
Verschiebung: $h(0) = -19$, also $-19 = 19 \cdot \sin(0 + c) \Rightarrow c = -\frac{\pi}{2}$
$h(t) = 19 \cdot \sin\left(\frac{\pi}{12} \cdot t - \frac{\pi}{2}\right)$

c) Es ergibt sich eine gute Übereinstimmung.

d) Man bestimmt in der Bildfolge von Teilaufgabe b) näherungsweise den Abstand Sonnenmitte zur t-Achse in mm. Mithilfe des bekannten Sonnenstandes von 19° am Mittag lassen sich aus den gemessenen Werten die Sonnenstände h* berechnen.

Zeit	1	2	3	4	5	6	7	8	9	10	11	12
Abstand in mm	–9,5	–8	–7	–5	–3	0	3	5,5	8	10	11,5	12
h* (t) in Grad	–15,0	–12,7	–11,1	–7,9	–4,8	0	4,8	8,7	12,7	15,8	18,2	19
h(t)	–18,4	–16,5	–13,4	–9,5	–4,9	0	4,9	9,5	13,4	16,5	18,4	19
h(t)–h* (t)	3,4	3,8	2,3	1,6	0,1	0	0,1	0,8	0,7	0,7	0,2	0

Maximale Abweichung: 3,8; $\frac{3{,}8}{16{,}5} \approx 23\,\%$ Minimale Abweichung: 0,1; $\frac{0{,}1}{4{,}9} \approx 2\,\%$

e) Eine (nach unten geöffnete) Parabel eignet sich nur in der Umgebung des höchsten Punktes. Ihr Schnittpunkt mit der t-Achse läge links von der tatsächlichen Nullstelle, die Funktionswerte im Bereich $0 < t < 6$ wären zu groß.

f) Ansatz mit Scheitelpunktform $f(t) = a(t+d)^2 + e$
Scheitelpunkt $(12|19)$ $\Rightarrow$ $d = -12;\ e = 19$
$f(6) = 0 \Rightarrow a = -\frac{19}{36}$

$\Big\}\ f(t) = -\frac{19}{36}t^2 + \frac{38}{3}t - 57$

(Alternativ: Ansatz $f(t) = at^2 + bt + c$ und Lösung des Gleichungssystems
$f(6) = 0;\ f(12) = 19;\ f(18) = 0$)

(🖳)

t	7	8	9	10	11
f(t)	5,8	10,6	14,3	16,9	18,5

(wg. Symmetrie genügen diese Werte)

Die Sinusfunktion erscheint als bessere Näherung (vgl. Tabelle bei d)).

g)

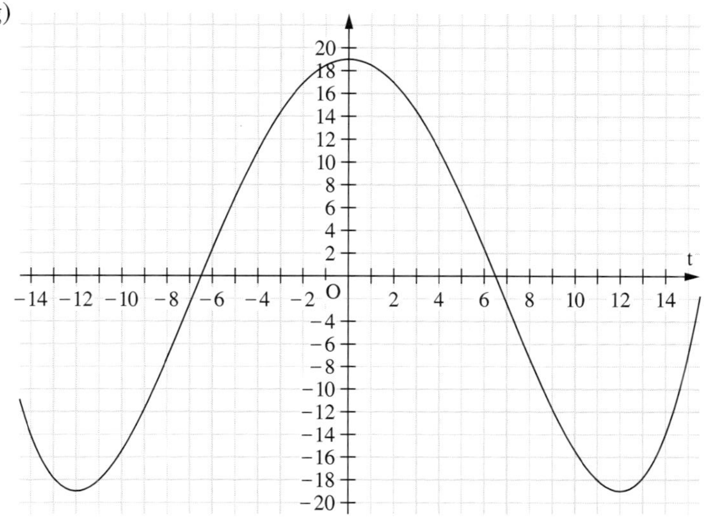

Die Höhenachse des Koordinatensystems geht durch den höchsten Punkt, die t-Achse ist unverändert.
$f(12) = -19;\ f(0) = 19;\ f(6) \approx 2{,}4$
Nullstellen: $t \approx \pm 6{,}5$

S. 158 🖩 **7** a) $V = r^3\pi = 1000\,\text{cm}^3 \Rightarrow r = \frac{10\,\text{cm}}{\sqrt[3]{\pi}} = 6{,}83\ldots\,\text{cm}$

$M = 2r^2\pi;\quad M = 292{,}9\ldots\,\text{cm}^2$

b) 2. Stufe: $r_2 = \frac{r}{2}\quad h_2 = 2r;\quad V_2 = \left(\frac{r}{2}\right)^2 \cdot \pi \cdot 2r = \frac{1}{2}r^3\pi;\quad M_2 = 2 \cdot \frac{r}{2} \cdot \pi \cdot 2r = 2r^2\pi$

3. Stufe: $r_3 = \frac{r}{4}\quad h_3 = 4r;\quad V_3 = \left(\frac{r}{4}\right)^2 \cdot \pi \cdot 4r = \frac{1}{4}r^3\pi;\quad M_3 = 2 \cdot \frac{r}{4} \cdot \pi \cdot 4r = 2r^2\pi$

c) $6{,}83\ldots \cdot \left(\frac{1}{2}\right)^{n-1} = 1{,}06 \cdot 10^{-10} \Rightarrow \left(\frac{1}{2}\right)^{n-1} = \frac{1{,}06 \cdot 10^{-10}}{6{,}83\ldots} \Rightarrow 2^{n-1} = \frac{6{,}83\ldots}{1{,}06} \cdot 10^{10}$

$\Rightarrow (n-1) \cdot \lg 2 = \lg 6{,}83\ldots - \lg 1{,}06 + 10 \Rightarrow n = 1 + \frac{\lg 6{,}83\ldots - \lg 1{,}06 + 10}{\lg 2} \approx 1 + 35{,}91;\ n = 37$

Ab der 37. Stufe unterschreitet der Radius des Trichters die Länge des Durchmessers eines Wasserstoffatoms.

d) $V(n)$ ist das Fassungsvermögen des Trichters mit n Stufen.
$V(1) = 1000\,\text{cm}^3;\quad V(2) = V(1) + \frac{1}{2}V(1) = 1\frac{1}{2}V(1);\quad V(3) = V(2) + \frac{1}{4}V(1) = 1\frac{3}{4}V(1);$
$V(4) = V(3) + \frac{1}{8}V(1) = 1\frac{7}{8}V(1)$ usw.
Zum Volumen $2V(1)$ fehlen $\frac{1}{2}V(1);\ \frac{1}{4}V(1);\ \frac{1}{8}V(1)$ usw.
Der Trichter erreicht höchstens das Volumen $V = 2V(1) = 2000\,\text{cm}^3$.

e) Da die Mantelfläche jeder Stufe konstant bleibt, wächst die Außenfläche des Trichters unbegrenzt. Die zwei Liter Farbe reichen also nicht, die Außenfläche zu streichen.

i **8** Hinweis: Bei allen Teilaufgaben soll von einer Seitenlänge 12 cm für die 0. Stufe ausgegangen werden.

a) Man entfernt aus jedem schwarzen Dreieck das sogenannte Mittendreieck, das durch Verbindung der Seitenmitten entsteht.

b) $A_{\text{Grunddreieck}} = \frac{a^2}{4}\cdot\sqrt{3} = \frac{144\,\text{cm}^2}{4}\cdot\sqrt{3} \approx 62{,}4\,\text{cm}^2 = A_0$ (da gleichseitiges Dreieck)

$A_1 = \frac{3}{4}\cdot A_0 = 46{,}8\,\text{cm}^2$

c) $A_2 = \frac{3}{4}\cdot A_1 = \left(\frac{3}{4}\right)^2\cdot A_0$; $\quad A_3 = \frac{3}{4}\cdot A_2 = \left(\frac{3}{4}\right)^3\cdot A_0 \quad\Rightarrow\quad A_n = \left(\frac{3}{4}\right)^n\cdot A_0 = \left(\frac{3}{4}\right)^n\cdot 62{,}4\,\text{cm}^2$

$62{,}4\,\text{cm}^2\cdot\left(\frac{3}{4}\right)^n < \frac{1}{100}\,\text{cm}^2 \quad \left(1\,\text{mm}^2 = \frac{1}{100}\,\text{cm}^2\right)$

$\Rightarrow \quad \left(\frac{3}{4}\right)^n < 1{,}6\ldots\cdot 10^{-4} \quad\Rightarrow\quad n\cdot\lg\frac{3}{4} < \lg 1{,}6\ldots - 4 \quad \underset{\left(\lg\frac{3}{4} < 1\right)}{\Rightarrow} \quad n > \frac{\lg 1{,}6\ldots - 4}{\lg\frac{3}{4}} \approx 30{,}38$

Ab der 31. Stufe hat das Sierpinski-Dreieck einen Flächeninhalt, der kleiner als 1 mm² ist.

d) In jeder Stufe halbiert sich der Umfang der schwarzen Dreiecke. Ihre Zahl verdreifacht sich.

$S_0 = 3\cdot 12\,\text{cm} = 36\,\text{cm}$; $\quad S_1 = \frac{3}{2}\cdot S_0$; $\quad S_2 = \frac{3}{2}\cdot S_1 = \left(\frac{3}{2}\right)^2\cdot S_0$; $\quad S_n = \left(\frac{3}{2}\right)^n\cdot S_0$

$36\,\text{cm}\cdot\left(\frac{3}{2}\right)^n > 10^5\,\text{cm} \quad (1\,\text{km} = 10^5\,\text{cm})$

$\Rightarrow \quad 1{,}5^n > \frac{10^5}{36} \quad\Rightarrow\quad n > \frac{5-\lg 36}{\lg 1{,}5} \approx 19{,}56$

Ab der 20. Stufe ist die Summe der Seitenlängen aller schwarzen Dreiecke größer als 1 km.

9 a) $P(\text{„Treffer“}) = \frac{28}{36}\left(=\frac{7}{9}\right)$

$\frac{P(\text{„Treffer“})}{P(\text{„im Quadrat“})} \approx \frac{A_{\text{Viertelkreis}}}{A_{\text{Quadrat}}}$; also $\frac{\frac{7}{9}}{1} \approx \frac{\frac{\pi r^2}{4}}{r^2} \quad\Rightarrow\quad \pi \approx \frac{28}{9}$

b) Individuelle Lösungen für $\frac{t}{n}$

$\frac{t}{n}$ liefert einen Näherungswert für die Trefferwahrscheinlichkeit $\frac{7}{9}$ und damit für $\frac{\pi}{4}$.

Also gilt dann: $\quad \frac{\pi}{4} \approx \frac{t}{n} \quad\Rightarrow\quad \pi = \frac{4t}{n}$

c) $\frac{t}{n}$ liefert bei großem n nach dem Gesetz der großen Zahlen einen besseren Näherungswert für $\frac{7}{9}$, nicht aber für $\frac{\pi}{4}$.

d)

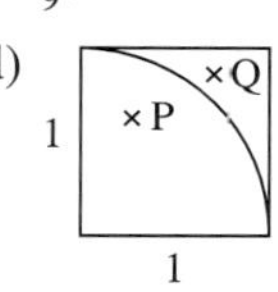

$x_P^2 + y_P^2 \leqq 1 \quad\Rightarrow\quad$ P ist Treffer

$x_Q^2 + y_Q^2 > 1 \quad\Rightarrow\quad$ Q ist kein Treffer

$\text{Trefferwahrscheinlichkeit} = \frac{\text{Viertelkreisflächeninhalt}}{\text{Quadratflächeninhalt}} = \frac{\pi}{4}$

$\frac{\text{Trefferanzahl t}}{\text{Anzahl aller Punkte n}}$ ist ein Näherungswert für die Trefferwahrscheinlichkeit.

Also: $\quad \frac{\pi}{4} \approx \frac{t}{n} \quad\Rightarrow\quad \pi \approx \frac{4t}{n}$

mögliche Tabellenkalkulationsdatei:

Datei Bearbeiten Ansicht Einfügen Format Extras Daten Fenster

▼ *fx*

	A	B	C	D	E	F
1	Pi-Bestimmung nach Monte Carlo					
2						
3	n	x_P	y_P	$x_P^2 + y_P^2$	Treffer?	
4	= 1	= ZUFALLSZAHL ( )	= ZUFALLSZAHL ( )	= B4^2+C4^2	WENN(D4<=1;1;0)	= E4
5	= A4+1	= ZUFALLSZAHL ( )	= ZUFALLSZAHL ( )	= B5^2+C5^2	WENN(D5<=1;1;0)	= F4+E5

Mit dieser Methode lassen sich bessere Nährungswerte für π ermitteln, weil im Gegensatz zu b) und c) nicht das Flächenverhältnis $\frac{28}{9}$ angenähert wird, sondern das Verhältnis von Viertelkreis und umbeschriebenen Quadrat.

S. 159

10 a) $A_{\text{Rechteck}} = 4{,}5\,\text{m} \cdot 8{,}4\,\text{m} = 37{,}8\,\text{m}^2$ $\triangleq$ gesamte Weidefläche

$A_{\text{Viertelkreis}} = \frac{1}{4} \cdot (3{,}1\,\text{m})^2 \cdot \pi \approx 7{,}55\,\text{m}^2$ $\triangleq$ abgegraste Weidefläche

$A_{\text{Viertelkreis}} : A_{\text{Rechteck}} \approx 7{,}55 : 37{,}8 \approx 0{,}2 = \frac{1}{5}$

Das Schaf hat bereits $\frac{1}{5}$ der eingezäunten Fläche abgegrast.

b) Die Schnur muss die Länge der Diagonalen d des Rechtecks haben.

$d = \sqrt{(4{,}5\,\text{m})^2 + (8{,}4\,\text{m})^2} \approx 9{,}53\,\text{m}.$

Die Schnur muss also mindestens um ca. $9{,}53\,\text{m} - 3{,}10\,\text{m} = 6{,}43\,\text{m}$ verlängert werden.

c) Skizze:

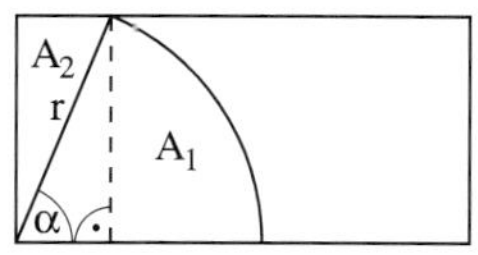

abgegraste Fläche $A = A_1 + A_2$

$A_1 = \frac{\alpha}{360°} \cdot r^2 \cdot \pi$; $\sin\alpha = \frac{4{,}5\,\text{m}}{r}$

$A_2 = \frac{1}{2} \cdot 4{,}5\,\text{m} \cdot \sqrt{r^2 - (4{,}5\,\text{m})^2} = 2{,}25\,\text{m} \cdot \sqrt{r^2 - 20{,}25\,\text{m}^2}$

$\Rightarrow \quad A = A_1 + A_2 = \frac{\alpha}{360°} \cdot r^2 \cdot \pi + 2{,}25\,\text{m} \cdot \sqrt{r^2 - 20{,}25\,\text{m}^2}$

Probe, ob 5 m genügen: $r = 5 \quad \Rightarrow \quad \sin\alpha = \frac{4{,}5\,\text{m}}{5\,\text{m}} \quad \Rightarrow \quad \alpha = 64{,}15\ldots°$

$A = \frac{64{,}15\ldots°}{360°} \cdot (5\,\text{m})^2 \cdot \pi + 2{,}25\,\text{m} \cdot \sqrt{25\,\text{m}^2 - 20{,}25\,\text{m}^2}$

$= 13{,}997\ldots\,\text{m}^2 + 4{,}903\ldots\,\text{m}^2 = 18{,}900\ldots\,\text{m}^2$

$18{,}900\ldots\,\text{m}^2 > 37{,}8\,\text{m}^2 : 2 = 18{,}9\,\text{m}^2$; Eine 5 m lange Schnur reicht, Julia hat recht.

d) $A(r) = A_1(r) + A_2(r)$ nicht linear (an den Funktionstermen ablesbar)

e) $48\,000 - (5000 + 10\,000 - 3000) = 36\,000$

36 000 Färinger leben weder vom Fischfang noch von der Schafhaltung.

f)

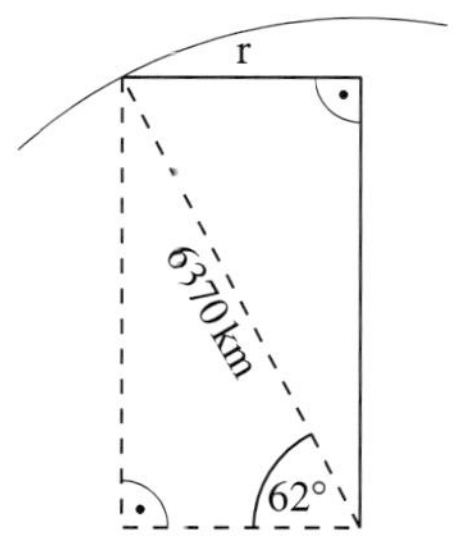

$\cos 62° = \frac{r}{6370\,\text{km}} \quad \Rightarrow \quad r \approx 2990{,}5\,\text{km}$

Umfang des 62. Breitengrades: $U_{62} \approx 2 \cdot 2990{,}5\,\text{km} \cdot \pi \approx 18\,790\,\text{km}$

Geschwindigkeit: $18\,790\,\text{km} : 24\,\text{h} \approx 782{,}9\,\frac{\text{km}}{\text{h}}$

Vergleich z. B. mit München 48° nördl. Breite

$r = \cos 48° \cdot 6370\,\text{km} \approx 4262{,}4\,\text{km}$

$U_{48} \approx 2 \cdot 4262{,}4\,\text{km} \cdot \pi \approx 26\,781\,\text{km}$;

Geschwindigkeit: $26\,781\,\text{km} : 24\,\text{h} \approx 1115{,}9\,\frac{\text{km}}{\text{h}}$

g) Färöer: 62° n. Br.; Hebriden: 58° n. Br.

Umfang der Erde: $U = 2 \cdot 6370\,\text{km} \cdot \pi \approx 40\,024\,\text{km}$

Entfernung Hebriden – Färöer: $(40\,024\,\text{km} : 360°) \cdot 4° \approx 445\,\text{km}$

h) Ergebnisse differieren je nach verwendetem Globus und Messgenauigkeit: z. B. 2120 km

Man misst auf dem Globus die Entfernung mit einem Faden und ermittelt mit Hilfe des Maßstabs reale Werte.

S. 160

11 a) Am Ende des n-ten Monats ergibt sich der Schuldenstand K(n) aus der Verzinsung des Schuldenstands des Vormonats $K(n-1) \cdot q$ vermindert um die gezahlte Rate R.

$K(1) = K \cdot q - R = 15\,000\,€ \cdot 1{,}004 - 300\,€ = 14\,760\,€$

$K(2) = 14\,760\,€ \cdot 1{,}004 - 300\,€ = 14\,519{,}04\,€$

$K(3) = 14\,277{,}12\,€$; $K(4) = 14\,034{,}22\,€$; $K(5) = 13\,790{,}36\,€$

b) $K(2) = (K \cdot q - R) \cdot q - R = K \cdot q^2 - Rq - R = K_q^2 - R(1+q)$

$K(3) = (K \cdot q^2 - Rq - R) \cdot q - R = Kq^3 \cdot Rq^2 - Rq - R = Kq^3 - R(1 + q + q^2)$

$\vdots$

vgl. Aufgabe 13 b)

$K(n) = K \cdot q^n - R(1 + q + q^2 + \ldots + q^{n-1}) = K \cdot q^n - R \cdot \frac{q^n - 1}{q - 1}$

$K(12) = 15\,000\,€ \cdot 1{,}004^{12} - 300\,€ \cdot \frac{1{,}004^{12} - 1}{0{,}004} \approx 12\,055{,}79\,€$

c) Ansatz: $K(n) = 0$; d. h. $K \cdot q^n - R \cdot \frac{q^n - 1}{q - 1} = 0 \quad | \cdot (q-1)$

$\Rightarrow K \cdot q^n \cdot (q-1) - R \cdot (q^n - 1) = 0$

$\Rightarrow q^n \cdot [R - K(q-1)] = R \quad \Rightarrow \quad n = \frac{\lg R - \lg[R - K(q-1)]}{\lg q}$

$n = \frac{\lg 300 - \lg(300 - 60)}{\lg 1{,}004} \approx 55{,}89 \approx 56$ Nach 56 Monaten ist der Kredit zurückgezahlt.

Nach 55 Monaten gilt: $K(55) = 15\,000\,€ \cdot 1{,}004^{55} - 300\,€ \cdot \frac{1{,}004^{55} - 1}{0{,}004} \approx 268\,€$

Gesamtzahlung an die Bank: $55 \cdot 300\,€ + 268\,€ = 16\,768\,€$

Verteuerung um $\frac{1768}{15\,000} \approx 12\,\%$

12 a) Halbkreise über den Katheten: $A_K = \frac{1}{2}\cdot\left(\frac{a}{2}\right)^2\pi + \frac{1}{2}\cdot\left(\frac{b}{2}\right)^2\pi = \frac{1}{2}\cdot\frac{1}{4}\cdot\pi(a^2+b^2) = \frac{1}{8}\pi(a^2+b^2)$

Halbkreis über der Hypotenuse: $A_H = \frac{1}{2}\cdot\left(\frac{c}{2}\right)^2\pi = \frac{1}{2}\cdot\frac{1}{4}\cdot\pi\cdot c^2 \underset{\uparrow}{=} \frac{1}{8}\pi(a^2+b^2)$

Pythagoras

b) grün: $A_{gr} = \frac{1}{2}\cdot ab$

gelb: $A_{gl} = \frac{1}{2}\cdot\left(\frac{a}{2}\right)^2\pi + \frac{1}{2}\cdot\left(\frac{b}{2}\right)^2\pi + \frac{1}{2}\cdot ab - \frac{1}{2}\cdot\left(\frac{c}{2}\right)^2\pi$

$\underset{\uparrow}{=} \frac{1}{8}a^2\pi + \frac{1}{8}b^2\pi + \frac{1}{2}\cdot ab - \frac{1}{8}(a^2+b^2)\pi = \frac{1}{2}\cdot ab$

Pythagoras

13 a) Der Kontostand am Ende des n-ten Jahres ergibt sich als Produkt aus der Summe des Kontostandes K(n−1) am Ende des Vorjahres und des Betrages S mit dem Wachstumsfaktor q.

$K(1) = 2500€\cdot 1{,}04 = 2600€$

$K(2) = (2600€+2500€)\cdot 1{,}04 = 5304€$

$K(3) = (5304€+2500€)\cdot 1{,}04 = 8116{,}16€$

$K(4) = 11\,040{,}81€$;

$K(5) = 14\,082{,}44€$

b) $q\cdot s(n) - s(n) = \quad q+q^2+q^3+\ldots+q^{n+1}$

$-1-q-q^2-\ldots-q^n \quad = q^{n+1}-1 \quad \Rightarrow \quad s(n) = \frac{q^{n+1}-1}{q-1}$

c) $K(1) = S\cdot q$

$K(2) = (S\cdot q+S)\cdot q = S\cdot(q^2+q) = S\cdot q\cdot(1+q)$

$K(3) = [S\cdot(q^2+q)+S]\cdot q = S\cdot(q^3+q^2+q) = S\cdot q\cdot(1+q+q^2)$

$\vdots$

$K(n) = S\cdot q\cdot(1+q+q^2+q^3+\ldots+q^{n-1})$; mit b) folgt: $K(n) = S\cdot q\cdot\frac{q^n-1}{q-1}$

$K(10) = 2500€\cdot 1{,}04\cdot\frac{1{,}04^{10}-1}{0{,}04} \approx 31\,215{,}88€$

$K(29) \approx 137\,712{,}34€$

d) $p = 4\,\%$: $S\cdot 1{,}04\cdot\frac{1{,}04^{40}-1}{0{,}04} = 300\,000 \quad\Rightarrow\quad S \approx 3036€$

$p = 5\,\%$: $S\cdot 1{,}05\cdot\frac{1{,}05^{40}-1}{0{,}05} = 300\,000 \quad\Rightarrow\quad S \approx 2365€$

Jährlicher Einzahlungsbetrag bei Verzinsung zu 4 % 3036€, bei Verzinsung zu 5 % nur 2365€.

e) $p = 4\,\%$: $3036€\cdot 1{,}04\cdot\frac{1{,}04^{45}-1}{0{,}04} \approx 382\,143€$ 27,38 % mehr!

$p = 5\,\%$: $2365€\cdot 1{,}05\cdot\frac{1{,}05^{45}-1}{0{,}05} \approx 396\,575€$ 32,19 % mehr!

Es hätte sich in beiden Fällen gelohnt, fünf Jahre länger einzuzahlen.

S. 161

14 NM: Neues Medikament; NW: Nebenwirkungen

a) Baumdiagramm:

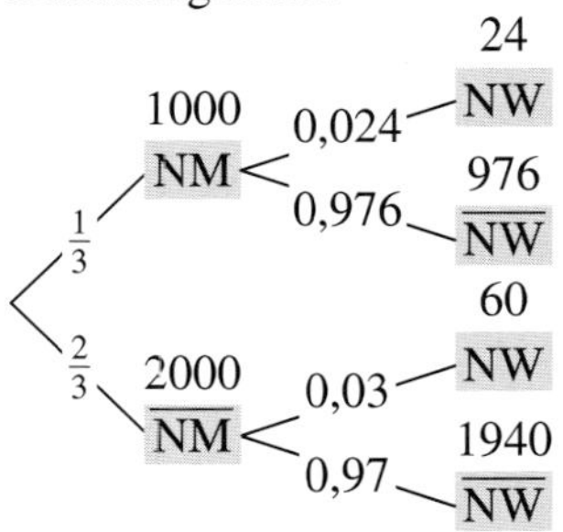

Vierfeldertafel:

	NM	$\overline{NM}$	Summe
NW	24	60	84
$\overline{NW}$	976	1940	2916
Summe	1000	2000	3000

b) $P_{\overline{NM}}(NW) = \frac{60}{2000} = 3{,}0\,\%$

c) $P(\overline{NW}) = \frac{2916}{3000} = 97{,}2\,\%$

d) $P_{NW}(NM) = \frac{24}{84} = \frac{2}{7} \approx 28{,}6\,\%$

$P_{NW}(\overline{NM}) = \frac{60}{84} = \frac{5}{7} \approx 71{,}4\,\%$

e) Der Pharmavertreter rechnet folgendermaßen: Bei den Patienten, die das bisherige Medikament verwenden, traten in 60 Fällen Nebenwirkungen auf. Bei den Patienten, die das neue Medikament verwenden, traten nur in 24 Fällen Nebenwirkungen auf. Der Rückgang beträgt $\frac{(60-24)}{60} = 60\,\%$. Der Pharmavertreter verschweigt allerdings, dass sich die Zahl der Patienten bei den beiden Medikamenten unterscheidet.

Der Arzt rechnet folgendermaßen: Beim bisherigen Medikament traten bei 3 % der Verwender Nebenwirkungen auf, beim neuen Medikament nur bei 2,4 % der Verwender. Beim neuen Medikament ist die Wahrscheinlichkeit von Nebenwirkungen um $\frac{0{,}6\,\%}{3\,\%} = 20\,\%$ niedriger als beim alten Medikament.

Der Vertreter der Gesundheitsbehörde rechnet folgendermaßen: Beim bisherigen Medikament traten bei 3 % der Verwender Nebenwirkungen auf, beim neuen Medikament nur bei 2,4 % der Verwender. Die Differenz beträgt 0,6 %. (Korrekt wäre: „sinkt um 0,6 Prozentpunkte".)

f) Der Gewinneinbruch von 50 % bedeutet einen Rückgang von 400 Mio. € auf 200 Mio. €. Der Anstieg um 60 % bezieht sich auf die niedrigere Basis von 200 Mio. €. Insgesamt gleicht der Anstieg den anfänglichen Rückgang nicht aus. Der neue Gewinn liegt bei $(1-0{,}5)\cdot(1+0{,}6) = 80\,\%$ des alten Gewinns. Dies sind, wie man auch der Grafik am Rand entnehmen kann, 320 Mio. €.

15 a) Individuelle Lösungen; die Flächeninhalte stimmen überein.

b) Sichel: $A_S = \frac{1}{2}\cdot(r_1+r_2)^2\pi - \left(\frac{1}{2}r_1^2\pi + \frac{1}{2}r_2^2\pi\right) = \frac{1}{2}\pi\cdot\left(r_1^2+2r_1r_2+r_2^2-r_1^2-r_2^2\right) = \pi\cdot r_1\cdot r_2$

Kreis: $A_K = r_3^2\cdot\pi = r_1\cdot r_2\cdot\pi$

$\uparrow$ Höhensatz: $(h^2 = p\cdot q \Rightarrow (2r_3)^2 = 2r_1\cdot 2r_2 \Rightarrow r_3^2 = r_1\cdot r_2)$

16 a) $V = r^2\cdot\pi\cdot h$

$V_1 = (2r)^2\cdot\pi\cdot h = 4V$ — doppelter Grundkreisradius bedeutet vierfaches Volumen

$V_2 = r^2\cdot\pi\cdot 2h = 2V$ — doppelte Höhe bedeutet doppeltes Volumen

b) $M = 2\cdot r\cdot\pi\cdot h$

$M_1 = 2\cdot(2r)\cdot\pi\cdot h = 2\cdot M$ — doppelter Grundkreisradius bedeutet doppelte Mantelfläche

$M_2 = 2\cdot r\cdot\pi\cdot(2h) = 2\cdot M$ — doppelte Höhe bedeutet doppelte Mantelfläche

c) $\left.\begin{array}{l} V = r^2\cdot\pi\cdot h \\ V_1 = r_1^2\cdot\pi\cdot h = 3V \end{array}\right\} \Rightarrow r_1^2 = 3r^2 \Rightarrow r_1 = \sqrt{3}\cdot r \approx 1{,}732\,r$

Der Radius muss um 73,2 % vergrößert werden.

d) $V_h(r) = r^2\cdot\pi\cdot h;\ r > 0$

z. B.: $f_{h_1}(r) = r^2\cdot\pi\cdot 0{,}5$

$f_{h_2}(r) = r^2\cdot\pi\cdot 1$

$f_{h_3}(r) = r^2\cdot\pi\cdot 2$

$V_r(h) = r^2\cdot\pi\cdot h;\ h > 0$

z. B.: $f_{r_1}(h) = 1\cdot\pi\cdot h \quad (r_1 = 1)$

$f_{r_2}(h) = 0{,}25\cdot\pi\cdot h \quad (r_2 = 0{,}5)$

$f_{r_3}(h) = 4\cdot\pi\cdot h \quad (r_3 = 2)$

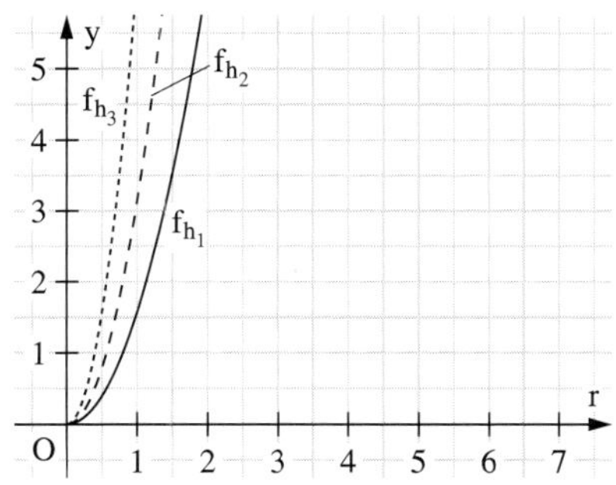

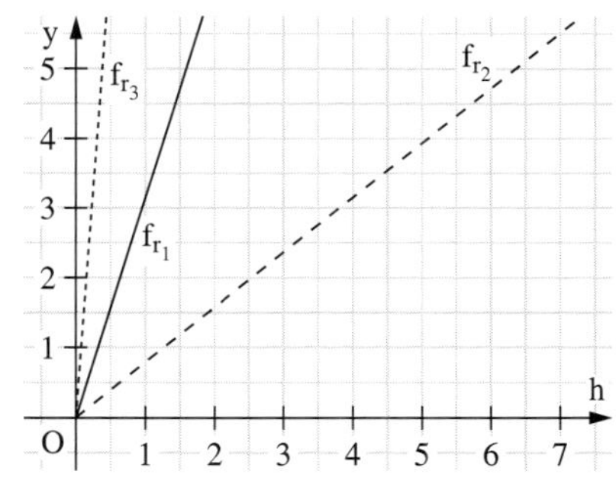

e) 1. Fall: $2r < h$

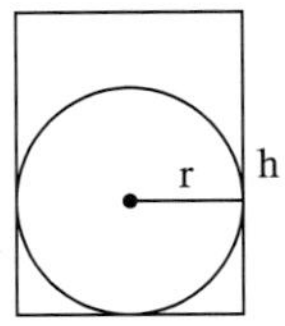

$V_K = \frac{4}{3}r^3\pi;\quad V_Z = r^2 \cdot \pi \cdot h$

$\frac{V_K}{V_Z} = \frac{4r^3\pi}{3r^2\pi \cdot h} = \frac{4r}{3h} < \frac{4r}{3 \cdot 2r} = \frac{2}{3}$

Anteil des Kugelvolumens in %: $\frac{4r}{3h} \cdot 100\,\%$

2. Fall: $2r = h$ $\quad V_K = \frac{4}{3}r^3\pi;\quad V_Z = r^2 \cdot \pi \cdot 2r$

$\frac{V_K}{V_Z} = \frac{4r^3\pi}{3 \cdot 2r^3\pi} = \frac{2}{3}$

Anteil des Kugelvolumens in %: $\frac{2}{3} \cdot 100\,\% \approx 66{,}7\,\%$

3. Fall: $2r > h$

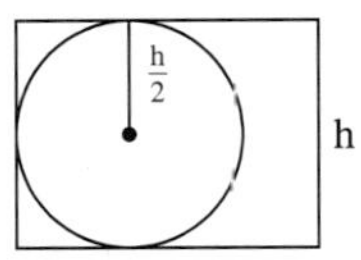

$V_K = \frac{4}{3} \cdot \left(\frac{h}{2}\right)^3 \cdot \pi = \frac{h^3}{6}\pi;\quad V_Z = r^2 \cdot \pi \cdot h$

$\frac{V_K}{V_Z} = \frac{h^3\pi}{6r^2\pi \cdot h} = \frac{h^2}{6r^2} < \frac{(2r)^2}{6r^2} = \frac{2}{3}$

Anteil des Kugelvolumens in %: $\frac{1}{6}\frac{h^2}{r^2} \cdot 100\,\%$

Das maximale Kugelvolumen wird für $h = 2r$ angenommen.

S. 162 **17** a) Anhand der Körpergrößen der am Korb stehenden Personen kann z. B. die Länge des Korbes mit 2 m abgeschätzt werden.
Misst man im rechten Bild die Länge des Korbes (ca. 6,5 mm), so kann man einen Maßstab von etwa 1 : 300 berechnen und damit eine Breite und Höhe des Ballons mit etwa $b = 17\,m$ bzw. $h = 18\,m$ annehmen.
Das Volumen des Ballons könnte man berechnen, indem man die Ballonform mit einer Kugel mit dem Radius 17,5 m vergleicht.

$V_{Ballon} \approx \frac{4}{3} \cdot (17{,}5\,m)^3 \cdot \pi \approx 22\,450\,m^3$

b) $F_A = 1{,}14\,\frac{kg}{m^3} \cdot 9{,}81\,\frac{m}{s^2} \cdot 22\,450\,m^3 \approx 251\,067\,N \approx 251\,kN$

Der gefüllte Ballon muss weniger als 251 kN wiegen.

$0{,}89\,\frac{kg}{m^3} \cdot 9{,}81\,\frac{m}{s^2} \cdot 22\,450\,m^3 \approx 196\,009\,N \approx 196\,kN$

$251\,kN - 196\,kN = 55\,kN$

Der Ballon (ohne Warmluftfüllung) muss weniger als 55 kN wiegen (inkl. Besatzung).

c)

	G	$\overline{G}$	
R	0,56	**0,24**	0,8
$\overline{R}$	0,14	0,06	**0,2**
	0,7	**0,3**	1

G: Das Wetter ist gut;
R: Die Wettervorhersage ist richtig

Die Wahrscheinlichkeit, dass am Starttag schönes Wetter herrscht und dies richtig prognostiziert wird, liegt bei 56 %.

d)

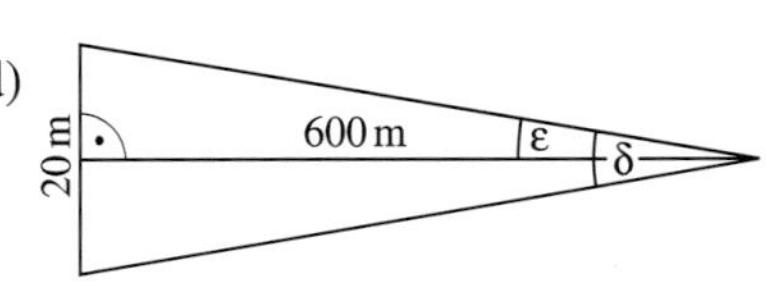

$\tan\varepsilon = \frac{10\,m}{600\,m} \Rightarrow \varepsilon = 0{,}954\ldots° \Rightarrow \delta \approx 1{,}91°$

Sie sehen den Ballon unter dem Blickwinkel 1,91°.

e) Ergebnisse individuell je nach Körpermaßen:
z. B. Entfernung Auge – Daumen: 57 cm
Breite des Daumens: 2 cm

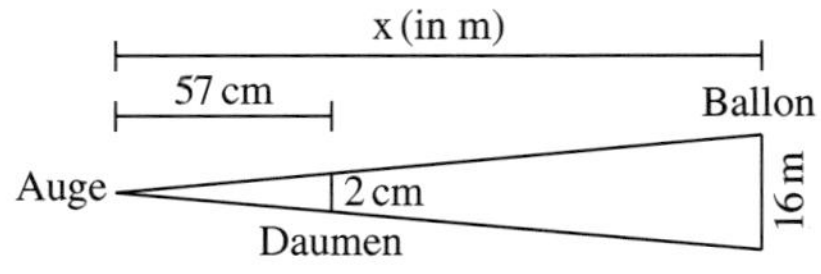

$2 : 57 = 16 : x$

$\Rightarrow x = 57 \cdot 8 = 456\,m$

Die beiden Ballone sind etwa 456 m voneinander entfernt.

S. 163

18 a) $\frac{1}{x+2} + \frac{1}{x} = 2 \qquad | \cdot (x+2) \cdot x$

$x + (x+2) = 2 \cdot (x+2) \cdot x$

$2x+2 = 2x^2 + 4x \qquad | -2x-2$

$0 = 2x^2 + 2x - 2 \qquad | :2$

$0 = x^2 + x - 1$

$x_{1/2} = \frac{-1 \pm \sqrt{1+4}}{2} = \frac{-1 \pm \sqrt{5}}{2}$

b) $V_{Kugel} = \frac{4}{3} \cdot \pi \cdot r^3 = \frac{4}{3} \cdot \pi \cdot (1{,}5\,dm)^3$

$\approx 14{,}1\,dm^3 = 14{,}1\,l$

$\frac{5\,l}{14{,}1\,l} \approx 0{,}35 = 35\,\%$

c) (I) $y - x - 1 = 0 \Rightarrow y = x + 1$

(II) $x^2 + y^2 - 1 = 0$

(I) in (II): $x^2 + (x+1)^2 - 1 = 0$

$x^2 + x^2 + 2x + 1 - 1 = 0$

$2x^2 + 2x = 0$

$2x \cdot (x+1) = 0$

$x_1 = 0;\ x_2 = -1 \quad \Rightarrow \quad y_1 = 1;\ y_2 = 0$

$L = \{(0; 1), (-1; 0)\}$

d) i), iii), vii), viii), x) keine Graphen vorhanden

ii) G_g: $x \mapsto x^2 - 4x + 5$

iv) G_h: $x \mapsto -\frac{1}{2}x - 1$

v) G_q: $x \mapsto -x(2+x)$

vi) G_f: $x \mapsto 2^x$

ix) G_p: $x \mapsto \frac{1}{2+x}$

e) i) -2 ii) $-\frac{2}{3}$ iii) 0 iv) 0

f) B: Badewetter; F: Holger im Freibad

i)

	F	$\overline{F}$	
B	$0{,}6 \cdot 0{,}7 = 0{,}42$	0,18	0,6
$\overline{B}$	$0{,}4 \cdot 0{,}1 = 0{,}04$	0,36	0,4
	0,46	0,54	1

ii) $P(F) = 0{,}46$

iii) $P_F(B) = \frac{0{,}42}{0{,}46} = \frac{21}{23} \approx 91{,}3\,\%$

g) i) $f(x) = x^2 \cdot (x-1)$

doppelte Nullstelle bei $x = 0$;

einfache Nullstelle bei $x = 1$

ii) $g(x) = (x-2)^2 \cdot (x^2-1) = (x-2)^2 \cdot (x-1) \cdot (x+1)$

einfache Nullstelle bei $x = -1$; $x = 1$;

doppelte Nullstelle bei $x = 2$

iii) $h(x) = (x-2)^2 \cdot (x^2-4)$

$= (x-2)^2 \cdot (x-2) \cdot (x+2) = (x-2)^3 \cdot (x+2)$

dreifache Nullstelle bei $x = 2$;

einfache Nullstelle bei $x = -2$

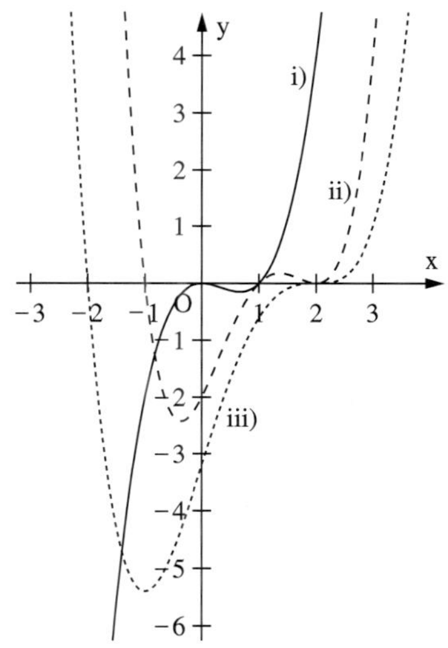

h) $f(x) = 3\sin(2x)$ $g(x) = -2\sin(x)$ $h(x) = -\sin x$

$p(x) = \sin(x)$ $q(x) = \sin\left(x + \frac{\pi}{2}\right)$

j) i) falsch; Gegenbeispiel: f mit $f(x) = x^2 + 1$

ii) falsch; Gegenbeispiel: g mit $g(x) = x^4 + x$

Verzeichnis der Kopiervorlagen

V Ganzrationale Funktionen

VI Eigenschaften von Funktionen und ihrer Graphen

Vernetzende Aufgaben

Näherungsweise Bestimmung der Kreiszahl π

1. In einen Kreis mit Radius 10 cm sollen n-Ecke einbeschrieben werden und nach Messung der Seitenlängen dieser n-Ecke Näherungswerte von π berechnet werden.

a) Das Bild zeigt bereits ein einbeschriebenes Quadrat. Miss s_4, berechne den Umfang u_4 und mit $\frac{u_4}{2r}$ einen (groben) Näherungswert von π. Trage in die Tabelle ein.

b) Durch Winkelhalbierung ist eine Ecke des einbeschriebenen Achtecks gefunden und die Seitenlänge s_8 des Achtecks eingezeichnet worden. Ergänze die Tabelle für $n = 8$.

c) Konstruiere analog s_{16} und s_{32} und vervollständige die Tabelle.

d) Erkläre, warum der Näherungswert von π für $n = 32$ wieder ungenauer wird.

n	s_n	u_n	$\frac{u_n}{2r}$
4			
8			
16			
32			

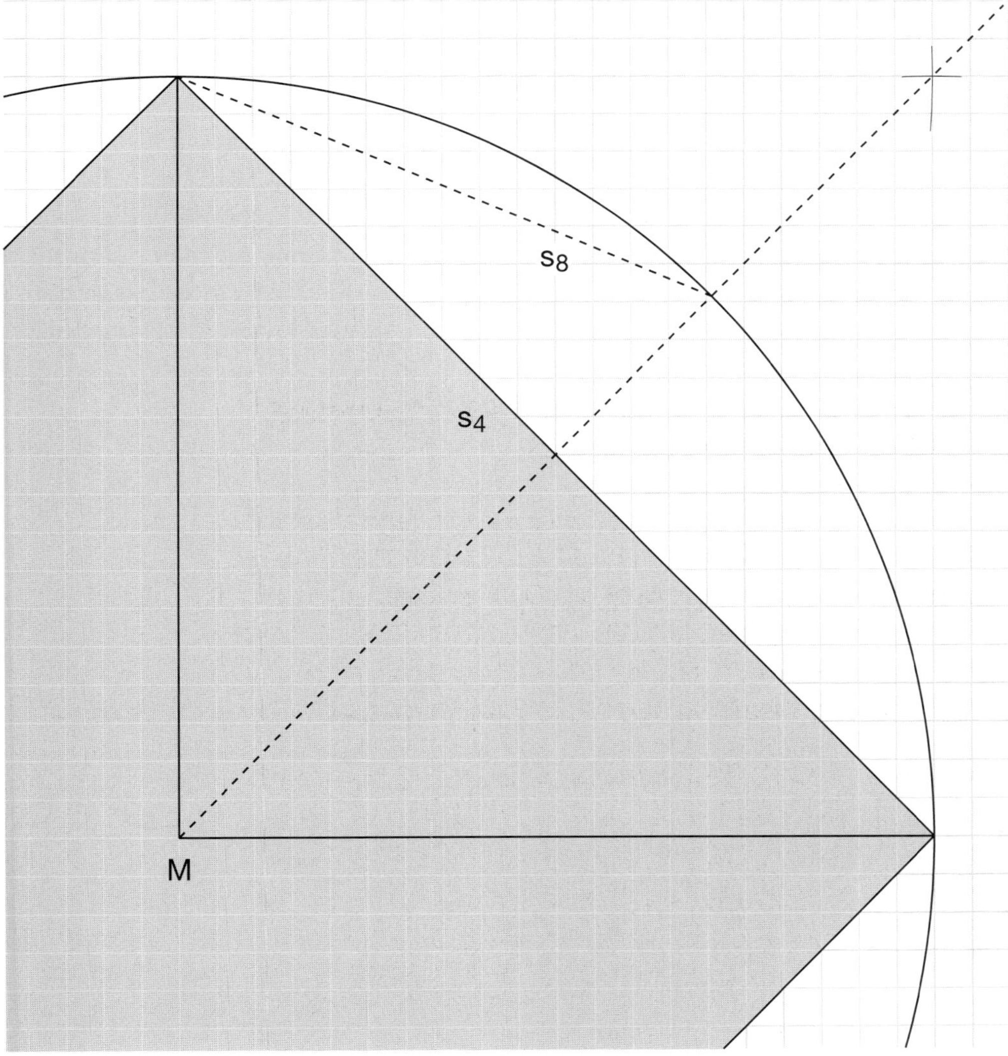

Näherungsweise Bestimmung der Kreiszahl π

1. In einen Kreis mit Radius 10 cm sollen n-Ecke einbeschrieben werden und nach Messung der Seitenlängen dieser n-Ecke Näherungswerte von π berechnet werden.

a) Das Bild zeigt bereits ein einbeschriebenes Quadrat. Miss s_4, berechne den Umfang u_4 und mit $\frac{u_4}{2r}$ einen (groben) Näherungswert von π. Trage in die Tabelle ein.

b) Durch Winkelhalbierung ist eine Ecke des einbeschriebenen Achtecks gefunden und die Seitenlänge s_8 des Achtecks eingezeichnet worden. Ergänze die Tabelle für n = 8.

c) Konstruiere analog s_{16} und s_{32} und vervollständige die Tabelle.

d) Erkläre, warum der Näherungswert von π für n = 32 wieder ungenauer wird.

n	s_n	u_n	$\frac{u_n}{2r}$
4	14,1	56,4	2,82
8	7,7	61,6	3,08
16	3,9	62,4	3,12
32	2,0	64,0	3,20

Ein möglicher Messfehler (ca. $\frac{1}{2}$ mm) beim Bestimmen der Seitenlänge s_{32} wird mit 32 multipliziert.

Je größer n, desto größer der Gesamtfehler bei u_n.

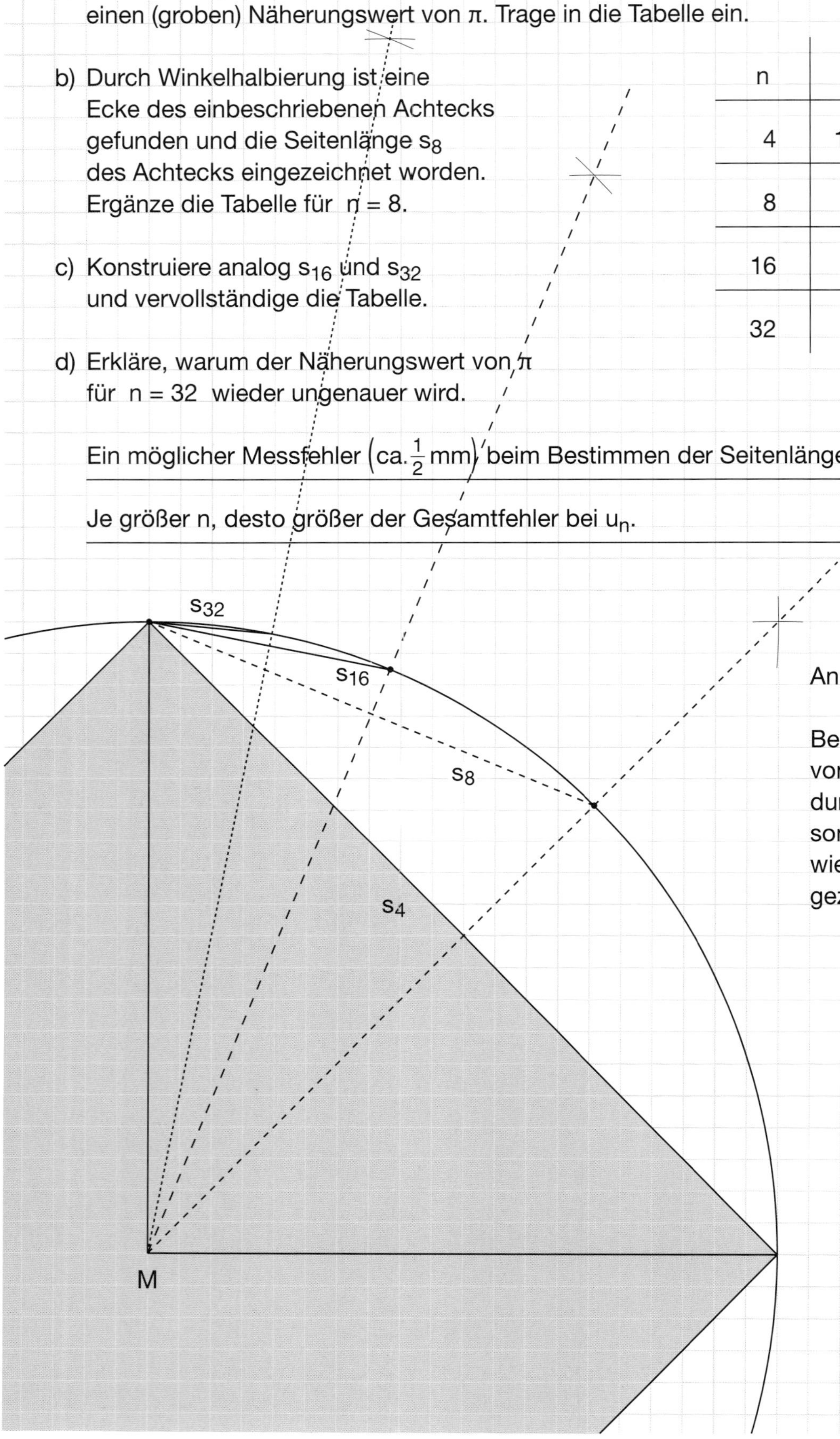

Anmerkung:

Bessere Näherungswerte von π kann man daher nicht durch Messung gewinnen, sondern durch Berechnungen, wie im *Schülerbuch* auf S. 9 gezeigt.

Spiel für 2 Personen

Spielvorbereitung: Die Kreisscheibe wird auf festes Papier kopiert oder auf Karton aufgeklebt. Durch Zeiger und Kreisscheibe wird ein Loch gebohrt und beide Teile mit einer Rundkopfklammer verbunden.

Spielziel: Jeder Spieler versucht, entsprechend geeignet eingesetzter Spielkarten, den Zeiger auf der Winkelscheibe in seine Zielstellung zu drehen.

Spielregel: Von den gemischten, verdeckt auf einen Stapel gelegten Spielkarten werden 4 aufgedeckt und in die Mitte gelegt.
Der Zeiger wird zum Spielbeginn auf die Startposition gedreht.
Zunächst wird ausgelost, wer (als Spieler A) beginnen darf.

Spieler A wählt eine der 4 aufgedeckten Spielkarten und dreht den Zeiger entsprechend.
Es darf beliebig nach links oder rechts gedreht werden.
Es gibt 3 verschiedene Typen von Spielkarten:
- Winkelkarten (weiß): Hier ist der Drehwinkel in Bogenmaß angegeben.
- Flächenkarten (grau): Hier ist die Fläche angegeben, welche der Zeiger überstreichen soll.
- Bogenlängekarten (hellgrau): Hier ist die Bogenlänge angegeben, welche die Zeigerspitze zurücklegen darf.

Die eingesetzte Spielkarte wird abgelegt und vom verdeckten Stapel eine neue Karte in die Mitte gelegt.

(Spielvariante: Es könnten auch z. B. die Flächenkarten aussortiert werden.)

Nachdem Spieler A seinen ersten Zug gemacht hat, dürfen die Spieler B und A abwechselnd immer zwei Züge direkt hintereinander machen (d. h. die Spieler spielen in der Reihenfolge A – B – B – A – A – B – B – …). Für jede eingesetzte und dann abgelegte Spielkarte wird sofort eine neue vom Stapel aufgedeckt.
Ist der verdeckte Stapel leer, wird der Ablagestapel gemischt und als neuer verdeckter Stapel benutzt.

Spielende: Es gewinnt der Spieler, auf dessen Zielmarke der Zeiger zuerst gedreht wird.

Spielmaterial:

Es wird noch eine Rundkopfklammer benötigt.

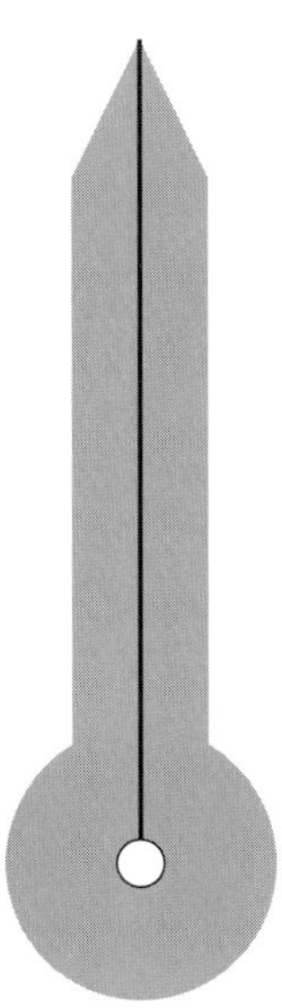

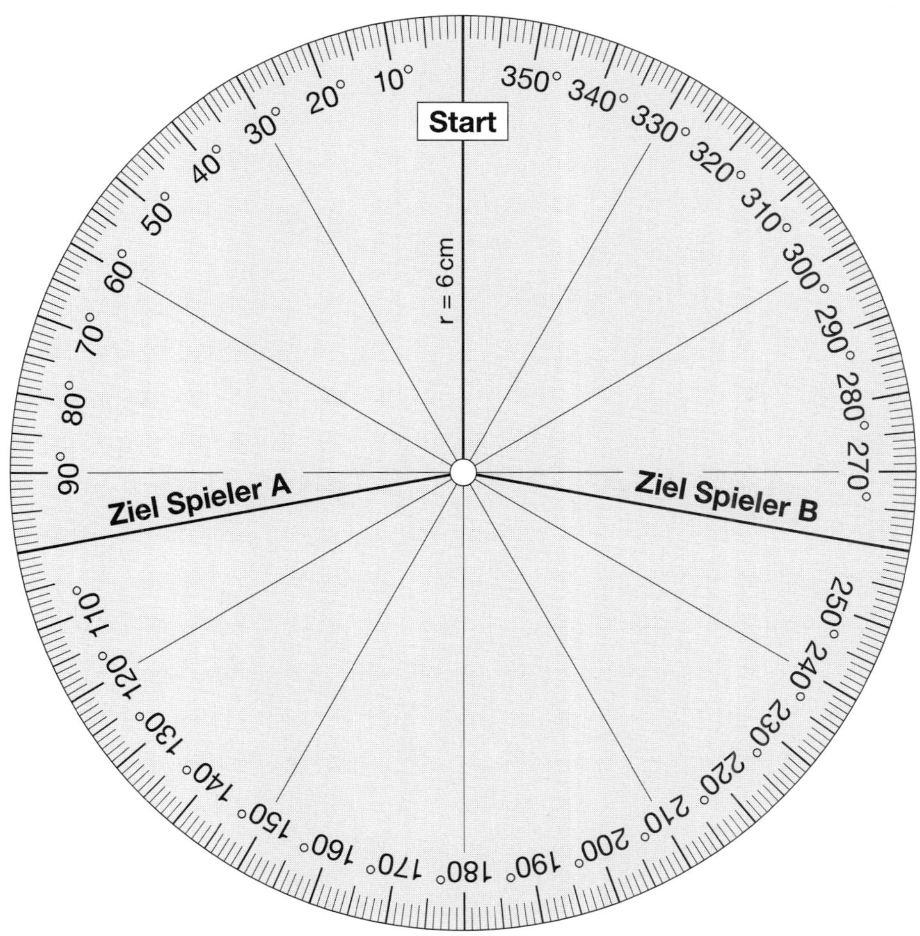

Winkel $\frac{\pi}{2}$	Winkel $\frac{\pi}{4}$	Winkel $\frac{\pi}{12}$
Winkel $\frac{\pi}{2}$	Winkel $\frac{\pi}{6}$	Winkel $\frac{\pi}{18}$
Winkel $\frac{\pi}{2}$	Winkel $\frac{\pi}{6}$	Winkel $\frac{\pi}{18}$
Winkel $\frac{\pi}{3}$	Winkel $\frac{\pi}{9}$	Winkel $\frac{\pi}{18}$
Winkel $\frac{\pi}{3}$	Winkel $\frac{\pi}{9}$	Winkel $\frac{\pi}{36}$
Winkel $\frac{\pi}{4}$	Winkel $\frac{\pi}{12}$	Winkel $\frac{\pi}{36}$
Winkel $\frac{\pi}{4}$	Winkel $\frac{\pi}{12}$	Winkel $\frac{\pi}{36}$

Winkel π	Winkel $\frac{2}{3}\pi$	Fläche $1\pi\ cm^2$
Winkel π	Winkel $\frac{2}{3}\pi$	Fläche $1\pi\ cm^2$
Winkel π	Winkel $\frac{4}{3}\pi$	Fläche $2\pi\ cm^2$
Winkel $\frac{3}{2}\pi$	Winkel $\frac{5}{3}\pi$	Fläche $3\pi\ cm^2$
Winkel $\frac{3}{2}\pi$	Winkel $\frac{3}{4}\pi$	Fläche $4\pi\ cm^2$
Winkel $\frac{5}{2}\pi$	Winkel $\frac{5}{4}\pi$	Fläche $5\pi\ cm^2$
Winkel $\frac{5}{2}\pi$	Winkel $\frac{5}{6}\pi$	Fläche $6\pi\ cm^2$

Fläche $54\pi\ cm^2$	**Fläche** $27\pi\ cm^2$	**Fläche** $18\pi\ cm^2$	**Fläche** $18\pi\ cm^2$	**Fläche** $12\pi\ cm^2$	**Fläche** $9\pi\ cm^2$	**Fläche** $9\pi\ cm^2$
Bogenlänge 2π cm	**Bogenlänge** $\frac{3}{2}\pi$ cm	**Bogenlänge** $\frac{3}{2}\pi$ cm	**Bogenlänge** π cm	**Bogenlänge** π cm	**Bogenlänge** $\frac{\pi}{2}$ cm	**Bogenlänge** $\frac{\pi}{2}$ cm
Bogenlänge 15π cm	**Bogenlänge** 9π cm	**Bogenlänge** 6π cm	**Bogenlänge** 5π cm	**Bogenlänge** 4π cm	**Bogenlänge** 3π cm	**Bogenlänge** 2π cm

Arbeitsblatt: Zusammenhang von Oberflächeninhalt und Volumen der Kugel

- Bastelt arbeitsteilig aus der Bastelvorlage „Pyramiden“ 12 Fünfeck- und 20 Sechseckpyramiden.
- Schneidet zweimal die Bastelvorlage „Fußballnetz“ aus und verklebt diese zu zwei halben Fußbällen.
- In diese halben Bälle werden nun die Pyramiden passend eingeklebt.
  (Hinweis: Wird hierfür Fixogum verwendet und werden nur kleine Klebepunkte gesetzt, so können die Pyramiden zu Anschauungszwecken auch wieder entfernt werden.)
- Die beiden mit Pyramiden gefüllten halben Bälle können nun zu einem vollständig gefüllten Fußball zusammengefügt werden (nicht kleben!).

An diesem Anschauungsobjekt wird nun ein Zusammenhang von Oberflächeninhalt und Volumen der Kugel hergeleitet.
Statt der Kugel wird als gute Näherung der Fußball betrachtet.
Die Oberfläche O des Balles setzt sich aus den Grundflächen der 32 Pyramiden zusammen:

$$O = G_{Pyramide\,1} + G_{Pyramide\,2} + \dots + G_{Pyramide\,32}$$

Für das Volumen jeder einzelnen Pyramide mit Höhe h gilt: $V_{Pyramide} =$ ______________

In guter Näherung gilt: $h_{Pyramide} = r$ (r = Radius des Balls), also $V_{Pyramide} =$ ______________

Das Volumen V des gesamten Balles setzt sich aus den Volumina der 32 Pyramiden zusammen:

$$V = V_{Pyramide\,1} + V_{Pyramide\,2} + \dots + V_{Pyramide\,32}$$

$$= \frac{1}{3} \cdot (\underline{\qquad\qquad\qquad\qquad}) \cdot r$$

Es gilt also folgender Zusammenhang von Oberflächeninhalt und Volumen der Kugel:

$$V = \frac{1}{3} \cdot O \cdot r$$

Ist bekannt:

$O = 4\pi r^2$,

so folgt mit obigem Zusammenhang:

$V_G =$ ______________

Historisch gesehen (und so auch im Schulbuch dargestellt) konnte zuerst das Volumen von Kugeln berechnet werden.
Ist also bekannt:

$V = \frac{4}{3}\pi r^3$,

so folgt mit obigem Zusammenhang:

$\frac{4}{3}\pi r^3 = V =$ ______________

$\Rightarrow \quad O =$ ______________

Bastelvorlage: Fußballnetz (halbes Netz)

Die Kopiervorlage zeigt das Netz eines halben Fußballs. Für einen vollständigen Ball müssen 2 solche Netze ausgeschnitten und miteinander verklebt werden.

Beim Kopieren auf DIN A3 (141 %) vergrößern!

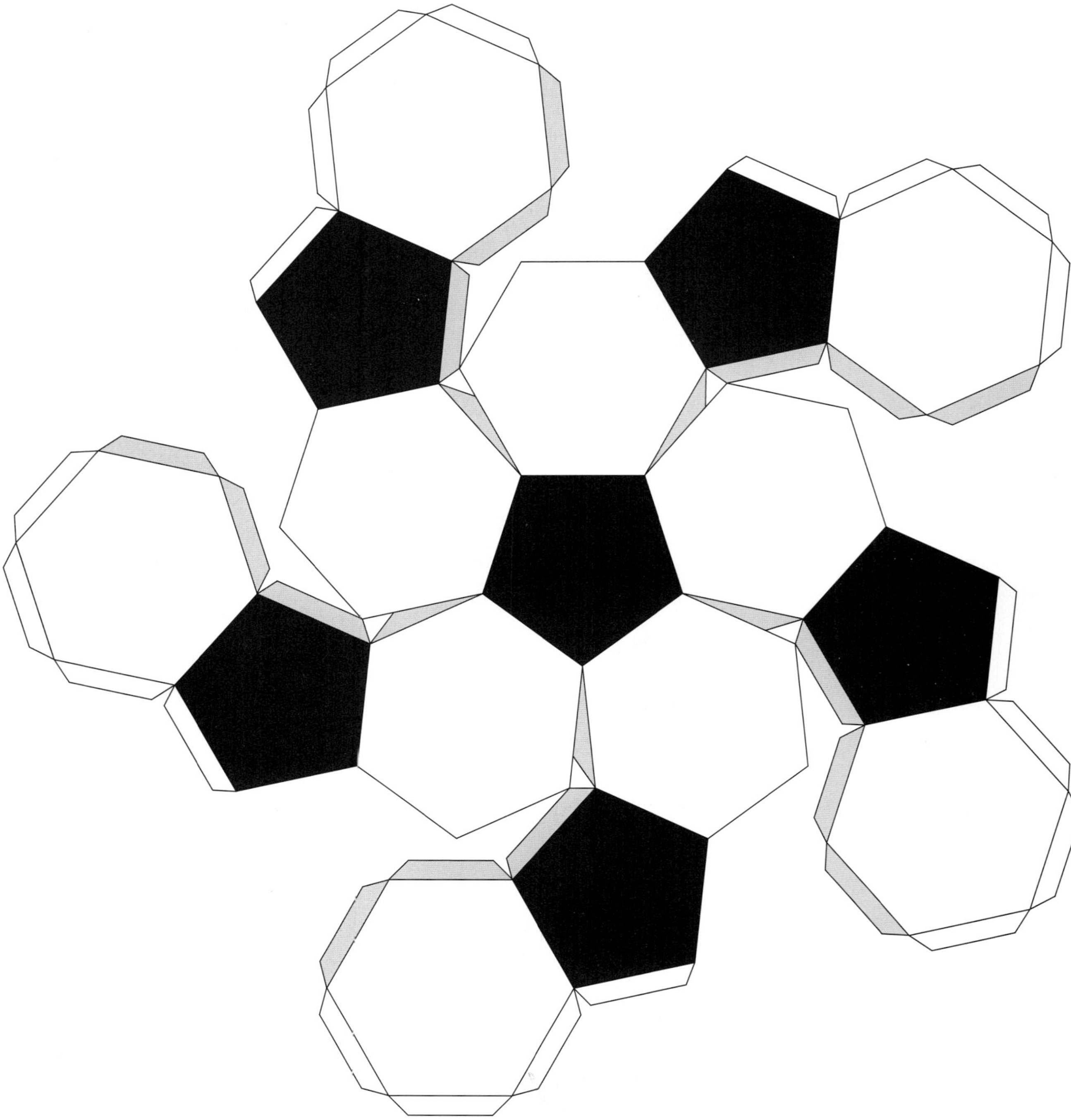

Das Netz wird durch Kleben der grauen Laschen zum halben Fußball.
Durch Umbiegen der weißen Laschen können die gegebenenfalls eingefüllten Pyramiden (vergleiche separate Kopiervorlage) im halben Ball fixiert werden.

Sollen zwei halbe Ballnetze ohne Pyramidenfüllung miteinander verklebt werden, müssen auf einem der Netze alle weißen Laschen entfernt werden.

Um einen halben Fußball mit Pyramiden zu füllen, werden von dieser Vorlage 2 Kopien benötigt.

Beim Kopieren auf DIN A3 (141 %) vergrößern!

Berechnungen an Kugel und Kreis – Planetensystem

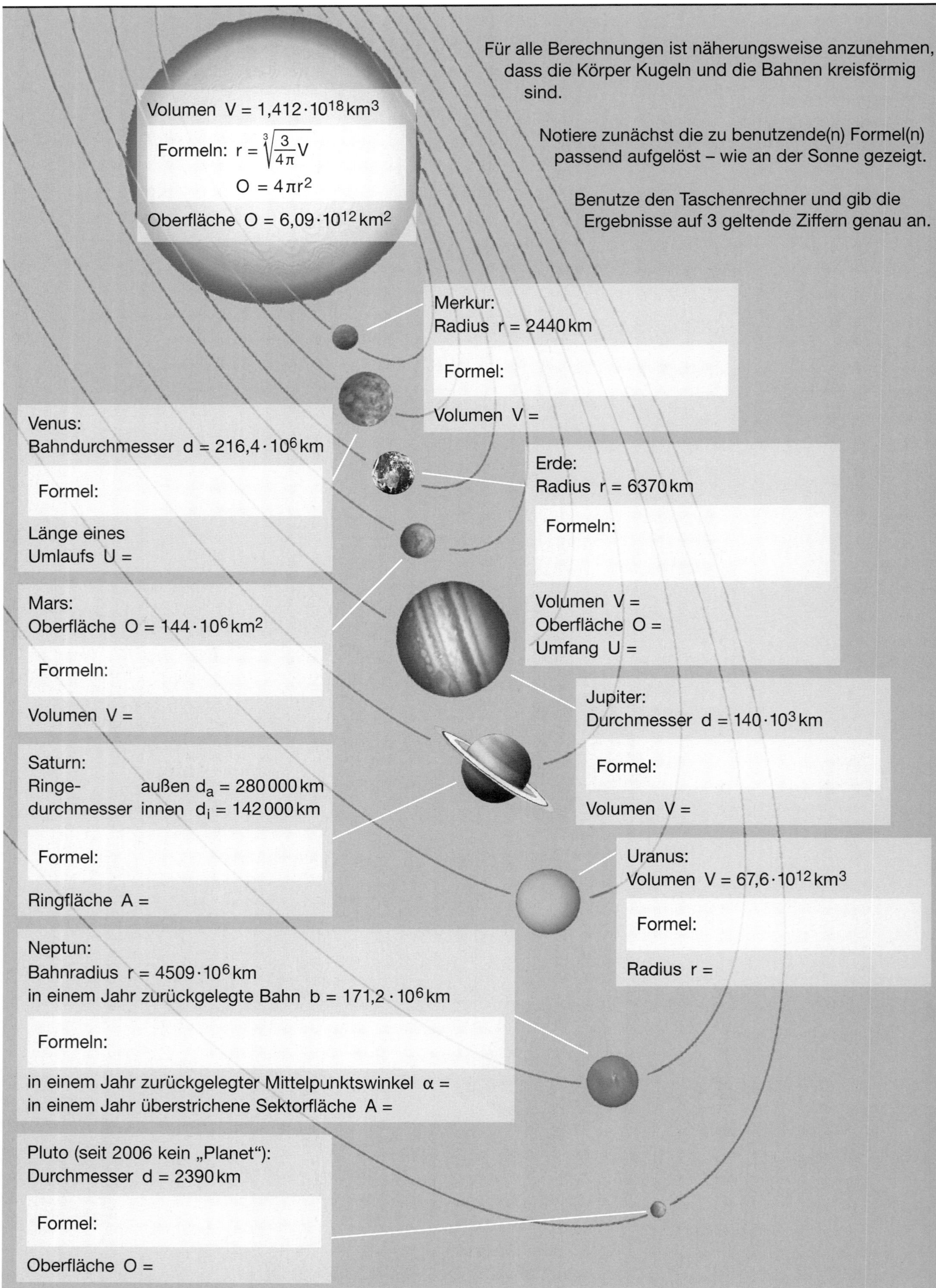

Volumen $V = 1{,}412 \cdot 10^{18}\,\text{km}^3$

Formeln: $r = \sqrt[3]{\frac{3}{4\pi}V}$

$O = 4\pi r^2$

Oberfläche $O = 6{,}09 \cdot 10^{12}\,\text{km}^2$

Für alle Berechnungen ist näherungsweise anzunehmen, dass die Körper Kugeln und die Bahnen kreisförmig sind.

Notiere zunächst die zu benutzende(n) Formel(n) passend aufgelöst – wie an der Sonne gezeigt.

Benutze den Taschenrechner und gib die Ergebnisse auf 3 geltende Ziffern genau an.

Merkur:
Radius $r = 2440\,\text{km}$

Formel:

Volumen $V =$

Venus:
Bahndurchmesser $d = 216{,}4 \cdot 10^6\,\text{km}$

Formel:

Länge eines Umlaufs $U =$

Erde:
Radius $r = 6370\,\text{km}$

Formeln:

Volumen $V =$
Oberfläche $O =$
Umfang $U =$

Mars:
Oberfläche $O = 144 \cdot 10^6\,\text{km}^2$

Formeln:

Volumen $V =$

Jupiter:
Durchmesser $d = 140 \cdot 10^3\,\text{km}$

Formel:

Volumen $V =$

Saturn:
Ringedurchmesser außen $d_a = 280\,000\,\text{km}$
innen $d_i = 142\,000\,\text{km}$

Formel:

Ringfläche $A =$

Uranus:
Volumen $V = 67{,}6 \cdot 10^{12}\,\text{km}^3$

Formel:

Radius $r =$

Neptun:
Bahnradius $r = 4509 \cdot 10^6\,\text{km}$
in einem Jahr zurückgelegte Bahn $b = 171{,}2 \cdot 10^6\,\text{km}$

Formeln:

in einem Jahr zurückgelegter Mittelpunktswinkel $\alpha =$
in einem Jahr überstrichene Sektorfläche $A =$

Pluto (seit 2006 kein „Planet"):
Durchmesser $d = 2390\,\text{km}$

Formel:

Oberfläche $O =$

Trainingsblatt
Berechnungen an Kugel und Kreis – Planetensystem

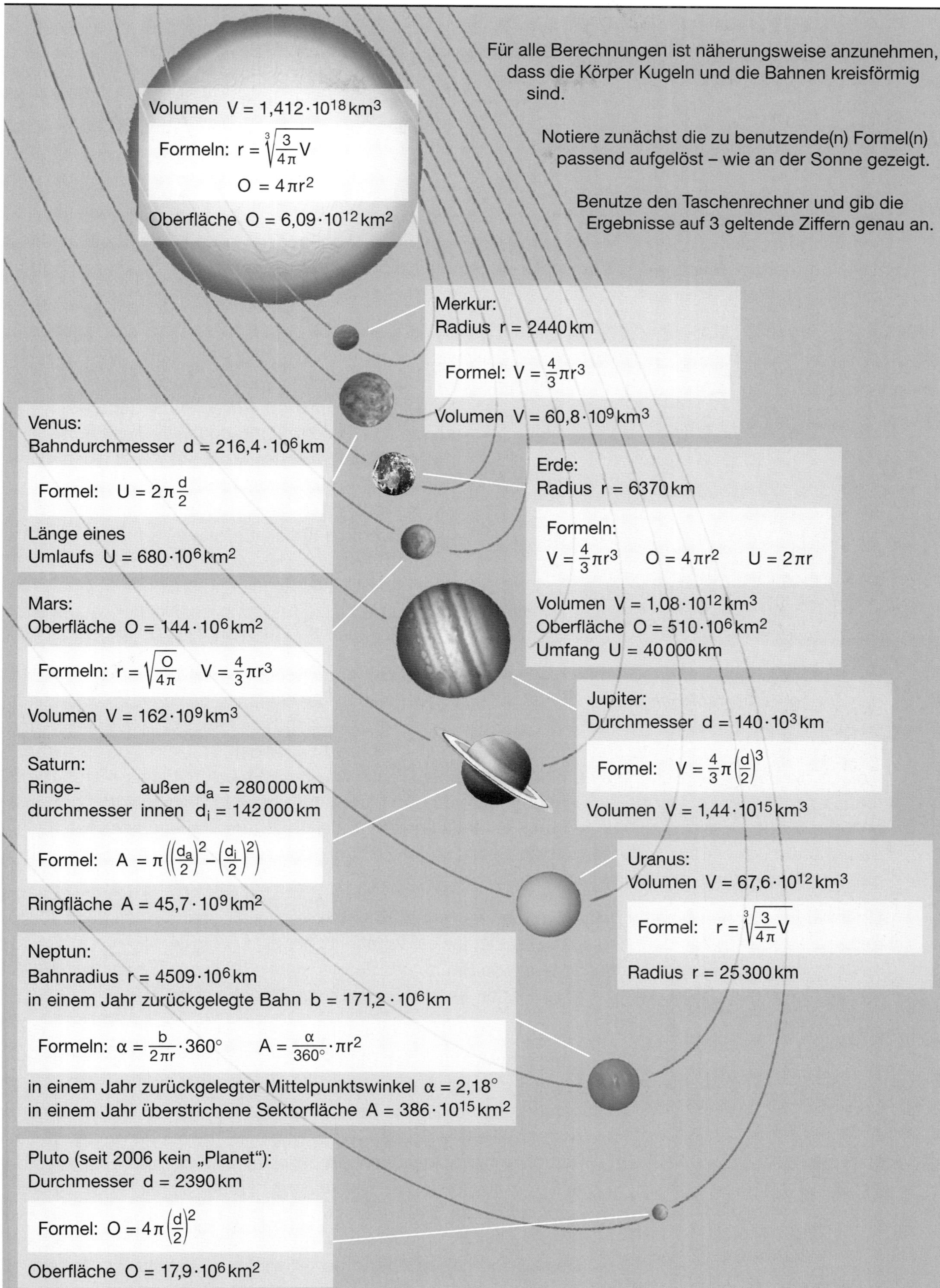

Für alle Berechnungen ist näherungsweise anzunehmen, dass die Körper Kugeln und die Bahnen kreisförmig sind.

Notiere zunächst die zu benutzende(n) Formel(n) passend aufgelöst – wie an der Sonne gezeigt.

Benutze den Taschenrechner und gib die Ergebnisse auf 3 geltende Ziffern genau an.

Sonne:
Volumen $V = 1{,}412 \cdot 10^{18}\,\text{km}^3$

Formeln: $r = \sqrt[3]{\frac{3}{4\pi}V}$

$O = 4\pi r^2$

Oberfläche $O = 6{,}09 \cdot 10^{12}\,\text{km}^2$

Merkur:
Radius $r = 2440\,\text{km}$

Formel: $V = \frac{4}{3}\pi r^3$

Volumen $V = 60{,}8 \cdot 10^9\,\text{km}^3$

Venus:
Bahndurchmesser $d = 216{,}4 \cdot 10^6\,\text{km}$

Formel: $U = 2\pi\frac{d}{2}$

Länge eines Umlaufs $U = 680 \cdot 10^6\,\text{km}^2$

Erde:
Radius $r = 6370\,\text{km}$

Formeln:
$V = \frac{4}{3}\pi r^3$ $\quad O = 4\pi r^2$ $\quad U = 2\pi r$

Volumen $V = 1{,}08 \cdot 10^{12}\,\text{km}^3$
Oberfläche $O = 510 \cdot 10^6\,\text{km}^2$
Umfang $U = 40\,000\,\text{km}$

Mars:
Oberfläche $O = 144 \cdot 10^6\,\text{km}^2$

Formeln: $r = \sqrt{\frac{O}{4\pi}}$ $\quad V = \frac{4}{3}\pi r^3$

Volumen $V = 162 \cdot 10^9\,\text{km}^3$

Jupiter:
Durchmesser $d = 140 \cdot 10^3\,\text{km}$

Formel: $V = \frac{4}{3}\pi\left(\frac{d}{2}\right)^3$

Volumen $V = 1{,}44 \cdot 10^{15}\,\text{km}^3$

Saturn:
Ringedurchmesser außen $d_a = 280\,000\,\text{km}$, innen $d_i = 142\,000\,\text{km}$

Formel: $A = \pi\left(\left(\frac{d_a}{2}\right)^2 - \left(\frac{d_i}{2}\right)^2\right)$

Ringfläche $A = 45{,}7 \cdot 10^9\,\text{km}^2$

Uranus:
Volumen $V = 67{,}6 \cdot 10^{12}\,\text{km}^3$

Formel: $r = \sqrt[3]{\frac{3}{4\pi}V}$

Radius $r = 25\,300\,\text{km}$

Neptun:
Bahnradius $r = 4509 \cdot 10^6\,\text{km}$
in einem Jahr zurückgelegte Bahn $b = 171{,}2 \cdot 10^6\,\text{km}$

Formeln: $\alpha = \frac{b}{2\pi r} \cdot 360°$ $\quad A = \frac{\alpha}{360°} \cdot \pi r^2$

in einem Jahr zurückgelegter Mittelpunktswinkel $\alpha = 2{,}18°$
in einem Jahr überstrichene Sektorfläche $A = 386 \cdot 10^{15}\,\text{km}^2$

Pluto (seit 2006 kein „Planet“):
Durchmesser $d = 2390\,\text{km}$

Formel: $O = 4\pi\left(\frac{d}{2}\right)^2$

Oberfläche $O = 17{,}9 \cdot 10^6\,\text{km}^2$

Das Wort „Trigonometrie" setzt sich aus den beiden griechischen Wörtern **„trigonon"** (Dreieck) und **„metron"** (Maß) zusammen. Damit wird deutlich, in welchem Bereich der Mathematik die Trigonometrie ursprünglich entstanden ist. Die Trigonometrie ist ein wichtiges Teilgebiet der Geometrie und befasst sich unter anderem mit der Berechnung der Größen eines Dreiecks aus drei gegebenen Größen (Seitenlängen und/oder Winkeln).

Aus historischer Sicht kamen erste Anstöße zur Trigonometrie wahrscheinlich aus praktischen Konstruktionsproblemen sowie geographischen und astronomischen Beobachtungen. Die Babylonier konnten bereits Sonnen- und Mondfinsternisse vorausberechnen, dazu waren trigonometrische Kenntnisse notwendig. Ägypter und Babylonier gaben die Neigungen schräger Flächen durch das **Längenverhältnis zweier Strecken** an – ein weiterer Hinweis auf erste trigonometrische Berechnungen.

Erst die Griechen begannen jedoch, die Trigonometrie wissenschaftlich zu behandeln. Auch hier kamen die wichtigsten Arbeiten von den Astronomen, die aus den Winkeln rechtwinkliger Dreiecke die gegenseitigen Abstände von Sonne, Mond und Erde bestimmten.
In dem astronomischen Hauptwerk der Griechen, dem **„Almagest"** des Claudius Ptolemäus (85 – 165 n. Chr.), sind die gesamten damaligen trigonometrischen Kenntnisse zusammengefasst. Dieses Werk, das so genannte **Sehnentafeln** (zur Berechnung von Sekantenlängen) mit einer 5 Dezimalen entsprechenden Genauigkeit enthält, wurde bis zum Beginn der Neuzeit im gesamten Abendland von Astronomen verwendet.

Etwa zeitgleich mit Ptolemäus hatten indische Astronomen ein trigonometrisches System entwickelt, das auf der **Sinusfunktion** und nicht auf der Sekantenfunktion der Griechen basierte. Im Gegensatz zur heute üblichen Sinusfunktion stellte die von den Indern entwickelte Sinusfunktion jedoch kein Längenverhältnis aus Gegenkathete und Hypotenuse in ähnlichen, rechtwinkligen Dreiecken dar, sondern war einfach die Länge der Seite, die dem Winkel in einem rechtwinkligen Dreieck mit einer festen Hypotenuse gegenüberlag. Der neue Ansatz mit der von den Indern entwickelten Sinusfunktion ermöglichte entscheidende Verallgemeinerungen und Vereinfachungen in der Trigonometrie und wurde danach von den Arabern weiterentwickelt. So wurden bereits in der Zeit um 1000 n. Chr. sowohl der **Sinus-** als auch der **Kosinussatz** von arabischen Mathematikern bewiesen.

Über die spanischen Mauren gelangten die arabischen Kenntnisse schließlich ins Abendland. Dort wurden unter anderem von dem deutschen Mathematiker Johann Müller alias „Regiomontanus"(1436 – 1476, aus Königsberg in Franken) neue, verbesserte Sinus- und Tangenstafeln herausgegeben, die z. B. Christopher Columbus (1446 – 1506) zur Navigation bei der Entdeckung Amerikas benutzte.

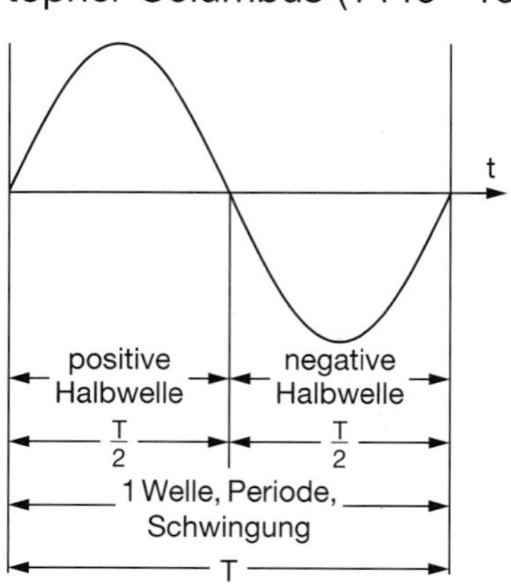

Von den zahlreichen Mathematikern, die in der Folgezeit bei der Weiterentwicklung der Trigonometrie mitgewirkt haben, ist besonders Leonhard Euler (1707 – 1789) zu erwähnen, der die damals vorhandenen trigonometrischen Kenntnisse in einen größeren Zusammenhang brachte, die Bezeichnungen sin, cos und tan einführte und die trigonometrischen Funktionen auf beliebige Winkel (also über 180° bzw. 360°) verallgemeinerte. Die sich im 19. Jahrhundert entwickelnde **Loslösung der Trigonometrie von Dreiecksbetrachtungen** ermöglichte schließlich die Anwendung der Trigonometrie bei verschiedensten **periodischen Phänomenen** in den Naturwissenschaften.

1. Zeichne α am Einheitskreis ein und bestimme daraus $\sin\alpha$ und $\cos\alpha$ so genau wie möglich.

a) $\alpha = 62°$

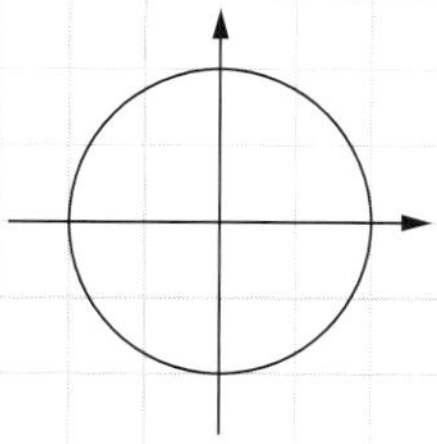

$\sin\alpha \approx$ ______

$\cos\alpha \approx$ ______

b) $\alpha = 190°$

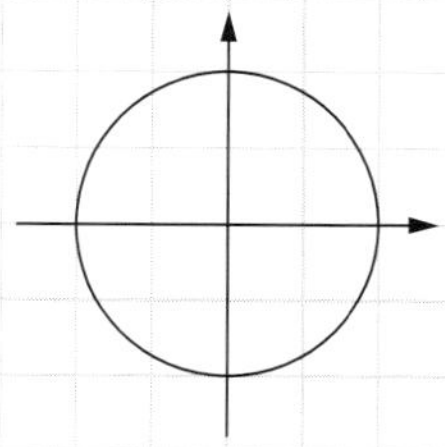

$\sin\alpha \approx$ ______

$\cos\alpha \approx$ ______

c) $\alpha = 330°$

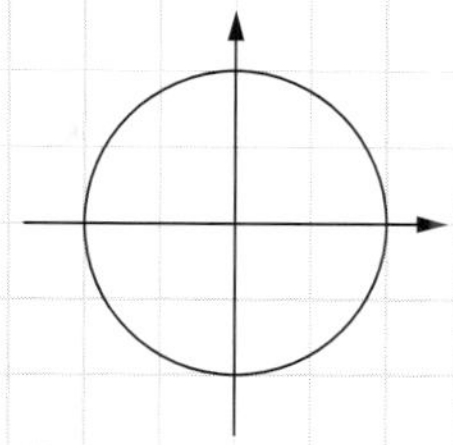

$\sin\alpha \approx$ ______

$\cos\alpha \approx$ ______

d) $\alpha = 160°$

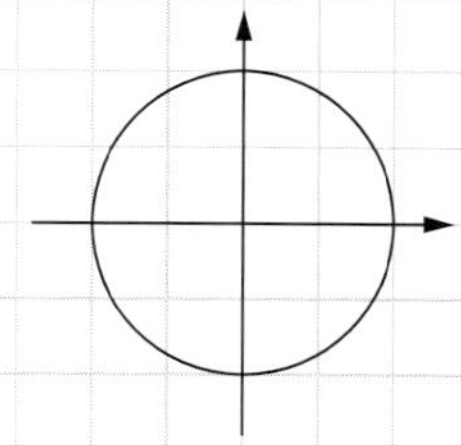

$\sin\alpha \approx$ ______

$\cos\alpha \approx$ ______

2. Bestimme mit dem Taschenrechner (Runde auf 3 Nachkommastellen).

a) $\cos 1° =$ ______ b) $\sin 3645° =$ ______ c) $\sin 123{,}4° =$ ______

d) $\sin 195° =$ ______ e) $\cos \frac{11}{9}\pi =$ ______ f) $\cos 6{,}283 =$ ______

3. Skizziere die Situation am Einheitskreis und bestimme mit dem Taschenrechner und unter Nutzung der Skizze alle Winkel im Grad- und Bogenmaß, für die gilt:

a) $\cos\alpha = -0{,}526$

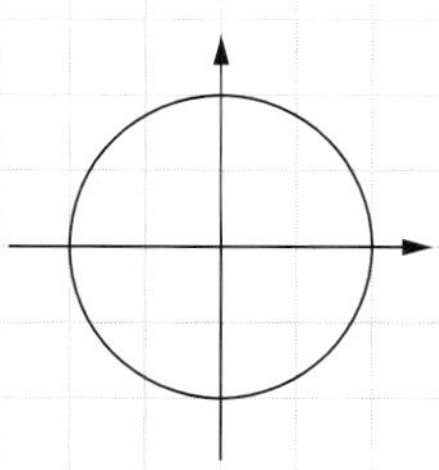

$\Rightarrow \quad \alpha \approx$ ______

oder $\alpha \approx$ ______

Bogenmaß:

$\alpha \approx$ ______

oder $\alpha \approx$ ______

b) $\sin\beta = 0{,}932$

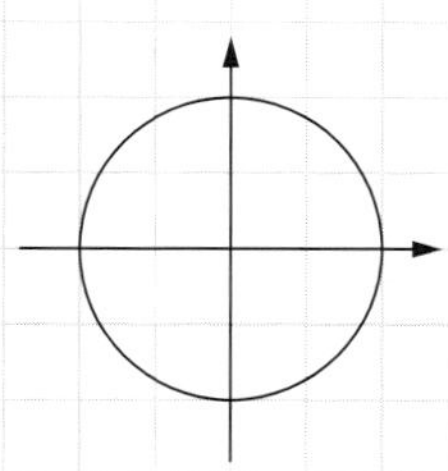

$\Rightarrow \quad \beta \approx$ ______

oder $\beta \approx$ ______

Bogenmaß:

$\beta \approx$ ______

oder $\beta \approx$ ______

c) $\sin\gamma = -0{,}280$

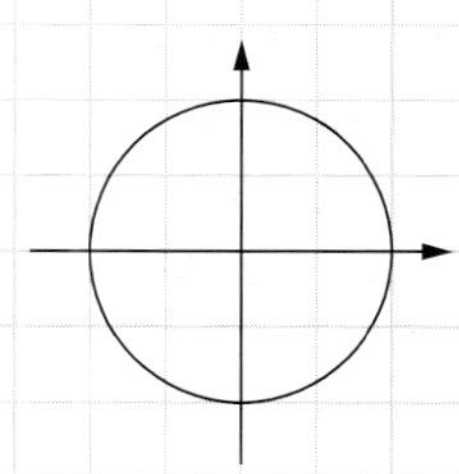

$\Rightarrow \quad \gamma \approx$ ______

oder $\gamma \approx$ ______

Bogenmaß:

$\gamma \approx$ ______

oder $\gamma \approx$ ______

4. Für welche Winkel α zwischen 0° und 360° gilt:

a) $\sin\alpha$ und $\cos\alpha$ sind positiv, ______ b) $\sin\alpha$ und $\cos\alpha$ sind negativ, ______

c) $\sin\alpha > \cos\alpha$, ______ d) $\sin\alpha \leqq \cos\alpha$? ______

Trainingsblatt
Sinus und Kosinus am Einheitskreis

1. Zeichne α am Einheitskreis ein und bestimme daraus sin α und cos α so genau wie möglich.

a) α = 62°

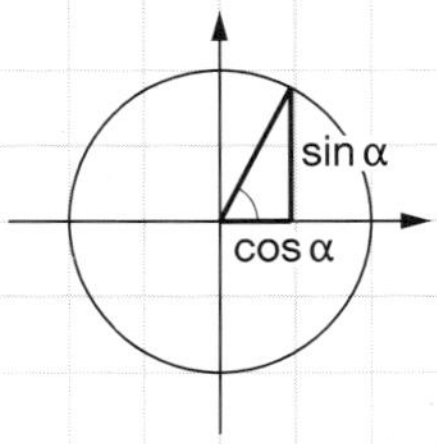

sin α ≈ 0,9

cos α ≈ 0,5

b) α = 190°

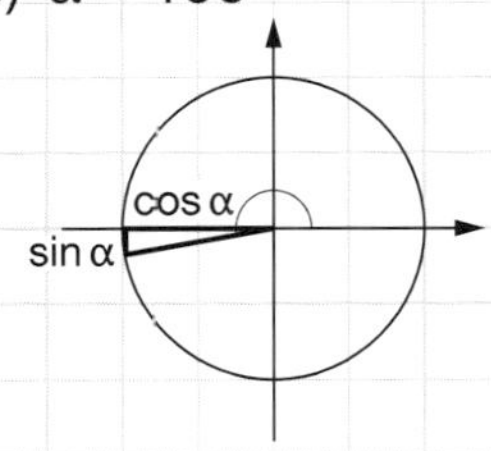

sin α ≈ −0,2

cos α ≈ −1,0

c) α = 330°

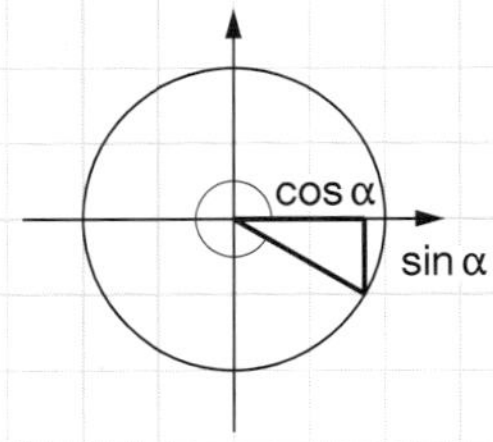

sin α ≈ −0,5

cos α ≈ −0,85

d) α = 160°

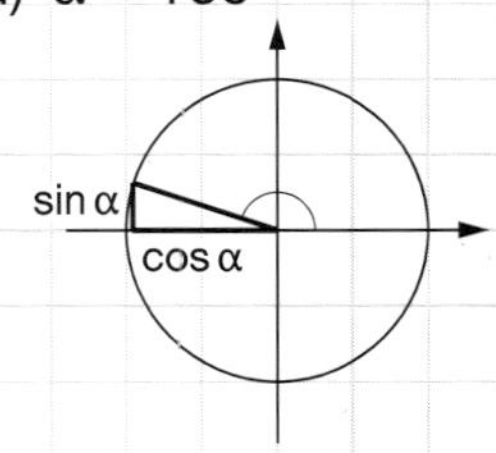

sin α ≈ 0,3

cos α ≈ −0,9

2. Bestimme mit dem Taschenrechner (Runde auf 3 Nachkommastellen).

a) cos 1° = 1,000

b) sin 3645° = 0,707

c) sin 123,4° = 0,835

d) sin 195° = −0,259

e) $\cos \frac{11}{9}\pi$ = −0,766

f) cos 6,283 = 1,000

3. Skizziere die Situation am Einheitskreis und bestimme mit dem Taschenrechner und unter Nutzung der Skizze alle Winkel im Grad- und Bogenmaß, für die gilt:

a) cos α = −0,526

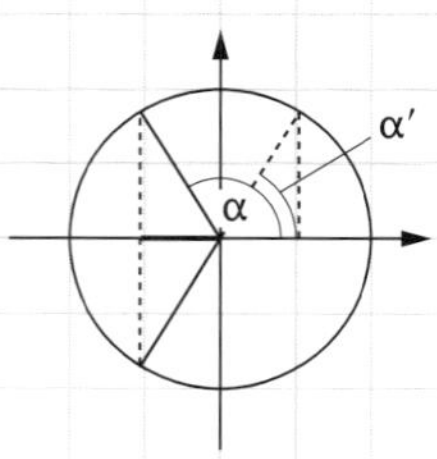

⇒ α ≈ 180° − 58,3° = 121,7°

oder α ≈ 180° + 58,3° = 228,3°

Bogenmaß:

α ≈ 2,12

oder α ≈ 3,99

b) sin β = 0,932

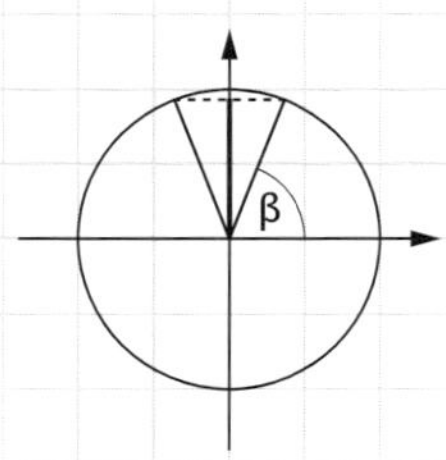

⇒ β ≈ 68,7°

oder β ≈ 180° − 68,7° = 111,3°

Bogenmaß:

β ≈ 1,20

oder β ≈ 1,94

c) sin γ = −0,280

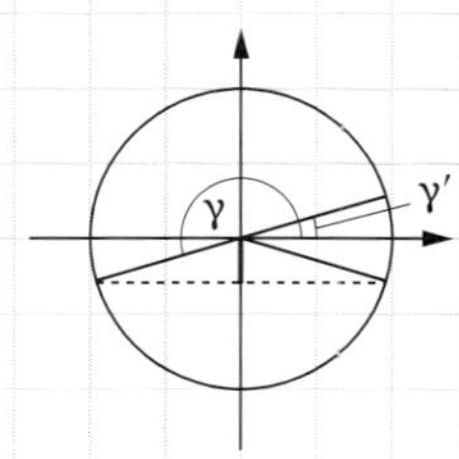

⇒ γ ≈ 180° + 16,3° = 196,3°

oder γ ≈ 360° − 16,3° = 343,7°

Bogenmaß:

γ ≈ 3,43

oder γ ≈ 6,00

4. Für welche Winkel α zwischen 0° und 360° gilt:

a) sin α und cos α sind positiv, 0° < a < 90°

b) sin α und cos α sind negativ, 180° < α < 270°

c) sin α > cos α, α ∈]45°; 225°[

d) sin α ≦ cos α? α ∈]0°; 45°] ∪ [225°; 360°[

Arbeitsblatt: Gewinnen allgemeiner Sinusfunktionen aus der Sinusfunktion

1. Ergänze die Wertetabellen und skizziere mit Hilfe der Punkte die zugehörigen Graphen.

x	$-\frac{\pi}{4}$	0	$\frac{\pi}{4}$	$\frac{\pi}{2}$	$\frac{3}{4}\pi$	π
$f(x) = \sin(2x)$						

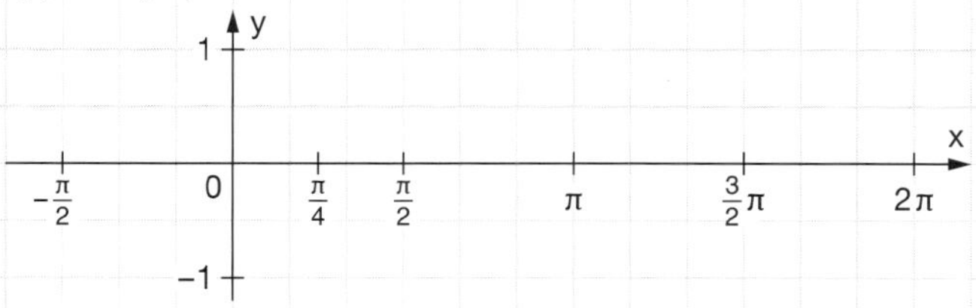

x	$-\frac{\pi}{4}$	0	$\frac{\pi}{4}$	$\frac{\pi}{2}$	$\frac{3}{4}\pi$	π
$g(x) = \sin\left[2\left(x+\frac{\pi}{4}\right)\right]$						

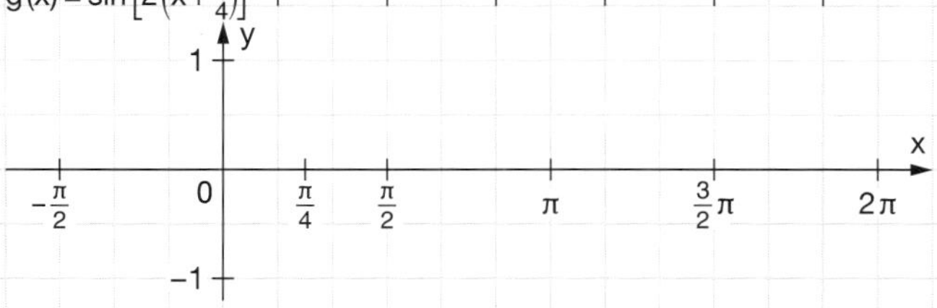

x	$-\frac{\pi}{4}$	0	$\frac{\pi}{4}$	$\frac{\pi}{2}$	$\frac{3}{4}\pi$	π
$h(x) = 2\sin\left[2\left(x+\frac{\pi}{4}\right)\right]$						

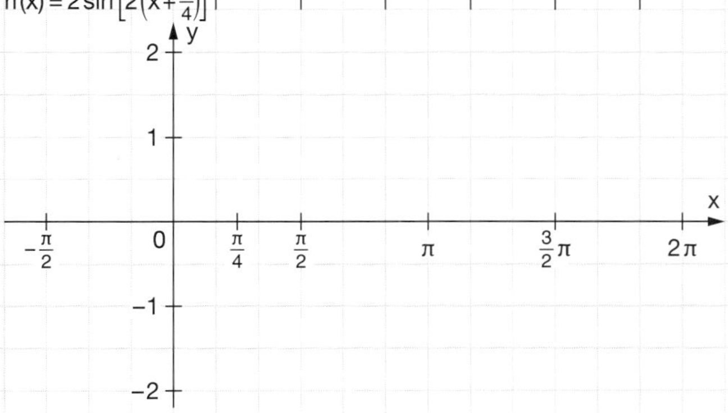

2. Skizziere wie in Aufgabe 1 schrittweise den Graphen G_h. Ergänze f(x) und g(x) geeignet.

x	$-\frac{\pi}{2}$	0	$\frac{\pi}{2}$	π	$\frac{3}{2}\pi$	2π
f(x) = sin						

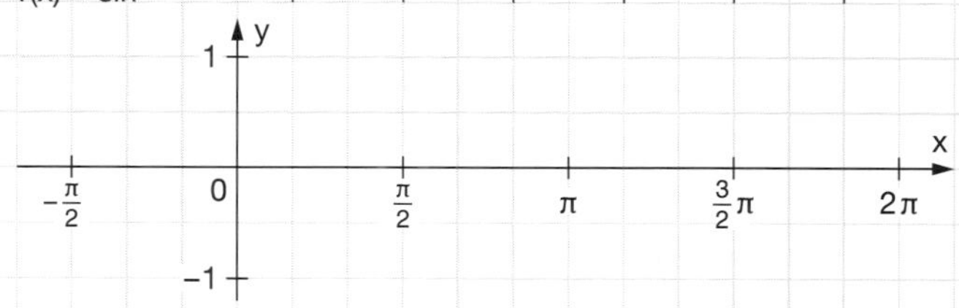

x	$-\frac{\pi}{2}$	0	$\frac{\pi}{2}$	π	$\frac{3}{2}\pi$	2π
g(x) = sin						

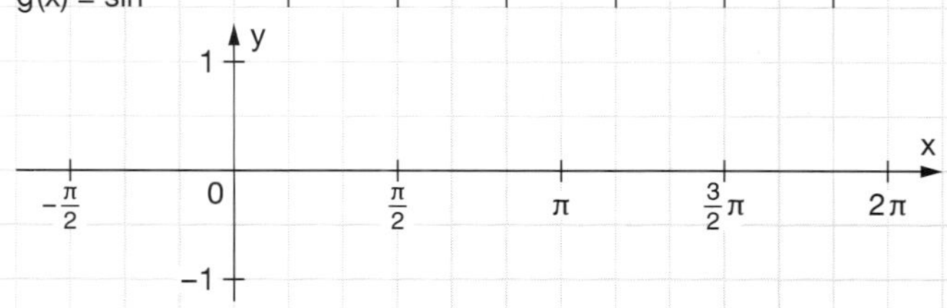

x	$-\frac{\pi}{2}$	0	$\frac{\pi}{2}$	π	$\frac{3}{2}\pi$	2π
$h(x) = \frac{3}{2}\sin\left[\frac{1}{2}(x+\pi)\right]$						

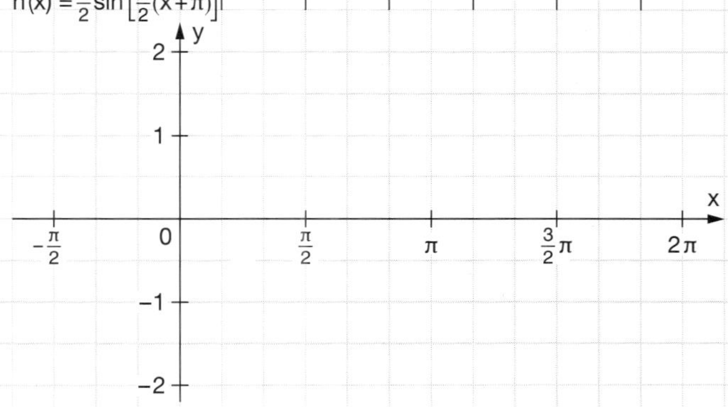

3. a) Beschreibe, wie man schrittweise vom Graphen der Sinusfunktion zum Graphen der Funktion $x \mapsto a \cdot \sin(bx+c)$ gelangt. (Beachte: $\sin(bx+c) = \sin\left[b\cdot\left(x+\frac{c}{b}\right)\right]$)

b) Welchen Einfluss haben also die Parameter a, b und c auf den Graphen?
Kreuze in der Tabelle geeignete Einträge an, bzw. trage die unterstrichenen Abkürzungen passend ein.

	$b \in]1;\infty[$	$a \in]1;\infty[$	$a \in]0;1[$	$c \in]0;\infty[$	$b \in]0;1[$	$a = -1$	$a \in]-1;0[$	$c \in]-\infty;0[$	$b = -1$
Strecken …									
Stauchen …									
Verschieben (links/rechts) …									
… in x-Richtung/y-Richtung									
Spiegeln …									
… an x-Achse/y-Achse									

Arbeitsblatt: Gewinnen allgemeiner Sinusfunktionen aus der Sinusfunktion

1. Ergänze die Wertetabellen und skizziere mit Hilfe der Punkte die zugehörigen Graphen.

x	$-\frac{\pi}{4}$	0	$\frac{\pi}{4}$	$\frac{\pi}{2}$	$\frac{3}{4}\pi$	π
$f(x) = \sin(2x)$	−1	0	1	0	−1	0

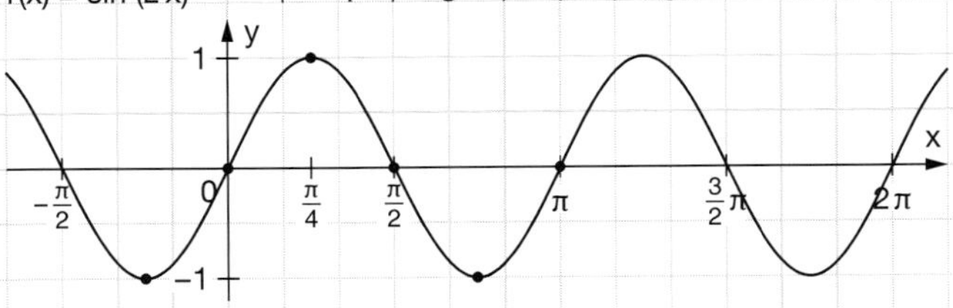

x	$-\frac{\pi}{4}$	0	$\frac{\pi}{4}$	$\frac{\pi}{2}$	$\frac{3}{4}\pi$	π
$g(x) = \sin\left[2\left(x+\frac{\pi}{4}\right)\right]$	0	1	0	−1	0	1

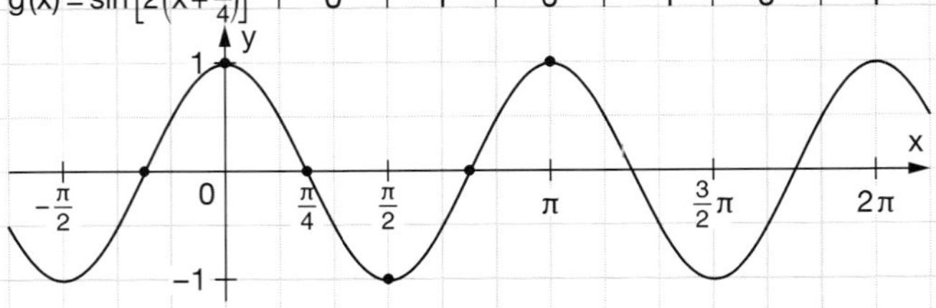

x	$-\frac{\pi}{4}$	0	$\frac{\pi}{4}$	$\frac{\pi}{2}$	$\frac{3}{4}\pi$	π
$h(x) = 2\sin\left[2\left(x+\frac{\pi}{4}\right)\right]$	0	2	0	−2	0	2

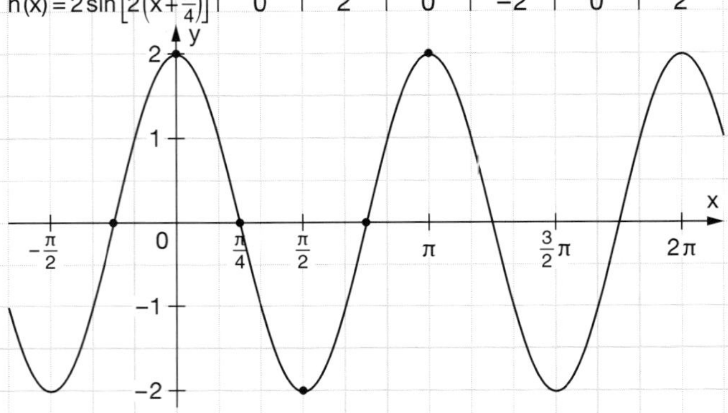

2. Skizziere wie in Aufgabe 1 schrittweise den Graphen G_h. Ergänze f(x) und g(x) geeignet.

x	$-\frac{\pi}{2}$	0	$\frac{\pi}{2}$	π	$\frac{3}{2}\pi$	2π
$f(x) = \sin\left(\frac{1}{2}x\right)$	≈ −0,7	0	≈ 0,7	1	≈ 0,7	0

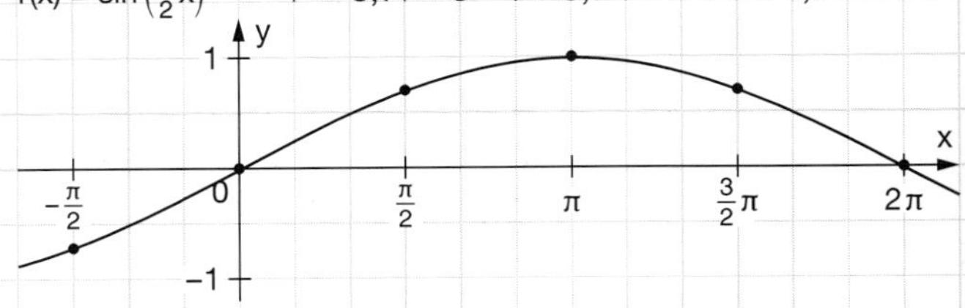

x	$-\frac{\pi}{2}$	0	$\frac{\pi}{2}$	π	$\frac{3}{2}\pi$	2π
$g(x) = \sin\left[\frac{1}{2}(x+\pi)\right]$	≈ 0,7	1	≈ 0,7	0	≈ −0,7	−1

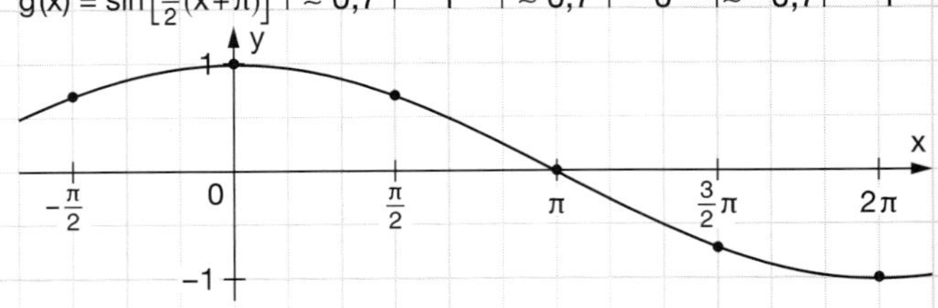

x	$-\frac{\pi}{2}$	0	$\frac{\pi}{2}$	π	$\frac{3}{2}\pi$	2π
$h(x) = \frac{3}{2}\sin\left[\frac{1}{2}(x+\pi)\right]$	≈ 1	1,5	≈ 1	0	≈ −1	−1,5

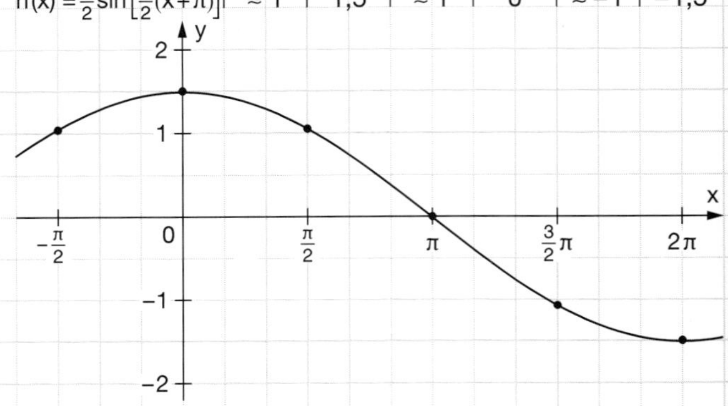

3. a) Beschreibe, wie man schrittweise vom Graphen der Sinusfunktion zum Graphen der Funktion $x \mapsto a \cdot \sin(bx+c)$ gelangt. (Beachte: $\sin(bx+c) = \sin\left[b \cdot \left(x+\frac{c}{b}\right)\right]$)

Zuerst Stauchen in x-Richtung mit Faktor b $\left(= \text{Strecken mit Faktor } \frac{1}{b}\right)$; dann Verschieben in x-Richtung mit $-\frac{c}{b}$ (also nach links für $\frac{c}{b} > 0$); dann Strecken in y-Richtung mit Faktor a.

b) Welchen Einfluss haben also die Parameter a, b und c auf den Graphen?
Kreuze in der Tabelle geeignete Einträge an, bzw. trage die unterstrichenen Abkürzungen passend ein.

	$b \in]1;\infty[$	$a \in]1;\infty[$	$a \in]0;1[$	$c \in]0;\infty[$	$b \in]0;1[$	$a = -1$	$a \in]-1;0[$	$c \in]-\infty;0[$	$b = -1$
Strecken …		×			×				
Stauchen …	×		×				×		
Verschieben (links/rechts) …				l				r	
… in x-Richtung/y-Richtung	x-R	y-R	y-R	x-R	x-R		y-R	x-R	
Spiegeln …						×	×		×
… an x-Achse/y-Achse						x-A	x-A		y-A

1. Bestimme Amplitude, Periode und Nullstellen im Intervall $[0; 2\pi]$.
Skizziere beide Graphen in das Koordinatensystem.

a) f: $x \mapsto 3{,}5 \sin 0{,}5\,x$

Amplitude: ______ Periode: ______

Nullstellen: ____________________

b) g: $x \mapsto \frac{4}{3} \sin 2\,x$

Amplitude: ______ Periode: ______

Nullstellen: ____________________

____

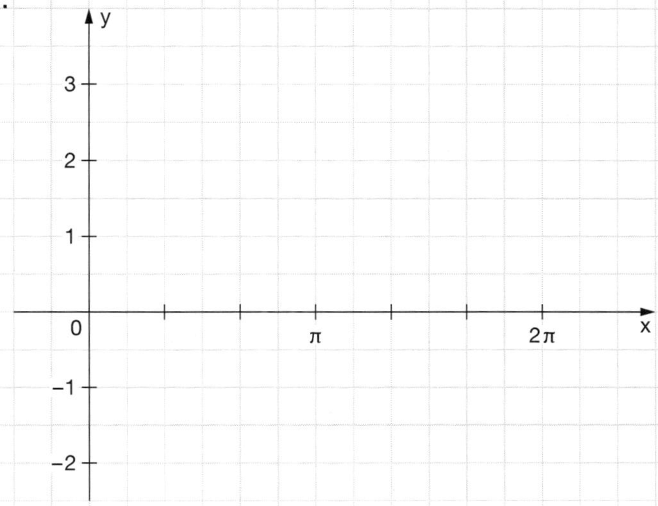

2. Bestimme für die Graphen jeweils eine Funktionsgleichung der Form $y = a \cdot \sin(bx + c)$.

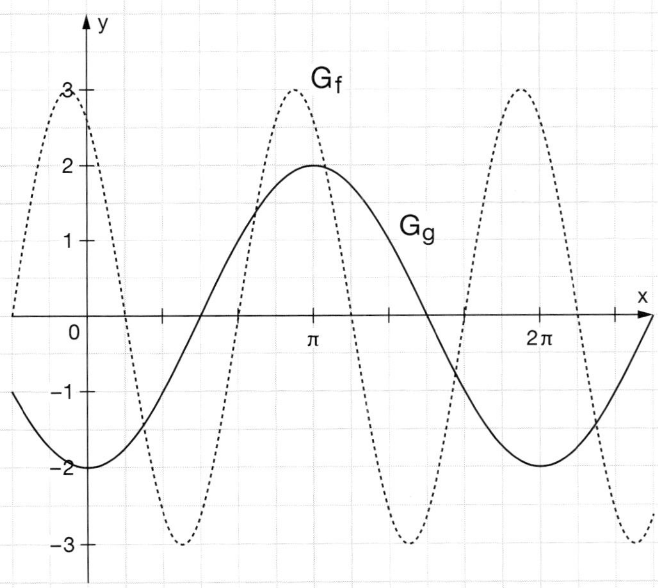

Funktion f:

Amplitude: a = ______ Periode: ______ ⇒ b = ______

Verschiebung: ______ ⇒ c = ______

Funktionsgleichung: ____________________

Funktion g:

Amplitude: a = ______ Periode: ______ ⇒ b = ______

Verschiebung: ______ ⇒ c = ______

Funktionsgleichung: ____________________

3. Ordne den gezeichneten Graphen den passenden Funktionsterm zu.

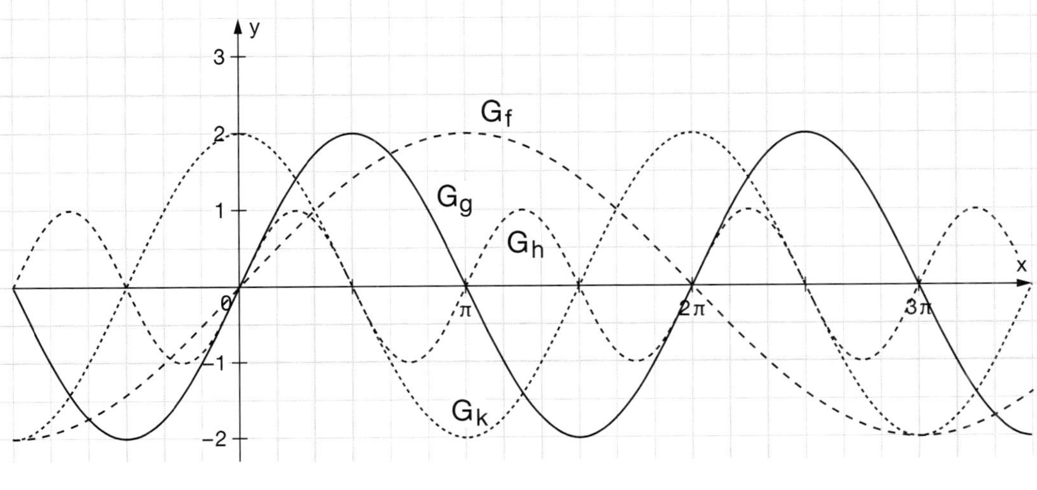

___ $(x) = 2 \sin x$

___ $(x) = \sin(2x)$

___ $(x) = 2 \sin\left(\frac{1}{2}x\right)$

___ $(x) = 2 \sin\left(x + \frac{\pi}{2}\right)$

Trainingsblatt
Allgemeine Sinusfunktion

1. Bestimme Amplitude, Periode und Nullstellen im Intervall $[0; 2\pi]$.
Skizziere beide Graphen in das Koordinatensystem.

a) $f: x \mapsto 3{,}5 \sin 0{,}5x$

Amplitude: $3{,}5$ Periode: 4π

Nullstellen: $x_1 = 0$; $x_2 = 2\pi$

b) $g: x \mapsto \frac{4}{3} \sin 2x$

Amplitude: $\frac{4}{3}$ Periode: π

Nullstellen: $x_1 = 0$; $x_2 = \frac{\pi}{2}$; $x_3 = \pi$

$x_4 = \frac{3}{2}\pi$; $x_5 = 2\pi$

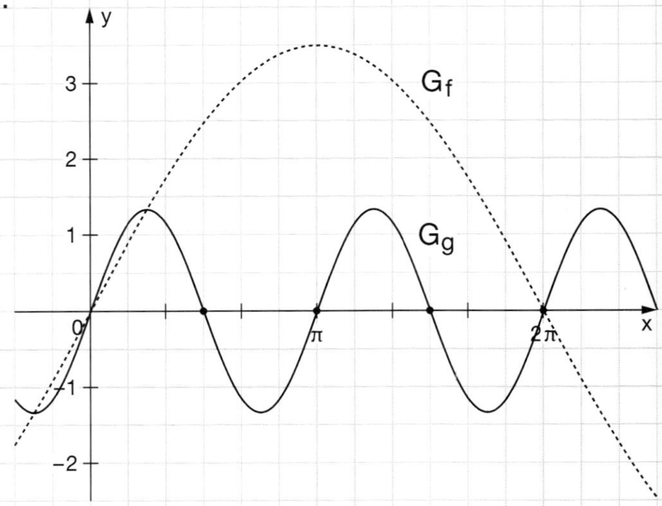

2. Bestimme für die Graphen jeweils eine Funktionsgleichung der Form $y = a \cdot \sin(bx + c)$.

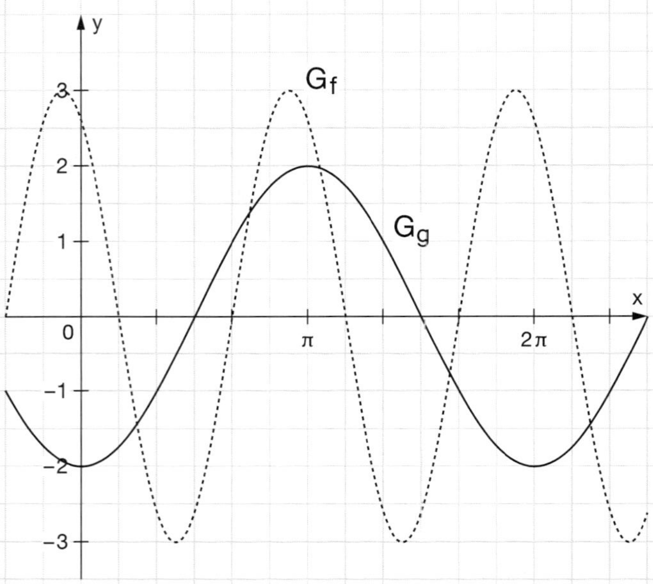

Funktion f:

Amplitude: $a = 3$ Periode: $\pi \Rightarrow b = 2$

Verschiebung: $\frac{\pi}{3}$ nach links $\Rightarrow c = \frac{2}{3}\pi$

Funktionsgleichung: $y = 3\sin\left(2x + \frac{2}{3}\pi\right)$

Funktion g:

Amplitude: $a = 2$ Periode: $2\pi \Rightarrow b = 1$

Verschiebung: $\frac{\pi}{2}$ nach rechts $\Rightarrow c = -\frac{\pi}{2}$

Funktionsgleichung: $y = 2\sin\left(x - \frac{\pi}{2}\right)$

3. Ordne den gezeichneten Graphen den passenden Funktionsterm zu.

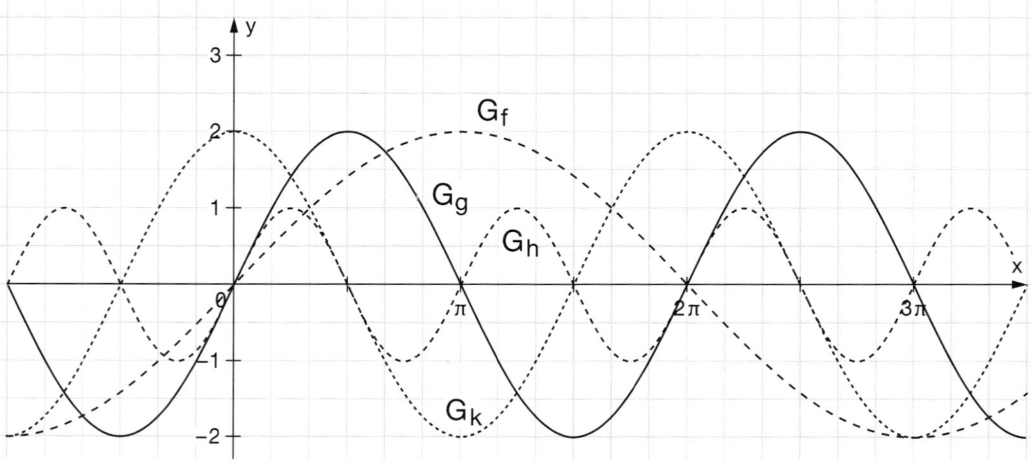

$g(x) = 2\sin x$

$h(x) = \sin(2x)$

$f(x) = 2\sin\left(\frac{1}{2}x\right)$

$k(x) = 2\sin\left(x + \frac{\pi}{2}\right)$

Spiel für 2–4 Personen

Spielvorbereitung: Die a-b-c-Wabenkarten werden längs der schwarzen Linien, die Funktions-Wabenkarten längs der weißen Linien ausgeschnitten.
Zum Notieren der erzielten Punkte werden Stift und Papier benötigt.
Die Spieler setzen sich alle auf die gleiche Seite des Tisches, so dass alle die beschrifteten Karten lesen können.

Spielziel: Mit den a-b-c-Wabenkarten wird ein lückenloses Muster gelegt. Jeder Spieler versucht, durch passendes Ablegen von Funktions-Wabenkarten auf diese a-b-c-Wabenkarten-Fläche, möglichst viele Punkte zu erzielen.

Spielregel: Alle Wabenkarten werden gemeinsam gemischt und als ein verdeckter Stapel abgelegt. Jeder Spieler zieht eine Karte. Der Spieler mit der größten Amplitude a beginnt das Spiel. Die soeben gezogenen Karten werden wieder verdeckt in den Kartenstapel gelegt.

Nun führt reihum jeder Spieler folgende Aktionen aus:

1. Aktion: Ziehen einer Wabenkarte vom Stapel
   - Ist die gezogene Karte eine a-b-c-Wabenkarte, wird diese sogleich auf dem Tisch abgelegt, so, dass ein lückenloses Muster entsteht.
     Dabei soll die Schrift stets in dieselbe Richtung zeigen, damit an jeder Wabenecke jeweils ein a-, ein b- und ein c-Feld aneinander stoßen können.
   - Ist die gezogene Karte eine Funktions-Wabenkarte, so prüft der Spieler, ob sie auf drei beliebige, bereits aneinander gelegte a-, b- und c-Felder passt.
     Kann die Karte (noch) nicht abgelegt werden, verbleibt sie auf der Hand des Spielers.
2. Aktion: Falls möglich, kann eine bereits auf der Hand befindliche Funktions-Wabenkarte passend auf dem a-b-c-Wabenmuster abgelegt werden.

Für jede passend abgelegte Funktions-Wabenkarte erhält der Spieler einen Punkt.
Dann ist der nächste Spieler an der Reihe.

Im Laufe des Spiels wird also mit den Funktions-Wabenkarten eine zweite Schicht versetzt auf das a-b-c-Wabenmuster abgelegt. Diese Funktions-Wabenkarten müssen nicht (!) lückenlos abgelegt werden.

Spielende: Das Spiel endet, sobald der Spieler, der die letzte Wabenkarte vom Stapel genommen hat, seine beiden Aktionen ausgeführt hat.
Der Spieler mit den meisten Punkten gewinnt.

Spielvariante für 1 Person:

Zunächst wird aus allen a-b-c-Wabenkarten ein lückenloses Muster gelegt. Dabei soll die Schrift stets in dieselbe Richtung zeigen, damit an jeder Wabenecke jeweils ein a-, ein b- und ein c-Feld aneinander stoßen können.
Nun werden die Funktions-Wabenkarten so versetzt auf das a-b-c-Wabenmuster gelegt, das auf 3 aneinander stoßende a-, b- und c- Felder eine passende Funktions-Wabenkarte zu liegen kommt.

Hinweis: Es gibt eine Lösung, bei der alle Karten abgelegt werden können (!).
Das Parkett hat hierbei die Form eines großen Sechsecks, mit der Seitenlänge 4 Waben.

Beim Kopieren auf DIN A3 (141 %) vergrößern!

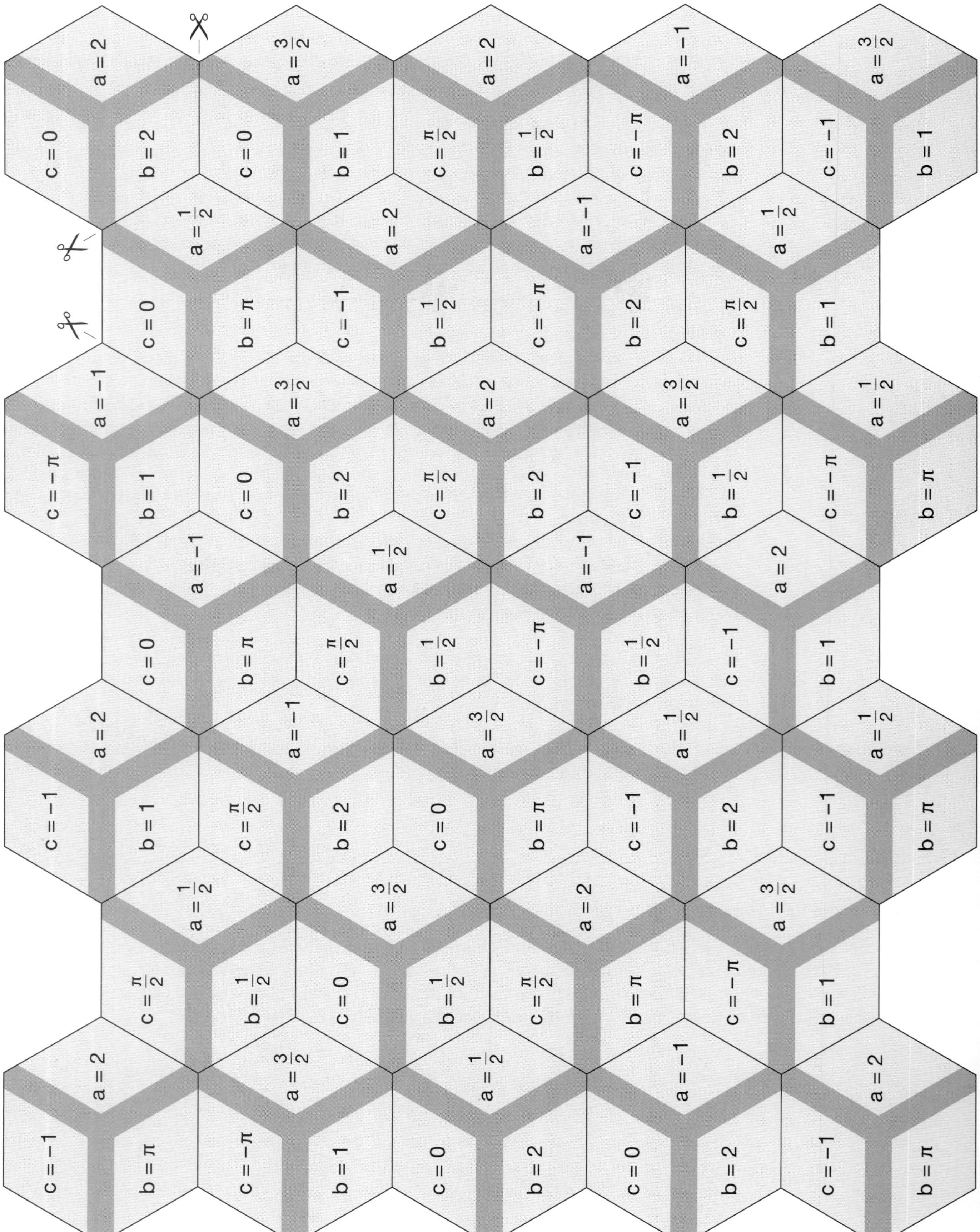

Beim Kopieren auf DIN A3 (141 %) vergrößern!

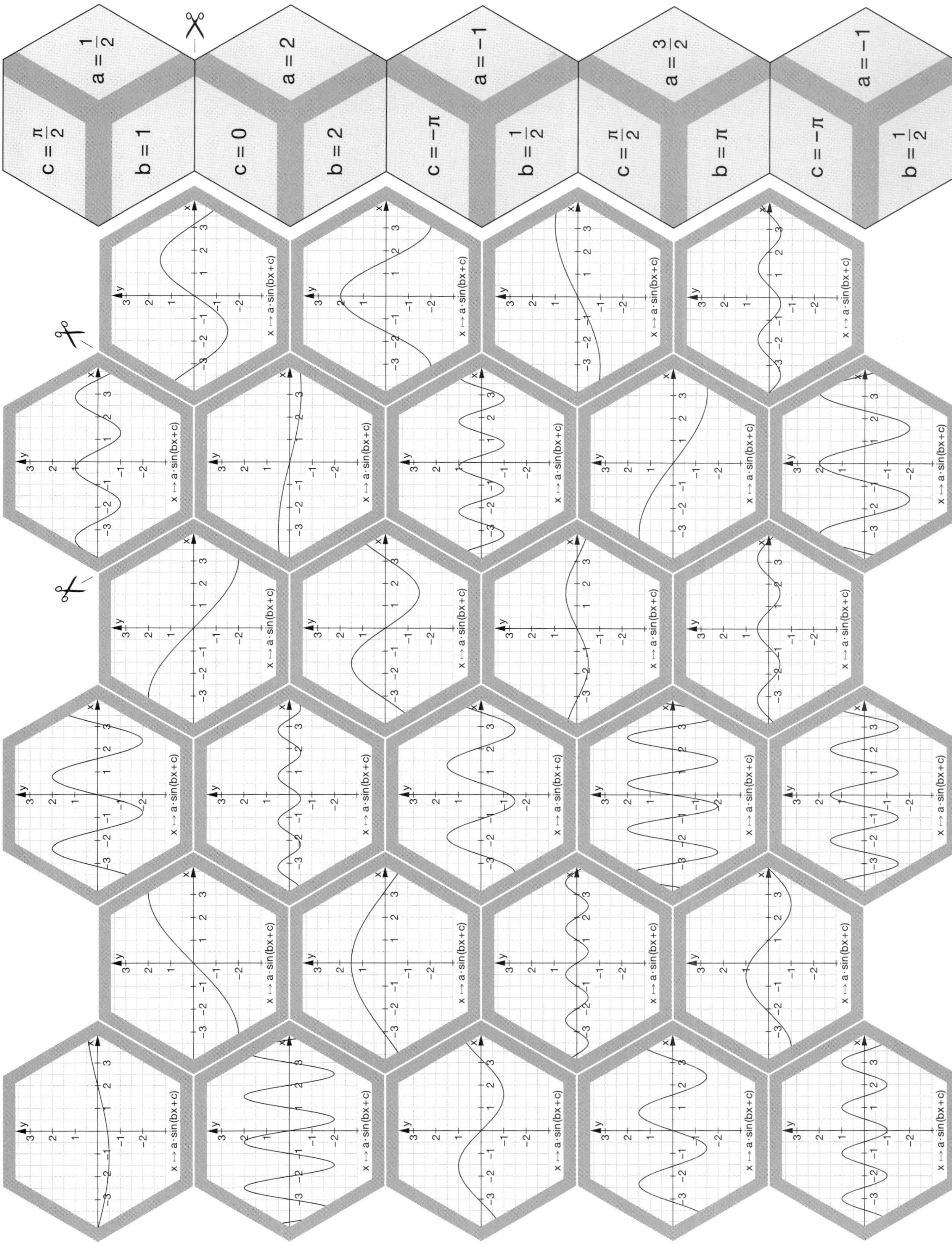

Arbeitsblatt: Polarkoordinaten

Da ein Kreis oder eine Spirale in einem kartesischen Koordinatenssystem nicht mit einem Funktionsgraphen beschrieben werden kann, nutzt man für solche Zwecke ein Polarkoordinatensystem.

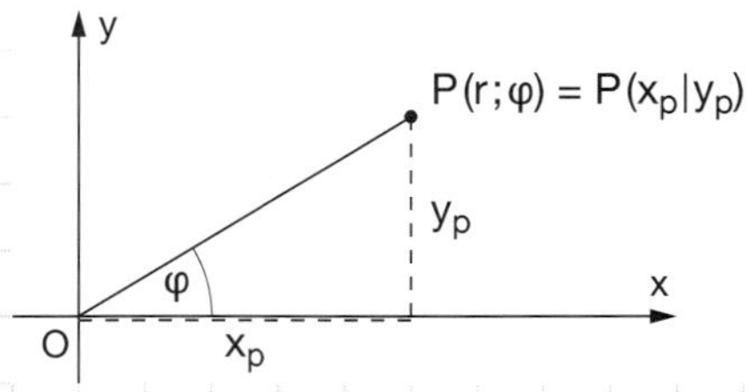

Die Figur zeigt, dass die Lage eines Punktes P durch die Maßzahl r seines Abstands vom Ursprung O und den Winkel φ, den die Halbgerade [OP mit der x-Achse einschließt, eindeutig festgelegt werden kann. Das Paar (r; φ) nennt man Polarkoordinaten von P. φ kann in Grad oder Bogenmaß angegeben werden.

1. a) Notiere die Koordinaten der rechts ins Polarkoordinatensystem eingezeichneten Punkte.

A(_____ | _____); B(_____ | _____)

C(_____ | _____); D(_____ | _____)

E(_____ | _____); F(_____ | _____)

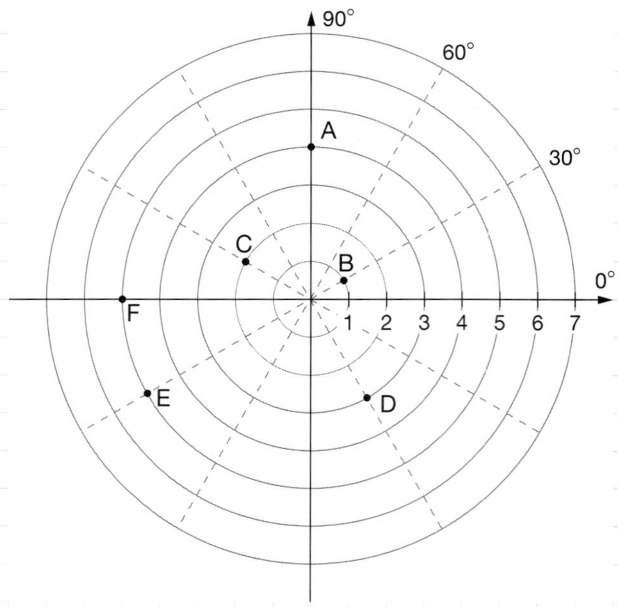

b) Zeichne folgende Punkte ins Koordinatensystem:

G $(2|240°)$; H $(5|\frac{\pi}{3})$
K $(7|\frac{3}{2}\pi)$; L $(4|360°)$
M $(6|2{,}5\pi)$; N $(0|30°)$

2. So wie bei Funktionsgraphen im kartesischen Koordinatensystem die y-Koordinate von der x-Koordinate abhängt, kann im Polarkoordinatensystem die Abstandskoordinate r vom Winkel φ abhängen.

a) Ergänze folgende Wertetabelle:

φ [in Grad]	0		50	80		130		240		360
r = 0,2 · φ [in mm]		6			20		36		60	

b) Zeichne die zugehörigen Punkte ins Polarkoordinatensystem.

c) Verbinde die eingezeichneten Graphenpunkte zu einem spiralförmigen Funktionsgraphen.

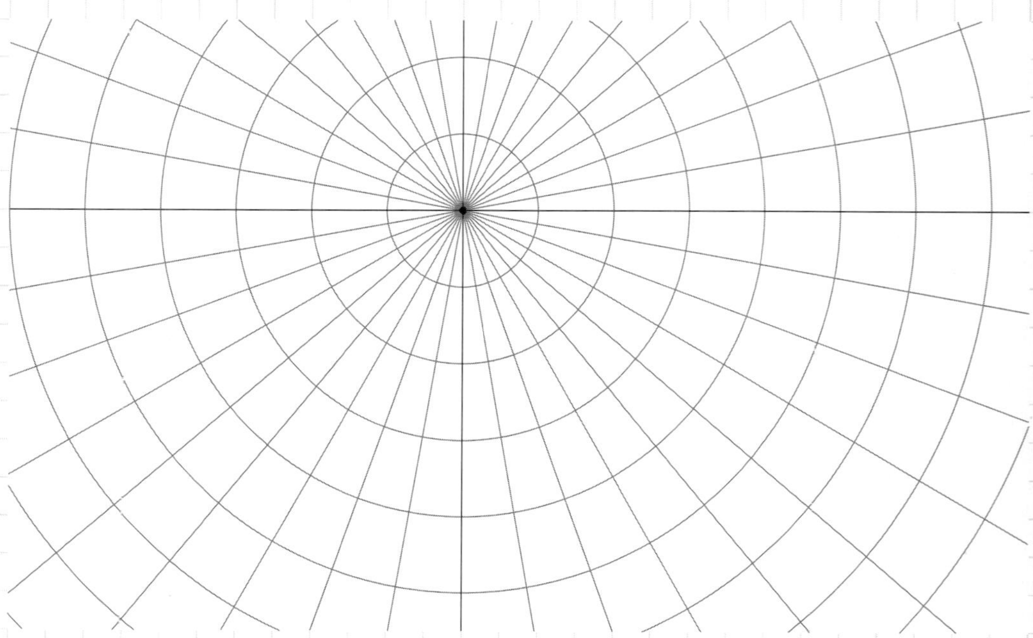

Arbeitsblatt: Polarkoordinaten

Da ein Kreis oder eine Spirale in einem kartesischen Koordinatenssystem nicht mit einem Funktionsgraphen beschrieben werden kann, nutzt man für solche Zwecke ein Polarkoordinatensystem.

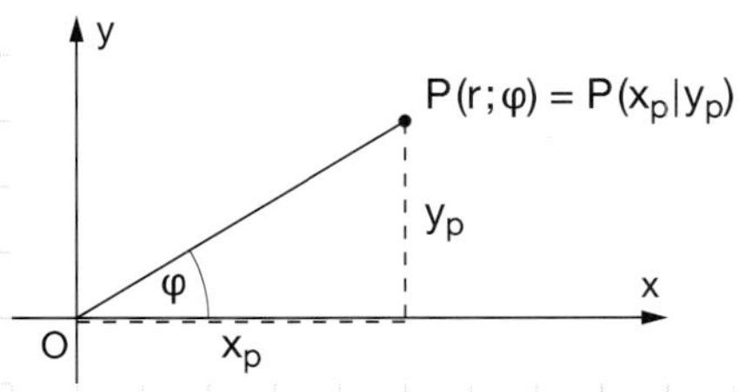

Die Figur zeigt, dass die Lage eines Punktes P durch die Maßzahl r seines Abstands vom Ursprung O und den Winkel φ, den die Halbgerade [OP mit der x-Achse einschließt, eindeutig festgelegt werden kann. Das Paar (r; φ) nennt man Polarkoordinaten von P. φ kann in Grad oder Bogenmaß angegeben werden.

1. a) Notiere die Koordinaten der rechts ins Polarkoordinatensystem eingezeichneten Punkte.

A(4 | 90°); B(1 | 30°)

C(2 | 150°); D(3 | 300°)

E(5 | 210°); F(5 | 180°)

b) Zeichne folgende Punkte ins Koordinatensystem:

G (2|240°); H $(5|\frac{\pi}{3})$

K $(7|\frac{3}{2}\pi)$; L (4|360°)

M (6|2,5π); N (0|30°)

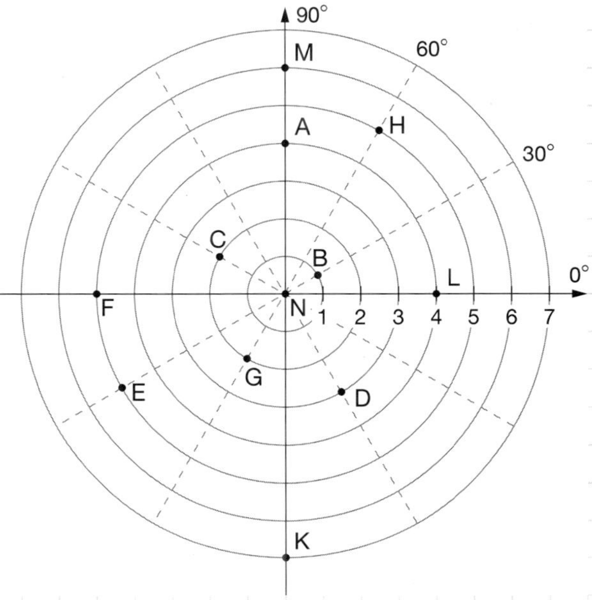

2. So wie bei Funktionsgraphen im kartesischen Koordinatensystem die y-Koordinate von der x-Koordinate abhängt, kann im Polarkoordinatensystem die Abstandskoordinate r vom Winkel φ abhängen.

a) Ergänze folgende Wertetabelle:

φ [in Grad]	0	30	50	80	100	130	180	240	300	360
r = 0,2 · φ [in mm]	0	6	10	16	20	26	36	48	60	72

b) Zeichne die zugehörigen Punkte ins Polarkoordinatensystem.

c) Verbinde die eingezeichneten Graphenpunkte zu einem spiralförmigen Funktionsgraphen.

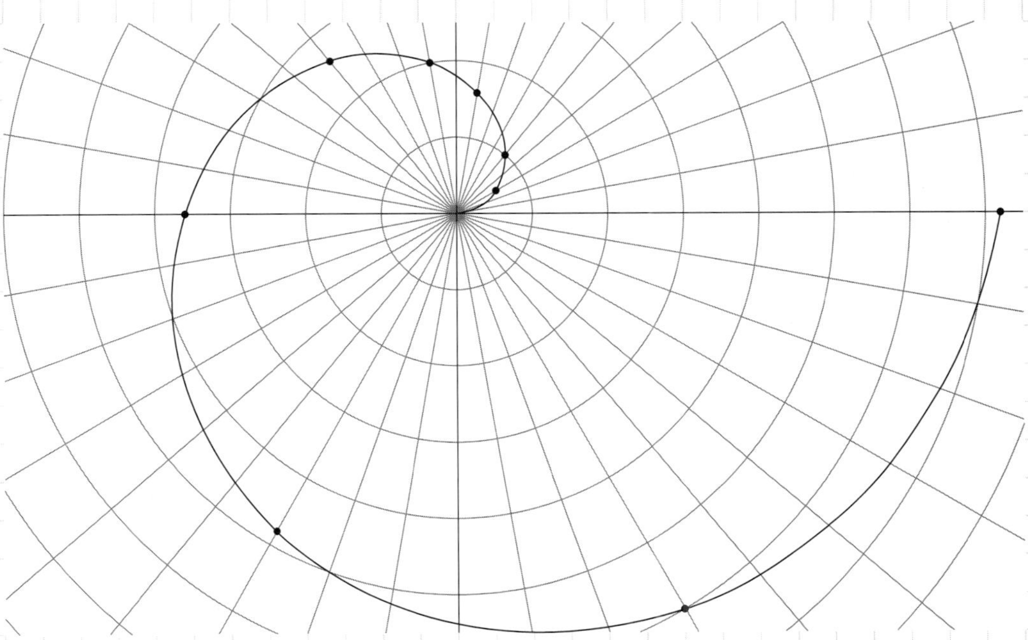

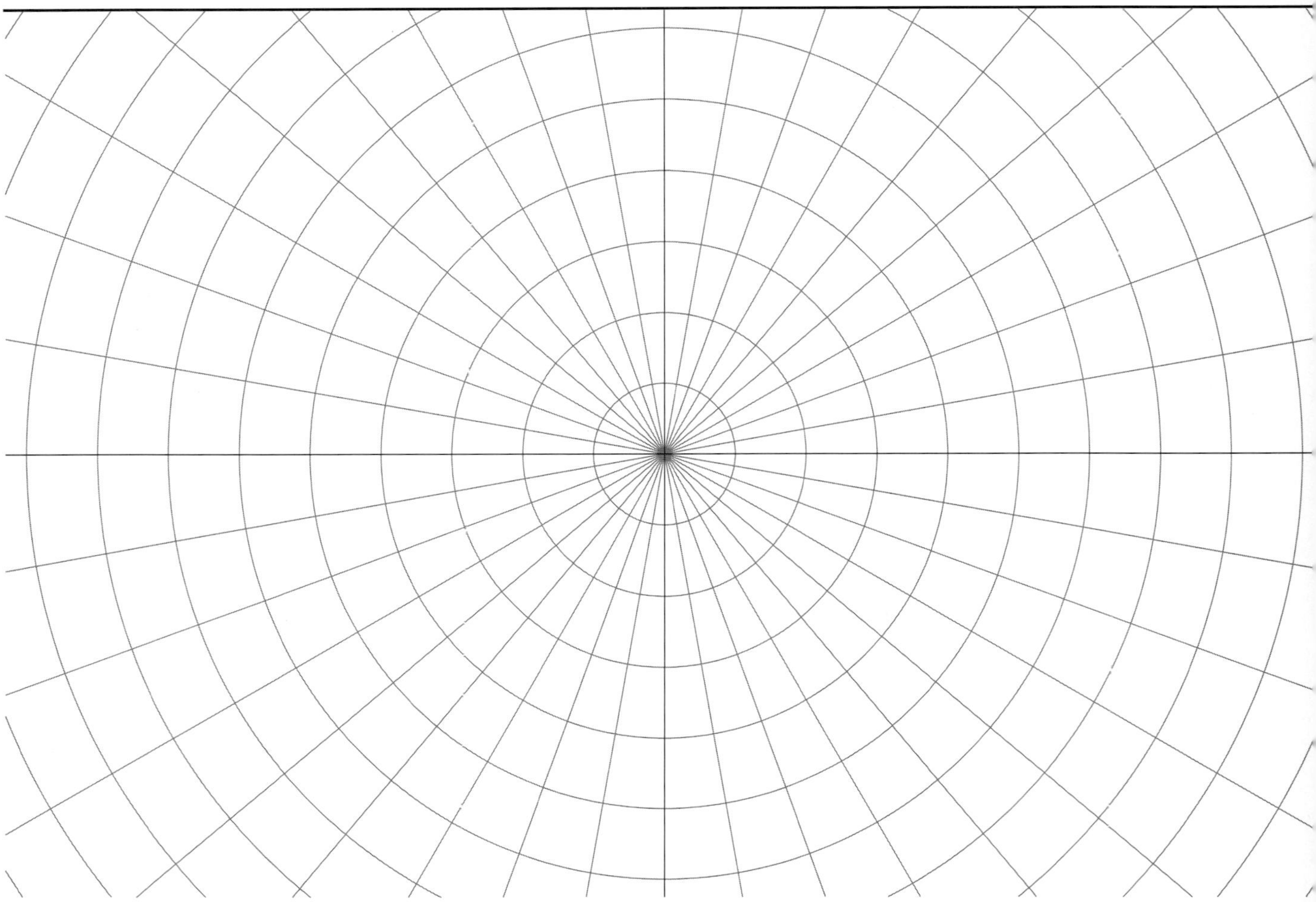

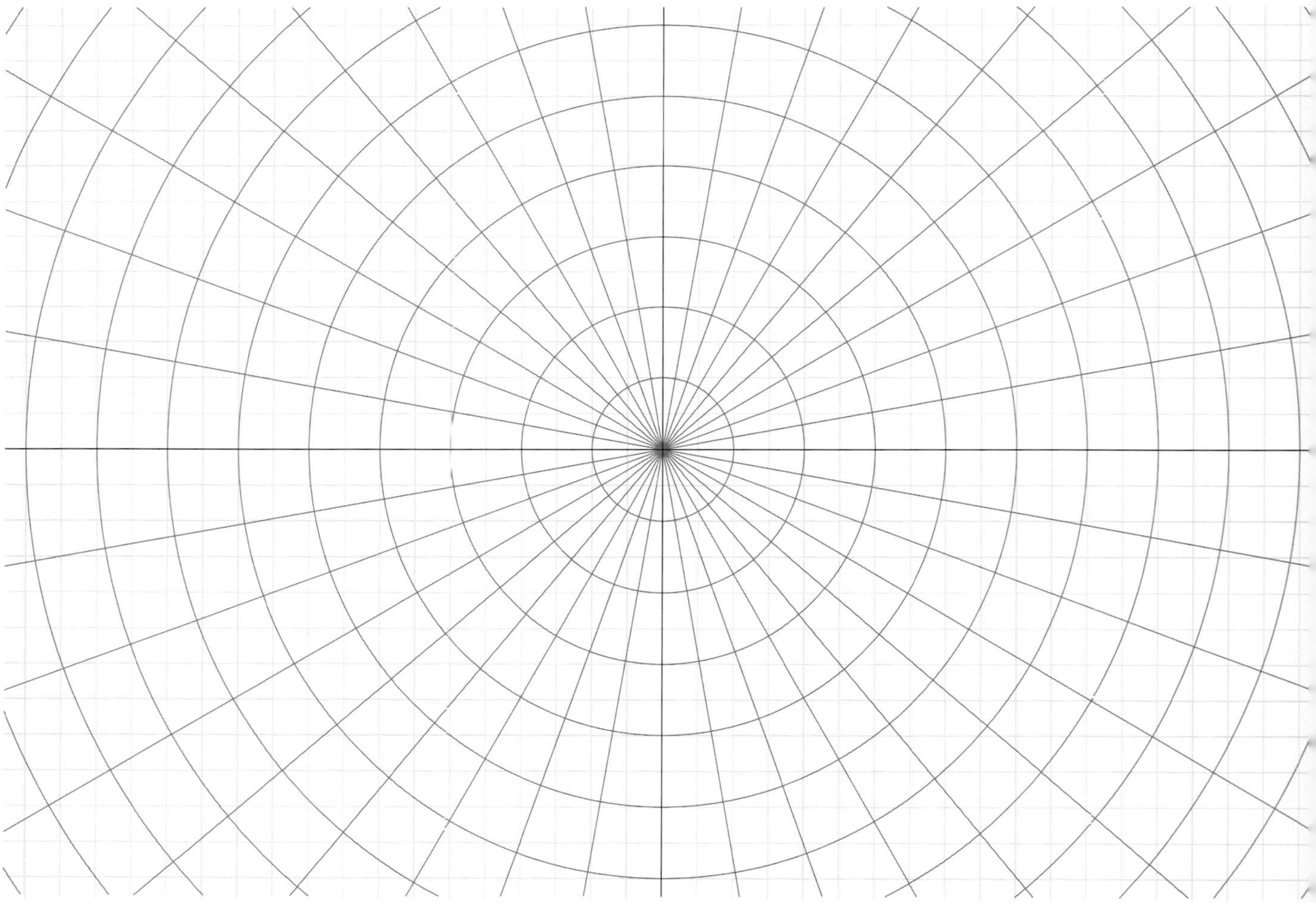

Lernzirkel: Arten von Wachstum

Mit diesem Lernzirkel kannst du verschiedene Arten von Wachstum kennen und identifizieren lernen. An jeder Station erarbeitest du ein anderes Teilthema.
Diese Seite dient als Laufzettel und hilft dir bei der Organisation deiner Arbeit.

In der untenstehenden Tabelle sind alle Stationen aufgeführt.
Für jede Station ist in der Spalte Voraussetzungen gegebenfalls vermerkt, welche der anderen Stationen vorher bearbeitet werden sollte. Ansonsten bist du in der Wahl der Bearbeitungsreihenfolge frei.
Angegeben sind auch Richtwerte für die Bearbeitungsdauer der einzelnen Arbeitsblätter.

In der Tabelle kannst du festhalten, welche Stationen du bearbeitet hast, und anschließend (gegebenenfalls nach einer Korrektur) auch eine Selbsteinschätzung vornehmen.

Viel Erfolg!

Station	Voraus-setzung	Anmerkungen	ca. Dauer	bear-beitet	Selbsteinschätzung ☺ 😐 ☹
1. Lineares Wachstum	–	→ Kopiervorlage S. 138	15 min	☐	☐☐☐☐☐
2. Exponentielles Wachstum	–	→ Kopiervorlage S. 140	15 min	☐	☐☐☐☐☐
3. Exponentielles Wachstum erfahren	2.	→ Kopiervorlage S. 142	15 min	☐	☐☐☐☐☐
4. Beschränktes Wachstum	2.	→ Kopiervorlage S. 144	20 min	☐	☐☐☐☐☐
5. Logistisches Wachstum	2. 4.	→ Kopiervorlage S. 146	15 min	☐	☐☐☐☐☐
6. Arten von Wachstum – vergleichende Übersicht	1. 2. 4. 5.	→ Kopiervorlage S. 148	15 min	☐	☐☐☐☐☐

Arbeitsblatt: Lineares Wachstum

1. In eine Badewanne mit dem Fassungsvermögen 300 l läuft Wasser ein. In jeder Sekunde fließen 0,9 l durch den Hahn. Zum Zeitpunkt $t = 0$ befinden sich schon 30 l in der Wanne.

a) Setze folgende Rechnung fort:

anfangs ($t = 0$): 30 l in der Wanne

nach 1 Minute: $30\,l + 60 \cdot 0{,}9\,l = 30\,l + 54\,l = 84\,l$ in der Wanne

nach 2 Minuten: $84\,l + 60 \cdot 0{,}9\,l = 84\,l + 54\,l = 30\,l + 2 \cdot 54\,l = 138\,l$ in der Wanne

nach 3 Minuten: ______________________________ in der Wanne

nach n Minuten: ______________ in der Wanne

b) Vervollständige folgende Wertetabelle und ergänze die Summanden in den grauen Kästchen.

Zeit in min	0	1	2	3	4
Wasservolumen in l	30				
	+	+	+	+	

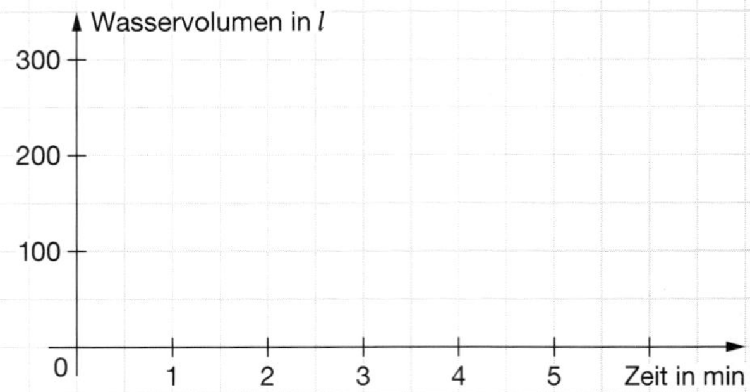

c) Zeichne ins Koordinatensystem rechts oben den Graphen der Funktion: $t \mapsto$ Wasservolumen(t).

d) Wann ist die Wanne voll? Löse rechnerisch und näherungsweise graphisch.

____

____

Es ist üblich, auch bei Abnahmevorgängen von Wachstum zu sprechen. Dieses heißt dann negatives Wachstum.

2. Lea muss für die nächste Englisch-Schulaufgabe noch 51 Vokabeln lernen und möchte dies gleichmäßig auf die verbleibenden 12 Tage verteilen.

a) Wieviele Vokabeln muss sie pro Tag lernen?
Löse näherungsweise rechnerisch und graphisch.

pro Tag zu lernen: ______________

b) Vervollständige die Tabelle:

verstrichene Tage	0	1	2	3	4	…
noch zu lernende Vokabeln	51					…

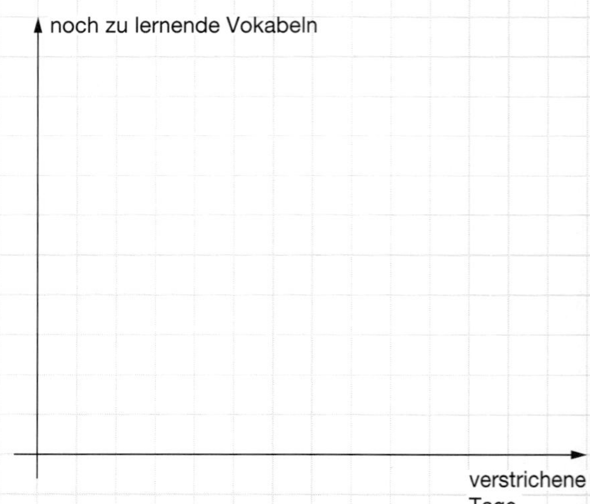

c) Was fällt bei den in 1 b) und 2 b) in die grauen Felder eingetragenen Zahlen auf?

____

Arbeitsblatt: Lineares Wachstum

1. In eine Badewanne mit dem Fassungsvermögen 300 l läuft Wasser ein. In jeder Sekunde fließen 0,9 l durch den Hahn. Zum Zeitpunkt $t = 0$ befinden sich schon 30 l in der Wanne.

a) Setze folgende Rechnung fort:

anfangs (t = 0):							30 l	in der Wanne
nach 1 Minute:	$30l + 60 \cdot 0{,}9l$	=	$30l + 54l$			=	84 l	in der Wanne
nach 2 Minuten:	$84l + 60 \cdot 0{,}9l$	=	$84l + 54l$	=	$30l + 2 \cdot 54l$	=	138 l	in der Wanne
nach 3 Minuten:	$138l + 60 \cdot 0{,}9l$	=	$138l + 54l$	=	$30l + 3 \cdot 54l$	=	192 l	in der Wanne
nach n Minuten:					$30l + n \cdot 54l$			in der Wanne

b) Vervollständige folgende Wertetabelle und ergänze die Summanden in den grauen Kästchen.

Zeit in min	0	1	2	3	4
Wasservolumen in l	30	84	138	192	246

+54 +54 +54 +54

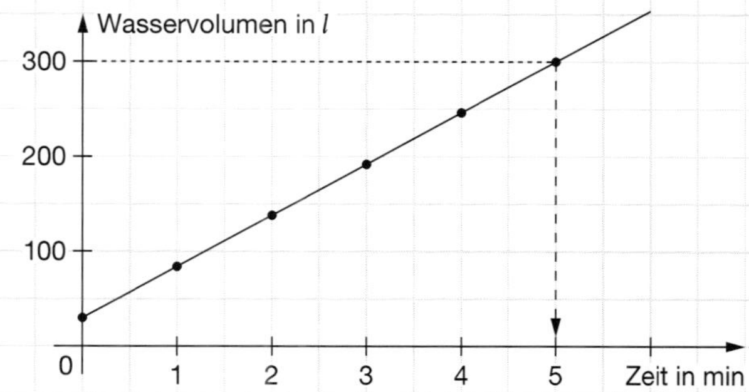

c) Zeichne ins Koordinatensystem rechts oben den Graphen der Funktion: $t \mapsto$ Wasservolumen(t).

d) Wann ist die Wanne voll? Löse rechnerisch und näherungsweise graphisch.

$30 + n \cdot 54 = 300 \Rightarrow n \cdot 54 = 270 \Rightarrow n = 5$

Ablesen aus der Zeichnung zu c) liefert: nach etwa 5 min ist die Wanne voll.

Es ist üblich, auch bei Abnahmevorgängen von Wachstum zu sprechen. Dieses heißt dann negatives Wachstum.

2. Lea muss für die nächste Englisch-Schulaufgabe noch 51 Vokabeln lernen und möchte dies gleichmäßig auf die verbleibenden 12 Tage verteilen.

a) Wieviele Vokabeln muss sie pro Tag lernen? Löse näherungsweise rechnerisch und graphisch.

pro Tag zu lernen: $51 : 12 = 4{,}25$

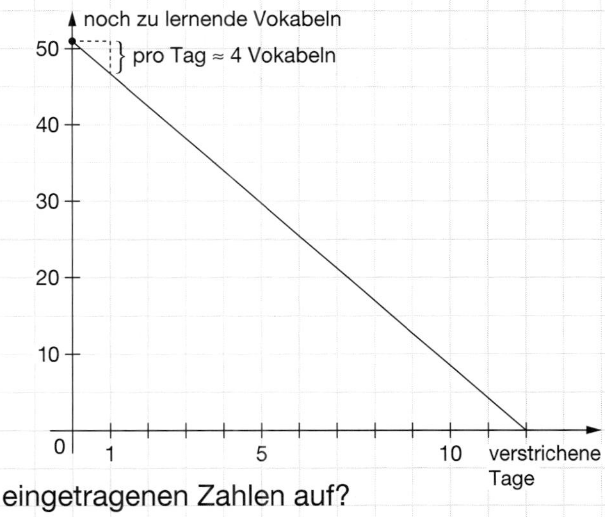

b) Vervollständige die Tabelle:

verstrichene Tage	0	1	2	3	4	…
noch zu lernende Vokabeln	51	≈ 47	≈ 43	≈ 38	≈ 34	…

−4,25 −4,25 −4,25 −4,25

c) Was fällt bei den in 1 b) und 2 b) in die grauen Felder eingetragenen Zahlen auf?

Die Summanden sind jeweils gleich; bei negativem Wachstum ist der Summand < 0.

Arbeitsblatt: Exponentielles Wachstum

1. Um 1900 brachten Siedler Kaninchen nach Australien. Diese fanden zunächst ein unbegrenztes Nahrungsangebot und keine natürlichen Feinde vor. Wir nehmen an, dass zu einem bestimmten Zeitpunkt $t = 0$ dort 80 Kaninchen (geschlechtlich gleichverteilt) leben, die sich alle fortpflanzen.
In vereinfachter Darstellung bringt jedes Kaninchenpaar alle 12 Wochen 7 Junge zur Welt, die wiederum nach 12 Wochen geschlechtsreif sind.

a) Setze folgende Rechnung fort:

anfangs (t = 0): 80 Kaninchen

nach $1 \cdot 12$ Wochen: $80 \cdot \left(1 + \frac{1}{2} \cdot 7\right) = 80 \cdot 4{,}5 = 360$ Kaninchen

nach $2 \cdot 12$ Wochen: $360 \cdot \left(1 + \frac{1}{2} \cdot 7\right) = 360 \cdot 4{,}5 = 80 \cdot 4{,}5^2 = 1620$ Kaninchen

nach $3 \cdot 12$ Wochen: ______________________ = 7290 Kaninchen

nach $n \cdot 12$ Wochen: __________ Kaninchen

b) Vervollständige folgende Wertetabelle und ergänze die Faktoren in den grauen Kästchen.

Anzahl der 12-Wochen-Schritte	0	1	2	3	4
Kaninchenanzahl	80				
Faktoren:	·	·	·	·	

c) Skizziere ins nebenstehende Koordinatensystem den Graphen der Funktion: $t \mapsto$ Kaninchenanzahl (t)

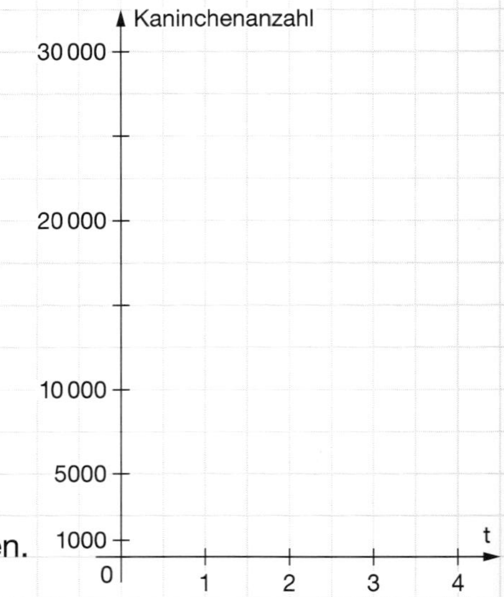

Es ist üblich, auch bei Abnahmevorgängen von Wachstum zu sprechen. Dieses heißt dann negatives Wachstum.

2. Der atmosphärische Luftdruck nimmt mit zunehmender Höhe ab, nämlich um 12 % je km Höhe.

a) Vervollständige folgende Wertetabelle und ergänze die Faktoren in den grauen Kästchen.

Höhe h in km	0	1	2	3	4
Druck p in hPa	1050				
Faktoren:	·	·	·	·	

b) Berechne den Druck in der Höhe n km. $p(n \cdot \text{km}) =$ ______________

c) Skizziere nebenstehend den Graphen von p (h).

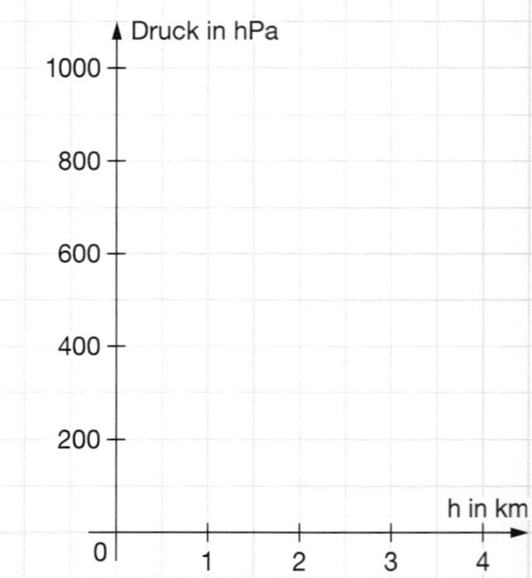

3. Was fällt bei den in 1 b) und 2 a) errechneten Faktoren auf?

____

Arbeitsblatt: Exponentielles Wachstum

1. Um 1900 brachten Siedler Kaninchen nach Australien. Diese fanden zunächst ein unbegrenztes Nahrungsangebot und keine natürlichen Feinde vor. Wir nehmen an, dass zu einem bestimmten Zeitpunkt $t = 0$ dort 80 Kaninchen (geschlechtlich gleichverteilt) leben, die sich alle fortpflanzen.
In vereinfachter Darstellung bringt jedes Kaninchenpaar alle 12 Wochen 7 Junge zur Welt, die wiederum nach 12 Wochen geschlechtsreif sind.

a) Setze folgende Rechnung fort:

anfangs ($t = 0$): 80 Kaninchen

nach $1 \cdot 12$ Wochen: $80 \cdot \left(1 + \frac{1}{2} \cdot 7\right) = 80 \cdot 4{,}5 = 360$ Kaninchen

nach $2 \cdot 12$ Wochen: $360 \cdot \left(1 + \frac{1}{2} \cdot 7\right) = 360 \cdot 4{,}5 = 80 \cdot 4{,}5^2 = 1620$ Kaninchen

nach $3 \cdot 12$ Wochen: $1620 \cdot \left(1 + \frac{1}{2} \cdot 7\right) = 1620 \cdot 4{,}5 = 80 \cdot 4{,}5^3 = 7290$ Kaninchen

nach $n \cdot 12$ Wochen: $80 \cdot 4{,}5^n$ Kaninchen

b) Vervollständige folgende Wertetabelle und ergänze die Faktoren in den grauen Kästchen.

Anzahl der 12-Wochen-Schritte	0	1	2	3	4
Kaninchenanzahl	80	360	1620	7290	32 805

Faktoren: $\cdot 4{,}5$ | $\cdot 4{,}5$ | $\cdot 4{,}5$ | $\cdot 4{,}5$

c) Skizziere ins nebenstehende Koordinatensystem den Graphen der Funktion: $t \mapsto$ Kaninchenanzahl (t)

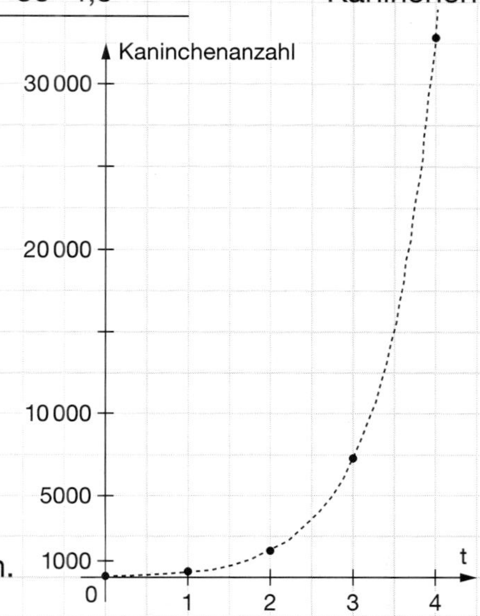

Es ist üblich, auch bei Abnahmevorgängen von Wachstum zu sprechen. Dieses heißt dann negatives Wachstum.

2. Der atmosphärische Luftdruck nimmt mit zunehmender Höhe ab, nämlich um 12 % je km Höhe.

a) Vervollständige folgende Wertetabelle und ergänze die Faktoren in den grauen Kästchen.

Höhe h in km	0	1	2	3	4
Druck p in hPa	1050	924	≈ 813	≈ 716	≈ 630

Faktoren: $\cdot 0{,}88$ | $\cdot 0{,}88$ | $\cdot 0{,}88$ | $\cdot 0{,}88$

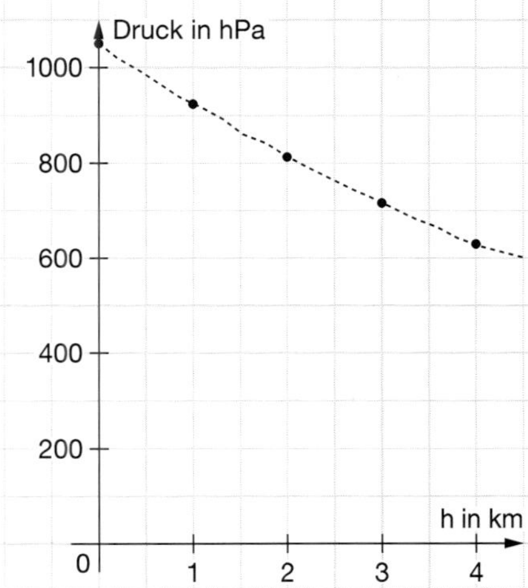

b) Berechne den Druck in der Höhe n km. $p(n\,\text{km}) = 1050 \cdot (0{,}88)^n$ hPa

c) Skizziere nebenstehend den Graphen von p(h).

3. Was fällt bei den in 1b) und 2a) errechneten Faktoren auf?

Die Faktoren sind jeweils gleich; bei negativem Wachstum ist der Faktor < 1.

Arbeitsblatt: Exponentielles Wachstum erfahren

Auf diesem Blatt soll der Bestand einer Größe, welche exponentiell wächst, für mehrere Zeitpunkte gezeichnet werden.
Die eingezeichnete Säule zeigt den Bestand zum Zeitpunkt $t = 0$.

Schätze zunächst: Wie groß muss die Säule bei $t = 1$ sein, damit die Säule am rechten Rand (bei $t = 18$) gerade noch auf dieses Blatt passt? $g(1) =$ ________

Berechne für den von dir geschätzten Bestandswert bei $t = 1$ den Wachstumsfaktor: $a = \frac{g(t) - g(t-1)}{g(t-1)} + 1 =$ ________

Was fällt dir auf? ______________________________

Starte nun mit diesem Wert a, berechne die folgenden Werte g (t) (schrittweise mit dem Taschenrechner oder einem Tabellenkalkulationsprogramm) und zeichne die Säulen für $t = 1$ bis $t = 17$.

Wie gut ist deine obige Schätzung für g (1)? ________________

Verbessere gegebenenfalls deinen geschätzten Wert g (1) und wiederhole die obigen Schritte.

Arbeitsblatt: Exponentielles Wachstum

Auf diesem Blatt soll der Bestand einer Größe, welche exponentiell wächst, für mehrere Zeitpunkte gezeichnet werden.
Die eingezeichnete Säule zeigt den Bestand zum Zeitpunkt t = 0.

Schätze zunächst: Wie groß muss die Säule bei t = 1 sein, damit die Säule am rechten Rand (bei t = 18) gerade noch auf dieses Blatt passt? g (1) = 1,195

Berechne für den von dir geschätzten Bestandswert bei t = 1 den Wachstumsfaktor: $a = \frac{g(t)-g(t-1)}{g(t-1)} + 1 =$ 1,195

Was fällt dir auf? Der Wachstumsfaktor ist so groß, wie g (1).

Starte nun mit diesem Wert a, berechne die folgenden Werte g (t) (schrittweise mit dem Taschenrechner oder einem Tabellenkalkulationsprogramm) und zeichne die Säulen für t = 1 bis t = 17.

Wie gut ist deine obige Schätzung für g (1)? ____________ (*)

Verbessere gegebenenfalls deinen geschätzten Wert g (1) und wiederhole die obigen Schritte.

(*) (Vermutlich war die Schätzung für g (1) bzw. a zu groß, so dass die Säule bei t = 18 weit über das Blatt ragen müsste.
Die Dynamik exponentiellen Wachstums wird in der Regel deutlich unterschätzt.)

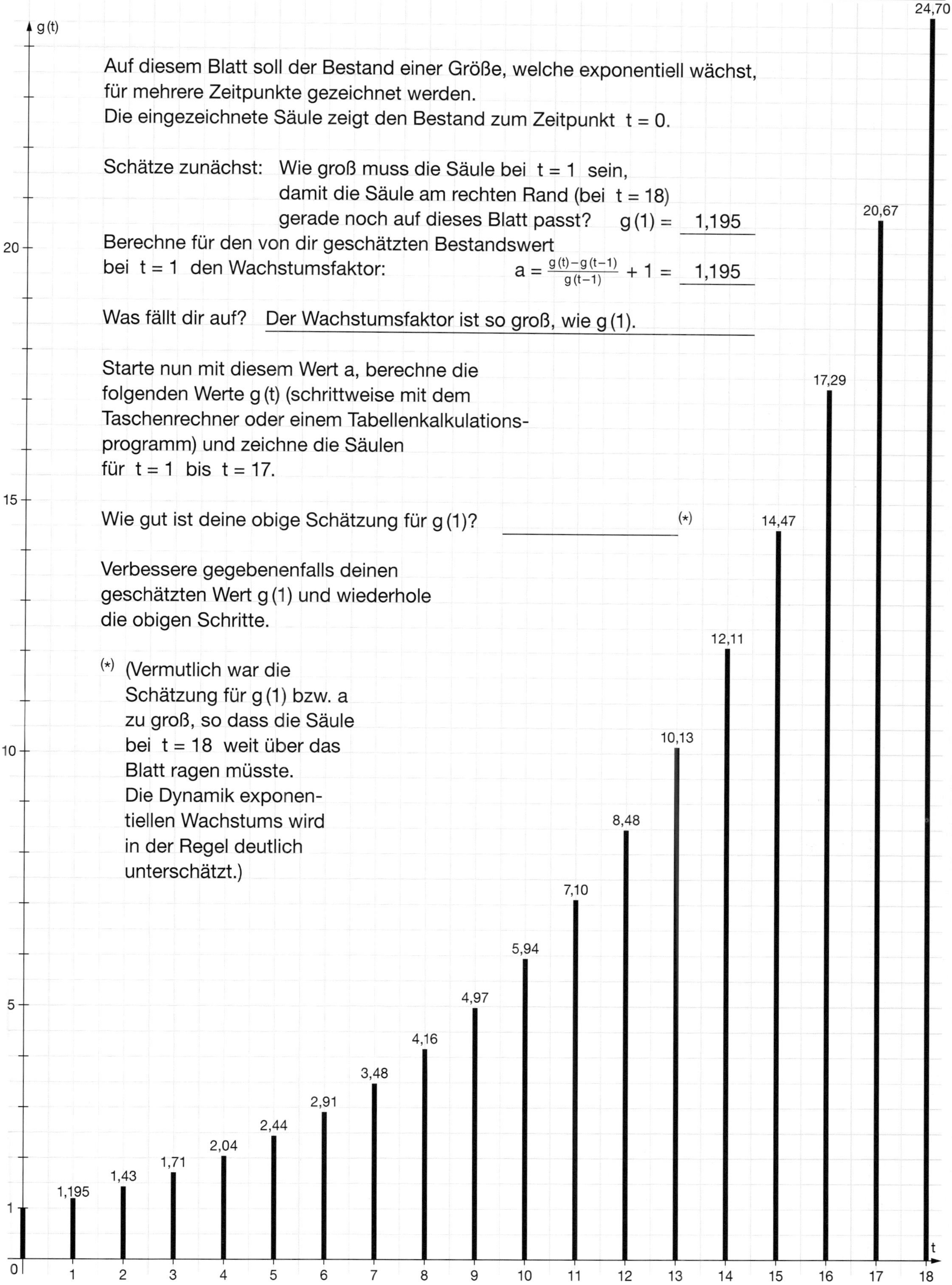

Arbeitsblatt: Beschränktes Wachstum

1. Wird ein Acker oder eine Wiese nicht mehr bewirtschaftet, so erobert sich der Wald im Laufe der Zeit die Fläche zurück.
Zum Zeitpunkt $t = 0$ stehen bereits 100 Raummeter Holz auf einer 1 Hektar großen Fläche.
Der auf dieser Fläche maximal mögliche Holzbestand beträgt 300 Raummeter.
Jedes Jahr wächst der Holzbestand um 20% des noch möglichen Zuwachses.

a) Setze folgende Rechnung fort:

anfangs ($t = 0$): 100 Raummeter Holz

nach 1 Jahr: $100 + \frac{20}{100} \cdot (300 - 100) = 100 + 40 = 140$ Raummeter Holz

nach 2 Jahren: $140 + \frac{20}{100} \cdot (300 - 140) =$ ______ $=$ ______ Raummeter Holz

nach 3 Jahren: ______________________ Raummeter Holz

Gib eine Formel an, mit der sich der Holzbestand $B(t)$ zum Zeitpunkt t aus dem Holzbestand $B(t-1)$ zum Zeitpunkt $t-1$ berechnen lässt.

$B(t) =$ ______________________

b) Vervollständige folgende Tabelle:

verstrichene Jahre	0	1	2	3	4
Holzbestand in m³	100				
Differenz zu 300 m³	200				

c) Skizziere ins rechts abgebildete Koordinatensystem den Graphen der Funktion $t \mapsto$ Holzbestand(t).

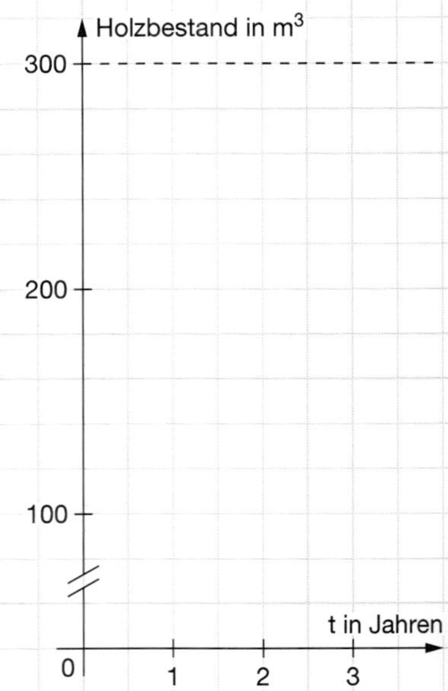

2. Ein auf 20 °C Zimmertemperatur abgekühlter Kuchen wird mit 45,6 °C heißer Kuvertüre überzogen. Die Kuvertüre kühlt so ab, dass sich alle 3 Minuten die Differenz zur Zimmertemperatur halbiert.

a) Vervollständige die Tabelle und zeichne den Graphen:

Zeit in min	0	3	6	9
Temperatur der Kuvertüre in °C	45,6			
Differenz zu 20 °C				

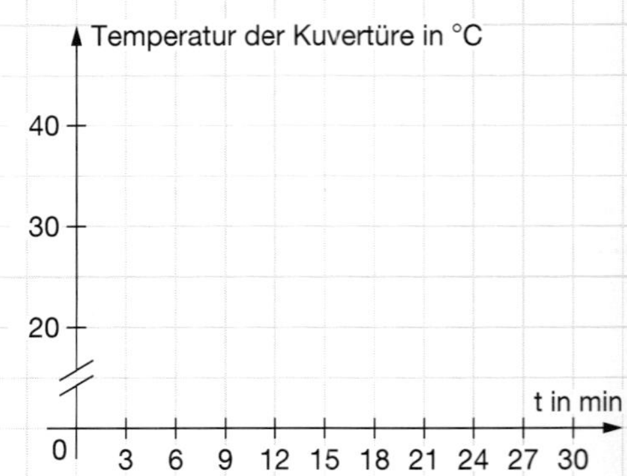

b) Wann weicht die Temperatur nur noch $\frac{1}{2}$ °C von 20 °C ab? ______________________

3. Wie kann man das beschränkte Wachstum in 1. und 2. auf ein exponentielles Wachstum zurückführen?

____

Arbeitsblatt: Beschränktes Wachstum

1. Wird ein Acker oder eine Wiese nicht mehr bewirtschaftet, so erobert sich der Wald im Laufe der Zeit die Fläche zurück.
Zum Zeitpunkt $t = 0$ stehen bereits 100 Raummeter Holz auf einer 1 Hektar großen Fläche.
Der auf dieser Fläche maximal mögliche Holzbestand beträgt 300 Raummeter.
Jedes Jahr wächst der Holzbestand um 20 % des noch möglichen Zuwachses.

a) Setze folgende Rechnung fort:

anfangs ($t = 0$): 100 Raummeter Holz

nach 1 Jahr: $100 + \frac{20}{100} \cdot (300 - 100) = 100 + 40 = 140$ Raummeter Holz

nach 2 Jahren: $140 + \frac{20}{100} \cdot (300 - 140) = 140 + 32 = 172$ Raummeter Holz

nach 3 Jahren: $172 + \frac{20}{100} \cdot (300 - 172) = 172 + 25{,}6 \approx 198$ Raummeter Holz

Gib eine Formel an, mit der sich der Holzbestand $B(t)$ zum Zeitpunkt t aus dem Holzbestand $B(t-1)$ zum Zeitpunkt $t-1$ berechnen lässt.

$B(t) = B(t-1) + \frac{20}{100} \cdot (300 - B(t-1))$

b) Vervollständige folgende Tabelle:

verstrichene Jahre	0	1	2	3	4
Holzbestand in m^3	100	140	172	≈ 198	≈ 218
Differenz in $300\,m^3$	200	160	128	≈ 102	≈ 81,9

·0,8 ·0,8 ·0,8 ·0,8

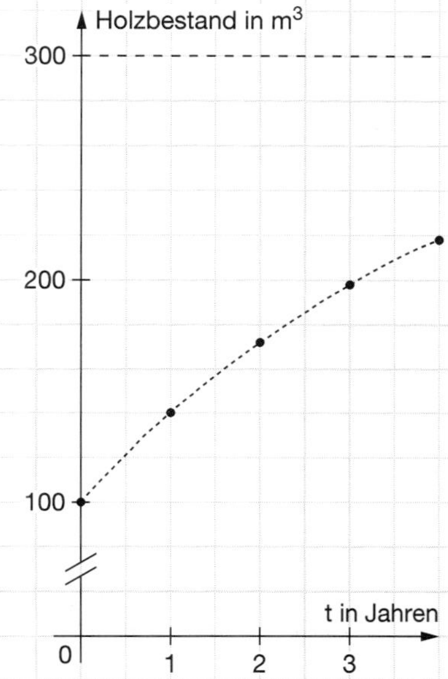

c) Skizziere ins rechts abgebildete Koordinatensystem den Graphen der Funktion $t \mapsto$ Holzbestand(t).

2. Ein auf 20 °C Zimmertemperatur abgekühlter Kuchen wird mit 45,6 °C heißer Kuvertüre überzogen.
Die Kuvertüre kühlt so ab, dass sich alle 3 Minuten die Differenz zur Zimmertemperatur halbiert.

a) Vervollständige die Tabelle und zeichne den Graphen:

Zeit in min	0	3	6	9
Temperatur der Kuvertüre in °C	1050	924	≈ 813	≈ 716
Differenz zu 20°C	1050	924	≈ 813	≈ 716

·0,5 ·0,5 ·0,5 ·0,5

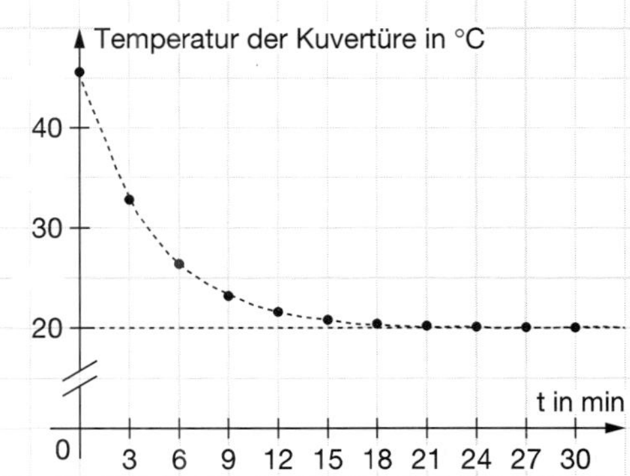

b) Wann weicht die Temperatur nur noch $\frac{1}{2}$ °C von 20 °C ab? nach 6 · 3 Minuten (um 0,4°C)

3. Wie kann man das beschränkte Wachstum in 1. und 2. auf ein exponentielles Wachstum zurückführen?

Die Differenz zu $300\,m^3$ bzw. 20 °C wächst exponentiell mit Faktor 0,8 bzw. 0,5.

Arbeitsblatt: Logistisches Wachstum

1. Auf einer isoliert stehenden Zimmerpflanze befinden sich anfangs 20 Blattläuse. In verschiedenen Wochen wurden folgende Anzahlen an Läusen gezählt:

Woche	0	1	2	3	4	6	8	10	15	20	22	24	26	28	30
Läuseanzahl	16	20	25	31	39	60	89	129	264	392	427	451	469	480	487

a) Skizziere zu diesen Werten den zugehörigen Graphen ins folgende Koordinatensystem:

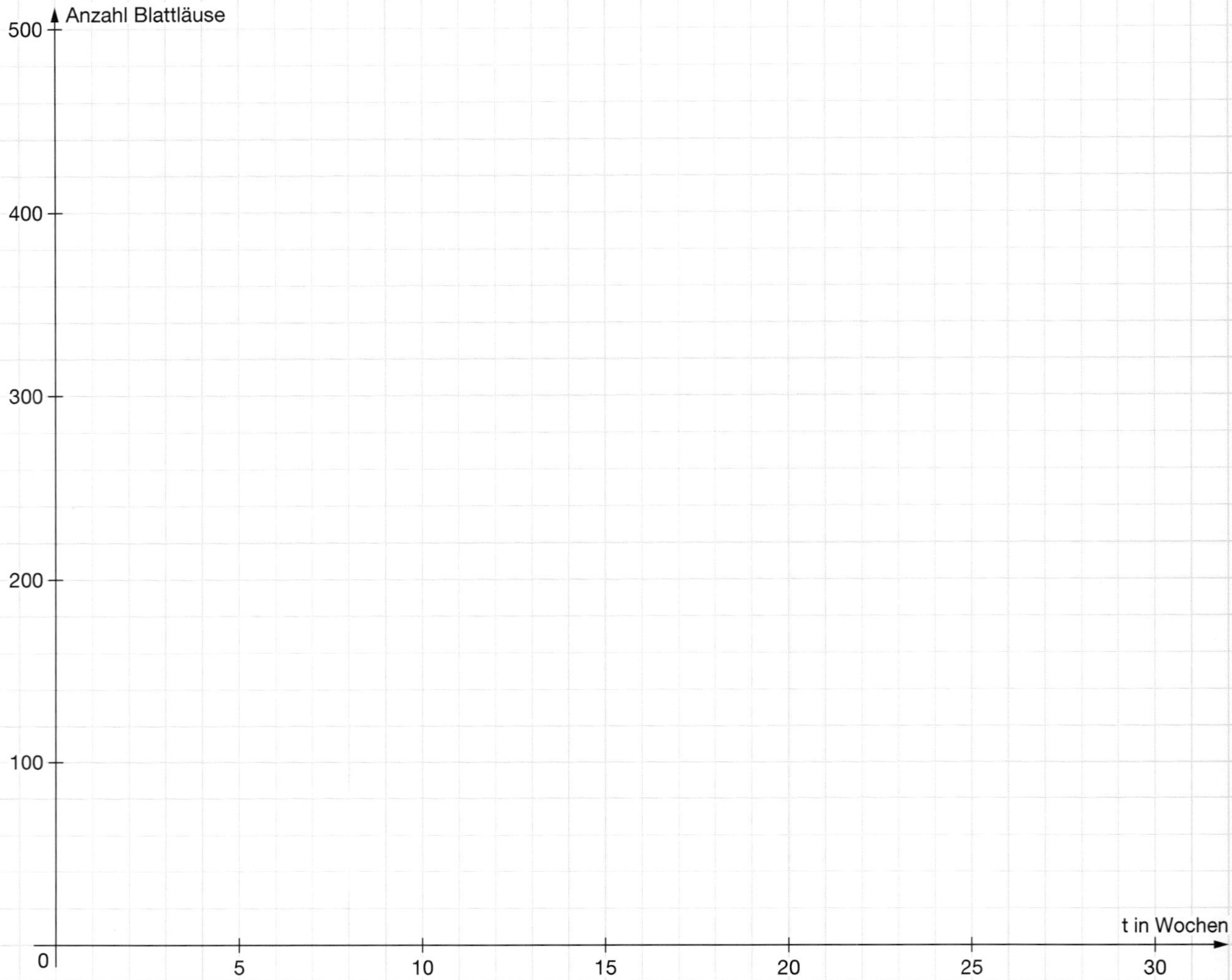

b) An welche Arten von Wachstum erinnert der Verlauf des Graphen im Bereich $t \in [0;10]$, im Bereich $t \in [20;30]$?

Versuche, anhand der realen Situation zu begründen, warum dieses Verhalten vorliegt:

Arbeitsblatt: Logistisches Wachstum

1. Auf einer isoliert stehenden Zimmerpflanze befinden sich anfangs 20 Blattläuse. In verschiedenen Wochen wurden folgende Anzahlen an Läusen gezählt:

Woche	0	1	2	3	4	6	8	10	15	20	22	24	26	28	30
Läuseanzahl	16	20	25	31	39	60	89	129	264	392	427	451	469	480	487

a) Skizziere zu diesen Werten den zugehörigen Graphen ins folgende Koordinatensystem:

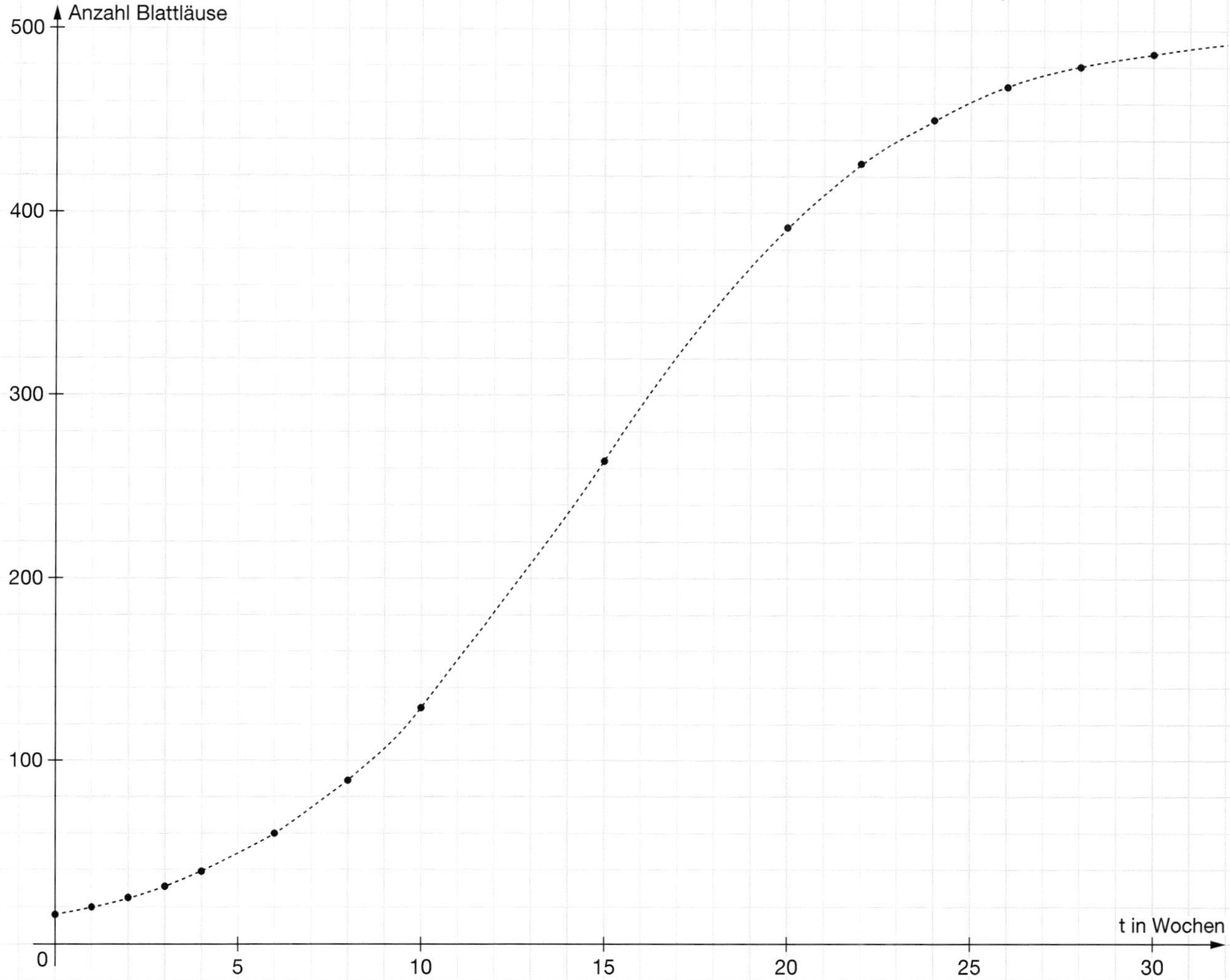

b) An welche Arten von Wachstum erinnert der Verlauf des Graphen

im Bereich $t \in [0;10]$,

exponentielles Wachstum (Faktor 1,25)

im Bereich $t \in [20;30]$?

beschränktes Wachstum (mit Schranke 500)

Versuche, anhand der realen Situation zu begründen, warum dieses Verhalten vorliegt:

Die Zunahme ist abhängig vom vorhandenen Bestand. In gleichen Zeiträumen wächst der Bestand um denselben Faktor; je mehr Läuse schon da sind, desto mehr kommen hinzu.

Der Lebensraum der Pflanze ist begrenzt; mehr als etwa 500 Läuse kann die Pflanze nicht ernähren. Nur noch ein bestimmter Anteil der möglichen Kapazität kommt hinzu.

Arbeitsblatt: Arten von Wachstum – Vergleichende Übersicht

Ergänze die folgende Tabelle, um dir einen Überblick über die verschiedenen Wachstumsarten zu verschaffen. In die letzte Spalte werden keine Formeln eingetragen; hier genügt es, geeignet auf die anderen Tabellenspalten zu verweisen.

Art des Wachstums:	lineares Wachstum	exponentielles/-er Wachstum/Zerfall	beschränktes Wachstum	logistisches Wachstum
Funktionsterm:	$f(t) = f(0) + t \cdot d$	$f(t) = f(0) \cdot a^t$	$f(t) = S - (S - f(0)) \cdot a^t$	(keine Angabe)
wichtige Konstanten und deren Namen:				Wachstumsfaktor a Schranke S
Formel für die Berechnung von f(t) aus f(t−1):	f(t) =	f(t) =	f(t) =	anfangs wie: gegen Ende wie:
typischer Graph: (Skizze)	f(t), t Wachstumskonstante d > 0 f(t), t Wachstumskonstante d < 0	f(t), t Wachstumsfaktor a > 1 f(t), t Wachstumsfaktor $a \in]0;1[$	f(t), t Schranke ist obere Schranke f(t), t Schranke ist untere Schranke	f(t), t
Erkennungszeichen: Für gleich große Zeitschritte gilt:	Die Differenz aufeinander folgender Funktionswerte … d =	Der ☐ aufeinander folgender Funktionswerte … a =	Der ☐ aufeinander folgender Differenzen zwischen und Schranke … Der Wachstumsfaktor a ist als 1.	anfangs wie: gegen Ende wie:
typische Beispielsituationen:				

Arbeitsblatt: Arten von Wachstum – Vergleichende Übersicht

Ergänze die folgende Tabelle, um dir einen Überblick über die verschiedenen Wachstumsarten zu verschaffen. In die letzte Spalte werden keine Formeln eingetragen; hier genügt es, geeignet auf die anderen Tabellenspalten zu verweisen.

Art des Wachstums:	lineares Wachstum	exponentielles/-er Wachstum/Zerfall	beschränktes Wachstum	logistisches Wachstum
Funktionsterm:	$f(t) = f(0) + t \cdot d$	$f(t) = f(0) \cdot a^t$	$f(t) = S - (S - f(0)) \cdot a^t$	(keine Angabe)
wichtige Konstanten und deren Namen:	Wachstums- konstante d	Wachstums- faktor a	Wachstumsfaktor a Schranke S	Wachstumsfaktor a Schranke S
Formel für die Berechnung von f(t) aus f(t−1):	$f(t) = f(t-1) + d$	$f(t) = f(t-1) \cdot a$	$f(t) = f(t-1)$ $+ (S - f(t-1)) \cdot a$	anfangs wie: exponentielles W. gegen Ende wie: beschränktes W.
typischer Graph: (Skizze)	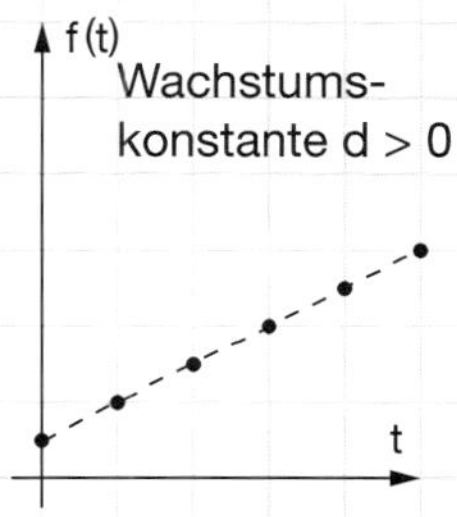 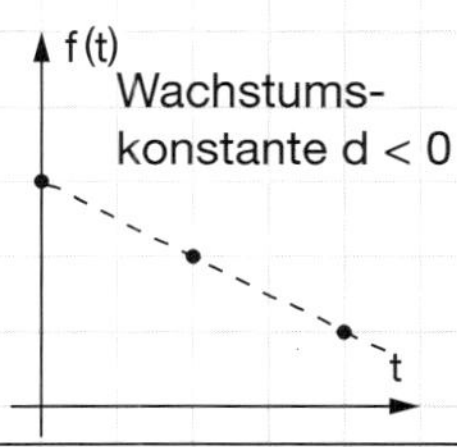	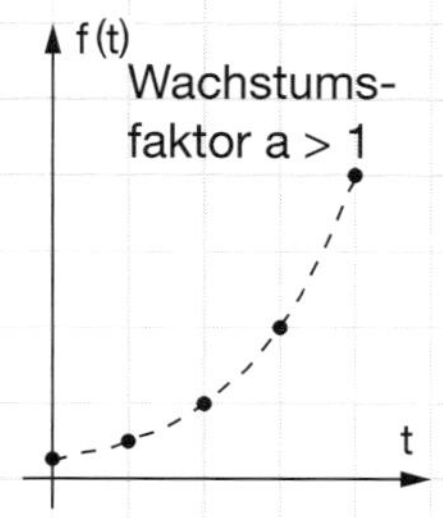 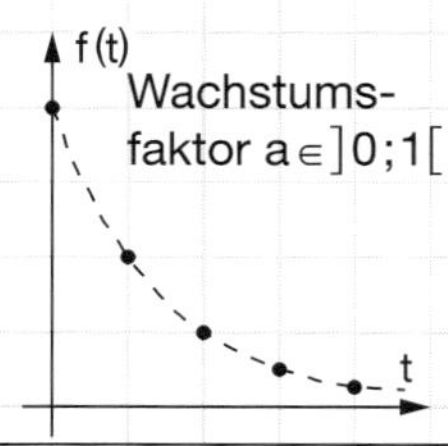	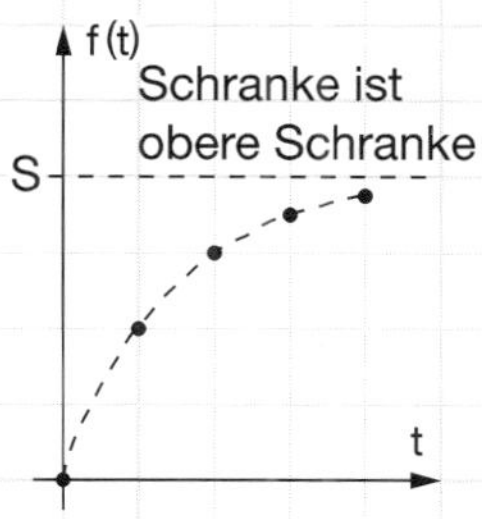 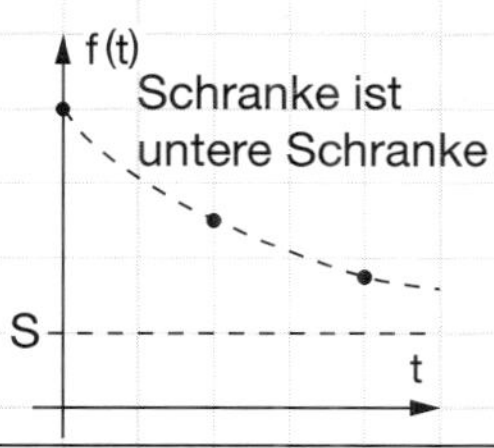	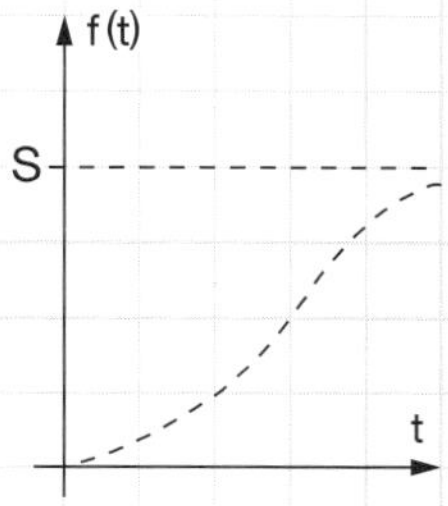
Erkennungszeichen: Für gleich große Zeitschritte gilt:	Die Differenz aufeinander folgender Funktionswerte … ist konstant. $d = f(t) - f(t-1)$	Der Quotient aufeinander folgender Funktionswerte … ist konstant. $a = \frac{f(t)}{f(t-1)}$	Der Quotient aufeinander folgender Differenzen zwischen Funktionswert und Schranke … ist konstant. Der Wachstumsfaktor a ist kleiner als 1.	anfangs wie: exponentielles Wachstum gegen Ende wie: beschränktes Wachstum
typische Beispielsituationen:	Jeden Tag strickt Oma 7 Reihen am neuen Pullover. Jeden Tag sind es 24 h weniger bis zum Beginn der Sommerferien.	Die Bakterienkultur verdreifacht sich alle 24 h. Vom radioaktiven Material zerfällt jedes Jahr 0,1 %.	Der Fischbestand im Teich wächst auf höchstens 2500 Exemplare. Die Temperatur vom Kaffee nähert sich immer langsamer der Zimmertemperatur.	Das Gerücht breitet sich in der Schule zunächst exponentiell aus. Später wird es schwieriger, jemanden zu finden, der das Gerücht noch nicht kennt. Das Wachstum ist beschränkt durch die Gesamtzahl aller Personen an der Schule.

1. Schreibe den Funktionsterm in der Form $b \cdot a^x$ und skizziere mithilfe einiger Funktionswerte den Graphen.

a) $f(x) = 2^{2x} =$

x	−1	0	1
f(x)			

b) $g(x) = -(3^{x+1}) =$

x	−2	−1	0
g(x)			

c) $h(x) = \left(\frac{1}{2}\right)^{x-1} =$

x	−1	0	1
h(x)			

d) $k(x) = 27^{\frac{1}{3}(x-1)} =$

x	0	1	2
k(x)			

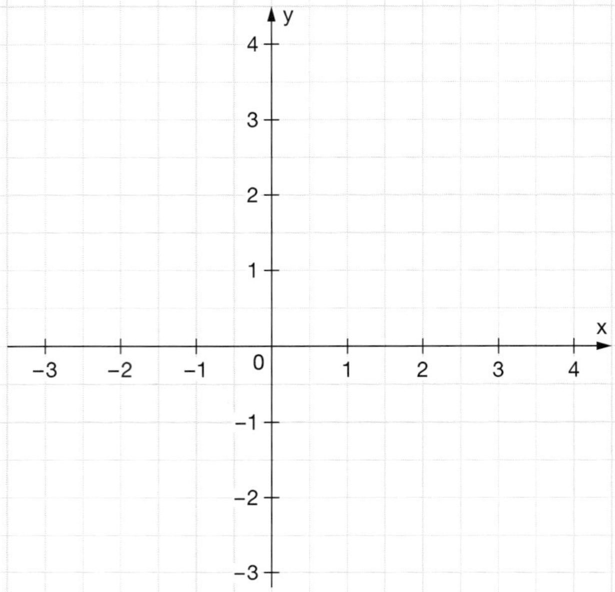

2.

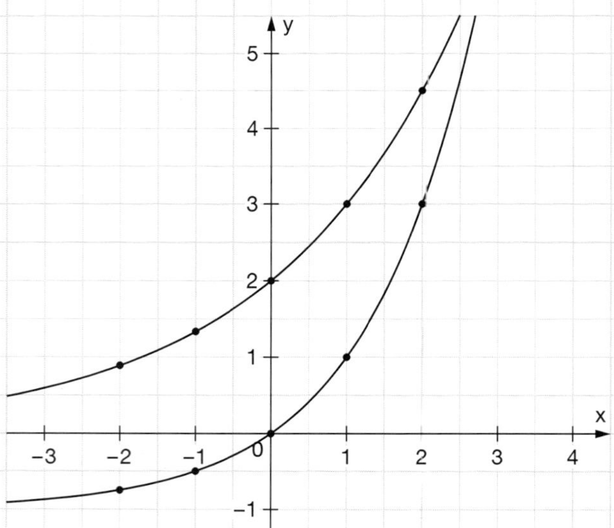

Für welche der Funktionen $f: x \mapsto 2^x$, $g: x \mapsto \left(\frac{3}{2}\right)^x$, $h: x \mapsto 2^{x-1}$, $k: x \mapsto 2^x - 1$, $s: x \mapsto 2^{-x}$, $t: x \mapsto 2 \cdot \left(\frac{3}{2}\right)^x$ sind die Graphen gezeichnet? ________________

Skizziere die Graphen der anderen Funktionen ins Koordinatensystem.

3. Bestimme jeweils a und b so, dass der Graph der Exponentialfunktion $f: x \mapsto b \cdot a^x$ durch die angegebenen Punkte geht.

a) $P\left(2 \middle| \frac{1}{2}\right)$; $Q(6|8)$

$f(2) = \frac{1}{2} \Rightarrow$ (I) $b \cdot a^{\square} = \square$

$f(6) = 8 \Rightarrow$ (II) $b \cdot a^{\square} = \square$

$\frac{(II)}{(I)}: \frac{b \cdot a^{\square}}{b \cdot a^{\square}} = \frac{\square}{\square} \Rightarrow a^{\square} = \square$

$\Rightarrow a = \square$

in (I): $b \cdot \square^{\square} = \square \Rightarrow b = \square$

b) $P(-1|6)$; $Q\left(1 \middle| \frac{3}{2}\right)$

$f(\square) = \square \Rightarrow$ (I) $b \cdot a^{\square} = \square$

$f(\square) = \square \Rightarrow$ (II) $b \cdot a^{\square} = \square$

$\frac{(II)}{(I)}: \frac{\square}{\square} = \frac{\square}{\square} \Rightarrow a^{\square} = \square = \square$

$\Rightarrow a = \square$

in (I): $\square = \square \Rightarrow b = \square$

c) $P\left(-2 \middle| \frac{8}{9}\right)$; $Q(3|6{,}75)$

$f(\square) = \square \Rightarrow$ (I) $\square$

$f(\square) = \square \Rightarrow$ (II) $\square$

$\square : \square \Rightarrow \square = \square$

$= \square = \square$

$\Rightarrow a = \square$

$\square : \square \Rightarrow b = \square$

d) $P\left(0 \middle| \frac{1}{9}\right)$; $Q(3{,}5|3\sqrt{3})$; $R(4|9)$

$\square \Rightarrow$ (I) $\square$

$\square \Rightarrow$ (II) $\square$

$\square \Rightarrow$ (III) $\square$

$\square : \square \Rightarrow \square$

$\Rightarrow a = \square$

$\square : \square \Rightarrow b = \square$

Probe:

$\square$

4. Kreuze an, welche der beiden Funktionen für große zunehmende x stärker wächst.

a) x^2 ☐ x^4 ☐

b) 2^x ☐ 3^x ☐

c) 2^x ☐ x^2 ☐

d) x^3 ☐ 3^x ☐

e) x^3 ☐ 2^x ☐

f) x^{10} ☐ 2^x ☐

1. Schreibe den Funktionsterm in der Form $b \cdot a^x$ und skizziere mithilfe einiger Funktionswerte den Graphen.

a) $f(x) = 2^{2x} = 4^x$

x	−1	0	1
f(x)	$\frac{1}{4}$	1	4

b) $g(x) = -(3^{x+1}) = -3 \cdot 3^x$

x	−2	−1	0
g(x)	$-\frac{1}{3}$	−1	−3

c) $h(x) = \left(\frac{1}{2}\right)^{x-1} = 2 \cdot \left(\frac{1}{2}\right)^x$

x	−1	0	1
h(x)	4	2	1

d) $k(x) = 27^{\frac{1}{3}(x-1)} = \frac{1}{3} \cdot 3^x$

x	0	1	2
k(x)	$\frac{1}{3}$	1	3

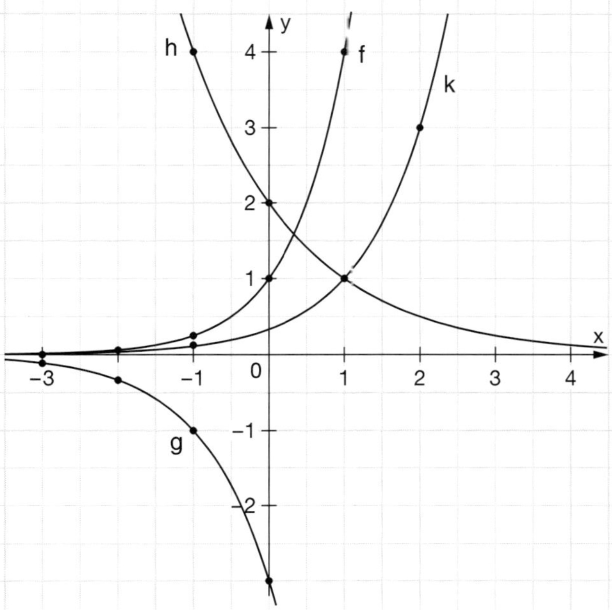

2.

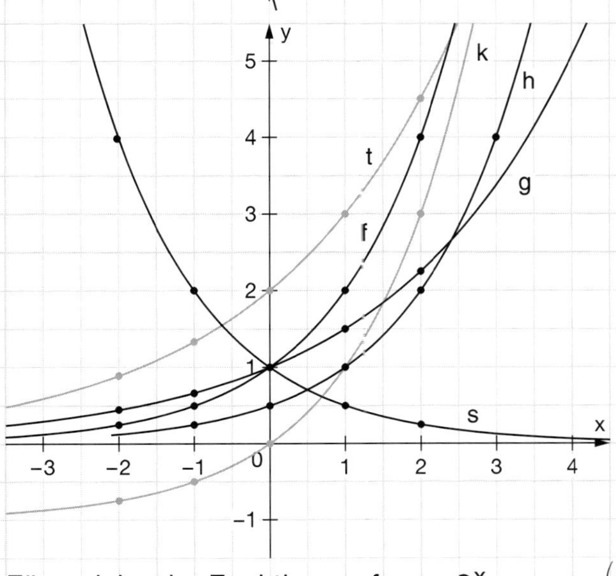

Für welche der Funktionen $f: x \mapsto 2^x$, $g: x \mapsto \left(\frac{3}{2}\right)^x$, $h: x \mapsto 2^{x-1}$, $k: x \mapsto 2^x - 1$, $s: x \mapsto 2^{-x}$, $t: x \mapsto 2 \cdot \left(\frac{3}{2}\right)^x$ sind die Graphen gezeichnet? für t und k

Skizziere die Graphen der anderen Funktionen ins Koordinatensystem.

3. Bestimme jeweils a und b so, dass der Graph der Exponentialfunktion $f: x \mapsto b \cdot a^x$ durch die angegebenen Punkte geht.

a) $P\left(2 \middle| \frac{1}{2}\right)$; $Q(6|8)$

$f(2) = \frac{1}{2} \Rightarrow$ (I) $b \cdot a^2 = \frac{1}{2}$

$f(6) = 8 \Rightarrow$ (II) $b \cdot a^6 = 8$

$\frac{(II)}{(I)}$: $\frac{b \cdot a^6}{b \cdot a^2} = \frac{8}{\frac{1}{2}} \Rightarrow a^4 = 16$

$\Rightarrow a = 2$

in (I): $b \cdot 2^2 = \frac{1}{2} \Rightarrow b = \frac{1}{8}$

b) $P(-1|6)$; $Q\left(1 \middle| \frac{3}{2}\right)$

$f(-1) = 6 \Rightarrow$ (I) $b \cdot a^{-1} = 6$

$f(1) = \frac{3}{2} \Rightarrow$ (II) $b \cdot a^1 = \frac{3}{2}$

$\frac{(II)}{(I)}$: $\frac{b \cdot a^1}{b \cdot a^{-1}} = \frac{\frac{3}{2}}{6} \Rightarrow a^2 = \frac{3}{12} = \frac{1}{4}$

$\Rightarrow a = \frac{1}{2}$

in (I): $b \cdot \left(\frac{1}{2}\right)^{-1} = 6 \Rightarrow b = 3$

c) $P\left(-2 \middle| \frac{8}{9}\right)$; $Q(3|6{,}75)$

$f(-2) = \frac{8}{9} \Rightarrow$ (I) $b \cdot a^{-2} = \frac{8}{9}$

$f(3) = 6{,}75 \Rightarrow$ (II) $b \cdot a^3 = 6{,}75$

$\frac{(II)}{(I)}$: $\frac{b \cdot a^3}{b \cdot a^{-2}} = \frac{6{,}75}{\frac{8}{9}} \Rightarrow a^5 = \frac{27}{4} \cdot \frac{9}{8} = \frac{3^5}{2^5} = \left(\frac{3}{2}\right)^5$

$\Rightarrow a = \frac{3}{2}$

in (I): $b \cdot \left(\frac{2}{3}\right)^2 = \frac{8}{9} \Rightarrow b = 2$

d) $P\left(0 \middle| \frac{1}{9}\right)$; $Q(3{,}5|3\sqrt{3})$; $R(4|9)$

$f(0) = \frac{1}{9} \Rightarrow$ (I) $b \cdot a^0 = \frac{1}{9}$

$f(3{,}5) = 3\sqrt{3} \Rightarrow$ (II) $b \cdot a^{3{,}5} = 3\sqrt{3}$

$f(4) = 9 \Rightarrow$ (III) $b \cdot a^4 = 9$

$\frac{(III)}{(I)}$: $\frac{b \cdot a^4}{b \cdot a^0} = \frac{9}{\frac{1}{9}} \Rightarrow a^4 = 9 \cdot 9$

$\Rightarrow a = 3$

in (I): $b \cdot 1 = \frac{1}{9} \Rightarrow b = \frac{1}{9}$

Probe:

in (II): $\frac{1}{9} \cdot 3^{3+\frac{1}{2}} = \frac{1}{9} \cdot 27 \cdot \sqrt{3} = 3\sqrt{3}$

4. Kreuze an, welche der beiden Funktionen für große zunehmende x stärker wächst.

a) x^2 ☐, x^4 ☒

b) 2^x ☐, 3^x ☒

c) 2^x ☒, x^2 ☐

d) x^3 ☐, 3^x ☒

e) x^3 ☐, 2^x ☒

f) x^{10} ☐, 2^x ☒

Arbeitsblatt: Magische Quadrate

1. Bei (additiven) magischen Quadraten sind alle Zeilen-, Spalten- und Diagonalen-Summen gleich (= magische Zahl).

a) Ergänze Quadrat 1 so, dass sich ein additives magisches Quadrat ergibt.

b) Handelt es sich bei Quadrat 2 auch um ein solches Quadrat? ______
Wie kann man also neue additive magische Quadrate aus bereits bekannten erzeugen?

______

2		0
1	3	
	−1	4

Quadrat 1

6	21	0
3	9	15
18	−3	12

Quadrat 2

c) Begründe, dass sich aus einem additiven magischen Quadrat wieder ein solches ergibt, wenn zu jedem Eintrag derselbe Summand c addiert wird. Wie ändert sich die magische Zahl? Erzeuge so ein weiteres magisches Quadrat (Quadrat 3).

______

Quadrat 3

2. a) Erzeuge ein neues Zahlenquadrat, indem du im Quadrat 4 die Felder so ausfüllst, dass jedem Wert x aus Quadrat 1 der Wert 2^x zugeordnet wird.
Ergibt sich wieder ein additives magisches Quadrat? ______
Welche besondere Eigenschaft stellst du fest?

______

4		
2	8	

Quadrat 4

b) Begründe mithilfe der Potenzgesetze, dass sich durch jede Zuordnung der Form $x \mapsto a^x$ (mit $a \in \mathbb{R}$) aus einem additiven ein multiplikatives magisches Quadrat erzeugen lässt.
Erzeuge so ein weiteres multiplikatives magisches Quadrat (Qu. 5).

c) Zeige: Wenn man jeden Eintrag von Quadrat 4 mit demselben Faktor k multipliziert, so erhält man wieder ein multiplikatives magisches Quadrat.

______

Quadrat 5

3. Quadrat 6 ist ein multiplikatives magisches Quadrat.

a) Führe es auf ein additives magisches Quadrat zurück (Quadrat 7).

b) Wie lautet die passende Zuordnungsvorschrift für die Einträge?

______

81	19 683	9
27	243	2187
6561	3	729

Quadrat 6

Quadrat 7

Arbeitsblatt: Magische Quadrate

1. Bei (additiven) magischen Quadraten sind alle Zeilen-, Spalten- und Diagonalen-Summen gleich (= magische Zahl).

a) Ergänze Quadrat 1 so, dass sich ein additives magisches Quadrat ergibt.

b) Handelt es sich bei Quadrat 2 auch um ein solches Quadrat? JA

Wie kann man also neue additive magische Quadrate aus bereits bekannten erzeugen?

Jeder Eintrag wird mit demselben Faktor multipliziert.

2	7	0
1	3	5
6	−1	4

Quadrat 1

6	21	0
3	9	15
18	−3	12

Quadrat 2

c) Begründe, dass sich aus einem additiven magischen Quadrat wieder ein solches ergibt, wenn zu jedem Eintrag derselbe Summand c addiert wird. Wie ändert sich die magische Zahl? Erzeuge so ein weiteres magisches Quadrat (Quadrat 3).

Mit $z_1 + z_2 + z_3 = M = z_4 + z_5 + z_6$ gilt:

$(z_1 + c) + (z_2 + c) + (z_3 + c) = \underbrace{M + 3c}_{\text{neue magische Zahl}}$

$= (z_4 + c) + (z_5 + c) + (z_6 + c)$

3	8	1
2	4	6
7	0	5

Quadrat 3 z. B. $c = 1$ aus Qu. 1

2. a) Erzeuge ein neues Zahlenquadrat, indem du im Quadrat 4 die Felder so ausfüllst, dass jedem Wert x aus Quadrat 1 der Wert 2^x zugeordnet wird.

Ergibt sich wieder ein additives magisches Quadrat? NEIN

Welche besondere Eigenschaft stellst du fest?

Alle Zeilen-, Spalten- und Diagonalen-Produkte sind gleich.

4	128	1
2	8	32
64	$\frac{1}{2}$	16

Quadrat 4

b) Begründe mithilfe der Potenzgesetze, dass sich durch jede Zuordnung der Form $x \mapsto a^x$ (mit $a \in \mathbb{R}$) aus einem additiven ein multiplikatives magisches Quadrat erzeugen lässt.

Erzeuge so ein weiteres multiplikatives magisches Quadrat (Qu. 5).

$a^{z_1} \cdot a^{z_2} \cdot a^{z_3} = a^{z_1 + z_2 + z_3}$

$= a^{z_4 + z_5 + z_6} = a^{z_4} \cdot a^{z_5} \cdot a^{z_6}$

c) Zeige: Wenn man jeden Eintrag von Quadrat 4 mit demselben Faktor k multipliziert, so erhält man wieder ein multiplikatives magisches Quadrat.

$kz_1 \cdot kz_2 \cdot kz_3 = k^3(z_1 \cdot z_2 \cdot z_3)$

$= k^3(z_4 \cdot z_5 \cdot z_6) = kz_4 \cdot kz_5 \cdot kz_6$

9	2187	1
3	27	243
729	$\frac{1}{3}$	81

Quadrat 5 z. B. $a = 3$ aus Qu. 1

3. Quadrat 6 ist ein multiplikatives magisches Quadrat.

a) Führe es auf ein additives magisches Quadrat zurück (Quadrat 7).

b) Wie lautet die passende Zuordnungsvorschrift für die Einträge?

$x \mapsto \log_3 x$

81	19683	9
27	243	2187
6561	3	729

Quadrat 6

4	9	2
3	5	7
8	1	6

Quadrat 7

Trainingsblatt
Rechnen mit Logarithmen

1. Berechne ohne Taschenrechner. Dies ist durch Ausnutzen eines jeweils geeigneten Rechengesetzes für Logarithmen möglich. Notiere anschließend das benutzte Rechengesetz.

a) $\log_6 4 + \log_6 9 =$ ______

Rechengesetz: $\log_a(u \cdot v) =$ ______

b) $\log_4(16^3) =$ ______

Rechengesetz: ______

c) $\log_{1000}\sqrt{10} =$ ______

Rechengesetz: ______

d) $\log_3 162 - \log_3 2 =$ ______

Rechengesetz: ______

2. Es ist $\lg 5 \approx 0{,}699$ und $\lg 7 \approx 0{,}845$.
Berechne hiermit ohne Taschenrechner Näherungswerte und notiere das benutzte Rechengesetz.

a) $\lg 2 = \lg \frac{10}{5} =$ ______

Rechengesetz: ______

b) $\lg 50 =$ ______

Rechengesetz: ______

c) $\lg 1{,}4 =$ ______

Rechengesetz: ______

d) $\log_{1000} 5 =$ ______

Rechengesetz: ______

e) $\lg 35 =$ ______

Rechengesetz: ______

f) $\lg\sqrt{35} =$ ______

Rechengesetz: ______

3. Forme so um, dass nur „einfache“ Logarithmen auftreten.

Beispiel: $\log_2 \frac{\sqrt{a}}{3} = \log_2 a^{\frac{1}{2}} - \log_2 3 = \frac{1}{2}\log_2 a - \log_2 3$

a) $\lg\left(\frac{b}{\sqrt{c}}\right) =$ ______

b) $\log_3(27c^2) =$ ______

c) $\log_5\left(\frac{25a}{b}\right) =$ ______

d) $\log_b\left(\sqrt[3]{a}\right) =$ ______

e) $\lg\left(\frac{1}{\sqrt{xy}}\right) =$ ______

f) $\log_c\left(\frac{a}{c^2}\right) =$ ______

g) $\log_4\left(\frac{2x}{y}\right) =$ ______

h) $\log_2\left(12^{\lg 2}\right) =$ ______

4. Vervollständige die Aussagen:

a) Will man eine Zahl b als Potenz einer Basis a darstellen, (also $b = a^x$), so gilt: $x =$ ______

b) Der Logarithmus $\log_u c$ ist die Lösung der Gleichung: ______

5. Löse die Gleichung; benutze ggf.: $\log_2 13 \approx 3{,}7$

a) $2^{2x} = 26$

b) $\lg x = \lg 5 + \lg 2$

c) $2^{x+1} - 4 = 9$

d) $13 \cdot 12^x = 6^x$

1. Berechne ohne Taschenrechner. Dies ist durch Ausnutzen eines jeweils geeigneten Rechengesetzes für Logarithmen möglich. Notiere anschließend das benutzte Rechengesetz.

a) $\log_6 4 + \log_6 9 = \log_6(4\cdot 9) = \log_6 36 = 2$

Rechengesetz: $\log_a(u\cdot v) = \log_a u + \log_a v$

b) $\log_4(16^3) = 3\cdot\log_4 16 = 3\cdot 2 = 6$

Rechengesetz: $\log_a u^x = x\cdot\log_a u$

c) $\log_{1000}\sqrt{10} = \frac{\lg\sqrt{10}}{\lg 1000} = \frac{\frac{1}{2}}{3} = \frac{1}{6}$

Rechengesetz: $\log_a u = \frac{\lg u}{\lg a}$

d) $\log_3 162 - \log_3 2 = \log_3\frac{162}{2} = \log_3 81 = 4$

Rechengesetz: $\log_a(u:v) = \log_a u - \log_a v$

2. Es ist $\lg 5 \approx 0{,}699$ und $\lg 7 \approx 0{,}845$.
Berechne hiermit ohne Taschenrechner Näherungswerte und notiere das benutzte Rechengesetz.

a) $\lg 2 = \lg\frac{10}{5} = \lg 10 - \lg 5 \approx 1-0{,}699 = 0{,}301$

Rechengesetz: $\log_a(u:v) = \log_a u - \log_a v$

b) $\lg 50 = \lg(5\cdot 10) = \lg 5 + 1 \approx 1{,}699$

Rechengesetz: $\log_a(u\cdot v) = \log_a u + \log_a v$

c) $\lg 1{,}4 = \lg\frac{7}{5} = \lg 7 - \lg 5 \approx 0{,}146$

Rechengesetz: $\log_a(u:v) = \log_a u - \log_a v$

d) $\log_{1000} 5 = \frac{\lg 5}{\lg 1000} \approx \frac{0{,}699}{3} = 0{,}233$

Rechengesetz: $\log_a u = \frac{\lg u}{\lg a}$

e) $\lg 35 = \lg(5\cdot 7) = \lg 5 + \lg 7 \approx 1{,}544$

Rechengesetz: $\log_a(u\cdot v) = \log_a u + \log_a v$

f) $\lg\sqrt{35} = \lg\left(35^{\frac{1}{2}}\right) = \frac{1}{2}\cdot\lg 35 \approx 0{,}772$

Rechengesetz: $\log_a u^x = x\cdot\log_a u$

3. Forme so um, dass nur „einfache" Logarithmen auftreten.
Beispiel: $\log_2\frac{\sqrt{a}}{3} = \log_2 a^{\frac{1}{2}} - \log_2 3$
$= \frac{1}{2}\log_2 a - \log_2 3$

a) $\lg\left(\frac{b}{\sqrt{c}}\right) = \lg b - \lg c^{\frac{1}{2}} = \lg b - \frac{1}{2}\lg c$

b) $\log_3(27c^2) = \log_3 27 + \log_3 c^2 = 3 + 2\log_3 c$

c) $\log_5\left(\frac{25a}{b}\right) = 2 + \log_5 a - \log_5 b$

d) $\log_b(\sqrt[3]{a}) = \log_b a^{\frac{1}{3}} = \frac{1}{3}\log_b a$

e) $\lg\left(\frac{1}{\sqrt{xy}}\right) = \lg 1 - \lg(xy)^{\frac{1}{2}} = -\frac{1}{2}(\lg x + \lg y)$

f) $\log_c\left(\frac{a}{c^2}\right) = \log_c a - \log_c c^2 = \log_c a - 2$

g) $\log_4\left(\frac{2x}{y}\right) = \frac{1}{2} + \log_4 x - \log_4 y$

h) $\log_2(12^{\lg 2}) = \lg 2\cdot\log_2 12 = \lg 2\cdot\frac{\lg 12}{\lg 2} = \lg 12$

4. Vervollständige die Aussagen:
a) Will man eine Zahl b als Potenz einer Basis a darstellen, (also $b = a^x$), so gilt: $x = \log_a b$
b) Der Logarithmus $\log_u c$ ist die Lösung der Gleichung: $u^x = c$

5. Löse die Gleichung; benutze ggf.: $\log_2 13 \approx 3{,}7$

a) $2^{2x} = 26$

$\Rightarrow 2x = \log_2 26$

$\Rightarrow x = \frac{1}{2}\log_2(2\cdot 13)$

$\approx \frac{1}{2}(1+3{,}7)$

$= 2{,}35$

b) $\lg x = \lg 5 + \lg 2$

$= \lg(5\cdot 2)$

$= \lg 10$

$\Rightarrow x = 10$

c) $2^{x+1} - 4 = 9$

$\Rightarrow 2^{x+1} = 13$

$\Rightarrow x+1 = \log_2 13$

$\Rightarrow x \approx 3{,}7 - 1 = 2{,}7$

d) $13\cdot 12^x = 6^x$

$\Rightarrow \lg 13 + x\cdot\lg 12 = x\cdot\lg 6$

$\Rightarrow x\underbrace{(\lg 12 - \lg 6)}_{=\lg\frac{12}{6} = \lg 2} = -\lg 13$

$\Rightarrow x = -\frac{\lg 13}{\lg 2} = -\log_2 13$

$\approx -3{,}7$

Einfach logarithmisches Papier

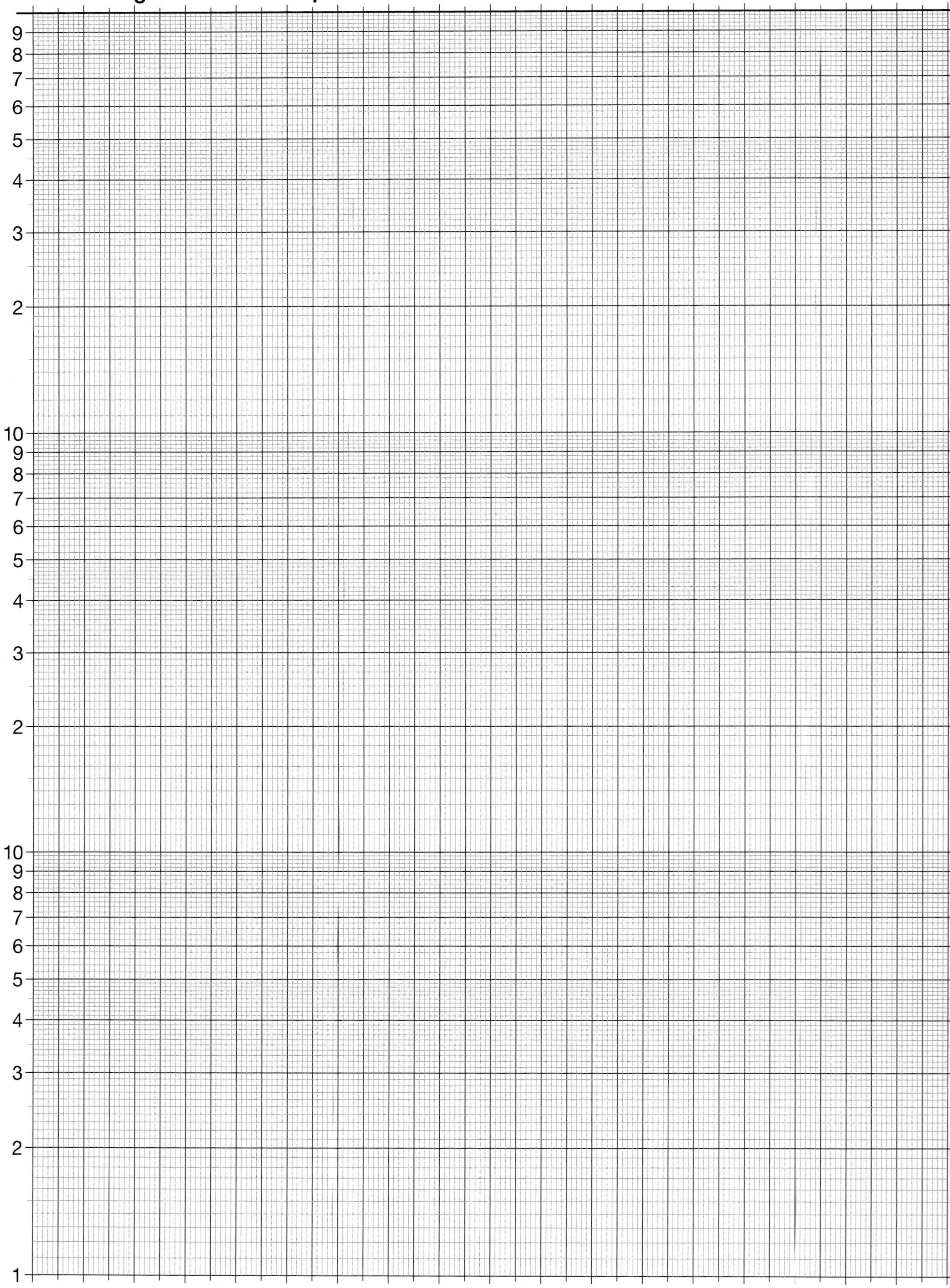

Das Wort „Logarithmus“ (griechisch: λόγος ἀριθμός = logos arithmos = Verhältniszahl) wurde erstmals von John Neper (1550 – 1617) benutzt. Er lehnte sich damit vermutlich an griechische Sprechweisen an: Euklid (um 350 v. Chr.) nannte z. B. $\left(\frac{a}{b}\right)^3$ das „dreifache Verhältnis von a und b“.
Erste Erkenntnisse zu den Logarithmen hatten aber schon indische Mathematiker im 2. Jh. v. Chr. und bereits im 13. Jh. verfassten islamische Mathematiker Logarithmentafeln.

Doch erst der Theologe und Mathematiker Michael Stifel (um 1487 – 1567) gab in seinem 1544 erschienenen Werk „Arithmetica integra“ den entscheidenden Impuls, sich im Abendland mit Logarithmen (noch ohne diesen Namen) zu befassen.
Stifel war zunächst Augustinermönch in Esslingen, bis er sich 1518 der Reformation Martin Luthers anschloss. In der Folgezeit beschäftigte er sich neben seinem Wirken als Prediger mit der „Wortrechnung“, die versucht, Bibelpassagen zahlenmystisch zu deuten und mit den gewonnenen Zahlen zu rechnen.
So errechnete er den nahenden Weltuntergang für den 18. Oktober 1533. Auf diese Episode geht die Redeweise „sich einen Stiefel rechnen“ zurück.

Dessen ungeachtet hat sich Stifel sehr um die Arithmetik verdient gemacht: In dem genannten Buch „Arithmetica integra“ betrachtete er parallel folgende beiden Zahlenreihen:

…	−3	−2	−1	0	1	2	3	4	5	6	…
…	$\frac{1}{8}$	$\frac{1}{4}$	$\frac{1}{2}$	1	2	4	8	16	32	64	…

Er wies darauf hin, dass dem Addieren (dem Subtrahieren) von Zahlen in der oberen Reihe das Multiplizieren (das Dividieren) von entsprechenden Zahlen der unteren Reihe entspricht. Er meinte jedoch dazu: „Man könnte ein ganz neues Buch über die wunderbaren Eigenschaften dieser Zahlen schreiben, aber ich muss mich an dieser Stelle bescheiden und mit geschlossenen Augen daran vorübergehen.“

Der schottische Mathematiker John Neper (links) und der Schweizer Uhrmacher und Astronom Jost Bürgi (1552 – 1632; rechts) stellten 1614 bzw. 1620 erste Logarithmentafeln zusammen. Mit ihnen war ein zentrales Hilfsmittel gefunden, um die komplexen Rechnungen der Astronomie, Technik und Physik der damaligen Zeit (ohne Computer oder Rechenmaschinen) bewältigen zu können. Der Mathematiker und Astronom Pierre-Simon Laplace (1749 – 1827) meinte: „Indem die Logarithmen die Rechenarbeit verkürzen, verdoppeln sie die Lebensjahre der Astronomen.“

Der englische Mathematiker und Astronom Edmund Gunter (1581 – 1626) kombinierte zwei auf Stäbe geschriebene logarithmische Skalen zum ersten Rechenschieber.

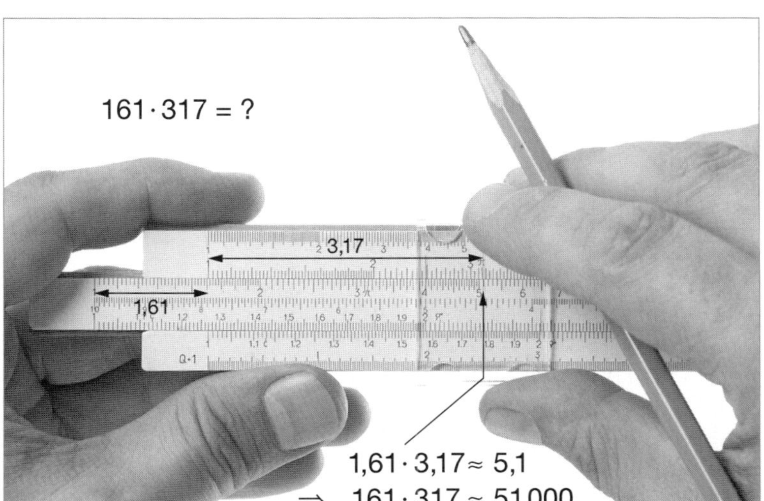

Große Zahlen können dann so multipliziert werden: Anstelle die Zahlen selbst zu multiplizieren, werden deren Logarithmen am Rechenschieber addiert. Die hierbei erhaltene Summe ist der Logarithmus des gewünschten Ergebnisses. An den Skalen des Rechenschiebers stehen aber nicht die Logarithmen der Zahlen, sondern die Zahlen selbst, so dass man das Ergebnis direkt ablesen kann.

Rechenschieber wurden erst etwa 1975 mit dem Aufkommen von Taschenrechnern überflüssig.

Viereckdomino zum Rechnen mit Logarithmen – Teil 1

Schneide die „Dominosteine“ entlang der gestrichelten Linien aus und lege die Quadrate richtig zusammen. Die Endfigur ist ein Rechteck. Wie lautet der Lösungssatz?

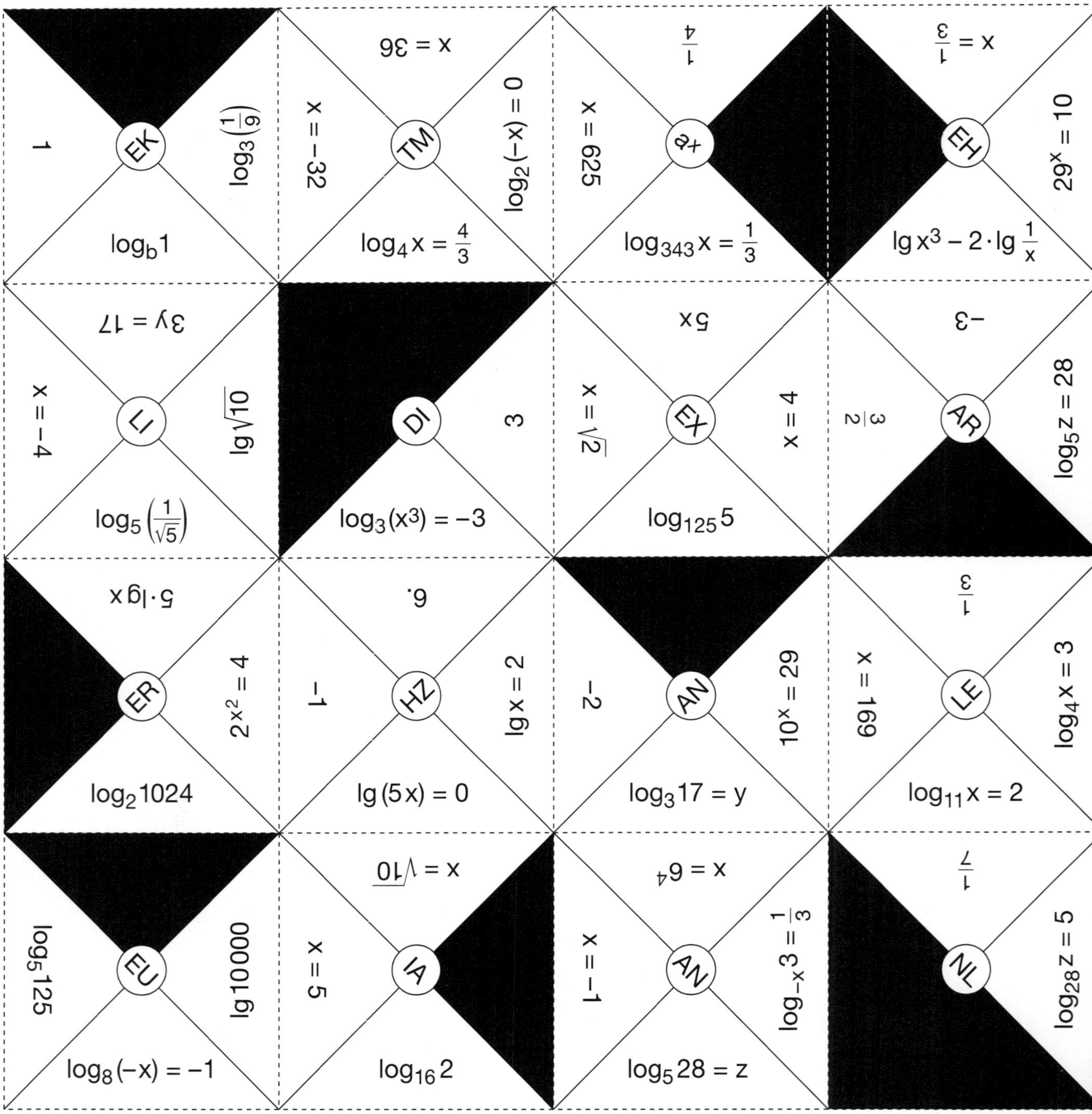

NN	$x = 6$	$x = -2$	$\log_{-x}2 = \frac{1}{5}$	$\log_{\frac{1}{4}} 64$
DE	$x = 7$	$x = -27$		$\log_z 5 = 28$
NE	$x = 8$	$x = \sqrt{\frac{1}{2}}$	$5^{2x} = 0{,}2$	$\log_z 28 = 5$
NB		4	$\log_a a$	$\log_2 64$
IT	$x = \sqrt[3]{28}$	$5^{28} = z$	$\log_{17} z = \frac{1}{2}$	
ND	$17^y = 3$	$\frac{1}{2}$		$2 \cdot \log_{10} x = 1$
HU	$z^5 = 28$	$x = 81$	$\left(\frac{3}{2}\right)^2$	$\log_6 x = 2$
LG	10		$\log_{13} x = 2$	$\log_{21} x = 2$
OC	$x = -\frac{1}{8}$	$x = \log_{29} 10$	$\log_4\left(\frac{1}{4}\right)$	$\log_2\left(32^x\right)$
NT		$x = \lg 29$		$\log_{17} 3 = y$
OG	$x = 2\sqrt{2}$	$z = 28^5$	$\log_4 8$	
PO	$x = \frac{1}{5}$	$3^x = 81$	$9^{x^2} = 3$	$\log_{28} 5 = z$
NG	$\frac{3}{2}$	$\frac{9}{4}$	$\log_5 x = 4$	$\log_{36} x = 2$
HM	$5^z = 28$	$z = \sqrt{17}$	$\log_{17}\left(\frac{1}{2}\right) = z$	
NE	$x = 121$	$x = 49$	$\log_{-x} 8 = 3$	$\log_4 x = \frac{3}{4}$
=q	$x = 441$		$\log_7 x = 2$	$\log_{11}\left(\sqrt[7]{11}\right)$
AH	0	$x = 100$	$3^x = \frac{1}{81}$	$2^x = 256$
NT	$-\frac{1}{2}$	$x = -\frac{1}{2}$	$2^{x+1} = 64$	$\log_8 4$
US	$z^{28} = 5$	$17^z = \frac{1}{2}$		
IC	$28^z = 5$	$x = 64$	$\log_3 x = 4$	$\log_{36} x = \frac{1}{2}$

Trainingsblatt
Vierfeldertafel und Baumdiagramm

Gegeben ist eine Vierfeldertafel, Baumdiagramme bzw. eine Situationsbeschreibung. Ergänze passend.

1.

	F	$\overline{F}$	
W			79
$\overline{W}$			
			88

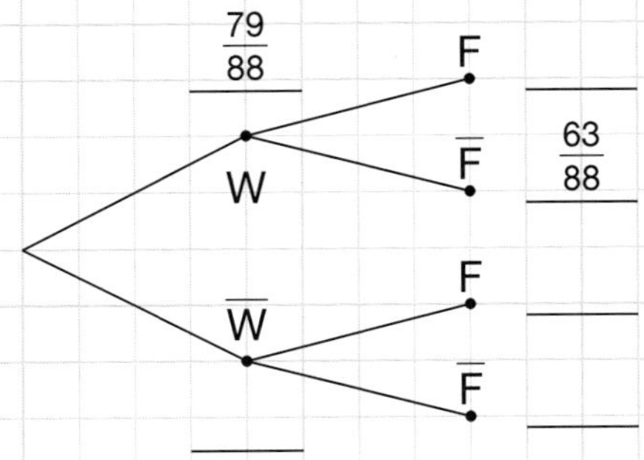

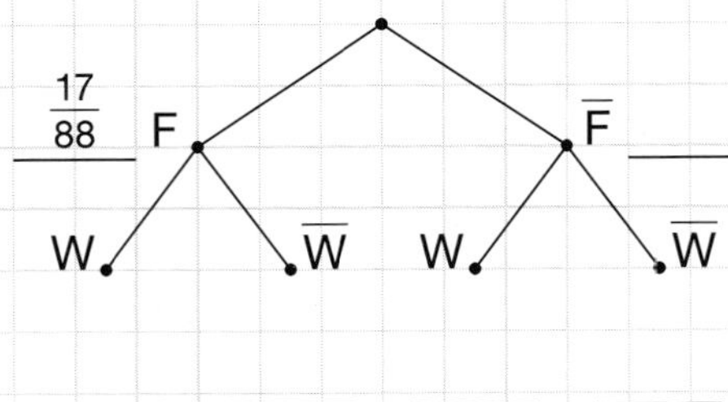

Von 88 Schülern der 10. Klassen geben 79 an, aus ökologischen Gründen möglichst auf motorisierte Fahrzeuge verzichten zu **w**ollen (W).
Von diesen 79 benutzen aber 63 motorisierte Verkehrsmittel für ihren Schulweg. Insgesamt kommen nur 17 Schüler der 10. Klassen mit dem **F**ahrrad oder zu **F**uß zur Schule (F)

2.

	H	$\overline{H}$	
D	18	17	35
$\overline{D}$	2	63	65
	20	80	100

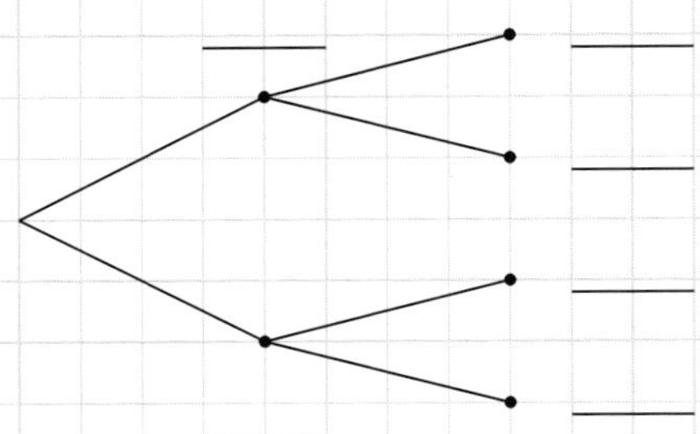

100 Speicherkarten wurden getestet auf überhöhte **H**itzeentwicklung (H) und **D**efekt innerhalb der ersten 200 Betriebsstunden (D). Die Vierfeldertafel zeigt die Ergebnisse.

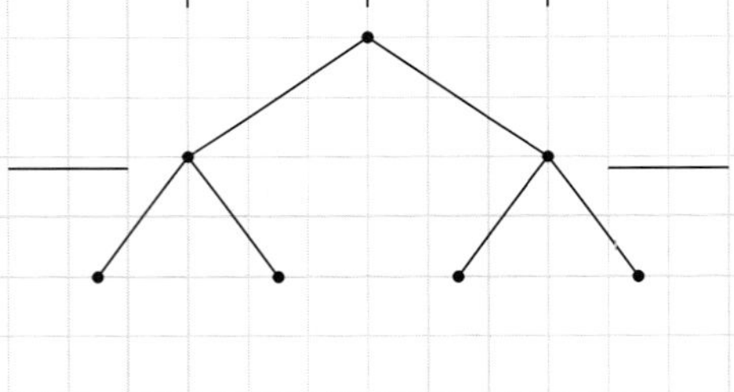

Wieviel Prozent der
a) überhitzten Speicher wurden defekt, ______
b) defekten Speicher überhitzten sich, ______
c) intakten Speicher überhitzten sich nicht? ______

3.

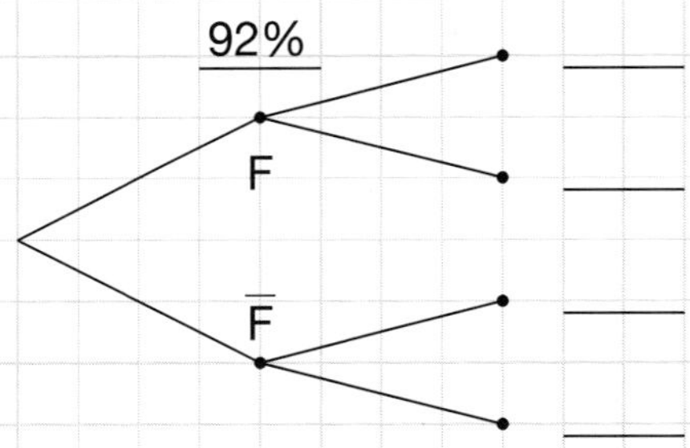

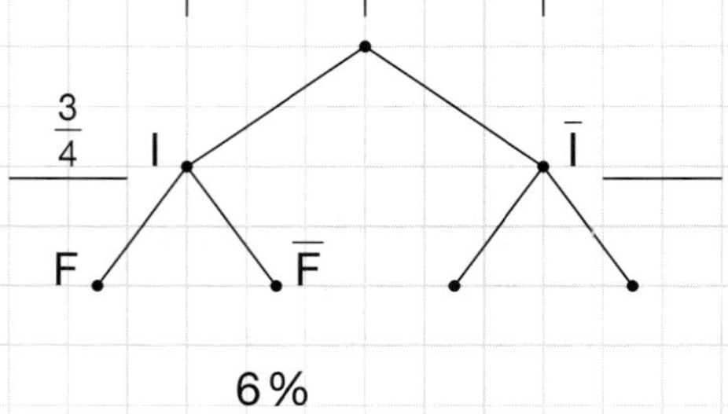

Bei einer Umfrage wurde von $\frac{3}{4}$ der Befragten angegeben, täglich das **I**nternet zu nutzen (I).
92 % gaben an, täglich **f**ernzusehen (F). 6 % nutzen täglich das Internet, jedoch nicht den Fernseher.
a) Wieviel Prozent nutzen täglich beides? ______
b) Ist der Anteil der täglichen Internetnutzer bei den täglichen Fernsehzuschauern niedriger? ______

Gegeben ist eine Vierfeldertafel, Baumdiagramme bzw. eine Situationsbeschreibung. Ergänze passend.

1.

	F	$\overline{F}$	
W	16	63	79
$\overline{W}$	1	8	9
	17	71	88

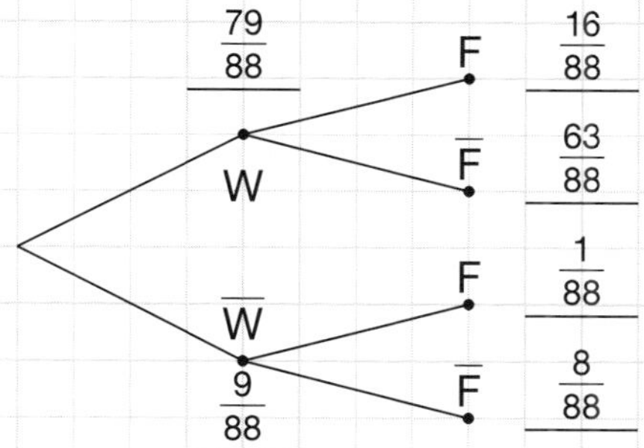

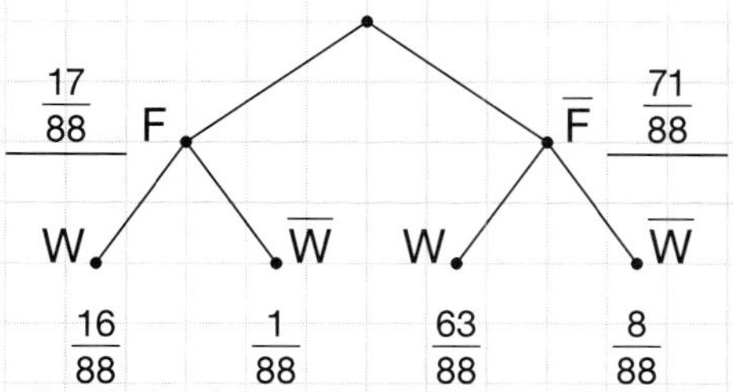

Von 88 Schülern der 10. Klassen geben 79 an, aus ökologischen Gründen möglichst auf motorisierte Fahrzeuge verzichten zu **wo**llen (W).
Von diesen 79 benutzen aber 63 motorisierte Verkehrsmittel für ihren Schulweg. Insgesamt kommen nur 17 Schüler der 10. Klassen mit dem **F**ahrrad oder zu **F**uß zur Schule (F).

2.

	H	$\overline{H}$	
D	18	17	35
$\overline{D}$	2	63	65
	20	80	100

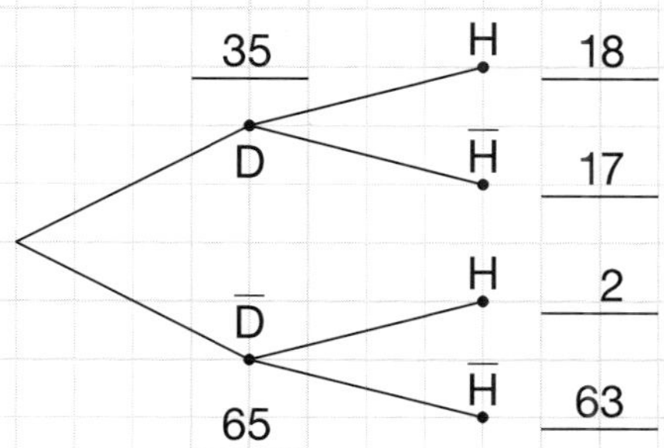

100 Speicherkarten wurden getestet auf überhöhte **H**itzeentwicklung (H) und **D**efekt innerhalb der ersten 200 Betriebsstunden (D). Die Vierfeldertafel zeigt die Ergebnisse.

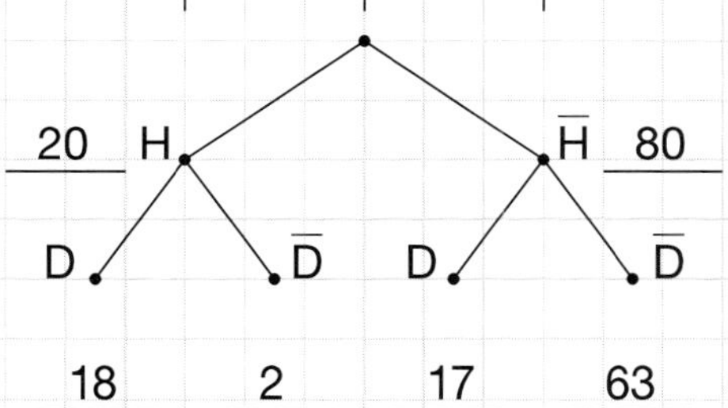

Wieviel Prozent der

a) überhitzten Speicher wurden defekt, $\frac{18}{20} = 90\,\%$

b) defekten Speicher überhitzten sich, $\frac{18}{35} \approx 51\,\%$

c) intakten Speicher überhitzten sich nicht? $\approx 97\,\%$

3.

	I	$\overline{I}$	
F	69 %	23 %	92 %
$\overline{F}$	6 %	2 %	8 %
	75 %	25 %	100 %

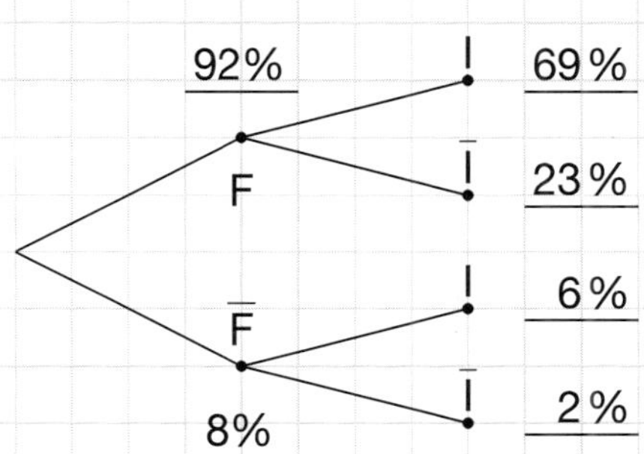

$\frac{69}{92} = 75\,\%$

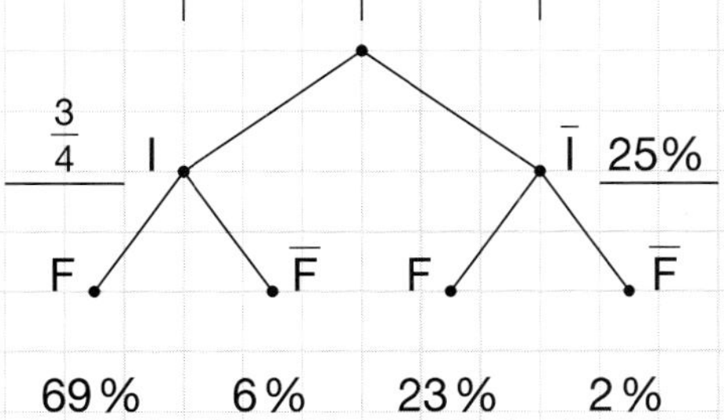

Bei einer Umfrage wurde von $\frac{3}{4}$ der Befragten angegeben, täglich das **I**nternet zu nutzen (I).
92 % gaben an, täglich **f**ernzusehen (F). 6 % nutzen täglich das Internet, jedoch nicht den Fernseher.

a) Wieviel Prozent nutzen täglich beides? 69 %

b) Ist der Anteil der täglichen Internetnutzer bei den täglichen Fernsehzuschauern niedriger? Nein

Spiel für 2 bis 6 Personen

Spielvorbereitung:
Ein gewöhnlicher Spielewürfel wird mit dem Würfelnetz beklebt. (Achtung: Es muss kein Klebstoff auf den Spielewürfel selbst aufgetragen werden!)
Die Vierfeldertafeln werden gemischt und als verdeckter Stapel abgelegt. Zwei Vierfeldertafeln werden aufgedeckt und gut sichtbar in die Mitte gelegt.
Falls 5 Spieler mitspielen, werden von den 48 Zweigekarten 3 aus dem Spiel genommen (sodass die verbleibende Anzahl durch die Zahl der Spieler teilbar ist). Die Zweigekarten werden gemischt und als verdeckter Stapel abgelegt. Vor Spielbeginn erhält jeder Spieler 3 Zweigekarten auf die Hand.

Spielziel:
Jeder Spieler versucht, möglichst viele Vierfeldertafeln zu erwerben. Dazu muss er vor sich einen zu der jeweiligen Vierfeldertafel passenden eigenen Baum legen.

Spielregeln:
Zunächst wird reihum gewürfelt. Wer zuerst das Zaubersymbol würfelt, darf beginnen. Der Spieler, der an der Reihe ist, zieht eine Zweigekarte und nimmt sie auf die Hand. Dann würfelt er und darf (muss aber nicht!) dem Ergebnis entsprechend eine der folgenden Aktionen ausführen:

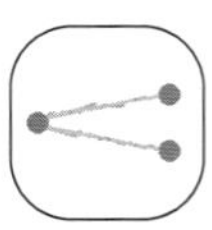

Zweigekarte anlegen:
Eine Zweigekarte aus der Hand darf vor sich abgelegt werden, indem
a) ein neuer Baum angefangen wird oder
b) an einen bereits bestehenden eigenen Baum angelegt wird.
Dabei sollte möglichst ein Baum entstehen, der zu einer der in der Mitte liegenden Vierfeldertafel passt.
Beachte: Zu jeder Vierfeldertafel gibt es zwei mögliche Baumdiagramme.

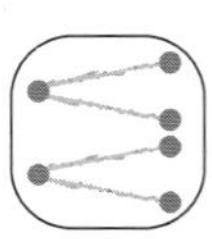

2 Zweigekarten anlegen:
Zwei Zweigekarten dürfen abgelegt werden. Diese müssen nicht zum gleichen Baum gehören.
Falls gewünscht, darf auch nur eine Zweigekarte abgelegt werden.

Baumschnitt:
Eine (eigene) Zweigekarte darf wieder zurück auf die Hand genommen werden.

Zaubern:
Zwei beliebige (eigene) bereits ausliegende Zweigekarten dürfen miteinander getauscht werden.

Ist es dem Spieler gelungen, einen Baum fertig zu stellen, der zu einer in der Mitte liegenden Vierfeldertafel passt, so darf er diese Vierfeldertafel auf seinen Baum legen. An diesem Baum dürfen künftig keine Veränderungen mehr vorgenommen werden. Für die weggenommene Vierfeldertafel wird eine neue vom Stapel aufgedeckt.
Dann zieht der Spieler noch 1 Zweigekarte nach und der Nächste ist an der Reihe.

Spielende:
Sobald ein Spieler am Ende seines Zuges keine Zweigekarte mehr aufnehmen kann, ist jeder Spieler noch einmal an der Reihe; dann endet das Spiel.
Gewonnen hat der Spieler, welcher die meisten Vierfeldertafeln erwerben konnte.

Variante:
Es werden 3 oder mehr Vierfeldertafeln aufgedeckt. Dadurch steigt die Wahrscheinlichkeit, einen passenden Baum zu legen – das Spiel wird schneller, aber auch schwieriger.

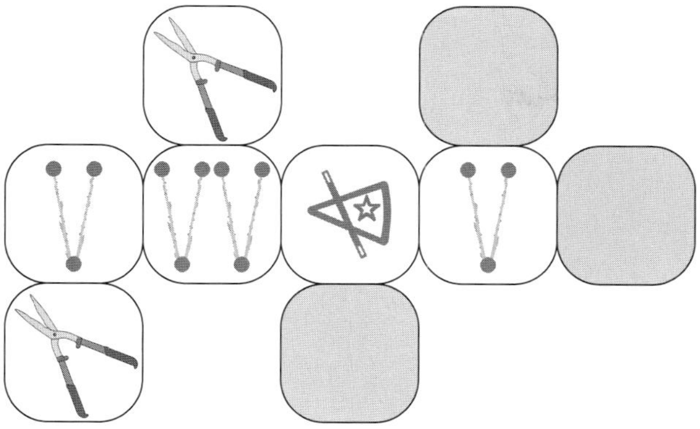

Ersatz-würfelnetz

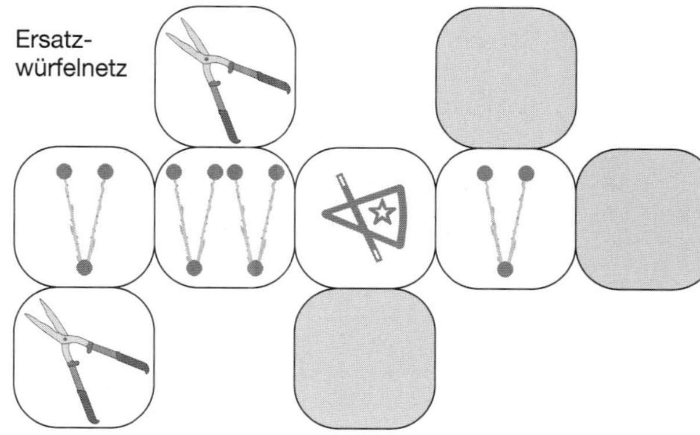

	A	$\overline{A}$	
B	25	25	50
$\overline{B}$	75	25	100
	100	50	150

	A	$\overline{A}$	
B	70	30	100
$\overline{B}$	50	50	100
	120	80	200

	A	$\overline{A}$	
B	25	25	50
$\overline{B}$	50	50	100
	75	75	150

	A	$\overline{A}$	
B	36	24	60
$\overline{B}$	14	26	40
	50	50	100

	A	$\overline{A}$	
B	7	5	12
$\overline{B}$	13	7	20
	20	12	32

	A	$\overline{A}$	
B	4	12	16
$\overline{B}$	16	8	24
	20	20	40

	A	$\overline{A}$	
B	5	15	20
$\overline{B}$	45	15	60
	50	30	80

	A	$\overline{A}$	
B	5	5	10
$\overline{B}$	20	0	20
	25	5	30

	A	$\overline{A}$	
B	4	1	5
$\overline{B}$	6	9	15
	10	10	20

	A	$\overline{A}$	
B	4	20	24
$\overline{B}$	76	0	76
	80	20	100

	A	$\overline{A}$	
B	12	13	25
$\overline{B}$	38	12	50
	50	25	75

	A	$\overline{A}$	
B	18	2	20
$\overline{B}$	2	8	10
	20	10	30

	A	$\overline{A}$	
B	7	18	25
$\overline{B}$	13	12	25
	20	30	50

	A	$\overline{A}$	
B	5	25	30
$\overline{B}$	15	35	50
	20	60	80

	A	$\overline{A}$	
B	7	18	25
$\overline{B}$	3	12	15
	10	30	40

	A	$\overline{A}$	
B	38	2	40
$\overline{B}$	12	8	20
	50	10	60

50 % 50 %	$\frac{5}{12}$ $\frac{7}{12}$	$\frac{3}{8}$ $\frac{5}{8}$
50 % 50 %	40 % 60 %	35 % 65 %
50 % 50 %	40 % 60 %	35 % 65 %
$\frac{1}{2}$ $\frac{1}{2}$	40 % 60 %	$\frac{1}{3}$ $\frac{2}{3}$
$\frac{1}{2}$ $\frac{1}{2}$	40 % 60 %	$\frac{1}{3}$ $\frac{2}{3}$
48 % 52 %	40 % 60 %	$\frac{1}{3}$ $\frac{2}{3}$
48 % 52 %	$\frac{3}{8}$ $\frac{5}{8}$	$\frac{1}{3}$ $\frac{2}{3}$
$\frac{5}{12}$ $\frac{7}{12}$	$\frac{3}{8}$ $\frac{5}{8}$	$\frac{1}{3}$ $\frac{2}{3}$

30 % 70 %	$\frac{1}{4}$ $\frac{3}{4}$	$\frac{1}{6}$ $\frac{5}{6}$
30 % 70 %	24 % 76 %	$\frac{1}{6}$ $\frac{5}{6}$
28 % 72 %	24 % 76 %	10 % 90 %
28 % 72 %	20 % 80 %	10 % 90 %
25 % 75 %	20 % 80 %	5 % 95 %
25 % 75 %	$\frac{1}{5}$ $\frac{4}{5}$	5 % 95 %
$\frac{1}{4}$ $\frac{3}{4}$	$\frac{1}{5}$ $\frac{4}{5}$	0 % 100 %
$\frac{1}{4}$ $\frac{3}{4}$	$\frac{1}{6}$ $\frac{5}{6}$	0 % 100 %

1. 200 Personen wurden befragt, welche Tiere sie mögen.
H: Person mag **H**unde; K: Person mag **K**atzen.

a) Was bedeuten folgende Bezeichnungen?

$P_H(K)$ ______________________________

____

$P_{\overline{K}}(H)$ ______________________________

____

b) Gib jeweils eine passende Bezeichnung an für die Wahrscheinlichkeit, dass
(i) ein Katzenliebhaber Hunde mag: ______
(ii) eine Person sowohl Hunde als auch Katzen mag: ______
(iii) eine Person Katzen mag, obwohl sie Hunde nicht mag: ______

2. Berechne die bedingten Wahrscheinlichkeiten mithilfe der Vierfeldertafel:

	A	$\overline{A}$	
B	54 %		
$\overline{B}$		14 %	
		20 %	100 %

$P_B(A) = \frac{P(A \cap B)}{P(B)} = \frac{\square}{\square} =$ ______

$P_B(\overline{A}) = \frac{\square}{\square} = \frac{\square}{\square} =$ ______

$P_{\overline{B}}(A) =$ ______ $P_{\overline{B}}(\overline{A}) =$ ______

$P_A(B) =$ ______ $P_A(\overline{B}) =$ ______

$P_{\overline{A}}(B) =$ ______ $P_{\overline{A}}(\overline{B}) =$ ______

3. a) Gib alle direkt aus dem Baumdiagramm ablesbaren bedingten Wahrscheinlichkeiten an:

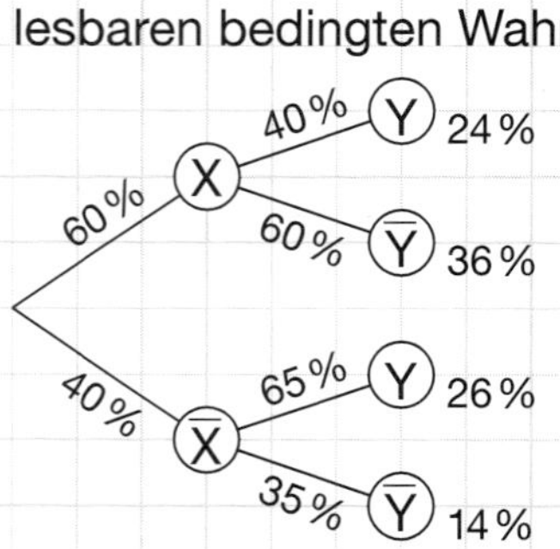

P ( ) = ______
P ( ) = ______
P ( ) = ______
P ( ) = ______

b) $P(Y) =$ ______; $P_Y(X) =$ ______; $P_Y(\overline{X}) =$ ______

$P(\overline{Y}) =$ ______; $P_{\overline{Y}}(X) =$ ______; $P_{\overline{Y}}(\overline{X}) =$ ______

4. Lea **v**erschläft etwa an jedem 20. Schultag (V); an jedem 10. Tag kommt sie **z**u spät (Z) zur Schule. Ihr Zuspätkommen beruht in 40 % aller Fälle auf dem Verschlafen.

a) Trage zunächst nur die gegebenen Wahrscheinlichkeiten an passender Stelle ein:

Diagramm (I)

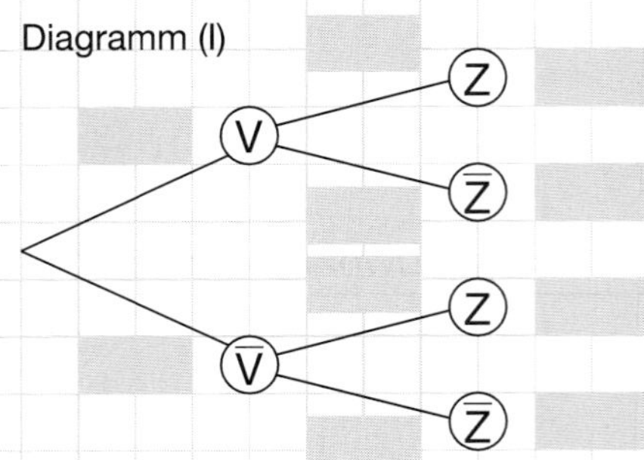

Diagramm (II)

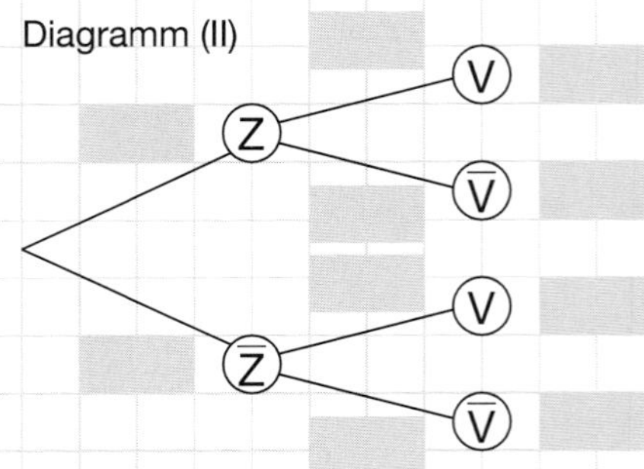

b) Warum ist es hier günstiger, die Bearbeitung der Aufgabe mit einer Vierfeldertafel zu beginnen?

____

____

c) Erstelle eine geeignete Vierfeldertafel:

	V		

d) Welches der Baumdiagramme (I) oder (II) ist jeweils geeigneter, um folgende Frage zu beantworten? Ergänze das jeweilige Baumdiagramm entsprechend, um die gesuchte Wahrscheinlichkeit P zu berechnen. Runde geeignet.

Wie groß ist die Wahrscheinlichkeit, …	(I)/(II)	P
… dass Lea zu spät kommt, wenn sie verschläft?		
… dass Lea nicht verschlafen hat, wenn sie nicht zu spät ist?		
… dass Lea zu spät kommt, obwohl sie nicht verschlafen hat?		

1. 200 Personen wurden befragt, welche Tiere sie mögen.
H: Person mag **H**unde; K: Person mag **K**atzen.

a) Was bedeuten folgende Bezeichnungen?

$P_H(K)$ Die Wahrscheinlichkeit, dass ein Hundeliebhaber auch Katzen mag.

$P_{\overline{K}}(H)$ Die Wahrscheinlichkeit, dass jemand Hunde mag, obwohl er Katzen nicht mag.

b) Gib jeweils eine passende Bezeichnung an für die Wahrscheinlichkeit, dass
(i) ein Katzenliebhaber Hunde mag: $P_K(H)$
(ii) eine Person sowohl Hunde als auch Katzen mag: $P(H \cap K)$
(iii) eine Person Katzen mag, obwohl sie Hunde nicht mag: $P_{\overline{H}}(K)$

2. Berechne die bedingten Wahrscheinlichkeiten mithilfe der Vierfeldertafel:

	A	$\overline{A}$	
B	54 %	6 %	60 %
$\overline{B}$	26 %	14 %	40 %
	80 %	20 %	100 %

$P_B(A) = \frac{P(A \cap B)}{P(B)} = \frac{54}{60} = 90\,\%$

$P_B(\overline{A}) = \frac{P(\overline{A} \cap B)}{P(B)} = \frac{6}{60} = 10\,\%$

$P_{\overline{B}}(A) = 65\,\%$ $\quad P_{\overline{B}}(\overline{A}) = 35\,\%$

$P_A(B) = 67{,}5\,\%$ $\quad P_A(\overline{B}) = 32{,}5\,\%$

$P_{\overline{A}}(B) = 30\,\%$ $\quad P_{\overline{A}}(\overline{B}) = 70\,\%$

3. a) Gib alle direkt aus dem Baumdiagramm ablesbaren bedingten Wahrscheinlichkeiten an:

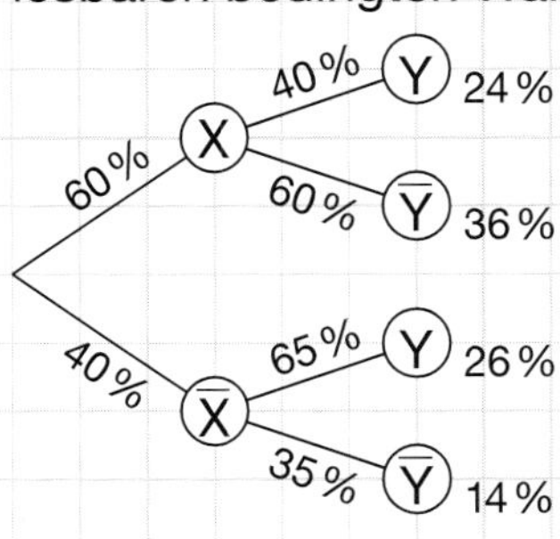

$P_X(Y) = 40\,\%$
$P_X(\overline{Y}) = 60\,\%$
$P_{\overline{X}}(Y) = 65\,\%$
$P_{\overline{X}}(\overline{Y}) = 35\,\%$

b) $P(Y) = 50\,\%$; $P_Y(X) = 48\,\%$; $P_Y(\overline{X}) = 52\,\%$

$P(\overline{Y}) = 50\,\%$; $P_{\overline{Y}}(X) = 72\,\%$; $P_{\overline{Y}}(\overline{X}) = 28\,\%$

4. Lea **v**erschläft etwa an jedem 20. Schultag (V); an jedem 10. Tag kommt sie **z**u spät (Z) zur Schule. Ihr Zuspätkommen beruht in 40 % aller Fälle auf dem Verschlafen.

a) Trage zunächst nur die gegebenen Wahrscheinlichkeiten an passender Stelle ein:

Diagramm (I)

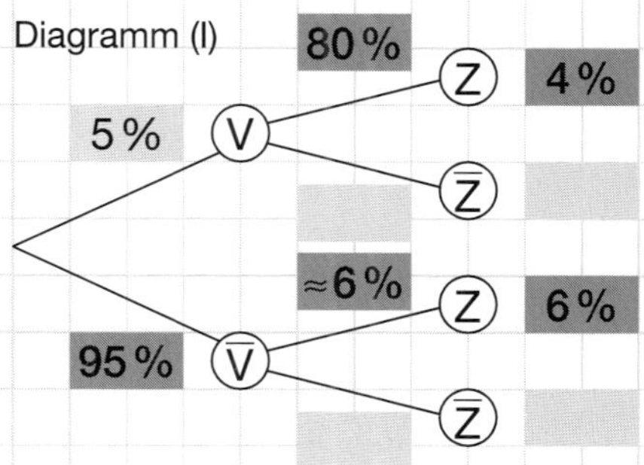

(Die für Teilaufgabe d) ergänzten Werte sind dunkler hinterlegt.)

Diagramm (II)

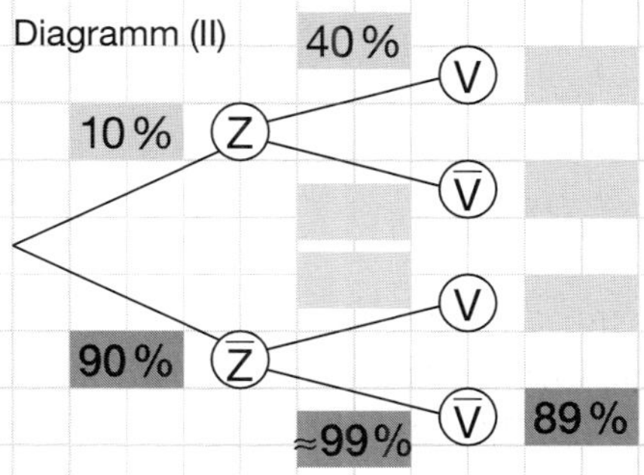

b) Warum ist es hier günstiger, die Bearbeitung der Aufgabe mit einer Vierfeldertafel zu beginnen?
In keines der beiden Baumdiagramme lassen sich alle Angaben eintragen.

c) Erstelle eine geeignete Vierfeldertafel:

	V	$\overline{V}$	
Z	4 %	6 %	10 %
$\overline{Z}$	1 %	89 %	90 %
	5 %	95 %	100 %

d) Welches der Baumdiagramme (I) oder (II) ist jeweils geeigneter, um folgende Frage zu beantworten? Ergänze das jeweilige Baumdiagramm entsprechend, um die gesuchte Wahrscheinlichkeit P zu berechnen. Runde geeignet.

Wie groß ist die Wahrscheinlichkeit, …	(I)/(II)	P
… dass Lea zu spät kommt, wenn sie verschläft?	(I)	80 %
… dass Lea nicht verschlafen hat, wenn sie nicht zu spät ist?	(II)	≈ 99 %
… dass Lea zu spät kommt, obwohl sie nicht verschlafen hat?	(I)	≈ 6 %

Bestimmung von Potenzfunktionen und ganzrationalen Funktionen

1. Bestimme durch geschicktes Probieren jeweils a und n so, dass der Graph G_f der Potenzfunktion $f: x \mapsto a \cdot x^n$ durch die eingezeichneten Punkte geht. Skizziere dann G_f mithilfe einiger geeigneter Werte.

a)

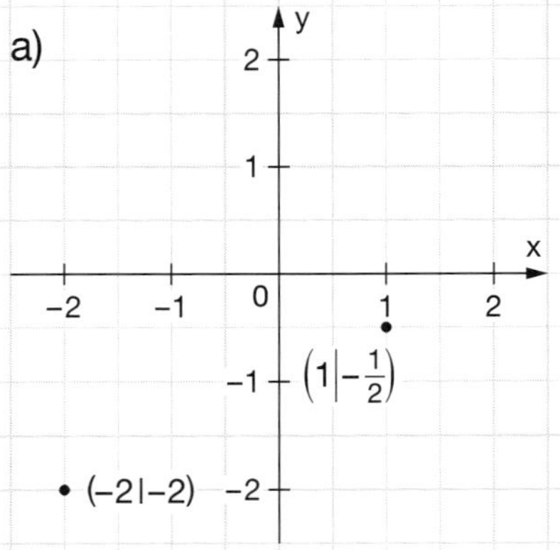

x			
$f(x) = \square \cdot x^{\square}$			

b)

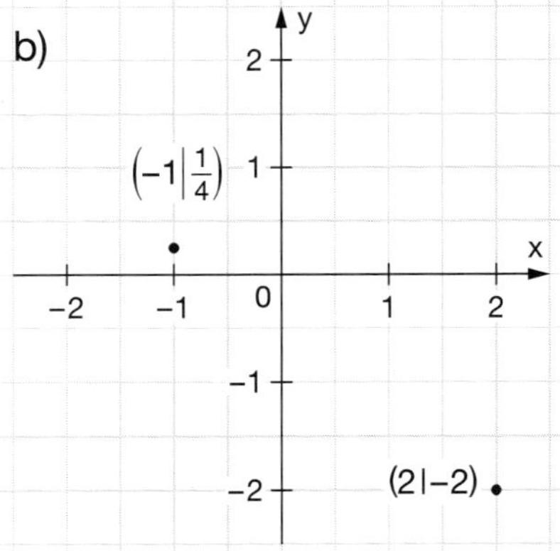

x			
$f(x) = \square \cdot x^{\square}$			

c)

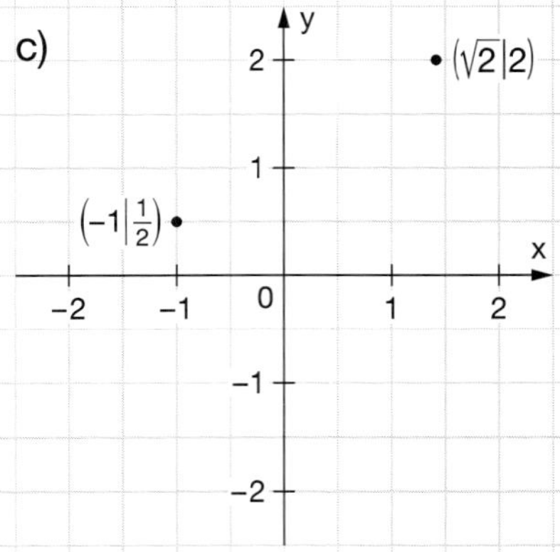

x			
$f(x) = \square \cdot x^{\square}$			

2. Vom Graphen einer Potenzfunktion $f: x \mapsto a \cdot x^n$ sind jeweils 2 Punkte gegeben. Berechne a und n und skizziere den Graphen von G_f.

a)

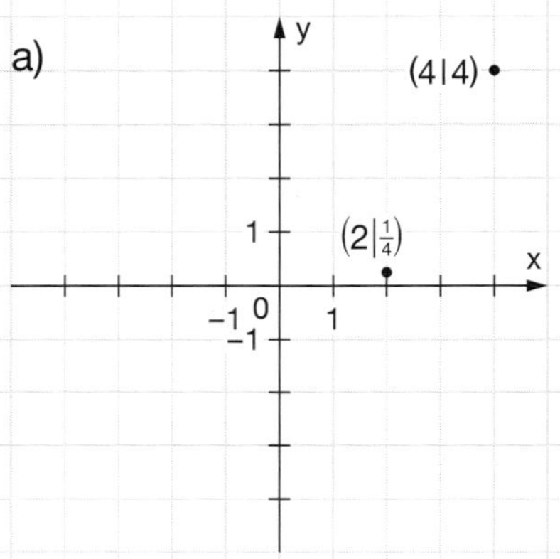

(I) $a \cdot 2^n = \frac{1}{4}$
(II) =

aus (I): a =
in (II): =
⇒ n =
⇒ a =

b)

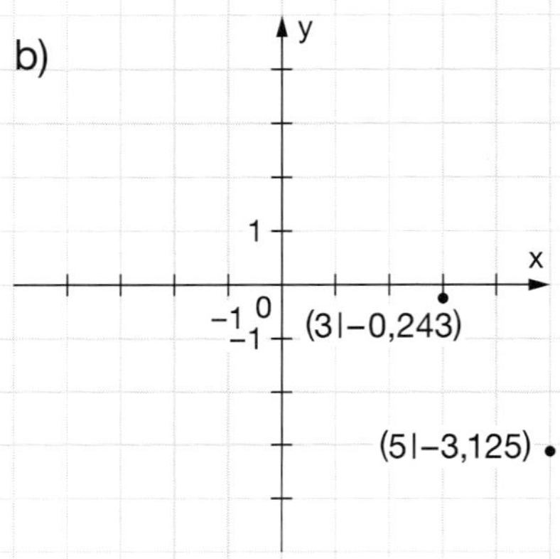

(I)
(II)

aus (I):
in (II):

c)

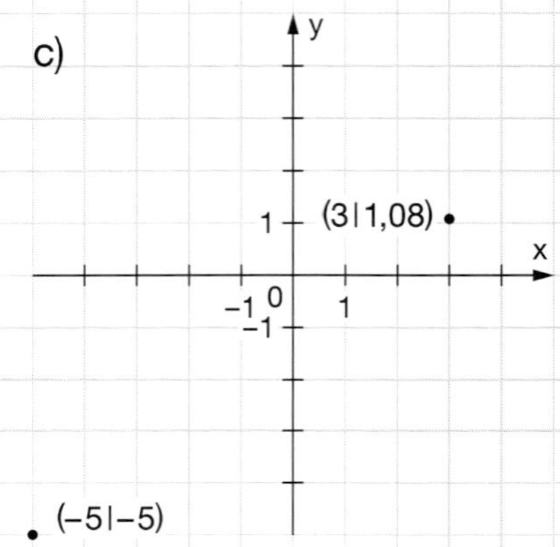

(I)
(II)

3.

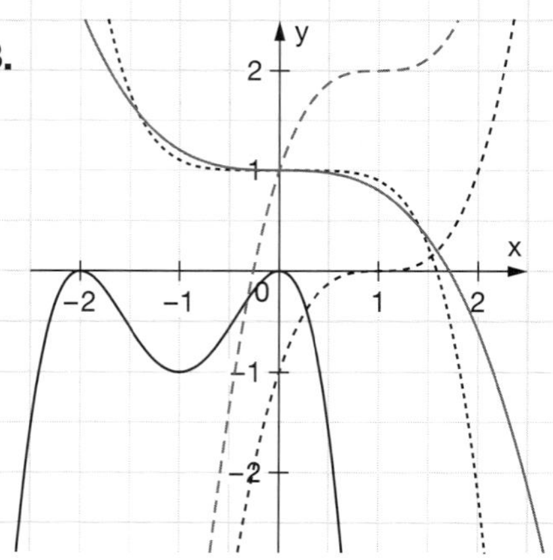

Welcher Graph gehört zu welcher Funktionsvorschrift? Begründe jeweils kurz. Ergänze den fehlenden Graphen bzw. Funktionsterm.

$f: x \mapsto x^3 - 3x^2 + 3x + 1$

$g: x \mapsto -\frac{1}{10}x^5 + 1$

$h: x \mapsto -x^4 - 4x^3 - 4x^2$

$k: x \mapsto -\frac{1}{5}x^3 + 1$

$s: x \mapsto -\frac{1}{2}x^2 + \frac{1}{2}$

$t: x \mapsto$

Begründungen:

Trainingsblatt
Bestimmung von Potenzfunktionen und ganzrationalen Funktionen **LÖSUNG**

1. Bestimme durch geschicktes Probieren jeweils a und n so, dass der Graph G_f der Potenzfunktion f: $x \mapsto a \cdot x^n$ durch die eingezeichneten Punkte geht. Skizziere dann G_f mithilfe einiger geeigneter Werte.

a)

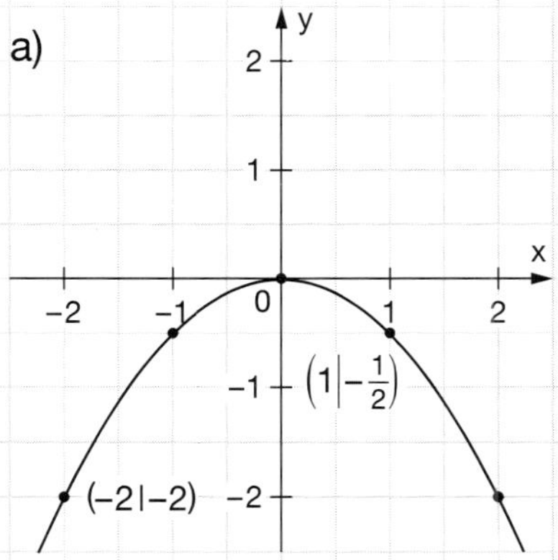

x	−1	0	2
$f(x) = -\frac{1}{2} \cdot x^2$	$-\frac{1}{2}$	0	−2

b)

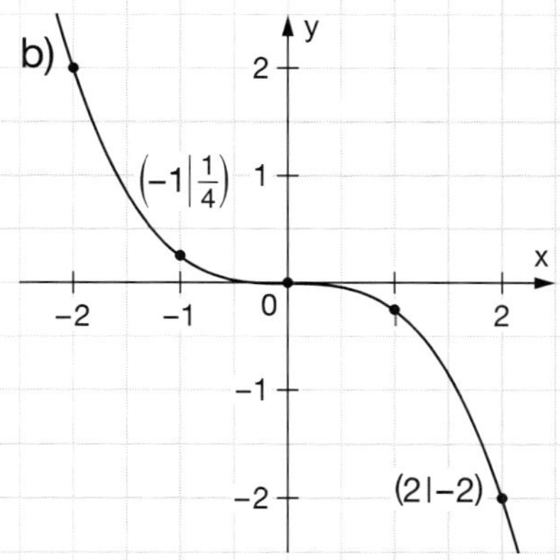

x	−2	0	1
$f(x) = -\frac{1}{4} \cdot x^3$	2	0	$-\frac{1}{4}$

c)

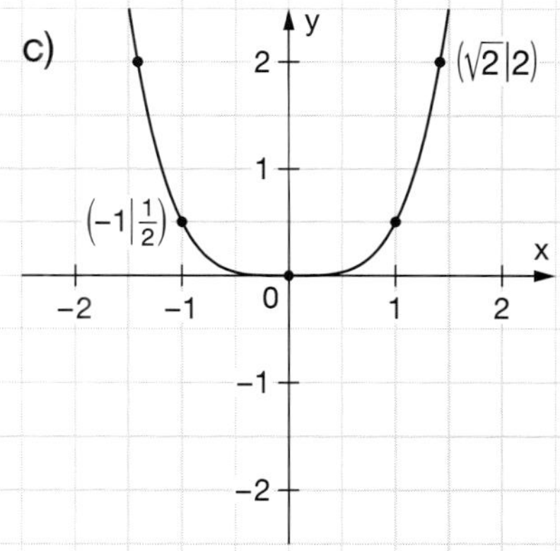

x	$-\sqrt{2}$	0	1
$f(x) = \frac{1}{2} \cdot x^4$	2	0	$\frac{1}{2}$

2. Vom Graphen einer Potenzfunktion f: $x \mapsto a \cdot x^n$ sind jeweils 2 Punkte gegeben. Berechne a und n und skizziere den Graphen von G_f.

a)

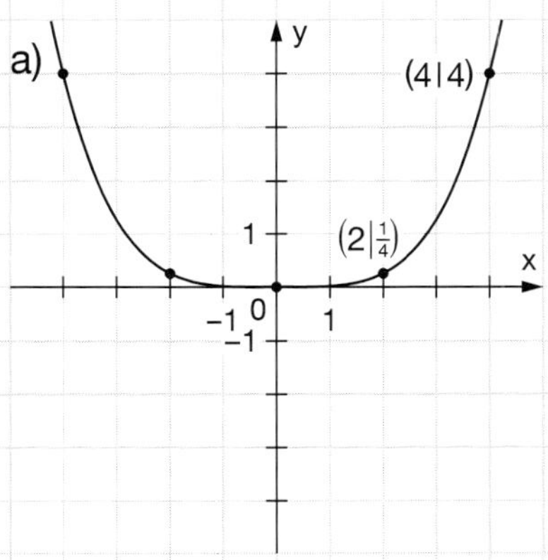

(I) $a \cdot 2^n = \frac{1}{4}$
(II) $a \cdot 4^n = 4$

aus (I): $a = \frac{1}{4} \cdot 2^{-n}$
in (II): $\frac{1}{4} \cdot 2^n = 4$
$\Rightarrow n = 4$
$\Rightarrow a = \frac{1}{64}$

b)

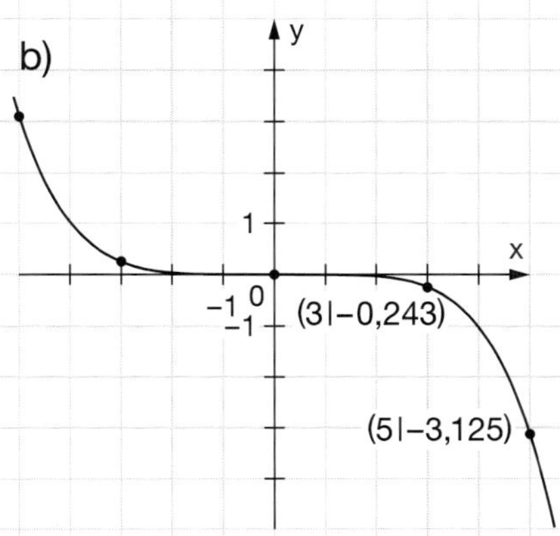

(I) $a \cdot 3^n = -0{,}243$
(II) $a \cdot 5^n = -3{,}125$

aus (I): $a = -0{,}243 \cdot 3^{-n}$
in (II): $-0{,}243 \cdot \left(\frac{5}{3}\right)^n = -3{,}125$
$\Rightarrow n = 5$
$\Rightarrow a = -\frac{1}{1000}$

c)

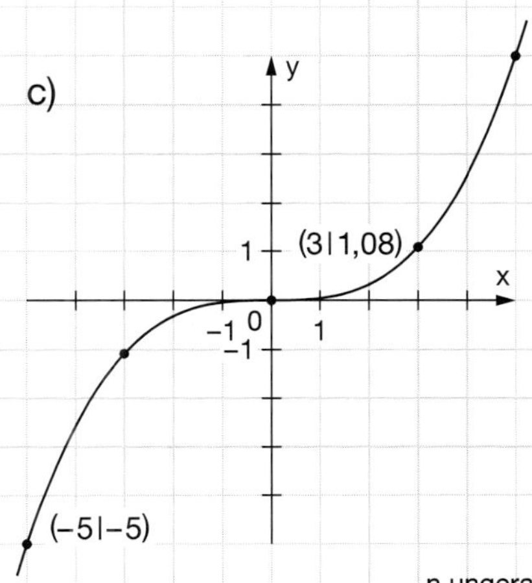

n ungerade

(I) $a \cdot (-5)^n = -5$
(II) $a \cdot 3^n = 1{,}08$

aus (I): $a = -5 \cdot (-5)^n = 5 \cdot 5^{-n}$
in (II): $5 \cdot \left(\frac{3}{5}\right)^n = 1{,}08$
$\Rightarrow n = 3$
$\Rightarrow a = \frac{1}{25}$

3.

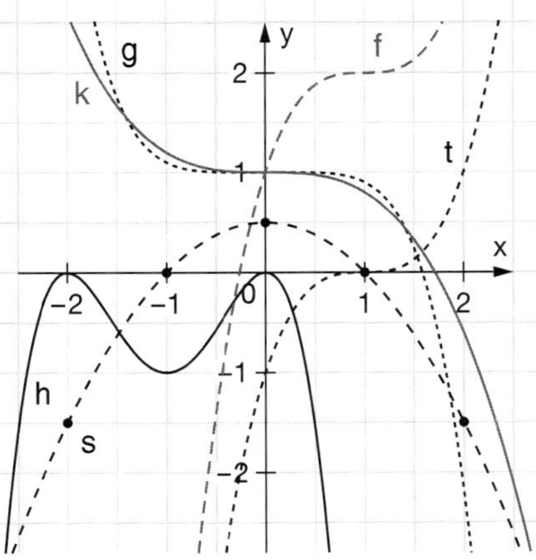

Welcher Graph gehört zu welcher Funktionsvorschrift? Begründe jeweils kurz. Ergänze den fehlenden Graphen bzw. Funktionsterm.

f: $x \mapsto x^3 - 3x^2 + 3x + 1$ g: $x \mapsto -\frac{1}{10}x^5 + 1$ h: $x \mapsto -x^4 - 4x^3 - 4x^2$
k: $x \mapsto -\frac{1}{5}x^3 + 1$ s: $x \mapsto -\frac{1}{2}x^2 + \frac{1}{2}$ t: $x \mapsto x^3 - 3x^2 + 3x - 1$

Begründungen: G_h einziger Graph mit geradem Grad ≠ 2; G_g und G_k „von links oben nach rechts unten“, wobei G_g für große |x| steiler ist; G_t bzw. G_f um −2 in y-Richtung verschoben, wobei f(0) = 1.

1. Wiederhole zunächst das schriftliche Dividieren.
Gehe dabei schrittweise ① – ⑨ vor und ergänze den Lückentext geeignet.

① ④ ⑦

1 4 9 3 1 : 2 7 = ___ ___ ___

– ___ ___ ___ ← ② ·27
③ ___ ___ ___
– ___ ___ ___ ← ⑤ ·27
⑥ ___ ___
– ___ ___ ← ⑧ ·27
⑨ ___

① Die größtmögliche Ziffer wird gesucht, deren Produkt mit 27 höchstens 149 beträgt.
② Dieses Produkt aus ___ und 27 wird berechnet.
③ Die Differenz aus 149 und ___ ___ ___ wird gebildet und eine weitere Ziffer von 14 931 „herunter geholt“.
④ Die größtmögliche Ziffer wird gesucht, deren Produkt mit 27 höchstens ___ ___ ___ beträgt.
⑤ Dieses Produkt aus ___ und 27 wird berechnet.
⑥ Die Differenz von ___ ___ ___ und ___ ___ ___ wird gebildet und eine weitere Ziffer von 14 931 „herunter geholt“.
⑦ Die größtmögliche Ziffer wird gesucht, deren Produkt mit 27 höchstens ___ ___ beträgt.
⑧ Dieses Produkt aus ___ und 27 wird berechnet.
⑨ Die Differenz beträgt ___ und es kann keine weitere Ziffer herunter geholt werden: Die Division ist fertig.

2. Führe nun in ähnlicher Weise die folgende Polynomdivision durch und ergänze die Beschreibung der einzelnen Schritte.

① ④

$(6x^2 + 3x - 3) : (2x - 1) =$ ___ + ___

– (___) ← ② $\cdot(2x-1)$
③ ___
– (___) ← ⑤ $\cdot(2x-1)$
⑥ ___

① $6x^2$ wird durch $2x$ geteilt.
② Das Ergebnis wird mit $(2x-1)$ multipliziert.
③ Die Differenz von $6x^2+3x$ und ___ wird gebildet und ein weiterer Summand des Polynoms (Dividend) „herunter geholt“.
④ ___ wird durch $2x$ geteilt.
⑤ Das Ergebnis wird mit $(2x-1)$ multipliziert.
⑥ Die Differenz beträgt ___. Die Division ist fertig.

3. a) $(-x^2 - 2x + 3) : (x - 1) =$ ___ + ___

– (___) ← · ___
___
– (___) ← · ___
___

b) $(5x^2 - 30x - 80) : (-x - 2) =$ ___ ___ ___

– (___) ← · ___
___
– (___) ← · ___
___

4. $(x^3 - \quad x^2 - 14x + 24) : (x + 4) =$ ___ – ___ + ___

– (___) ← $\cdot(x+4)$
$-5x^2 - 14x$
– (___) ← $\cdot(x+4)$
$6x + 24$
– (___) ← $\cdot(x+4)$
___

5. $(3x^3 \qquad - 14x + 4) : (x - 2) =$ ___ ___ ___ ___ ___

– (___)
___
– (___)
___
– (___)
___

Beachte hier die Schreibweise des Dividenden mit einer Lücke.
Wofür wird sie benötigt?

____

____

1. Wiederhole zunächst das schriftliche Dividieren. Gehe dabei schrittweise ① – ⑨ vor und ergänze den Lückentext geeignet.

①④⑦

$$
\begin{array}{l}
14931 : 27 = 553 \\
-135 \leftarrow ② \ \cdot 27 \ (①) \\
③ \quad 143 \\
\quad -135 \leftarrow ⑤ \ \cdot 27 \ (④) \\
⑥ \qquad 81 \\
\qquad -81 \leftarrow ⑧ \ \cdot 27 \ (⑦) \\
⑨ \qquad\ \ 0
\end{array}
$$

① Die größtmögliche Ziffer wird gesucht, deren Produkt mit 27 höchstens 149 beträgt.
② Dieses Produkt aus 5 und 27 wird berechnet.
③ Die Differenz aus 149 und 135 wird gebildet und eine weitere Ziffer von 14 931 „herunter geholt".
④ Die größtmögliche Ziffer wird gesucht, deren Produkt mit 27 höchstens 143 beträgt.
⑤ Dieses Produkt aus 5 und 27 wird berechnet.
⑥ Die Differenz von 143 und 135 wird gebildet und eine weitere Ziffer von 14 931 „herunter geholt".
⑦ Die größtmögliche Ziffer wird gesucht, deren Produkt mit 27 höchstens 81 beträgt.
⑧ Dieses Produkt aus 3 und 27 wird berechnet.
⑨ Die Differenz beträgt 0 und es kann keine weitere Ziffer herunter geholt werden: Die Division ist fertig.

2. Führe nun in ähnlicher Weise die folgende Polynomdivision durch und ergänze die Beschreibung der einzelnen Schritte.

$$
\begin{array}{l}
(6x^2 + 3x - 3) : (2x - 1) = 3x + 3 \quad (①,④) \\
-(6x^2 - 3x) \leftarrow ② \ \cdot(2x-1) \\
③ \qquad 6x - 3 \\
\qquad -(6x - 3) \leftarrow ⑤ \ \cdot(2x-1) \\
⑥ \qquad\quad 0
\end{array}
$$

① $6x^2$ wird durch $2x$ geteilt.
② Das Ergebnis wird mit $(2x-1)$ multipliziert.
③ Die Differenz von $6x^2+3x$ und $6x^2-3x$ wird gebildet und ein weiterer Summand des Polynoms (Dividend) „herunter geholt".
④ $6x$ wird durch $2x$ geteilt.
⑤ Das Ergebnis wird mit $(2x-1)$ multipliziert.
⑥ Die Differenz beträgt 0. Die Division ist fertig.

3. a)

$$
\begin{array}{l}
(-x^2 - 2x + 3) : (x - 1) = -x + (-3) \\
-(-x^2 + x) \leftarrow \cdot(x-1) \\
\qquad -3x + 3 \\
\quad -(-3x + 3) \leftarrow \cdot(x-1) \\
\qquad\quad 0
\end{array}
$$

b)

$$
\begin{array}{l}
(5x^2 - 30x - 80) : (-x - 2) = -5x + 40 \\
-(5x^2 + 10x) \leftarrow \cdot(-x-2) \\
\qquad -40x - 80 \\
\quad -(-40x - 80) \leftarrow \cdot(-x-2) \\
\qquad\quad 0
\end{array}
$$

4.

$$
\begin{array}{l}
(x^3 - x^2 - 14x + 24) : (x + 4) = x^2 - 5x + 6 \\
-(x^3 + 4x^2) \leftarrow \cdot(x+4) \\
\qquad -5x^2 - 14x \\
\quad -(-5x^2 - 20x) \leftarrow \cdot(x+4) \\
\qquad\qquad 6x + 24 \\
\qquad\quad -(6x + 24) \leftarrow \cdot(x+4) \\
\qquad\qquad\quad 0
\end{array}
$$

5.

$$
\begin{array}{l}
(3x^3 \qquad - 14x + 4) : (x - 2) = 3x^2 + 6x - 2 \\
-(3x^3 - 6x^2) \\
\qquad 6x^2 - 14x \\
\quad -(6x^2 - 12x) \\
\qquad\quad -2x + 4 \\
\qquad -(-2x + 4) \\
\qquad\qquad 0
\end{array}
$$

Beachte hier die Schreibweise des Dividenden mit einer Lücke. Wofür wird sie benötigt?

Bei der Probe $3x^2 \cdot (x-2)$ entsteht

ein quadratischer Term.

Um die Linearfaktoren eines Funktionsterms (und damit die Nullstellen der Funktion) zu bestimmen, sind verschiedene Methoden hilfreich.

1. Ausnutzen der binomischen Formeln

Beispiel: $f(x) = x^2 + 4x + 4 = (x+2)^2$

a) $g(x) = x^2 + 26x + 169 =$ ____________

b) $h(x) = x^2 - 12x + 36 =$ ____________

c) $k(x) = x^2 - 49 =$ ____________

2. Lösen einer quadratischen Gleichung.

Beispiel: $u(x) = 2x^2 + 6x + \frac{5}{2} = 0 \Rightarrow x_{1/2} = \frac{-6 \pm \sqrt{36 - 4 \cdot 2 \cdot \frac{5}{2}}}{2 \cdot 2} = \frac{-6 \pm \sqrt{16}}{4} = \frac{-6 \pm 4}{4}$

$\Rightarrow x_1 = -\frac{1}{2}$; $x_2 = -\frac{5}{2} \Rightarrow u(x) = 2 \cdot \left(x + \frac{1}{2}\right) \cdot \left(x + \frac{5}{2}\right)$ (Beachte den Faktor 2.)

a) $v(x) = 3x^2 - 7x + 2 = 0 \Rightarrow x_{1/2} =$ ____________

$\Rightarrow x_1 =$ ____; $x_2 =$ ____ $\Rightarrow v(x) =$ ____________

b) $w(x) = x^2 + 2x - 1{,}25 = 0 \Rightarrow x_{1/2} =$ ____________

$\Rightarrow x_1 =$ ____; $x_2 =$ ____ $\Rightarrow w(x) =$ ____________

3. Raten der Linearfaktoren, wenn bekannt ist, dass alle Nullstellen ganzzahlig sind.

	Versuch einer Faktorisierung		Probe durch Ausmultiplizieren		
Beispiel: $f(x) = x^2 + 12x + 35$	$(x+5) \cdot (x+7)$	=	$x^2 + 5x + 7x + 35$	=	$f(x)$ ✓
a) $g(x) = x^2 - 8x + 15$	____________	=	____________		
b) $h(x) = x^2 + 2x - 15$	____________	=	____________		
c) $k(x) = x^2 - 5x - 14$	____________	=	____________		

4. Substitution, wenn nur bestimmte Potenzen vorkommen und so der Grad kleiner wird.

Beispiel: $r(x) = x^4 - 2x^2 + 1$ Setze $z = x^2$; $z^2 - 2z + 1 \overset{\text{binom. Formel}}{=} (z-1)^2 = 0$

$\Rightarrow z_1 = 1$; $z_2 = 1 \Rightarrow x_{1/2} = \pm 1$; $x_{3/4} = \pm 1 \Rightarrow r(x) = (x-1)(x+1)(x-1)(x+1)$

a) $s(x) = x^4 - \frac{5}{4}x^2 + \frac{1}{4}$ Setze $z = x^2$; ____________ $= 0 \overset{\text{Lösen quadr. Gleichung}}{\Rightarrow} z_{1/2} =$ ____________ $=$

$\Rightarrow z_1 =$ ____; $z_2 =$ ____ $\Rightarrow x_{1/2} =$ ____; $x_{3/4} =$ ____ $\Rightarrow s(x) =$ ____________

b) $t(x) = x^4 - 10x^2 + 21$ Setze $z = x^2$; ____________ $\overset{\text{Raten der Linearfaktoren}}{=}$ ____________

$\Rightarrow z_1 =$ ____; $z_2 =$ ____ $\Rightarrow x_{1/2} =$ ____; $x_{3/4} =$ ____ $\Rightarrow t(x) =$ ____________

5. Ausklammern von x (oder Potenzen davon), falls möglich. Dann ist x (ggf. mehrfache) Nullstelle.

Beispiel: $f(x) = 2x^3 - x^2 = x^2 \cdot (2x-1) = x^2 \cdot 2\left(x - \frac{1}{2}\right)$

a) $g(x) = x^3 - 49x =$ ____________

b) $h(x) = 3x^4 - 6x^3 =$ ____________

c) $k(x) = 2x^5 - 4x^4 + 2x^3 =$ ____________

Trainingsblatt
Methoden der Faktorisierung

Um die Linearfaktoren eines Funktionsterms (und damit die Nullstellen der Funktion) zu bestimmen, sind verschiedene Methoden hilfreich.

1. Ausnutzen der binomischen Formeln
Beispiel: $f(x) = x^2 + 4x + 4 = (x+2)^2$

a) $g(x) = x^2 + 26x + 169 = (x+13)^2$

b) $h(x) = x^2 - 12x + 36 = (x-6)^2$

c) $k(x) = x^2 - 49 = (x-7)\cdot(x+7)$

2. Lösen einer quadratischen Gleichung.
Beispiel: $u(x) = 2x^2 + 6x + \frac{5}{2} = 0 \Rightarrow x_{1/2} = \frac{-6 \pm \sqrt{36 - 4\cdot 2\cdot \frac{5}{2}}}{2\cdot 2} = \frac{-6 \pm \sqrt{16}}{4} = \frac{-6 \pm 4}{4}$

$\Rightarrow x_1 = -\frac{1}{2};\quad x_2 = -\frac{5}{2} \Rightarrow u(x) = 2\cdot\left(x+\frac{1}{2}\right)\cdot\left(x+\frac{5}{2}\right)$ (Beachte den Faktor 2.)

a) $v(x) = 3x^2 - 7x + 2 = 0 \Rightarrow x_{1/2} = \frac{7 \pm \sqrt{49 - 4\cdot 3\cdot 2}}{2\cdot 3} = \frac{7 \pm \sqrt{25}}{6} = \frac{7 \pm 5}{6}$

$\Rightarrow x_1 = 2;\quad x_2 = \frac{1}{3} \Rightarrow v(x) = 3\cdot(x-2)\cdot\left(x-\frac{1}{3}\right)$

b) $w(x) = x^2 + 2x - 1{,}25 = 0 \Rightarrow x_{1/2} = \frac{-2 \pm \sqrt{4 - 4\cdot(-1{,}25)}}{2} = \frac{-2 \pm \sqrt{9}}{2} = \frac{-2 \pm 3}{2}$

$\Rightarrow x_1 = \frac{1}{2};\quad x_2 = -\frac{5}{2} \Rightarrow w(x) = \left(x-\frac{1}{2}\right)\cdot\left(x+\frac{5}{2}\right)$

3. Raten der Linearfaktoren, wenn bekannt ist, dass alle Nullstellen ganzzahlig sind.

	Versuch einer Faktorisierung		Probe durch Ausmultiplizieren		
Beispiel: $f(x) = x^2 + 12x + 35$	$(x+5)\cdot(x+7)$	=	$x^2 + 5x + 7x + 35$	=	$f(x)$ ✓
a) $g(x) = x^2 - 8x + 15$	$(x-5)\cdot(x-3)$	=	$x^2 - 5x - 3x + 15$	=	$g(x)$ ✓
b) $h(x) = x^2 + 2x - 15$	$(x+5)\cdot(x-3)$	=	$x^2 + 5x - 3x - 15$	=	$h(x)$ ✓
c) $k(x) = x^2 - 5x - 14$	$(x-7)\cdot(x+2)$	=	$x^2 - 7x + 2x - 14$	=	$k(x)$ ✓

4. Substitution, wenn nur bestimmte Potenzen vorkommen und so der Grad kleiner wird.
Beispiel: $r(x) = x^4 - 2x^2 + 1$ Setze $z = x^2$; $z^2 - 2z + 1 \overset{\text{binom. Formel}}{=} (z-1)^2 = 0$

$\Rightarrow z_1 = 1;\ z_2 = 1 \Rightarrow x_{1/2} = \pm 1;\ x_{3/4} = \pm 1 \Rightarrow r(x) = (x-1)(x+1)(x-1)(x+1)$

a) $s(x) = x^4 - \frac{5}{4}x^2 + \frac{1}{4}$ Setze $z = x^2$; $z^2 - \frac{5}{4}z + \frac{1}{4} = 0 \overset{\text{Lösen quadr. Gleichung}}{\Rightarrow} z_{1/2} = \frac{\frac{5}{4} \pm \sqrt{\frac{25}{16} - 1}}{2} = \frac{\frac{5}{4} \pm \frac{3}{4}}{2}$

$\Rightarrow z_1 = 1;\ z_2 = \frac{1}{4} \Rightarrow x_{1/2} = \pm 1;\ x_{3/4} = \pm\frac{1}{2} \Rightarrow s(x) = (x-1)\cdot(x+1)\cdot\left(x-\frac{1}{2}\right)\cdot\left(x+\frac{1}{2}\right)$

b) $t(x) = x^4 - 10x^2 + 21$ Setze $z = x^2$; $z^2 - 10z + 21 \overset{\text{Raten der Linearfaktoren}}{=} (z-7)\cdot(z-3)$

$\Rightarrow z_1 = 7;\ z_2 = 3 \Rightarrow x_{1/2} = \pm\sqrt{7};\ x_{3/4} = \pm\sqrt{3} \Rightarrow t(x) = (x-\sqrt{7})\cdot(x+\sqrt{7})\cdot(x-\sqrt{3})\cdot(x+\sqrt{3})$

5. Ausklammern von x (oder Potenzen davon), falls möglich. Dann ist x (ggf. mehrfache) Nullstelle.
Beispiel: $f(x) = 2x^3 - x^2 = x^2\cdot(2x-1) = x^2\cdot 2\left(x-\frac{1}{2}\right)$

a) $g(x) = x^3 - 49x = x\cdot(x^2-49) = x\cdot(x-7)\cdot(x+7)$

b) $h(x) = 3x^4 - 6x^3 = 3x^3\cdot(x-2)$

c) $k(x) = 2x^5 - 4x^4 + 2x^3 = 2x^3\cdot(x^2 - 2x + 1) = 2x^3\cdot(x-1)^2$

Die folgend aufgeführten Methoden werden für dieses Trainingsblatt benötigt:

(BINOM)	Ausnutzen der binomischen Formeln	z. B. $x^2-36=(x-6)\cdot(x+6)$
(LÖSEN)	Lösen einer quadratischen Gleichung	z. B. $ax^2+5x+c=0 \Rightarrow x_{1/2}=\frac{-5\pm\sqrt{25-4ac}}{2a}$
(RATEN)	Raten, falls Nullstellen ganzzahlig sind	z. B. $x^2+7x+10=(x+2)\cdot(x+5)$
(SUBST)	Substitution, um Grad zu verkleinern	z. B. x^4-81; Setze $z=x^2$; Löse erst $z^2-81=0$
(AUSKL)	Ausklammern, falls möglich	z. B. $2x^3+x^2=x^2(2x+1)=x^2\cdot 2\left(x+\frac{1}{2}\right)$
(POLDIV)	Polynomdivision durch bereits bekannte Linearfaktoren (benutze für die Polynomdivision ggf. ein seperates Blatt)	z. B. $(x^3-2x^2-9x+18):(x-2)=x^2-9$

$$\begin{array}{l} \underline{x^3-2x^2} \\ \quad 0-9x+18 \\ \quad \underline{\quad 9x+18} \\ \qquad\quad 0 \end{array}$$

1. Zerlege in Linearfaktoren. Nenne die verwendete Methode, soweit sie nicht angegeben ist.

a) $f(x)=x^2+18x+77 \overset{\text{(RATEN)}}{=}$ ____________

b) $f(x)=2x^2-14x \overset{(\quad)}{=}$ ____________

c) $f(x)=x^2+\frac{5}{3}x-\frac{2}{3}$ (LÖSEN): $f(x)=0 \Rightarrow x_{1/2}=$ ____________

$\Rightarrow x_1=$ ____ ; $x_2=$ ____ $\Rightarrow$ $f(x)=($ ______ $)\cdot($ ______ $)$

d) $f(x)=x^2+0{,}3x+8{,}1$; bekannte Nullstelle: 3; (   ): $(x^2+0{,}3x+8{,}1):($ $)=$ ____________

$\Rightarrow f(x)=($ ______ $)\cdot($ ______ $)$

e) $f(x)=x^2-x+\frac{1}{4} \overset{(\quad)}{=}$ ____________

2. Häufig müssen mehrere dieser Methoden angewendet werden, um den Funktionsterm vollständig zu zerlegen. Nenne die verwendeten Methoden, soweit sie nicht angegeben sind.

a) $f(x)=x^4-6x^2+9$ (   ): ____________ $\overset{(\quad)}{=}$ ____________ $\Rightarrow$ $z=$ ____________

$\Rightarrow x_1=$ ____ ; $x_2=$ ____ ; $x_3=$ ____ ; $x_4=$ ____ ; $f(x)=$ ____________

b) $f(x)=x^4+\sqrt{7}x^3-14x^2 \overset{(\quad)}{=}$ ____________ ; $\Rightarrow$ (LÖSEN): ____________ $=0$

$\Rightarrow x_{1/2}=$ ____________ $\Rightarrow f(x)=$ ____________

c) $f(x)=x^3+x^2-102x+360$ Alle Nullstellen sind ganzzahlig, eine davon lautet -12.

$\overset{(\quad)}{\Rightarrow} f(x)=($ ______ $)\cdot($ ____________ $)\overset{(\quad)}{=}$ ____________

d) $f(x)=5x^6-70x^4+165x^2$ (   ): ____________ $\overset{(\quad)}{=}$ ____________

$\overset{(\quad)}{=}$ ____________ $\Rightarrow$ ____________

____________ $\Rightarrow f(x)=$ ____________

e) Bekannte Nullstellen sind -2 und 2. $f(x)=x^5+6x^4+5x^3-24x^2-36x$ ____________

____________ $\Rightarrow f(x)=$ ____________

Die folgend aufgeführten Methoden werden für dieses Trainingsblatt benötigt:

(BINOM)	Ausnutzen der binomischen Formeln	z. B. $x^2-36=(x-6)\cdot(x+6)$
(LÖSEN)	Lösen einer quadratischen Gleichung	z. B. $ax^2+5x+c=0 \Rightarrow x_{1/2}=\frac{-5\pm\sqrt{25-4ac}}{2a}$
(RATEN)	Raten, falls Nullstellen ganzzahlig sind	z. B. $x^2+7x+10=(x+2)\cdot(x+5)$
(SUBST)	Substitution, um Grad zu verkleinern	z. B. x^4-81; Setze $z=x^2$; Löse erst $z^2-81=0$
(AUSKL)	Ausklammern, falls möglich	z. B. $2x^3+x^2=x^2(2x+1)=x^2\cdot2\left(x+\frac{1}{2}\right)$
(POLDIV)	Polynomdivision durch bereits bekannte Linearfaktoren (benutze für die Polynomdivision ggf. ein seperates Blatt)	z. B. $(x^3-2x^2-9x+18):(x-2)=x^2-9$

$$\begin{array}{l} x^3-2x^2 \\ \hline 0-9x+18 \\ 9x+18 \\ \hline 0 \end{array}$$

1. Zerlege in Linearfaktoren. Nenne die verwendete Methode, soweit sie nicht angegeben ist.

a) $f(x)=x^2+18x+77 \overset{\text{(RATEN)}}{=} (x+7)\cdot(x+11)$

b) $f(x)=2x^2-14x \overset{\text{(AUSKL.)}}{=} 2x\cdot(x-7)$

c) $f(x)=x^2+\frac{5}{3}x-\frac{2}{3}$ (LÖSEN): $f(x)=0 \Rightarrow x_{1/2}=\frac{-\frac{5}{3}\pm\sqrt{\frac{25}{9}+4\cdot\frac{2}{3}}}{2}=\frac{-\frac{5}{3}\pm\sqrt{\frac{25+24}{9}}}{2}=\frac{-\frac{5}{3}\pm\frac{7}{3}}{2}$

$\Rightarrow x_1=\frac{1}{3}$; $x_2=-2$ $\Rightarrow$ $f(x)=\left(x-\frac{1}{3}\right)\cdot(x+2)$

d) $f(x)=x^2+0{,}3x+8{,}1$; bekannte Nullstelle: 3; (POLDIV): $(x^2+0{,}3x+8{,}1):(x-3)=x-2{,}7$

$$\begin{array}{l} x^2-3x \\ \hline -2{,}7x+8{,}1 \\ -2{,}7x+8{,}1 \\ \hline 0 \end{array}$$

$\Rightarrow f(x)=(x-3)\cdot(x-2{,}7)$

e) $f(x)=x^2-x+\frac{1}{4} \overset{\text{(BINOM)}}{=} \left(x-\frac{1}{2}\right)^2$

2. Häufig müssen mehrere dieser Methoden angewendet werden, um den Funktionsterm vollständig zu zerlegen. Nenne die verwendeten Methoden, soweit sie nicht angegeben sind.

a) $f(x)=x^4-6x^2+9$ (SUBST): Setze $z=x^2$: $z^2-6z+9 \overset{\text{(BINOM)}}{=} (z-3)^2 \Rightarrow z_1=z_2=3$

$\Rightarrow x_1=\sqrt{3}$; $x_2=-\sqrt{3}$; $x_3=\sqrt{3}$; $x_4=-\sqrt{3}$; $f(x)=(x-\sqrt{3})\cdot(x-\sqrt{3})\cdot(x+\sqrt{3})\cdot(x+\sqrt{3})$

b) $f(x)=x^4+\sqrt{7}x^3-14x^2 \overset{\text{(AUSKL)}}{=} x^2\cdot(x^2+\sqrt{7}x-14)$; $\Rightarrow$ (LÖSEN): $x^2+\sqrt{7}x-14=0$

$\Rightarrow x_{1/2}=\frac{-\sqrt{7}\pm\sqrt{7+4\cdot14}}{2}=\frac{-\sqrt{7}\pm\sqrt{63}}{2}=\frac{-\sqrt{7}\pm3\sqrt{7}}{2}$ $\Rightarrow f(x)=x^2\cdot(x+2\sqrt{7})\cdot(x-\sqrt{7})$

c) $f(x)=x^3+x^2-102x+360$ Alle Nullstellen sind ganzzahlig, eine davon lautet -12.

(POLDIV) $\Rightarrow f(x)=(x+12)\cdot(x^2-11x+30) \overset{\text{(RATEN)}}{=} (x+12)\cdot(x-5)\cdot(x-6)$

d) $f(x)=5x^6-70x^4+165x^2$ (SUBST): $z=x^2$; $5z^3-70z^2+165z \overset{\text{(AUSKL)}}{=} 5z(z^2-14z+33)$

$\overset{\text{(RATEN)}}{=} 5z\cdot(z-11)\cdot(z-3) \Rightarrow z_1=0$; $z_2=11$; $z_3=3$

$\Rightarrow x_{1/2}=0$; $x_{3/4}=\pm\sqrt{11}$; $x_{4/5}=\pm\sqrt{3}$ $\Rightarrow f(x)=5\cdot x^2\cdot(x-\sqrt{11})\cdot(x+\sqrt{11})\cdot(x-\sqrt{3})\cdot(x+\sqrt{3})$

e) Bekannte Nullstellen sind -2 und 2. $f(x)=x^5+6x^4+5x^3-24x^2-36x \overset{\text{(AUSKL)}}{=} x(x^4+6x^3+5x^2-24x-36)$

$(x^4+6x^3+5x^2-24x-36):(x^2-4) \overset{\text{(POLDIV)}}{=} x^2+6x+9 \overset{\text{(BINOM)}}{=} (x+3)^2$ $\Rightarrow f(x)=x\cdot(x-2)\cdot(x+2)\cdot(x+3)^2$

Ordne den gegebenen Funktionsvorschriften den richtigen Funktionsterm zu. Begründe jeweils kurz.

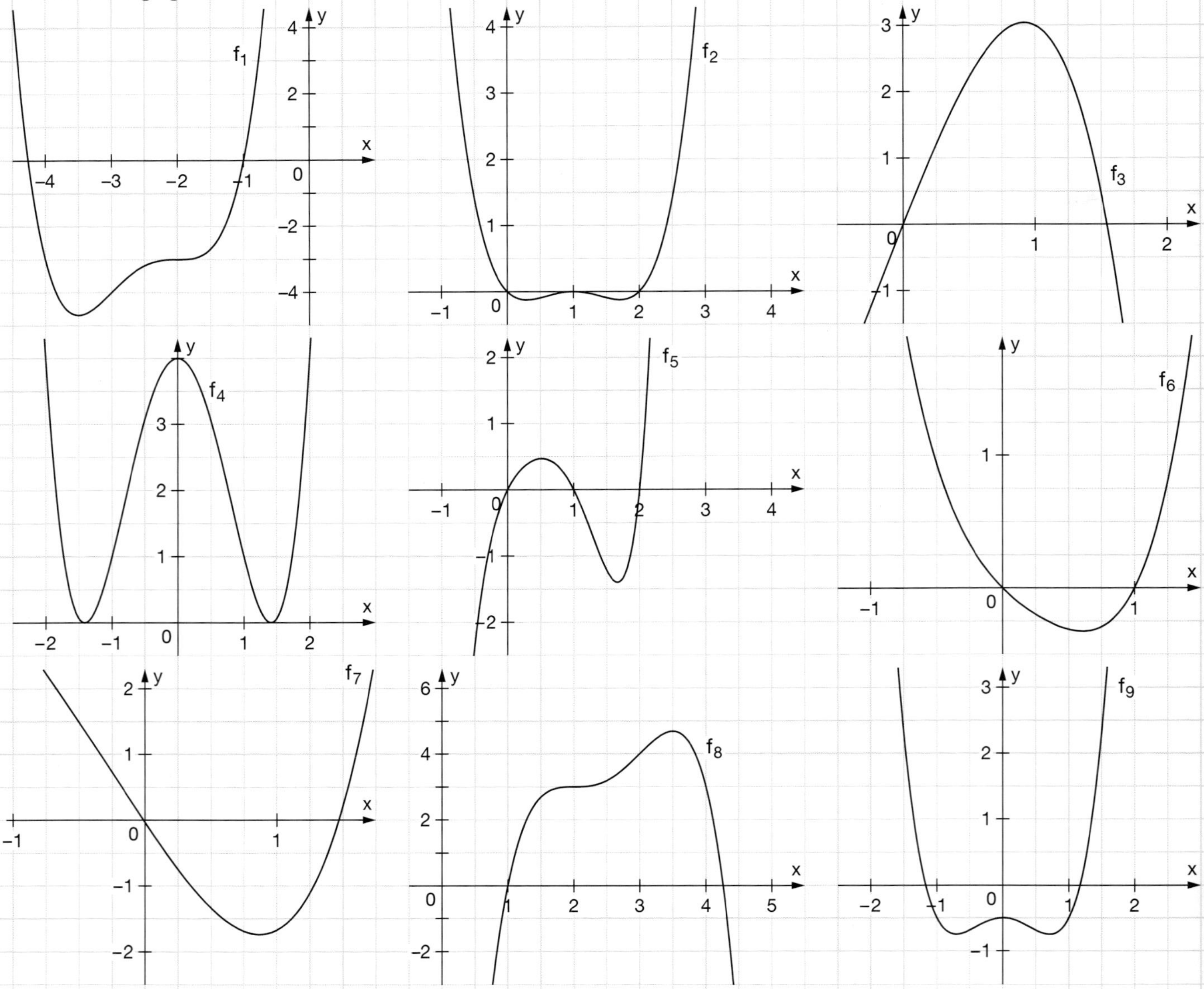

$f_{\square}: x \mapsto (x^2 - 2)^2$

$f_{\square}: x \mapsto x^4 - x^3 + x^2 - x$

$f_{\square}: x \mapsto -\frac{1}{2}(x^2 + x)^2 + 5x$

$f_{\square}: x \mapsto (x+4) \cdot (x+2)^3 - 3$

$f_{\square}: x \mapsto \frac{1}{3}(x^2 + x)^2 - 3x$

$f_{\square}: x \mapsto x^4 - x^2 - \frac{1}{2}$

$f_{\square}: x \mapsto -(x-4) \cdot (x-2)^3 + 3$

$f_{\square}: x \mapsto x^5 - 3(x^4 - x^3 + x^2) + 2x$

$f_{\square}: x \mapsto \frac{1}{2}(x-2) \cdot (x-1)^2 \cdot x$

Ordne den gegebenen Funktionsvorschriften den richtigen Funktionsterm zu. Begründe jeweils kurz.

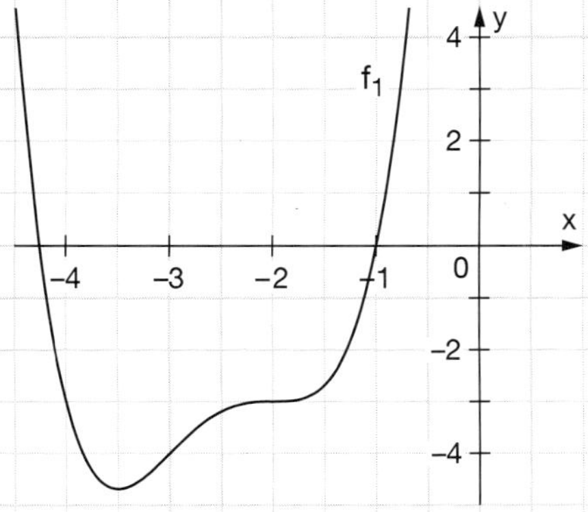

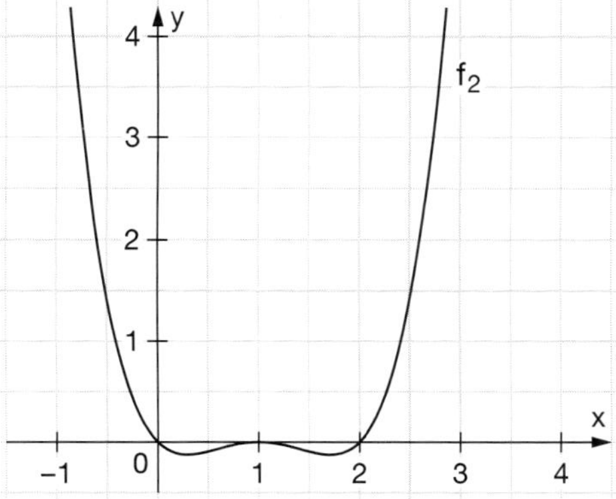

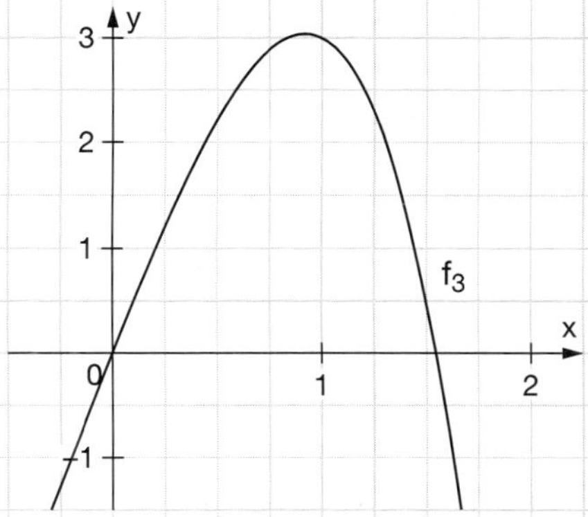

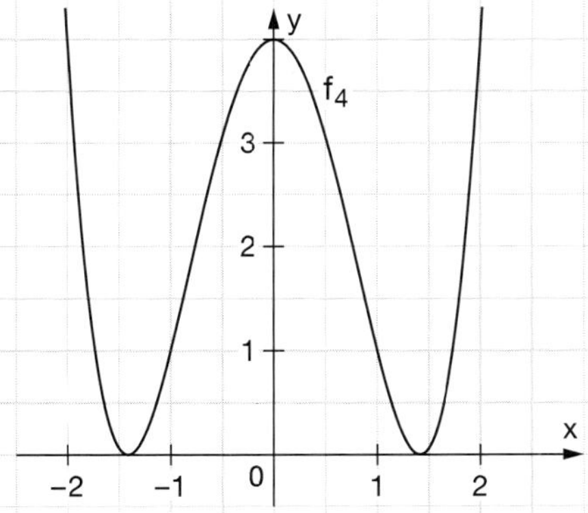

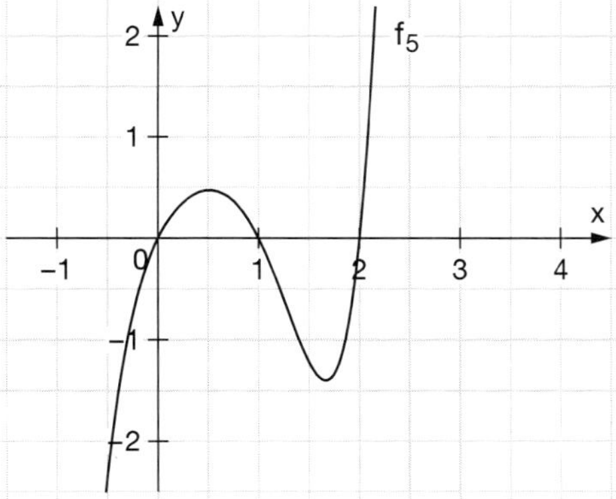

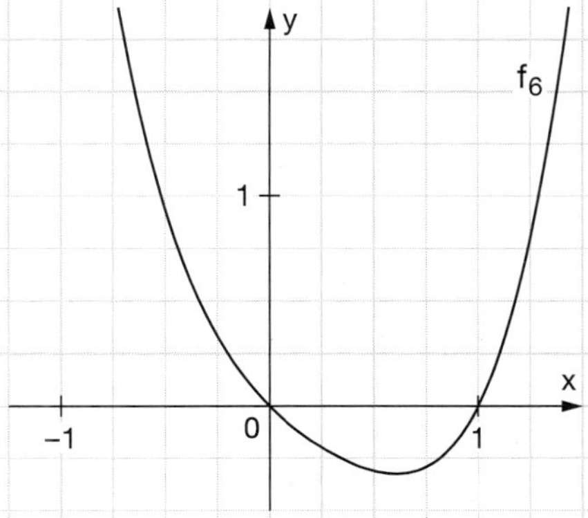

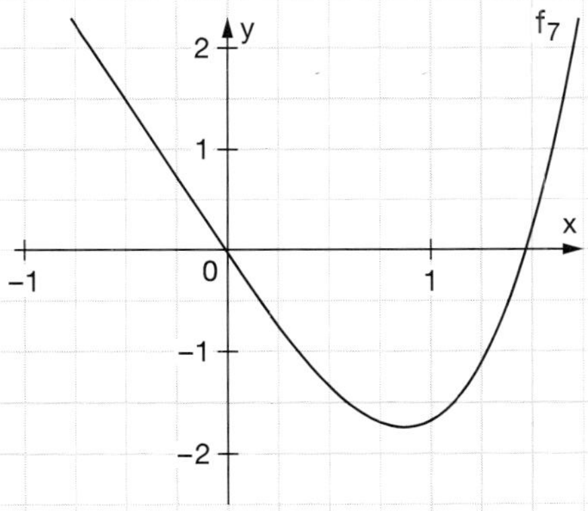

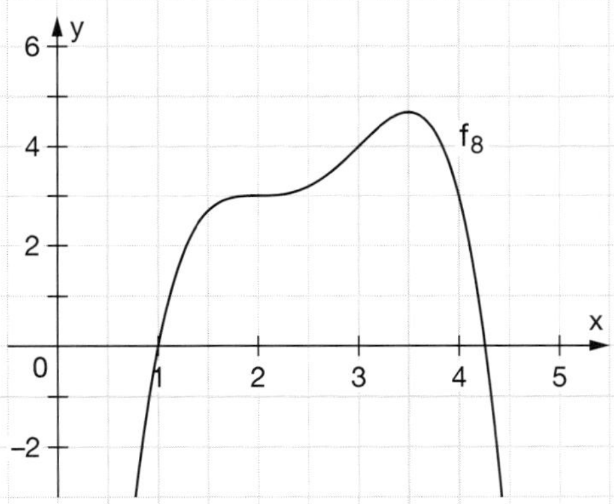

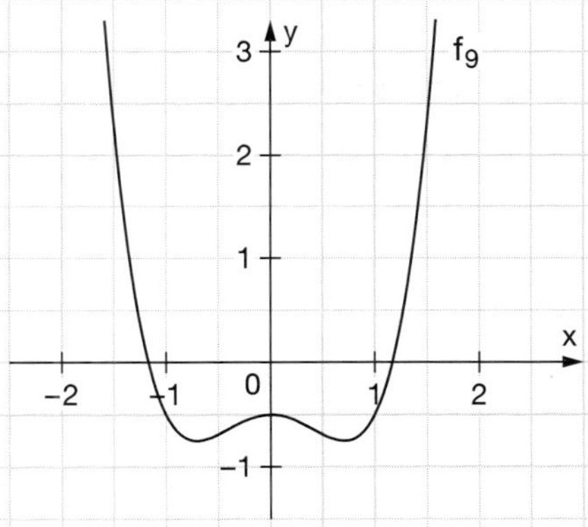

mögliche Begründungen:

$f_{4}: x \mapsto (x^2-2)^2$ — $f_4 \geqq 0$ für alle x

$f_{6}: x \mapsto x^4-x^3+x^2-x$ — $= x\cdot(x-1)\cdot(x^2+1)$ (Faktorzerlegung), also Nullstellen: 0; 1

$f_{3}: x \mapsto -\frac{1}{2}(x^2+x)^2+5x$ — höchste Potenz $-\frac{1}{2}x^4$, also „von links unten nach rechts unten“

$f_{1}: x \mapsto (x+4)\cdot(x+2)^3-3$ — $f_1(0) = 29$

$f_{7}: x \mapsto \frac{1}{3}(x^2+x)^2-3x$ — $\frac{1}{3}x^4$, also „von links oben nach rechts oben“, $f_7(0) = 0$; $f_7(1) \neq 0$

$f_{9}: x \mapsto x^4-x^2-\frac{1}{2}$ — x^4, also „von links oben nach rechts oben“, $f_9(0) = -\frac{1}{2}$

$f_{8}: x \mapsto -(x-4)\cdot(x-2)^3+3$ — $f_8(0) = -29$

$f_{5}: x \mapsto x^5-3(x^4-x^3+x^2)+2x$ — x^5, also „von links unten nach rechts oben“

$f_{2}: x \mapsto \frac{1}{2}(x-2)\cdot(x-1)^2\cdot x$ — genau 3 Nullstellen, davon eine doppelt

Ping-Pong zum Faktorisieren von Polynomen

Das Blatt zur Tischtennisplatte falten.

Spielregel: Prüfe durch einen Blick ins Netz, ob die zugerufene Nullstelle richtig sein kann. Benutze diese Nullstelle und den angegebenen Funktionswert f(0) und bestimme für das entsprechende Polynom durch Polynomdivision alle Linearfaktoren. Beachte, dass beim Erraten von Linearfaktoren manchmal die binomischen Formeln hilfreich sind. Gib deinem Spielpartner die neu von dir bestimmte(n) Nullstelle(n) (ggf. mit ihrer Vielfachheit) zurück.

AUFSCHLAG

„Eine Nullstelle ist 3."

$x^3 - \frac{1}{2}x^2 - 16x + 8$

$9x^4 - 96x^3 + 286x^2 - 160x + 25$

$x^3 - 10x^2 + 33x - 36$

$x^2 + \frac{27}{5}x + 2$

$2x^3 - 54x + 108$

$4x^2 + 27x - 7$

$x^3 - 25x^2 - 4x + 100$

$x^2 + x - 6$

$\frac{1}{2}$	−7	5 (doppelt)	−5	4	3 (doppelt)	−3	27	−2; 2	1
f(0) = 8	f(0) = −7	f(0) = 25	f(0) = 2	f(0) = −36	f(0) = 108	f(0) = −6	f(0) = 2	f(0) = 100	f(0) = −6

−0,4	2	$\frac{1}{4}$	−6	7	4; −4	25	3 (doppelt)	5	$\frac{1}{3}$ (doppelt)
f(0) = −1,6	f(0) = 1	f(0) = 25	f(0) = −35	f(0) = −35	f(0) = −144	f(0) = 200	f(0) = 63	f(0) = 1	f(0) = 3

$4x^3 - 39x^2 + 90x + 25$

$x^3 + 0{,}4x^2 - 4x - 1{,}6$

$x^4 - 6x^3 - 7x^2 + 96x - 144$

$x^2 - 2x - 35$

$9x^3 + 21x^2 - 17x + 3$

$x^3 + x^2 - 33x + 63$

$x^2 - \frac{5}{2}x + 1$

$2x^2 - 58x + 200$

Spielauswertung: Für jede richtige Lösung erhält man einen Punkt. Bei falscher Lösung bekommt der Gegner einen Punkt und der Spieler muss erneut versuchen, die Nullstelle(n) zu bestimmen. Gewonnen hat der Spieler, der nach dem Faktorisieren aller Polynome den höchsten Punktestand erzielt hat.

Spielvorbereitung:
- Kopien von Spielregel und Funktionenliste für jede Gruppe
- Kopie des Bingofeldes auf Folie für Overheadprojektor
  (alternativ: Datei für Beamer im Internet)
- Lösungsbogen für die Lehrkraft
- je ein Folienstift für jede Gruppe in eigener Farbe

Spielregel:
Die Klasse wird in 2 bis 3 Gruppen (I, II, III) aufgeteilt. Die Spieler derselben Gruppe finden sich zusammen und erhalten jeweils die Kopiervorlage „Spielregel und Funktionenliste".

Für die gegebenen Funktionen f_1 bis f_{16} sollen alle Nullstellen bestimmt werden.
Die Gruppe, welche an der Reihe ist, wählt eine Funktion aus und nennt alle gefundenen Nullstellen dieser Funktion.
Sind diese korrekt, wird im Bingofeld ein entsprechendes Feld farbig markiert und die Funktion wird von der Lehrkraft und allen Gruppen von der Funktionenliste gestrichen.
Sind die Nullstellen nicht (oder nicht alle) gefunden, so darf die nächste Gruppe fortfahren.

Die Gruppen kommen immer abwechselnd an die Reihe, wobei sich die Reihenfolge aller Folgerunden aus der ersten Runde ergibt. In der ersten Runde entscheidet die Schnelligkeit, mit der jede Gruppe ihre erste Nullstellenbestimmung durchführt.

Spielziel:
Die Gruppe, welche zuerst drei waagrecht, senkrecht oder diagonal nebeneinander liegende Felder im Bingofeld in ihrer Farbe markieren kann, hat gewonnen.

Funktionenliste:
$f_1(x) = x^3 - x$
$f_2(x) = 3x^2 + 3x - 6$
$f_3(x) = x^3 + 3x^2 - 4$
$f_4(x) = x^2 + 2x + 4$
$f_5(x) = (2x-4)\cdot(x^2-9)$
$f_6(x) = (x^2+16)\cdot(4x-12)\cdot x$
$f_7(x) = x^2 - x - 6$
$f_8(x) = -2x^4 - 2x^2 + 4$
$f_9(x) = x^3 - x^2 + 2x - 2$
$f_{10}(x) = x^4 - 5x^2 + 4$
$f_{11}(x) = 3x^4 - 9x^3$
$f_{12}(x) = x^4 + 4x^3 + 4x^2$
$f_{13}(x) = x^5 + 8x^2$
$f_{14}(x) = -x^2\cdot\left(\frac{1}{3}x^2 + 2x + 3\right)$
$f_{15}(x) = x^4 - 10x^2 + 9$
$f_{16}(x) = x^3 - 2x^2 + 5x - 10$

Nullstellenbingo – Bingofeld

	A	B	C	D	E	F
1	−2; 0	1	2	0; 3	−2; 1	−2; 3
2	keine	−1; 1	−2; 3	−2; 0	−3; −1; 1; 3	−3; 0
3	−3; 0	−3; 2; 3	−1; 0; 1	−2; −1; 1; 2	keine	2
4	1	−2; −1; 1; 2	0; 3	−3; 2; 3	−1; 1	−2; 1
5	−2; 1	keine	0; 3	1	−2; 3	−2; −1; 1; 2
6	−3; −1; 1; 3	−2; 1	−3; 2; 3	−3; −1; 1; 3	−2; 0	−1; 0; 1
7	2	−1; 0; 1	−3; 0	−2; 0	−1; 1	0; 3

Funktionenliste:	Faktorzerlegung:	Nullstellen:
$f_1(x) = x^3 - x$	$x(x-1)\cdot(x+1)$	−1; 0; 1
$f_2(x) = 3x^2 + 3x - 6$	$3(x+2)(x-1)$	−2; 1
$f_3(x) = x^3 + 3x^2 - 4$	$(x-1)(x+2)^2$	−2; 1
$f_4(x) = x^2 + 2x + 4$	–	keine
$f_5(x) = (2x-4)\cdot(x^2-9)$	$2(x-2)(x-3)(x+3)$	−3; 2; 3
$f_6(x) = (x^2+16)\cdot(4x-12)\cdot x$	$(x^2+16)\cdot 4(x-3)\cdot x$	0; 3
$f_7(x) = x^2 - x - 6$	$(x-3)(x+2)$	−2; 3
$f_8(x) = -2x^4 - 2x^2 + 4$	$-2(x^2+2)(x-1)(x+1)$	−1; 1
$f_9(x) = x^3 - x^2 + 2x - 2$	$(x-1)(x^2+2)$	1
$f_{10}(x) = x^4 - 5x^2 + 4$	$(x-1)(x+1)(x-2)(x+2)$	−2; −1; 1; 2
$f_{11}(x) = 3x^4 - 9x^3$	$3x^3(x-3)$	0; 3
$f_{12}(x) = x^4 + 4x^3 + 4x^2$	$x^2\cdot(x+2)^2$	−2; 0
$f_{13}(x) = x^5 + 8x^2$	$x^2\cdot(x+2)(x^2-2x+4)$	−2; 0
$f_{14}(x) = -x^2\cdot\left(\frac{1}{3}x^2 + 2x + 3\right)$	$-\frac{1}{3}x^2(x+3)^2$	−3; 0
$f_{15}(x) = x^4 - 10x^2 + 9$	$(x-1)(x+1)(x-3)(x+3)$	−3; −1; 1; 3
$f_{16}(x) = x^3 - 2x^2 + 5x - 10$	$(x-2)(x^2+5)$	2

Mit diesem Lernzirkel kannst du untersuchen,wie sich bestimmte Veränderungen an Funktionstermen auf den Funktionsgraphen auswirken.
An jeder Station erarbeitest du ein anderes Teilthema.
Diese Seite dient als Laufzettel und hilft dir bei der Organisation deiner Arbeit.

In der untenstehenden Tabelle sind alle Stationen aufgeführt.
Für jede Station ist in der Spalte Voraussetzungen gegebenfalls vermerkt, welche der anderen Stationen vorher bearbeitet werden sollte. Ansonsten bist du in der Wahl der Bearbeitungsreihenfolge frei.
Angegeben sind auch Richtwerte für die Bearbeitungsdauer der einzelnen Arbeitsblätter.
Bei der Bearbeitung deines ersten Arbeitsblattes wirst du gegebenenfalls mehr Zeit benötigen, um dich zunächst mit dem Funktionsplotter vertraut zu machen.

In der Tabelle kannst du festhalten, welche Stationen du bearbeitet hast, und anschließend (gegebenenfalls nach einer Korrektur) auch eine Selbsteinschätzung vornehmen.

Viel Erfolg!

Station	Voraus-setzung	Anmerkungen	ca. Dauer	bear-beitet	Selbsteinschätzung ☺ 😐 ☹
1. Verschieben von Funktionsgraphen	–	→ Kopiervorlage S. 183f.	20 min	☐	☐☐☐☐☐
2. Strecken von Funktionsgraphen	–	→ Kopiervorlage S. 185f.	20 min	☐	☐☐☐☐☐
3. Spiegeln von Funktionsgraphen	2.	→ Kopiervorlage S. 187f.	15 min	☐	☐☐☐☐☐

Arbeitsblatt: Verschieben von Funktionsgraphen

1. Gegeben sind die Funktionen $f: x \mapsto 4^x + 2x^2$, $g: x \mapsto f(x) - 5$ und $h: x \mapsto f(x) + 3$.
Zeichne mithilfe eines Funktionsplotters die Graphen. Welche Beobachtung machst du?

____

2.

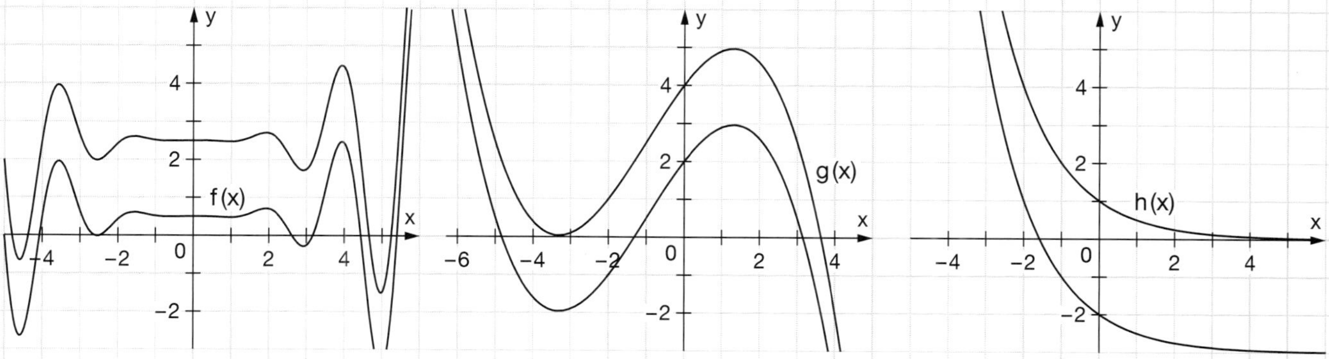

Wie entstehen die unbezeichneten Graphen aus den Graphen der Funktionen f, g bzw. h? ______________________
Schreibe an die unbezeichneten Graphen jeweils den zugehörigen Funktionsterm unter Verwendung von f(x), g(x) bzw. h(x).

3. Gegeben sind die Funktionen $f: x \mapsto 4^x + 2x^2$, $g: x \mapsto f(x-2)$ und $h: x \mapsto f(x+3)$.
Zeichne mithilfe eines Funktionsplotters die Graphen. Welche Beobachtung machst du?

____

4.

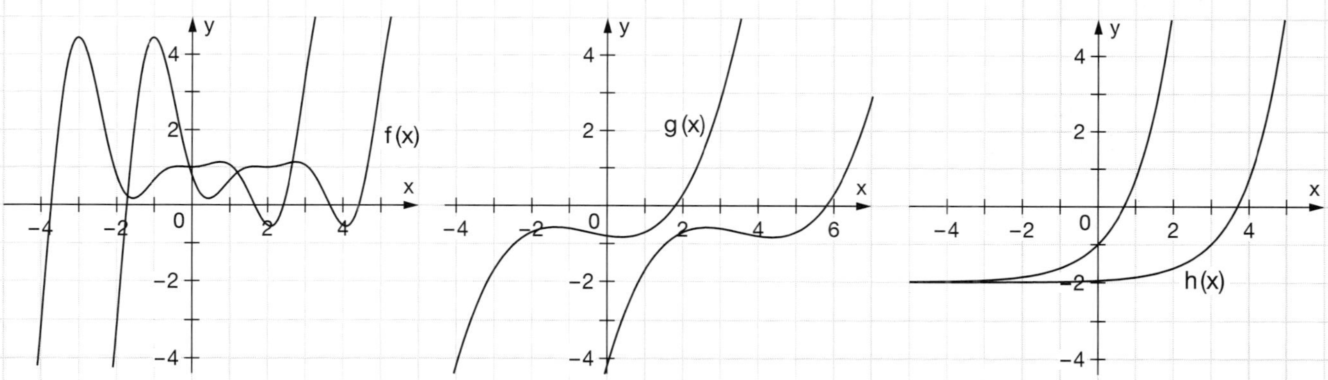

Wie entstehen die unbezeichneten Graphen aus den Graphen der Funktionen f, g bzw. h? ______________________
Schreibe an die unbezeichneten Graphen jeweils den zugehörigen Funktionsterm unter Verwendung von f(x), g(x) bzw. h(x).

5. Vervollständige die Lückentexte.

Wird für eine Funktion f an jeder Stelle x der Term $f(x) + b$ gebildet, so bewirkt dies eine __________ des Funktionsgraphen G_f in ___-Richtung um ___ Einheiten.

Ist hierbei $b > 0$, so wird der Graph nach ______ verschoben.	Ist hierbei $b < 0$, so wird der Graph nach ______ verschoben.

Wird für eine Funktion f an jeder Stelle x der Term $f(x + a)$ gebildet, so bewirkt dies eine __________ des Funktionsgraphen G_f in ___-Richtung um ___ Einheiten.

Ist hierbei $a > 0$, so wird der Graph nach ______ verschoben.	Ist hierbei $a < 0$, so wird der Graph nach ______ verschoben.

Arbeitsblatt: Verschieben von Funktionsgraphen

1. Gegeben sind die Funktionen f: $x \mapsto 4^x + 2x^2$, g: $x \mapsto f(x) - 5$ und h: $x \mapsto f(x) + 3$.
Zeichne mithilfe eines Funktionsplotters die Graphen. Welche Beobachtung machst du?

Der Graph G_f wird in y-Richtung verschoben, um G_g bzw. G_h zu erhalten.

2.

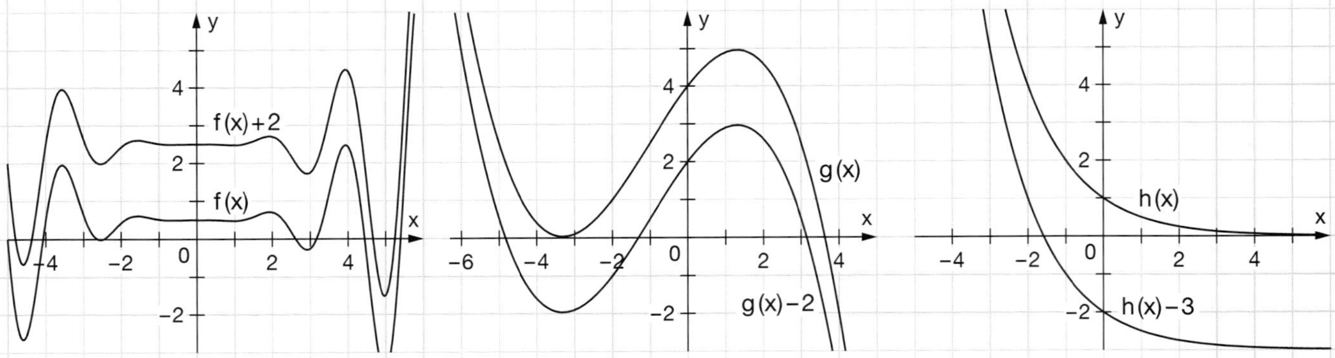

Wie entstehen die unbezeichneten Graphen aus den Graphen der Funktionen f, g bzw. h? durch Verschieben in y-Richtung
Schreibe an die unbezeichneten Graphen jeweils den zugehörigen Funktionsterm unter Verwendung von f(x), g(x) bzw. h(x).

3. Gegeben sind die Funktionen f: $x \mapsto 4^x + 2x^2$, g: $x \mapsto f(x-2)$ und h: $x \mapsto f(x+3)$.
Zeichne mithilfe eines Funktionsplotters die Graphen. Welche Beobachtung machst du?

Der Graph G_f wird in x-Richtung verschoben, um G_g bzw. G_h zu erhalten.

4.

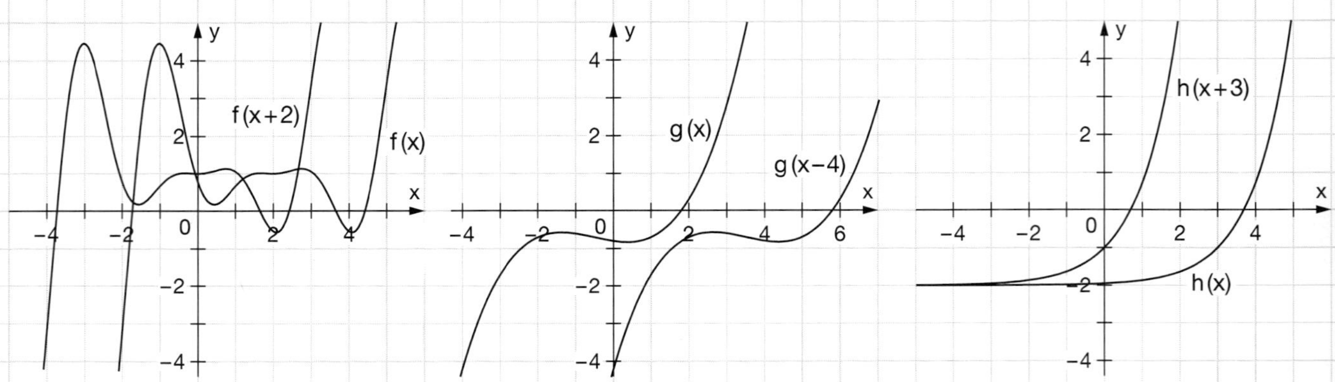

Wie entstehen die unbezeichneten Graphen aus den Graphen der Funktionen f, g bzw. h? durch Verschieben in x-Richtung
Schreibe an die unbezeichneten Graphen jeweils den zugehörigen Funktionsterm unter Verwendung von f(x), g(x) bzw. h(x).

5. Vervollständige die Lückentexte.
Wird für eine Funktion f an jeder Stelle x der Term $f(x) + b$ gebildet, so bewirkt dies eine Verschiebung des Funktionsgraphen G_f in y-Richtung um b Einheiten.

Ist hierbei $b > 0$, so wird der Graph nach oben verschoben.	Ist hierbei $b < 0$, so wird der Graph nach unten verschoben.

Wird für eine Funktion f an jeder Stelle x der Term $f(x + a)$ gebildet, so bewirkt dies eine Verschiebung des Funktionsgraphen G_f in x-Richtung um $-a$ Einheiten.

Ist hierbei $a > 0$, so wird der Graph nach links verschoben.	Ist hierbei $a < 0$, so wird der Graph nach rechts verschoben.

Arbeitsblatt: Strecken von Funktionsgraphen

1. Gegeben sind die Funktionen f: $x \mapsto \frac{1}{5}x^3 - x^2 + x - 1$, g: $x \mapsto 3 \cdot f(x)$ und h: $x \mapsto \frac{1}{2} \cdot f(x)$.
Zeichne mithilfe eines Funktionsplotters die Graphen. Welche Beobachtung machst du?

____

2.

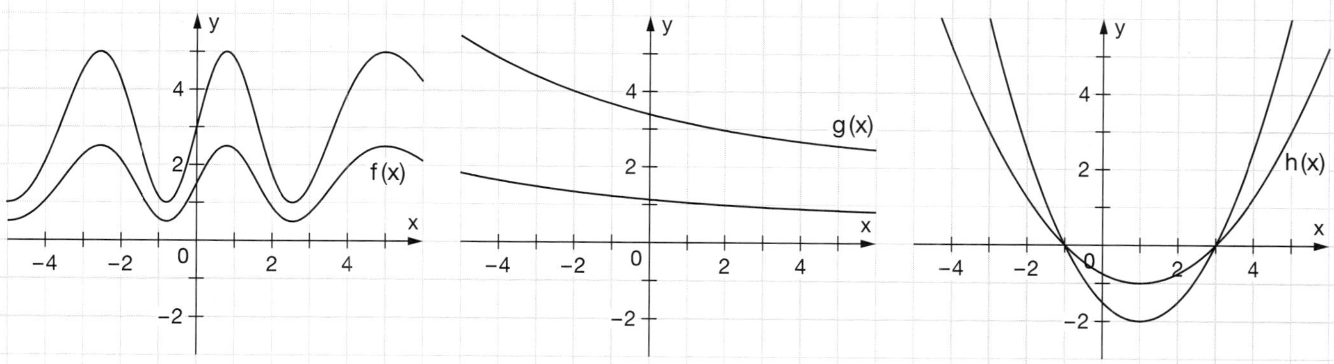

Wie entstehen die unbezeichneten Graphen aus den Graphen der Funktionen f, g bzw. h? ______________________________
Schreibe an die unbezeichneten Graphen jeweils den zugehörigen Funktionsterm unter Verwendung von f(x), g(x) bzw. h(x).

3. Gegeben sind die Funktionen f: $x \mapsto \frac{1}{5}x^3 - x^2 + x - 1$, g: $x \mapsto f(2x)$ und h: $x \mapsto f\left(\frac{1}{3}x\right)$.
Zeichne mithilfe eines Funktionsplotters die Graphen. Welche Beobachtung machst du?

____

4.

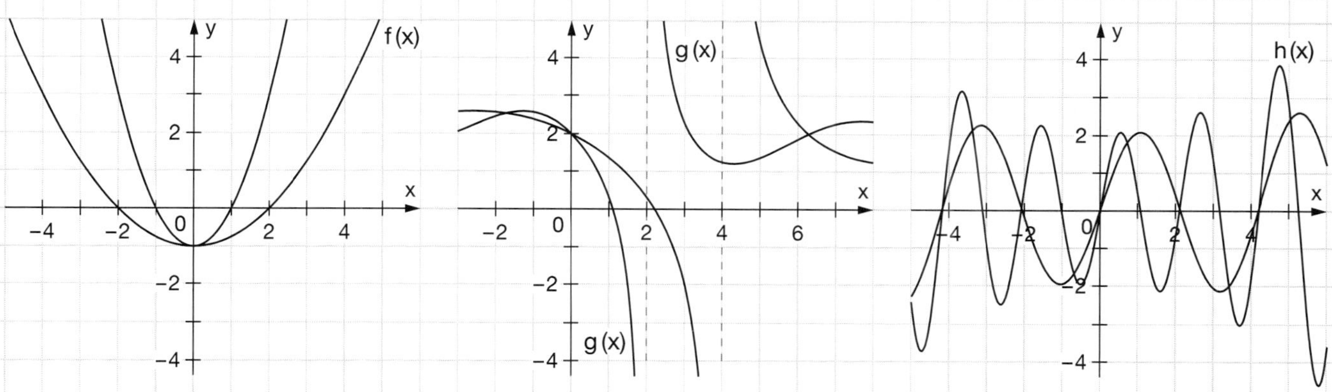

Wie entstehen die unbezeichneten Graphen aus den Graphen der Funktionen f, g bzw. h? ______________________________
Schreibe an die unbezeichneten Graphen jeweils den zugehörigen Funktionsterm unter Verwendung von f(x), g(x) bzw. h(x).

5. Vervollständige die Lückentexte.
Wird für eine Funktion f an jeder Stelle x der Term $k \cdot f(x)$ gebildet, so bewirkt dies eine ____________ des Funktionsgraphen G_f in ___-Richtung mit dem Streckungsfaktor ___.

Ist hierbei $k > 0$, so wird der Graph ____________.	Ist hierbei $k \in]0;1[$, so wird der Graph ____________.

Wird für eine Funktion f an jeder Stelle x der Term $f(k \cdot x)$ gebildet, so bewirkt dies eine ____________ des Funktionsgraphen G_f in ___-Richtung mit dem Streckungsfaktor ___.

Ist hierbei $k > 0$, so wird der Graph ____________.	Ist hierbei $k \in]0;1[$, so wird der Graph ____________.

Arbeitsblatt: Strecken von Funktionsgraphen

1. Gegeben sind die Funktionen $f\colon x \mapsto \frac{1}{5}x^3 - x^2 + x - 1$, $g\colon x \mapsto 3 \cdot f(x)$ und $h\colon x \mapsto \frac{1}{2} \cdot f(x)$.
Zeichne mithilfe eines Funktionsplotters die Graphen. Welche Beobachtung machst du?

Der Graph G_f wird in y-Richtung gestreckt (gestaucht), um G_g bzw. G_h zu erhalten.

2.

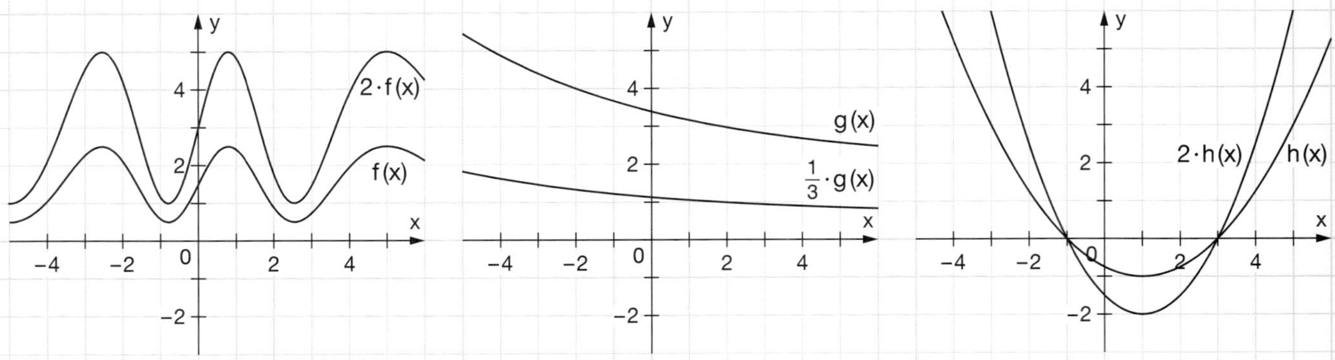

Wie entstehen die unbezeichneten Graphen aus den Graphen der Funktionen f, g bzw. h? durch Strecken (Stauchen) in y-Richtung
Schreibe an die unbezeichneten Graphen jeweils den zugehörigen Funktionsterm unter Verwendung von f(x), g(x) bzw. h(x).

3. Gegeben sind die Funktionen $f\colon x \mapsto \frac{1}{5}x^3 - x^2 + x - 1$, $g\colon x \mapsto f(2x)$ und $h\colon x \mapsto f\left(\frac{1}{3}x\right)$.
Zeichne mithilfe eines Funktionsplotters die Graphen. Welche Beobachtung machst du?

Der Graph G_f wird in x-Richtung gestreckt (gestaucht), um G_g bzw. G_h zu erhalten.

4.

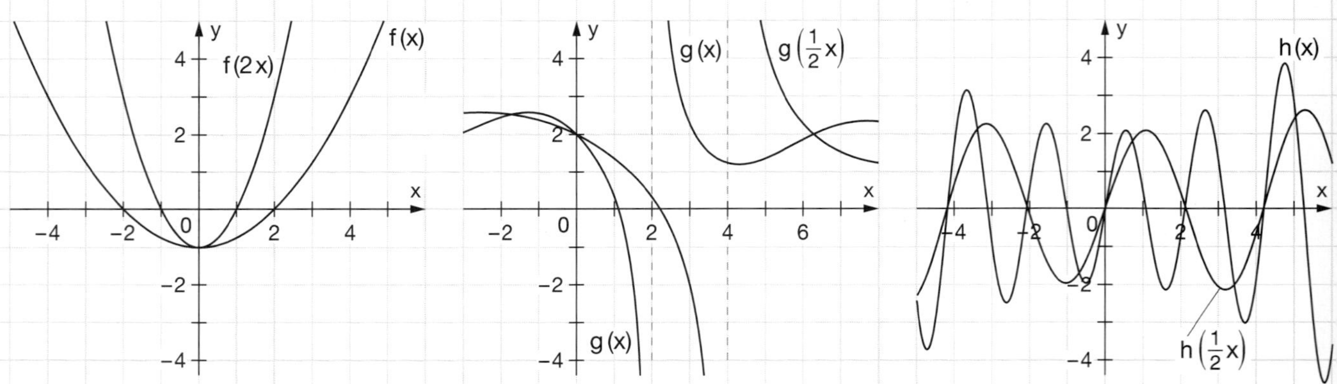

Wie entstehen die unbezeichneten Graphen aus den Graphen der Funktionen f, g bzw. h? durch Strecken (Stauchen) in x-Richtung
Schreibe an die unbezeichneten Graphen jeweils den zugehörigen Funktionsterm unter Verwendung von f(x), g(x) bzw. h(x).

5. Vervollständige die Lückentexte.
Wird für eine Funktion f an jeder Stelle x der Term $k \cdot f(x)$ gebildet, so bewirkt dies eine Streckung des Funktionsgraphen G_f in y-Richtung mit dem Streckungsfaktor k.

Ist hierbei $k > 0$, so wird der Graph gestreckt.	Ist hierbei $k \in]0;1[$, so wird der Graph gestaucht.

Wird für eine Funktion f an jeder Stelle x der Term $f(k \cdot x)$ gebildet, so bewirkt dies eine Streckung des Funktionsgraphen G_f in x-Richtung mit dem Streckungsfaktor $\frac{1}{k}$.

Ist hierbei $k > 0$, so wird der Graph gestaucht.	Ist hierbei $k \in]0;1[$, so wird der Graph gestreckt.

Arbeitsblatt: Spiegeln von Funktionsgraphen

1. Gegeben sind die Funktionen f: $x \mapsto 1{,}5^x \cdot \sin x$, g: $x \mapsto -f(x)$ und h: $x \mapsto -2f(x)$.
Zeichne mithilfe eines Funktionsplotters die Graphen. Welche Beobachtung machst du?

____

2.

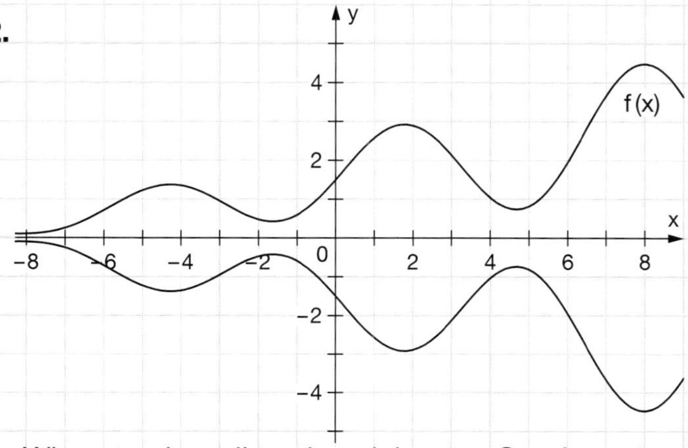

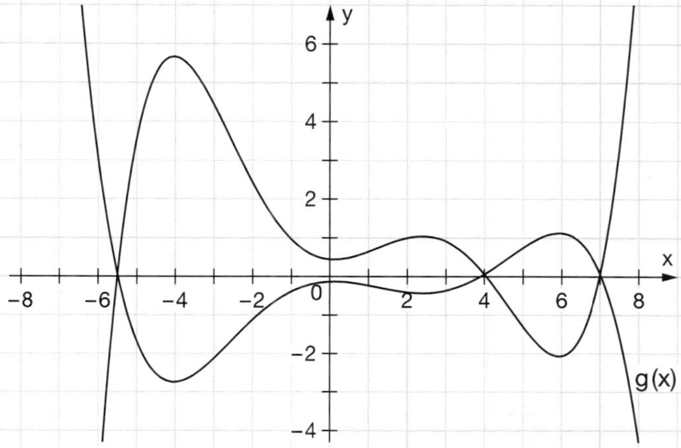

Wie entstehen die unbezeichneten Graphen aus den Graphen der Funktionen f bzw. g? ______________________
Schreibe an die unbezeichneten Graphen jeweils den zugehörigen Funktionsterm unter Verwendung von f(x) bzw. g(x).

3. Gegeben sind die Funktionen f: $x \mapsto 1{,}5^x \cdot \sin x$, g: $x \mapsto f(-x)$ und h: $x \mapsto f\left(-\frac{1}{2}x\right)$.
Zeichne mithilfe eines Funktionsplotters die Graphen. Welche Beobachtung machst du?

____

4.

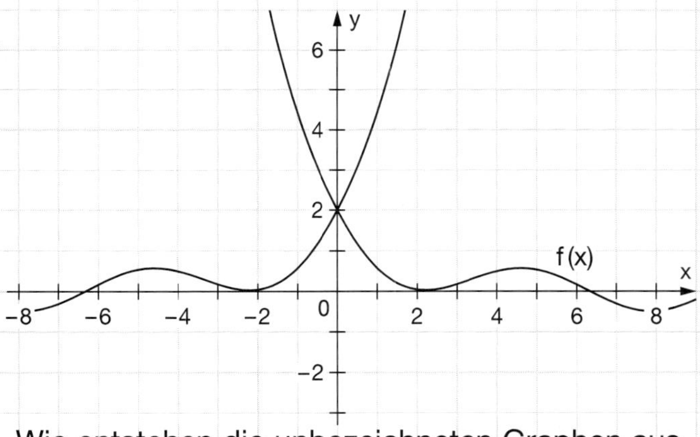

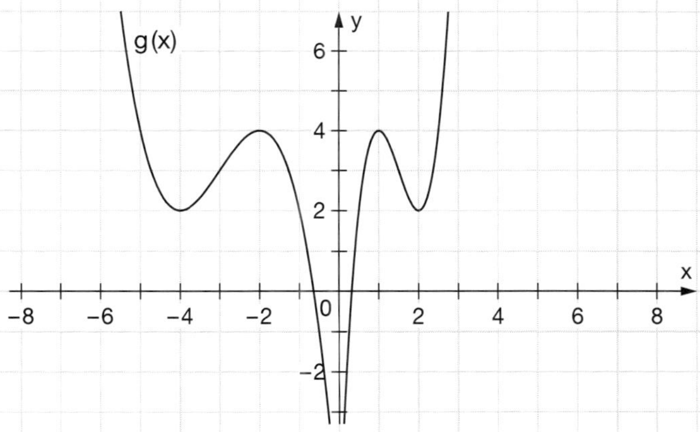

Wie entstehen die unbezeichneten Graphen aus den Graphen der Funktionen f bzw. g? ______________________
Schreibe an die unbezeichneten Graphen jeweils den zugehörigen Funktionsterm unter Verwendung von f(x) bzw. g(x).

5. Vervollständige die Lückentexte.
Wird für eine Funktion f an jeder Stelle x der Term $-f(x)$ gebildet, so bewirkt dies eine ____________ des Funktionsgraphen G_f an der ___-Achse.
Dies kann auch aufgefasst werden als Streckung in ___-Richtung mit dem Streckungsfaktor ___.

Wird für eine Funktion f an jeder Stelle x der Term $f(\overline{-x})$ gebildet, so bewirkt dies eine ____________ des Funktionsgraphen G_f an der ___-Achse.
Dies kann auch aufgefasst werden als Streckung in ___-Richtung mit dem Streckungsfaktor ___.

Arbeitsblatt: Spiegeln von Funktionsgraphen

1. Gegeben sind die Funktionen f: $x \mapsto 1{,}5^x \cdot \sin x$, g: $x \mapsto -f(x)$ und h: $x \mapsto -2f(x)$.
Zeichne mithilfe eines Funktionsplotters die Graphen. Welche Beobachtung machst du?

Der Graph G_f wird an der x-Achse gespiegelt (und in y-Richtung gestreckt), um G_g (G_h) zu erhalten.

2.

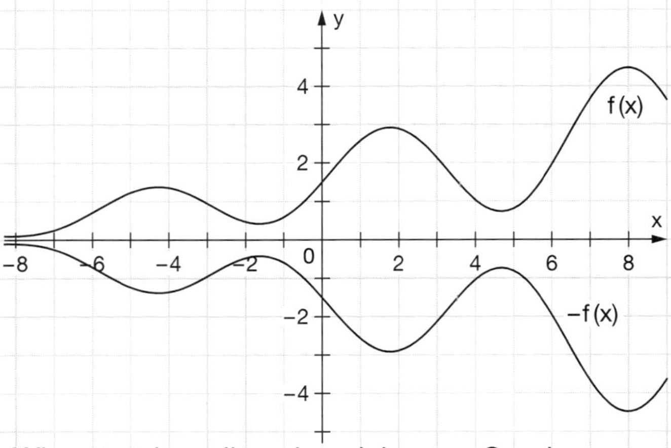

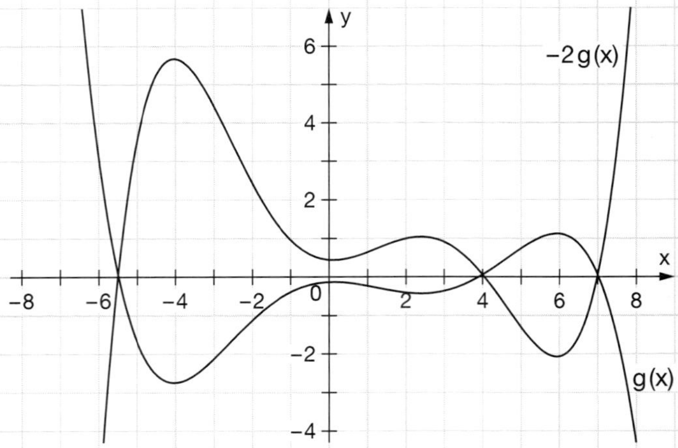

Wie entstehen die unbezeichneten Graphen aus den Graphen der Funktionen f bzw. g? durch Spiegeln an x-Achse (und Strecken in y-R.)
Schreibe an die unbezeichneten Graphen jeweils den zugehörigen Funktionsterm unter Verwendung von f(x) bzw. g(x).

3. Gegeben sind die Funktionen f: $x \mapsto 1{,}5^x \cdot \sin x$, g: $x \mapsto f(-x)$ und h: $x \mapsto f\left(-\frac{1}{2}x\right)$.
Zeichne mithilfe eines Funktionsplotters die Graphen. Welche Beobachtung machst du?

Der Graph G_f wird an der y-Achse gespiegelt (und in x-Richtung gestreckt), um G_g (G_h) zu erhalten.

4.

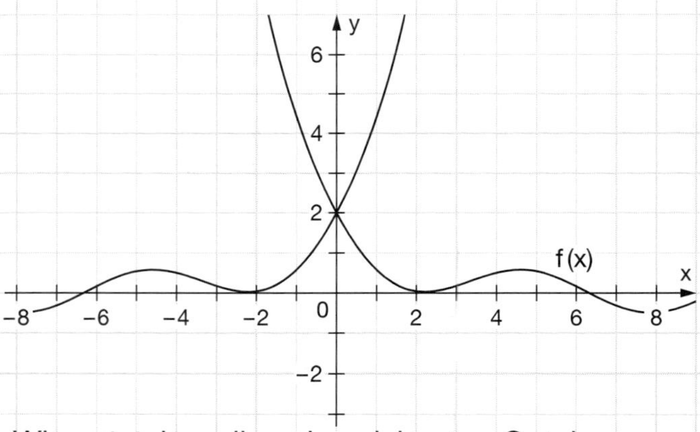

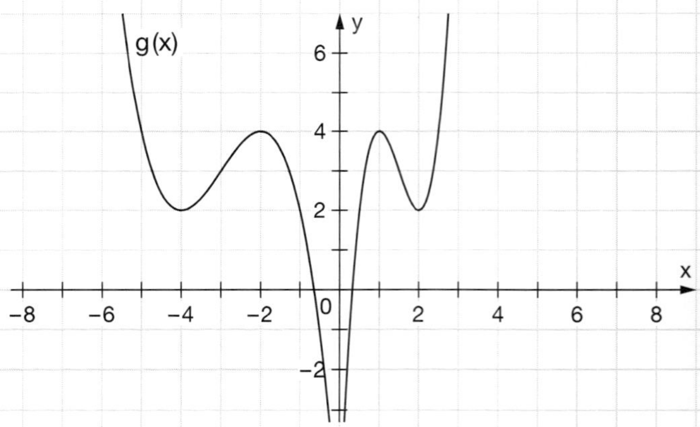

Wie entstehen die unbezeichneten Graphen aus den Graphen der Funktionen f bzw. g? durch Spiegeln an y-Achse (und Strecken in x-R.)
Schreibe an die unbezeichneten Graphen jeweils den zugehörigen Funktionsterm unter Verwendung von f(x) bzw. g(x).

5. Vervollständige die Lückentexte.
Wird für eine Funktion f an jeder Stelle x der Term $-f(x)$ gebildet, so bewirkt dies eine Spiegelung des Funktionsgraphen G_f an der x -Achse.
Dies kann auch aufgefasst werden als Streckung in y -Richtung mit dem Streckungsfaktor −1 .

Wird für eine Funktion f an jeder Stelle x der Term $f(-x)$ gebildet, so bewirkt dies eine Spiegelung des Funktionsgraphen G_f an der y -Achse.
Dies kann auch aufgefasst werden als Streckung in x -Richtung mit dem Streckungsfaktor −1 .

Verschieben, Strecken und Spiegeln von Funktionsgraphen

1. Skizziere jeweils die Funktionsgraphen zum gegebenen Funktionsterm f(x) und zu $g(x) = f(x) - 2$, $h(x) = f(x-2)$, $k(x) = -\frac{1}{2}f(x)$, $l(x) = f\left(\frac{x}{2}\right)$.

a) $f(x) = \frac{1}{x+2}$

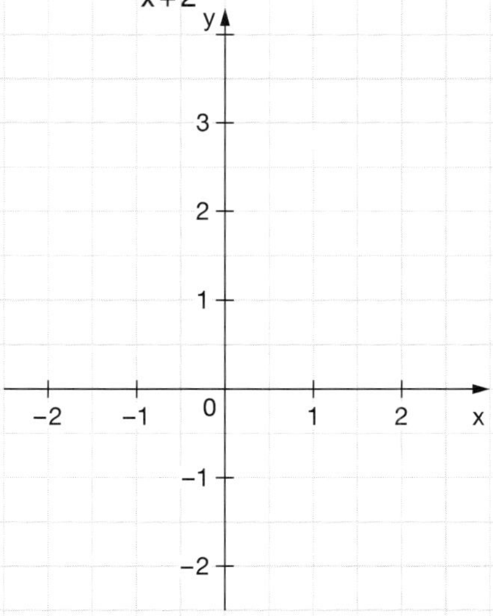

b) $f(x) = -x^2$

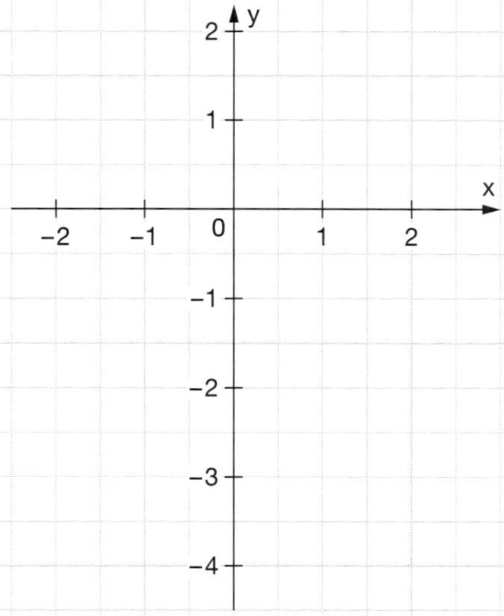

c) $f(x) = 2^{-x}$

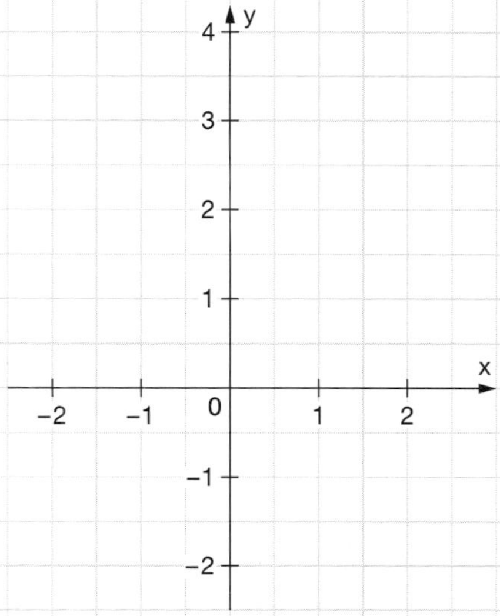

2. Schreibe an die Funktionsgraphen die zugehörigen Funktionsterme.

a)

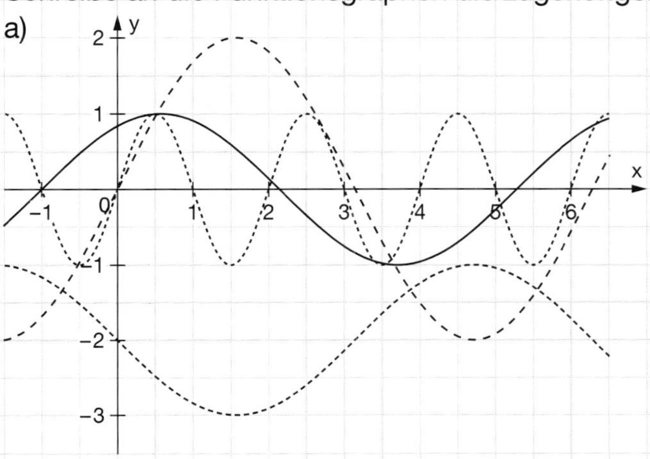

b)

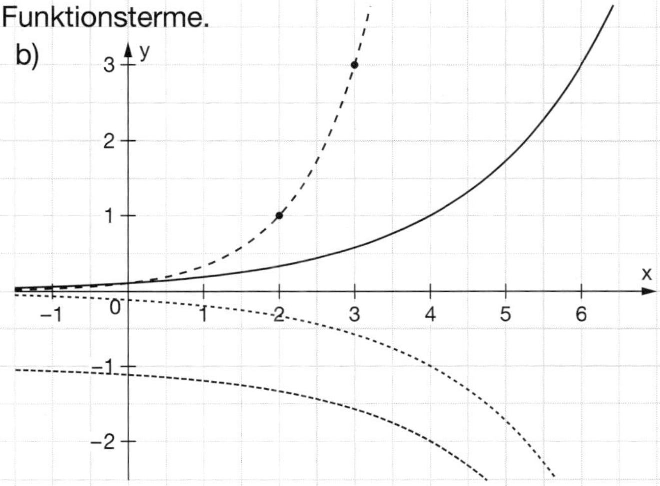

3. Ein gegebener Funktionsgraph soll schrittweise verändert werden. Skizziere jeweils den veränderten Graphen und gib den zugehörigen Funktionsterm an.

a)

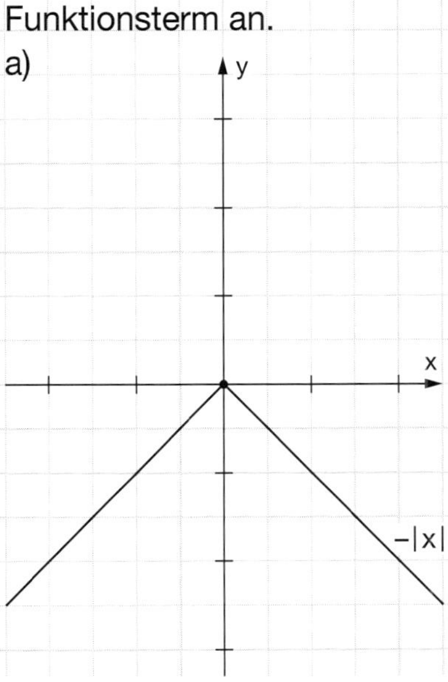

Anweisungen für a) und b):

1. Schritt: Streckung in x-Richtung mit dem Faktor $\frac{1}{2}$ (Stauchung)
2. Schritt: Spiegelung an der x-Achse
3. Schritt: Verschiebung um 3 Einheiten nach unten
4. Schritt: Streckung in y-Richtung mit dem Faktor $\frac{1}{2}$ (Stauchung)
5. Schritt: Verschiebung um 2 Einheiten nach rechts
6. Schritt: Spiegelung an der y-Achse

b)

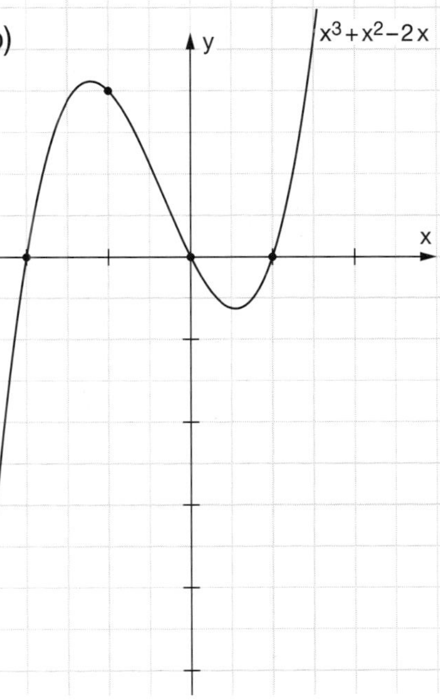

Trainingsblatt
Verschieben, Strecken und Spiegeln von Funktionsgraphen

1. Skizziere jeweils die Funktionsgraphen zum gegebenen Funktionsterm f(x) und zu $g(x) = f(x) - 2$, $h(x) = f(x-2)$, $k(x) = -\frac{1}{2} f(x)$, $l(x) = f\left(\frac{x}{2}\right)$.

a) $f(x) = \frac{1}{x+2}$

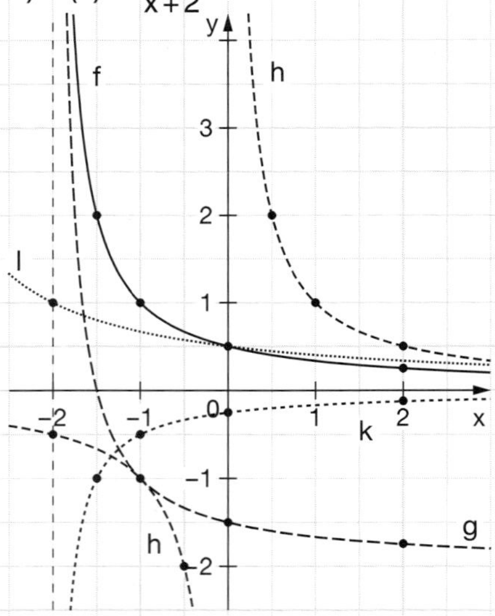

b) $f(x) = -x^2$

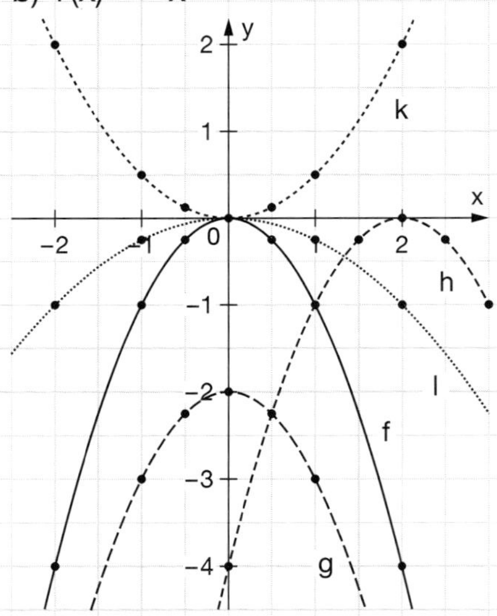

c) $f(x) = 2^{-x}$

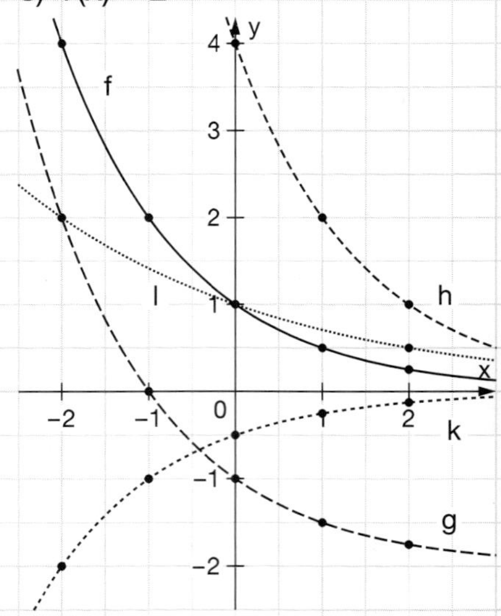

2. Schreibe an die Funktionsgraphen die zugehörigen Funktionsterme.

a)

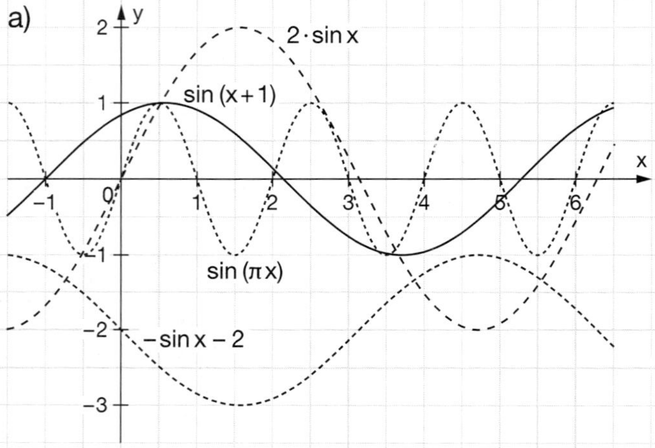

b)

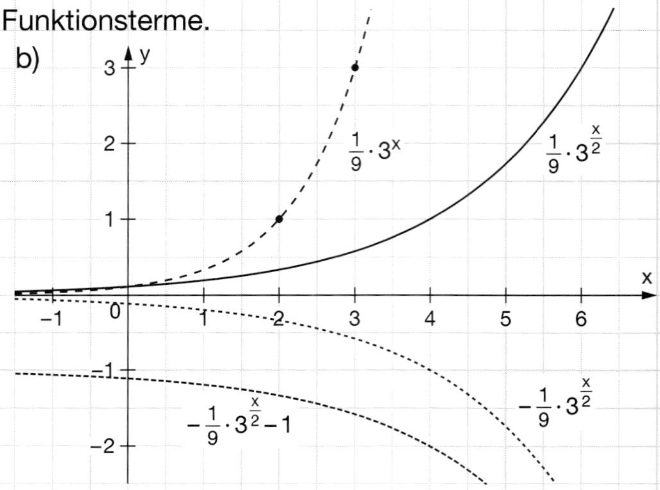

3. Ein gegebener Funktionsgraph soll schrittweise verändert werden. Skizziere jeweils den veränderten Graphen und gib den zugehörigen Funktionsterm an.

a)

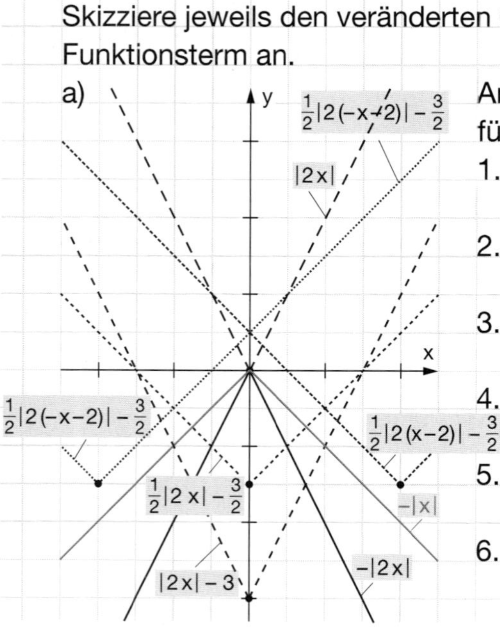

Anweisungen für a) und b):

1. Schritt: Streckung in x-Richtung mit dem Faktor $\frac{1}{2}$ (Stauchung)
2. Schritt: Spiegelung an der x-Achse
3. Schritt: Verschiebung um 3 Einheiten nach unten
4. Schritt: Streckung in y-Richtung mit dem Faktor $\frac{1}{2}$ (Stauchung)
5. Schritt: Verschiebung um 2 Einheiten nach rechts
6. Schritt: Spiegelung an der y-Achse

b)

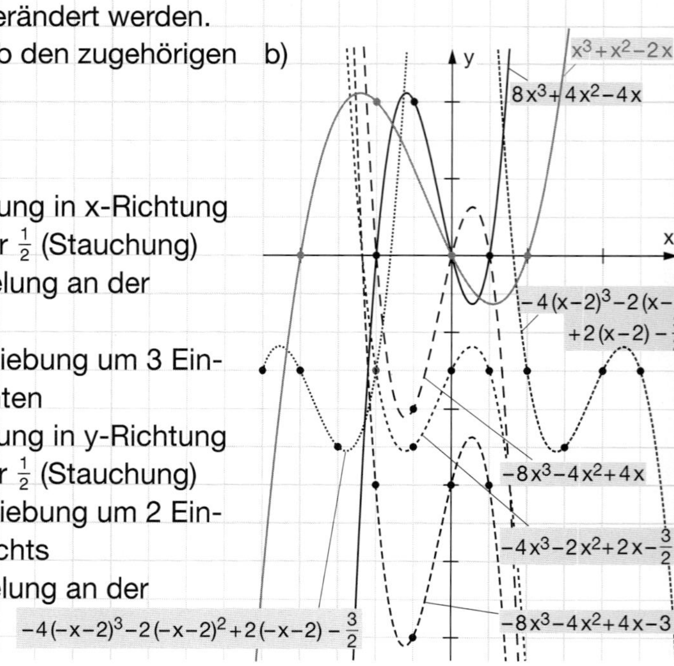

Schneide entlang der fett gedruckten Linien aus und lege passend aneinander. Der Ausschnitt des Koordinatensystems ist jeweils so gewählt, dass alle Nullstellen von f zu sehen sind.
Der Funktionsterm von f hat jeweils die Form $a_n x^n + a_{n-1} x^{n-1} + \ldots + a_2 x^2 + a_1 x + a_0$.

Start

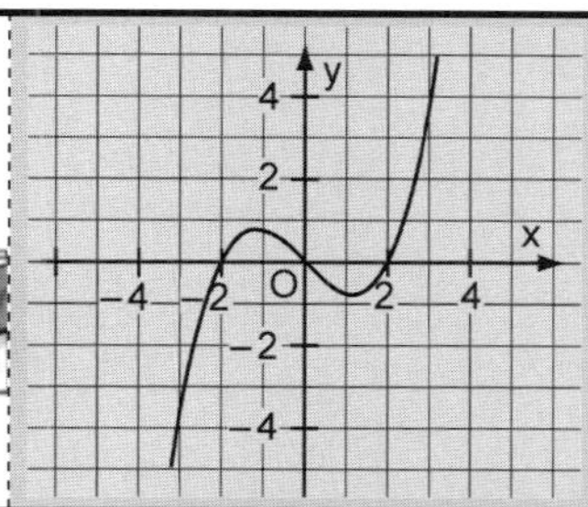

$n \geqq 5$
und der Funktionsterm enthält auch eine gerade Potenz von x.

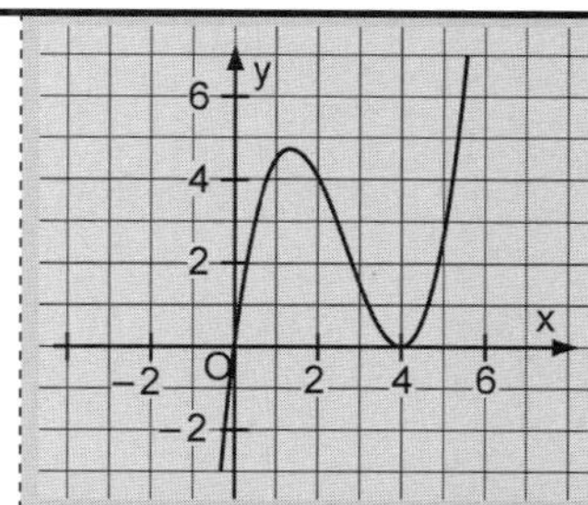

P(0|-2) ist ein Punkt des Graphen von f; der Grad von f ist gerade, aber f ist nicht gerade.

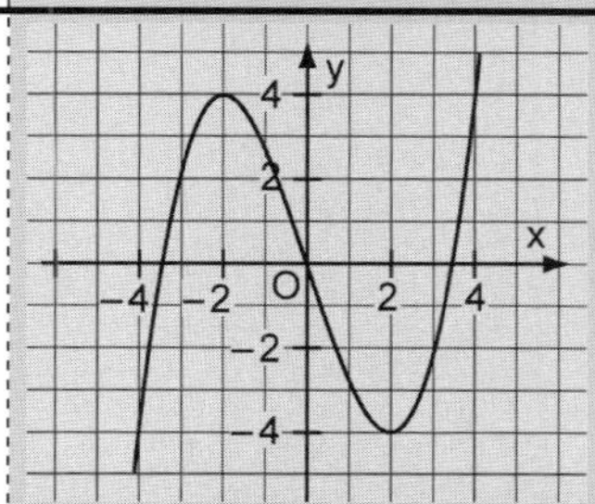

$f(x) = \frac{1}{2}x^3 - 4x^2 + 8x$

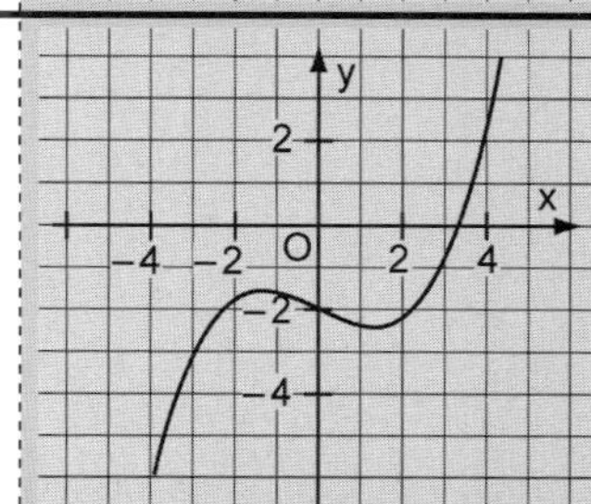

$f(x) = -\frac{1}{4}x^4 + 2x^2 - 2$

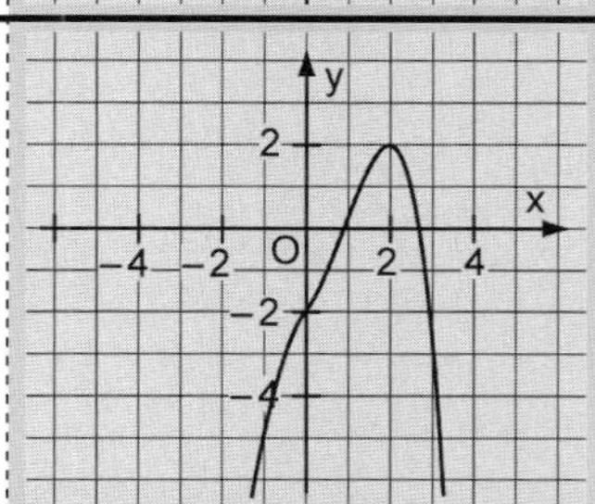

Der Funktionsterm enthält nur Potenzen von x mit ungerader Hochzahl und es gilt: $a_n < 0$

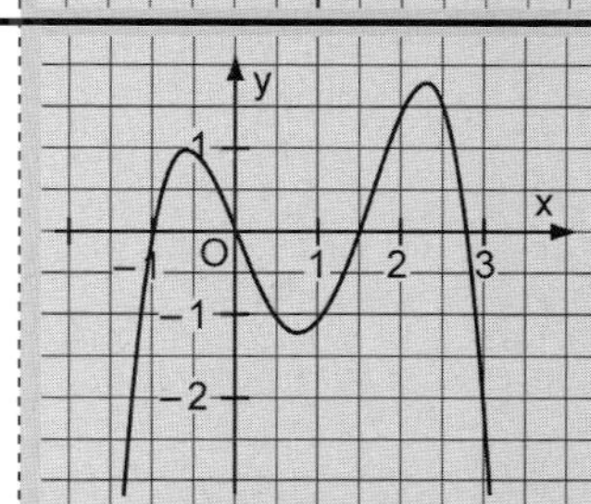

Der Graph von f ist punktsymmetrisch, jedoch nicht bezüglich des Ursprungs. $a_0 = -2$ und $a_n < 0$

Der Graph von f ist symmetrisch bezüglich der y-Achse und für $x \to \pm\infty$ gilt: $f(x) \to -\infty$

Der Graph von f ist symmetrisch bezüglich des Ursprungs und (x − 2) ist ein Linearfaktor des Funktionsterms.

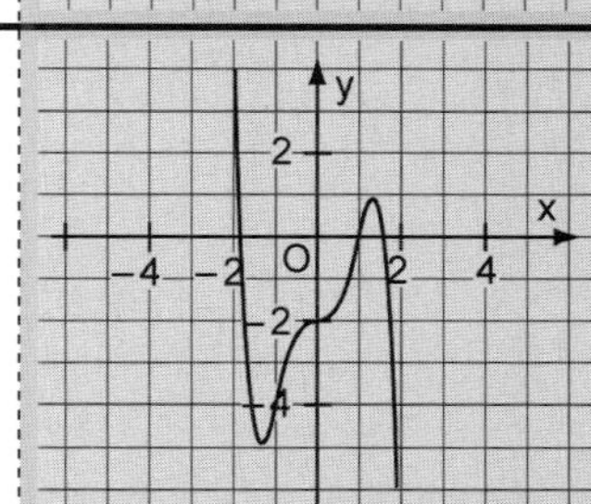

Der Graph von f ist punktsymmetrisch bezüglich P(0|-2) und es gilt: $a_n > 0$

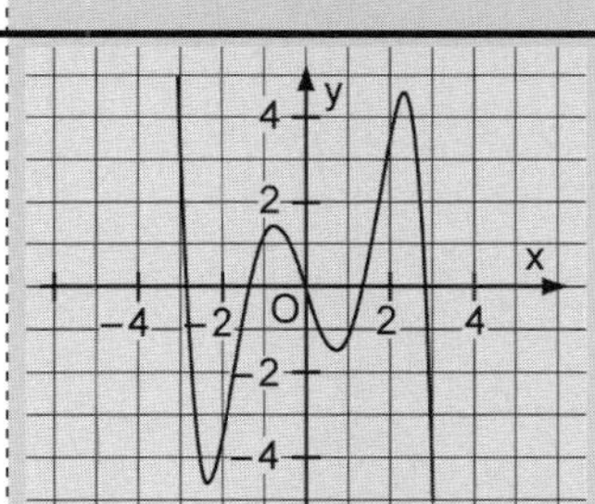

$f(x) = \frac{1}{4}x^3 - 3x$

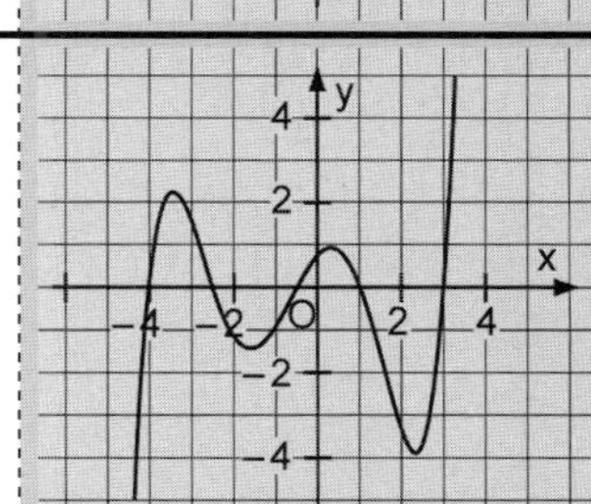

$f(x) = -\frac{3}{5}x^4 + 2x^3 - 2{,}5x$

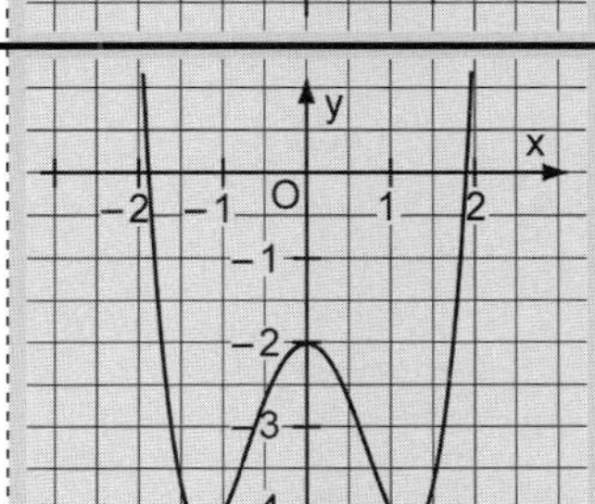

Der Graph von f ist symmetrisch bezüglich der y-Achse und es gilt: $a_n > 0$

Ziel

Trainingsblatt
Funktionsgraphen erkennen und skizzieren

1. Die Koordinatensysteme zeigen 18 Funktionsgraphen. Ordne den gegebenen Funktionsvorschriften jeweils den richtigen Funktionsnamen zu. Begründe deine Entscheidungen kurz.

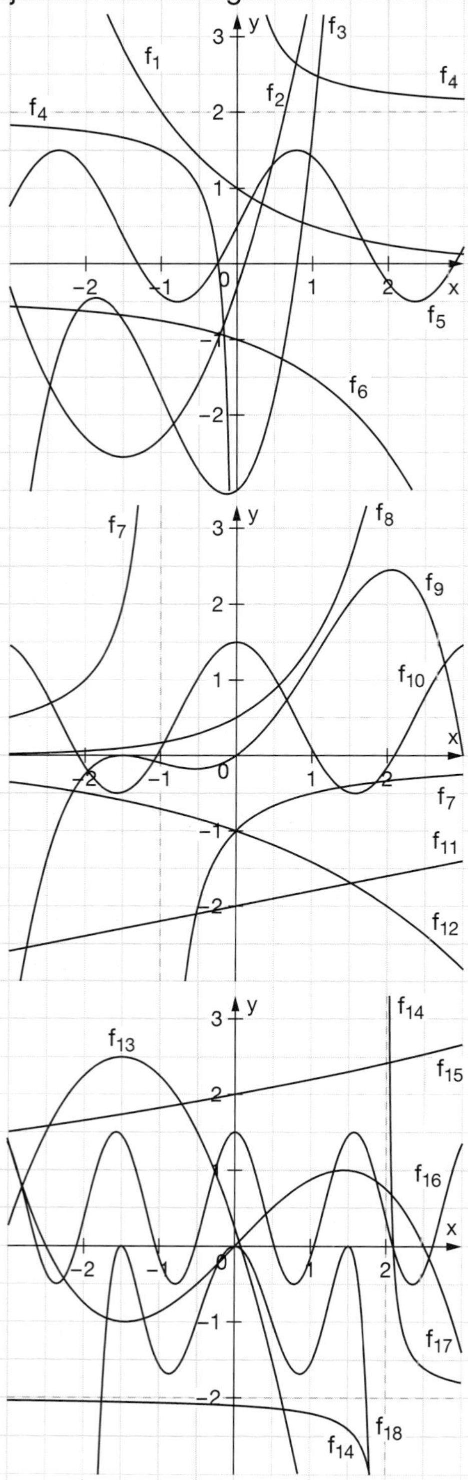

Funktionsvorschrift:	Begründung:
$f_{\square}: x \mapsto -\frac{1}{6}(x^3-6{,}25\,x)$	
$f_{\square}: x \mapsto -\frac{1}{x+1}$	
$f_{\square}: x \mapsto \frac{1}{2}+\cos(2x)$	
$f_{\square}: x \mapsto 2\cdot 1{,}1^x$	
$f_{\square}: x \mapsto (x-0{,}1)(x+3{,}1)$	
$f_{\square}: x \mapsto \frac{1}{2}+\sin(2x)$	
$f_{\square}: x \mapsto -\left(2^{\frac{x}{2}}\right)$	
$f_{\square}: x \mapsto x^3+3x^2+\frac{3}{4}x-3$	
$f_{\square}: x \mapsto \frac{2x+\frac{1}{2}}{x}$	
$f_{\square}: x \mapsto -0{,}5\,(2^x+1)$	
$f_{\square}: x \mapsto -(x+1{,}5)^2+2{,}5$	
$f_{\square}: x \mapsto \frac{1}{2}+\cos(4x)$	
$f_{\square}: x \mapsto \frac{1}{5}x-2$	
$f_{\square}: x \mapsto -\left(x-\frac{3}{2}\right)^2\cdot\left(x+\frac{3}{2}\right)^2\cdot x^2$	
$f_{\square}: x \mapsto -\frac{1}{10}\left(x+\frac{3}{2}\right)^2\cdot x\cdot(x-3)$	
$f_{\square}: x \mapsto \frac{1}{2}\cdot 3^x$	
$f_{\square}: x \mapsto 0{,}2\cdot\frac{1}{x-2}-2$	
$f_{\square}: x \mapsto 2^{-x}$	

2. Skizziere die Graphen folgender Funktionen in die obigen Koordinatensysteme. Nutze hierbei die gegebenen Graphen geschickt aus.
Beschreibe jeweils, wie du vorgegangen bist.

$g_1: x \mapsto \frac{1}{2}\cdot 3^{(x-1)}-2$

$g_2: x \mapsto 2\cdot 1{,}1^{-x}$

$g_3: x \mapsto 1+2\sin(2x)$

$g_4: x \mapsto -\left(\frac{x}{2}-\frac{3}{2}\right)^2\cdot\left(\frac{x}{2}+\frac{3}{2}\right)^2\cdot\left(\frac{x}{2}\right)^2$

Trainingsblatt
Funktionsgraphen erkennen und skizzieren

LÖSUNG

1. Die Koordinatensysteme zeigen 18 Funktionsgraphen. Ordne den gegebenen Funktionsvorschriften jeweils den richtigen Funktionsnamen zu. Begründe deine Entscheidungen kurz.

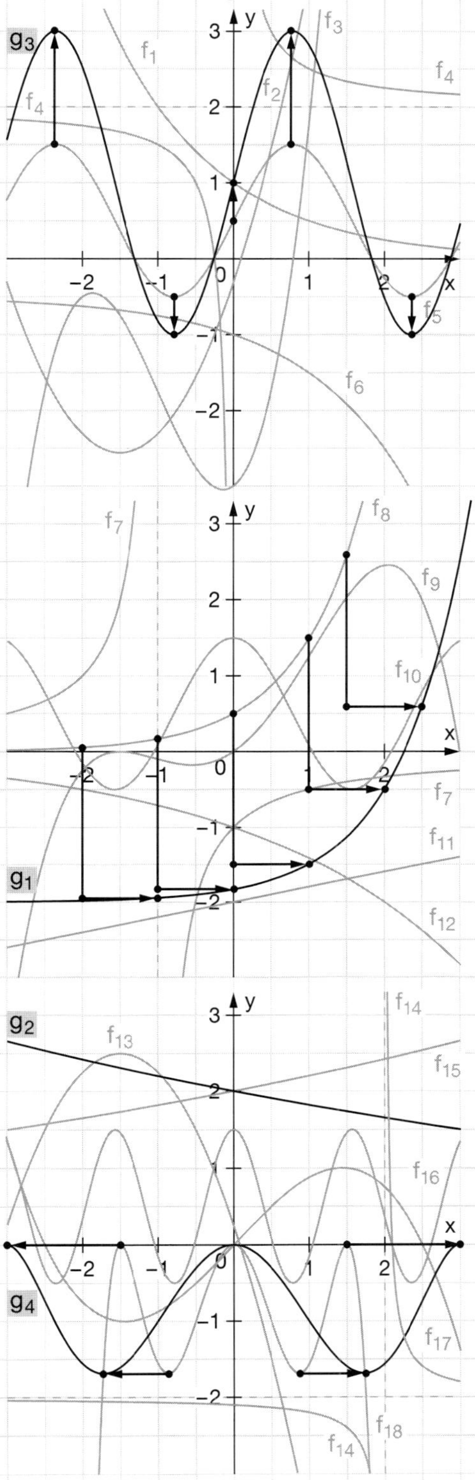

Funktionsvorschrift:	Begründung (andere sind möglich):
$f_{17}: x \mapsto -\frac{1}{6}(x^3-6{,}25\,x)$	einzige ungerade Funktion
$f_{7}: x \mapsto -\frac{1}{x+1}$	$\lim\limits_{x\to+\infty} f_7(x) = \lim\limits_{x\to-\infty} f_7(x) = 0$
$f_{10}: x \mapsto \frac{1}{2}+\cos(2x)$	Graph symmetrisch bzgl. y-Achse
$f_{15}: x \mapsto 2\cdot 1{,}1^x$	G_f steigt nur; $f_{15}(0) = 2$; $f_{15}(1) = 2{,}2$
$f_{2}: x \mapsto (x-0{,}1)(x+3{,}1)$	Nullstellen 0,1; −3,1; nach oben offen
$f_{5}: x \mapsto \frac{1}{2}+\sin(2x)$	Graph symmetrisch bzgl. $\left(0\middle\vert\frac{1}{2}\right)$
$f_{12}: x \mapsto -\left(2^{\frac{x}{2}}\right)$	G_f fällt nur; $f_{12}(0) = -1$; $f_{12}(2) = -2$
$f_{3}: x \mapsto x^3+3x^2+\frac{3}{4}x-3$	„von links unten nach r. o.“; $f(0) = -3$
$f_{4}: x \mapsto \frac{2x+\frac{1}{2}}{x}$	$2+\frac{\frac{1}{2}}{x}$; $\lim\limits_{x\to+\infty} f_4(x) = \lim\limits_{x\to-\infty} f_4(x) = 2$
$f_{6}: x \mapsto -0{,}5\,(2^x+1)$	G_f fällt nur; $\lim\limits_{x\to-\infty} f_6(x) = -\frac{1}{2}$
$f_{13}: x \mapsto -(x+1{,}5)^2+2{,}5$	Parabelscheitelpunkt $(-1{,}5\vert 2{,}5)$
$f_{16}: x \mapsto \frac{1}{2}+\cos(4x)$	einzige Funktion mit Periode $\frac{\pi}{2}$
$f_{11}: x \mapsto \frac{1}{5}x-2$	lineare Fktn.; Steigung $\frac{1}{5}$; $f_{11}(0) = -2$
$f_{18}: x \mapsto -\left(x-\frac{3}{2}\right)^2\cdot\left(x+\frac{3}{2}\right)^2\cdot x^2$	gerade Fktn. mit 3 doppelten Nullst.
$f_{9}: x \mapsto -\frac{1}{10}\left(x+\frac{3}{2}\right)^2\cdot x\cdot(x-3)$	Nullstellen bei $-\frac{3}{2}$ (doppelt); 0; 3
$f_{8}: x \mapsto \frac{1}{2}\cdot 3^x$	G_f steigt nur; $f_8(0) = \frac{1}{2}$; $f_8(1) = \frac{3}{2}$
$f_{14}: x \mapsto 0{,}2\cdot\frac{1}{x-2}-2$	$\lim\limits_{x\to+\infty} f_{14}(x) = \lim\limits_{x\to-\infty} f_{14}(x) = -2$
$f_{1}: x \mapsto 2^{-x}$	G_f fällt nur; $f_1(0) = 1$; $f_1(1) = \frac{1}{2}$

2. Skizziere die Graphen folgender Funktionen in die obigen Koordinatensysteme. Nutze hierbei die gegebenen Graphen geschickt aus.
Beschreibe jeweils, wie du vorgegangen bist.

$g_1: x \mapsto \frac{1}{2}\cdot 3^{(x-1)}-2$	G_{f_8} verschieben (2 runter, 1 rechts)
$g_2: x \mapsto 2\cdot 1{,}1^{-x}$	$G_{f_{15}}$ an y-Achse spiegeln
$g_3: x \mapsto 1+2\sin(2x)$	G_{f_5} in y-Richtung um 2 strecken
$g_4: x \mapsto -\left(\frac{x}{2}-\frac{3}{2}\right)^2\cdot\left(\frac{x}{2}+\frac{3}{2}\right)^2\cdot\left(\frac{x}{2}\right)^2$	$G_{f_{18}}$ in x-Richtung um 2 strecken

Spiel für 3 bis 5 Personen

Spielvorbereitung:
Alle Karten werden gemischt, jeder Mitspieler erhält 6 Karten auf die Hand. Der Rest der Karten wird verdeckt als Stapel in die Mitte gelegt.

Spielziel:
Jeder Spieler versucht, Karten, die zur gleichen Funktion gehören, als Quartette, Quintette, Sextette oder Septette vor sich offen auszulegen, um hierfür Punkte zu erhalten.

Spielregeln:
Der jüngste Spieler beginnt.
Der Spieler, der an der Reihe ist, wählt aus den (verdeckt gehaltenen) Karten des rechten Nachbarn eine Karte.
Hat der Spieler einen Funktionsterm oder den Graphen und mindestens 3 weitere passende Karten auf der Hand, so legt er diese Karten offen als Quartett, (Quintett, Sextett, Septett) vor sich ab. Außerdem können an schon ausliegende Karten weitere passende Karten angelegt werden, bis die Septette vollständig sind. Alle anderen Spieler prüfen, ob tatsächlich alle Karten richtig abgelegt wurden.
Ist auch nur eine der Karten falsch, so müssen alle soeben abgelegten Karten wieder auf die Hand genommen werden. Nun darf der Spieler noch so viele Karten vom Stapel nachziehen, wie er abgelegt hat.
Dann ist der linke Nachbar an der Reihe.

Spielende:
Sobald ein Spieler nicht mehr genügend Karten vom Stapel nachziehen kann, endet das Spiel. Jeder Spieler erhält für jede offen abgelegte Karten einen Punkt.
Für ein vollständiges Septett gibt es einen Zusatzpunkt. Der Spieler mit den meisten Punkten hat gewonnen.

Funktionsterm: $\frac{1}{2}(x+2)(x-1)^2$	Funktionsterm: $-(x-2)(x+2)(x^2+2)$
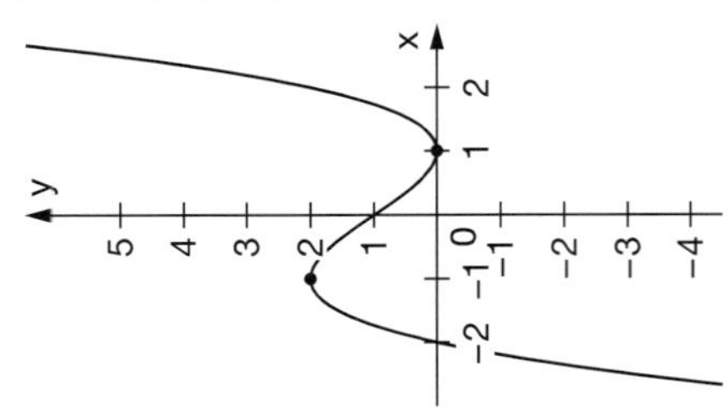	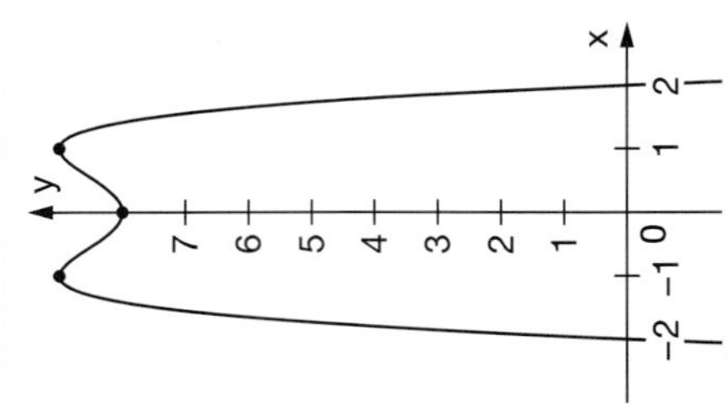
Definitionsmenge: $D = \mathbb{R}$ Wertemenge: $W = \mathbb{R}$	Definitionsmenge: $D = \mathbb{R}$ Wertemenge: $W = \left]-\infty; 9\right[$
Verhalten im Unendlichen: $f(x) \underset{x\to+\infty}{\longrightarrow} +\infty$ $f(x) \underset{x\to-\infty}{\longrightarrow} -\infty$	Verhalten im Unendlichen: $f(x) \underset{x\to+\infty}{\longrightarrow} -\infty$ $f(x) \underset{x\to-\infty}{\longrightarrow} -\infty$
Nullstellen: $x = -2$ $x = 1$	Nullstellen: $x = -2$ $x = 2$
Symmetrie: punktsymm. bzgl. (0|1)	Symmetrie: achsensymm. bzgl. y-Achse
weitere Eigenschaften des Graphen: 1 Hochpunkt 1 Tiefpunkt	weitere Eigenschaften des Graphen: 2 Hochpunkte 1 Tiefpunkt

Funktionsterm	Graph	Definitionsmenge / Wertemenge	Verhalten im Unendlichen	Nullstellen	Symmetrie	weitere Eigenschaften des Graphen
Funktionsterm: $(x-2)^2-1$	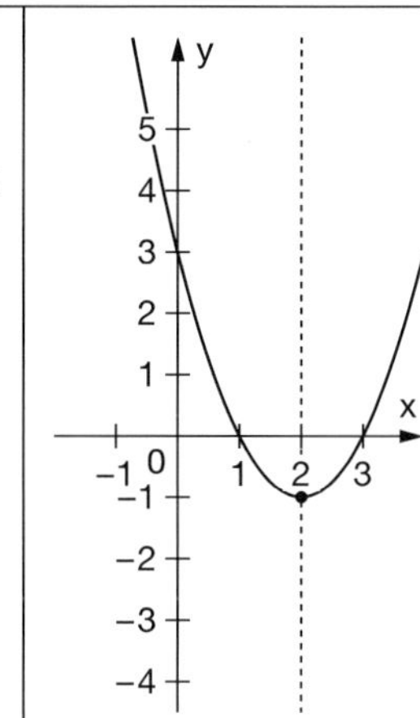	Definitionsmenge: $D = \mathbb{R}$ Wertemenge: $W = [-1;+\infty[$	Verhalten im Unendlichen: $f(x) \underset{x\to+\infty}{\longrightarrow} +\infty$ $f(x) \underset{x\to-\infty}{\longrightarrow} +\infty$	Nullstellen: $x = 1$ $x = 3$	Symmetrie: achsensymm. bzgl. $x = 2$	weitere Eigenschaften des Graphen: Scheitelpunkt bei $(2\|-1)$
Funktionsterm: $\frac{2}{x} - 2$	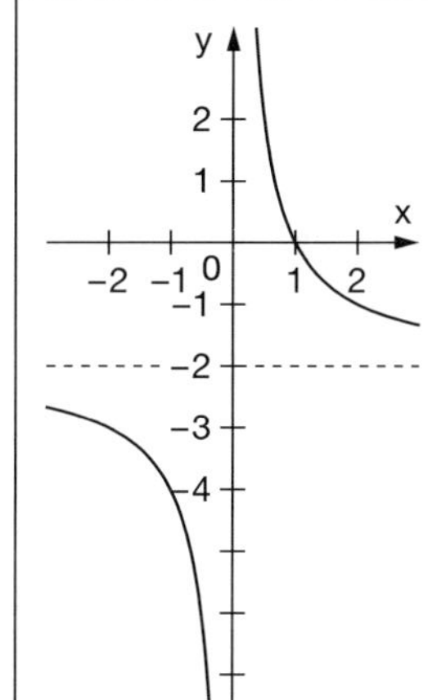	Definitionsmenge: $D = \mathbb{R} \setminus \{0\}$ Wertemenge: $D = \mathbb{R} \setminus \{-2\}$	Verhalten im Unendlichen: $f(x) \underset{x\to+\infty}{\longrightarrow} -2$ $f(x) \underset{x\to-\infty}{\longrightarrow} -2$	Nullstellen: $x = 1$	Symmetrie: punktsymm. bzgl. $(0\|-2)$	weitere Eigenschaften des Graphen: Asymptoten: $y = -2$ $x = 0$
Funktionsterm: $\frac{1}{(x-3)^2} - 1$	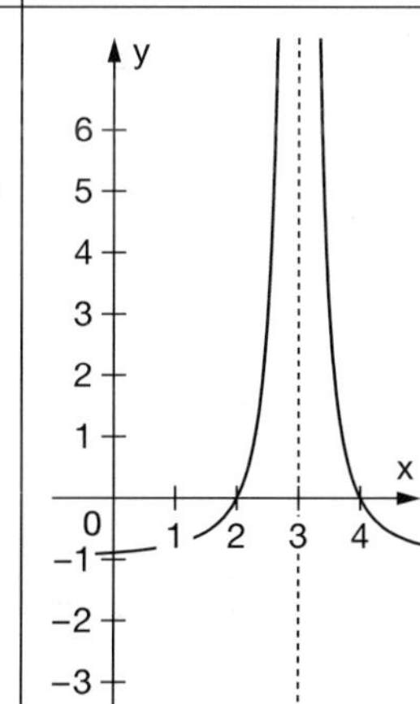	Definitionsmenge: $D = \mathbb{R} \setminus \{3\}$ Wertemenge: $W =]-1;+\infty[$	Verhalten im Unendlichen: $f(x) \underset{x\to+\infty}{\longrightarrow} -1$ $f(x) \underset{x\to-\infty}{\longrightarrow} -1$	Nullstellen: $x = 2$ $x = 4$	Symmetrie: achsensymm. bzgl. $x = 3$	weitere Eigenschaften des Graphen: Asymptote: $x = 3$

weitere Eigenschaften des Graphen: unendlich viele Hoch-/Tiefpunkte periodisch mit Periode 1	Symmetrie: achsensymm. bzgl. y-Achse und z. B. $x = 1$ punktsymm. bzgl. $\left(\frac{1}{4}\middle\|-1\right)$	Nullstellen: $\{x \mid x \in \mathbb{Z}\}$	Verhalten im Unendlichen: kein Grenzwert	Definitionsmenge: $D = \mathbb{R}$ Wertemenge: $W = [-2; 0]$	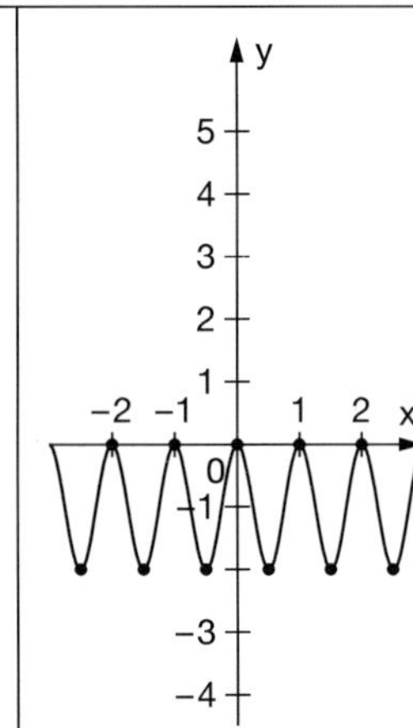	Funktionsterm: $[\cos(2\pi x)] - 1$
weitere Eigenschaften des Graphen: Asymptote: $y = -4$	Symmetrie: keine	Nullstellen: $x = 2$	Verhalten im Unendlichen: $f(x) \underset{x \to +\infty}{\longrightarrow} +\infty$ $f(x) \underset{x \to -\infty}{\longrightarrow} -4$	Definitionsmenge: $D = \mathbb{R}$ Wertemenge: $W =]-4; +\infty[$	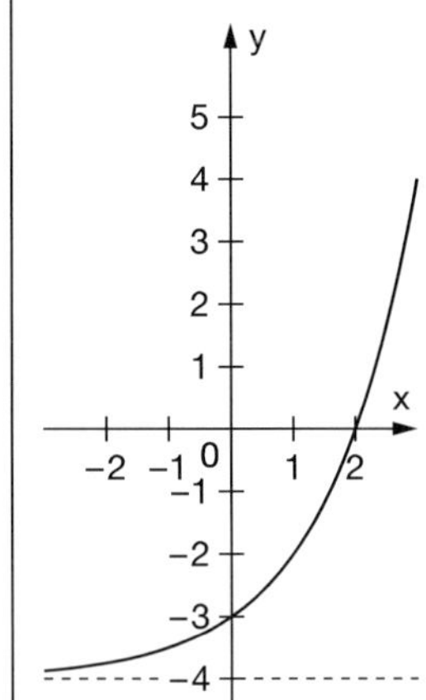	Funktionsterm: $2^x - 4$
weitere Eigenschaften des Graphen: Asymptote: $y = 0$	Symmetrie: keine	Nullstellen: keine	Verhalten im Unendlichen: $f(x) \underset{x \to +\infty}{\longrightarrow} 0$ $f(x) \underset{x \to -\infty}{\longrightarrow} -\infty$	Definitionsmenge: $D = \mathbb{R}$ Wertemenge: $W = \mathbb{R}^-$	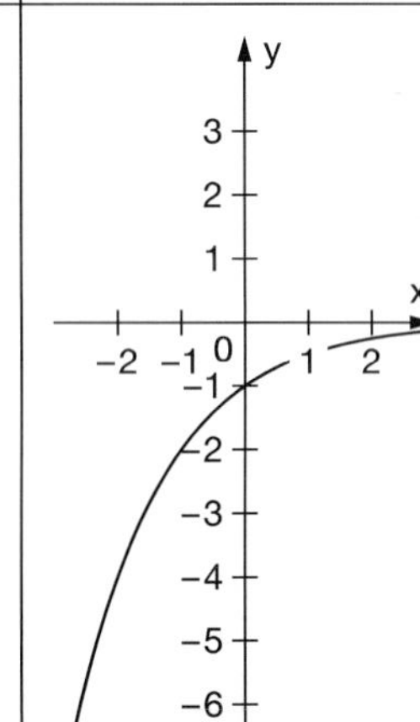	Funktionsterm: $-(2^{-x})$

Strategie: Betrachten eines Extremfalls

Das Betrachten eines extremen Falls kann helfen, eine Aufgabenstellung so weit zu verstehen, dass man dann auch im allgemeinen Fall mit der Problemstellung weiter kommt.

Aufgabe:
Claus meint, dass sich die Länge s einer Kreissehne (beim Kreisradius r) mit der Formel $s = 2r \cdot \cos\frac{\alpha}{2}$ berechnen lässt.
Ist dies richtig? Verbessere gegebenenfalls.

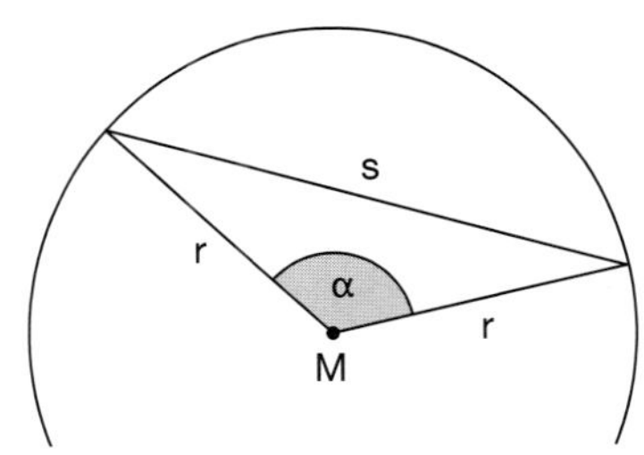

Lösung durch Betrachten eines Extremfalls
(und Einzeichnen von Hilfslinien)**:**

Laut Skizze muss sich für den Extremfall $\alpha = 180°$ ($\alpha = 0°$) der Wert $s = 2r$ (bzw. $s = 0$) ergeben.
Es ist jedoch $\cos\frac{180°}{2} = \cos 90° = 0$ (bzw. $\cos 0° = 1$), d. h. die Formel von Claus liefert den Wert $s = 0$ (bzw. $s = 2r$); sie muss also falsch sein.

Durch die eingezeichnete Hilfslinie erhält man im rechtwinkligen Dreieck:

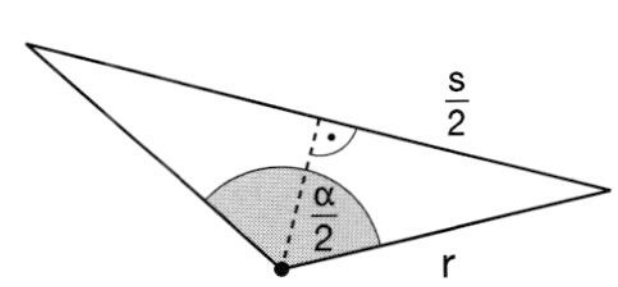

$\sin\frac{\alpha}{2} = \frac{r}{\frac{s}{2}} \Rightarrow \frac{s}{2} = r \cdot \sin\frac{\alpha}{2} \Rightarrow s = 2r \cdot \sin\frac{\alpha}{2}$

Strategie: Rückwärts arbeiten

In Situationen, in denen eine direkte Lösung möglich, aber aufwendig ist, führt ein Arbeiten in Rückwärtsrichtung manchmal zu einer deutlich schnelleren und eleganteren Problemlösung.

Aufgabe:
Die Funktion $f: x \mapsto x^2 - x - 30$ besitzt nur ganzzahlige Nullstellen.
Zerlege den Funktionsterm in Linearfaktoren.

Lösung durch Rückwärts arbeiten:

Die Linearfaktorzerlegung hat die Form $(x + a) \cdot (x + b)$.
Offensichtlich muss gelten: $a \cdot b = -30$, also z. B. $a = -5$, $b = 6$

Ansatz: $(x-5) \cdot (x+6) = x^2 - 5x + 6x - 30 = x^2 + x - 30 \neq f(x)$
Dieses Vorzeichen ist falsch, daher wird versucht, die Vorzeichen von a und b zu tauschen.

Ansatz: $(x+5) \cdot (x-6) = x^2 + 5x - 6x - 30 = x^2 - x - 30 = f(x)$
Damit ist die Linearfaktorzerlegung gefunden.

Sortiere diese Aufgabenkarte hinter die Strategiekarte **„Strategie: Zurückführen auf etwas Bekanntes“** (aus dem Lösungen- und Materialien-Band 7) ein.

Aufgabe:

Begründe: $\lg 5a = \lg 5 + \lg a$

$\lg a^5 = 5 \cdot \lg a$

Lösung durch Zurückführen auf Bekanntes:

Der Zehnerlogarithmus lg a einer Zahl a ist definiert als Hochzahl, für die gilt: $10^{\lg a} = a$

Die obigen Aussagen (Gleichungen) über Logarithmen lassen sich durch Anwendung dieser Definition aus den bekannten Potenzgesetzen herleiten:

$$\lg 5a = \lg(\underbrace{10^{\lg 5}}_{5} \cdot \underbrace{10^{\lg a}}_{a}) \underset{\text{Potenzgesetz}}{=} \lg 10^{\lg 5 + \lg a} = \lg 5 + \lg a$$

$$\lg a^5 = \lg(\underbrace{10^{\lg a}}_{a})^5 \underset{\text{Potenzgesetz}}{=} \lg 10^{5 \cdot \lg a} = 5 \cdot \lg a$$

Sortiere diese Aufgabenkarte hinter die Strategiekarte **„Strategie: Verwenden einer Zeichnung oder eines Diagramms“** (aus dem Lösungen- und Materialien-Band 6) ein.

Aufgabe:

219 zufällig in ganz Bayern ausgewählte Gymnasiasten wurden aufgefordert, typische mathematische Lösungsstrategien zu nennen. 165 Befragte konnten mindestens drei Strategien nennen. Von den Befragten benutzen 86 Schüler ein anderes Schulbuch als den Lambacher Schweizer, die Hälfte von ihnen konnte keine drei Strategien nennen. Wie groß ist die Wahrscheinlichkeit, dass ein Schüler mindestens drei Strategien nennen kann, wenn er den Lambacher Schweizer benutzt?

Lösung durch Verwenden einer Zeichnung oder eines Diagramms:

Die genannten Daten werden in eine Vierfeldertafel übertragen. Nun können die übrigen Werte berechnet werden.

	LS	$\overline{\text{LS}}$	
mind. 3 Strategien	122	43	**165**
keine 3 Strategien	11	**43**	54
	133	**86**	**219**

Es gilt: $P_{LS}(\text{min. 3 Strategien}) = \frac{122}{133} \approx 92\,\%$